中国社会科学院老学者文库

逻辑史论

张家龙◎著

中国社会科学出版社

图书在版编目（CIP）数据

逻辑史论/张家龙著. —北京：中国社会科学出版社，2016.11
（中国社会科学院老学者文库）
ISBN 978 - 7 - 5161 - 9056 - 2

Ⅰ.①逻…　Ⅱ.①张…　Ⅲ.①逻辑史—研究　Ⅳ.①B81 - 09

中国版本图书馆 CIP 数据核字（2016）第 237518 号

出　版　人	赵剑英
责任编辑	孙　萍
责任校对	郝阳洋
责任印制	王　超

出　　　版	中国社会科学出版社
社　　　址	北京鼓楼西大街甲 158 号
邮　　　编	100720
网　　　址	http://www.csspw.cn
发　行　部	010 - 84083685
门　市　部	010 - 84029450
经　　　销	新华书店及其他书店

印　　　刷	北京君升印刷有限公司
装　　　订	廊坊市广阳区广增装订厂
版　　　次	2016 年 11 月第 1 版
印　　　次	2016 年 11 月第 1 次印刷

开　　　本	710×1000　1/16
印　　　张	38.75
插　　　页	2
字　　　数	486 千字
定　　　价	139.00 元

目　录

西方逻辑史论

数理逻辑史论

中国逻辑史论和因明论

附　录

自　序

　　我的研究工作涉及逻辑与哲学诸领域：传统逻辑、西方逻辑史、数理逻辑史、现代逻辑系统的构建、中国逻辑史、因明、现代西方哲学和逻辑哲学等。我的学术成就概览有幸入选钱伟长总主编、汝信主编的国家重点图书项目《20世纪中国知名科学家学术成就概览·哲学卷》（第三分册）。[①] 钱伟长在"总序"中说："《概览》纸书预计收录数千名海内外知名华人科学技术和人文社会科学专家学者，展示他们的求学经历、学术成就、治学方略、价值观念，彰显他们为促进中国和世界科技发展、经济和社会进步所做出的贡献，秉承他们在内忧外患中坚韧不拔、追求真理的科学精神和执著、赤诚的爱国传统，激励后人见贤思齐、知耻后勇，在新世纪的大繁荣、大发展时期，为中华民族的伟大复兴和全人类的知识创新而奋发有为。"为了更好地达到钱伟长先生提出的目标，我首先编了这部《逻辑史论》，作为我在西方逻辑史、数理逻辑史、中国逻辑史和因明等领域学术成就的"详览"，希望能对年轻的逻辑工作者和哲学工作者的学术成长有所启迪。至于我在逻辑与哲学其他领域学术成就的"详览"，容日后有机会再编吧！

------

　　① 钱伟长总主编，汝信主编：《20世纪中国知名科学家学术成就概览·哲学卷》（第三分册），科学出版社2014年版。

最后，以一首《我的墓志铭》结束本序：

　　他蒙爱智之神垂青，
　　一生在逻辑与哲学诸领域倘徉。
　　他没有虚度年华，
　　也没有碌碌无为。
　　他一生追求淡泊和宁静，
　　坚守正直和善良。

张家龙

2016 年 9 月

于中国社会科学院干面胡同宿舍

西方逻辑史论

亚里士多德直言命题
理论的现代解析[*]

一　语句和命题

　　亚里士多德认为，一个语句是语言的一个有意义的部分，其中某些部分具有一种独立的意义，这就是说，它们足以作为有意义的表达，虽则不足以作为一个肯定命题和否定命题（16b26 - 28）。^① 亚里士多德举例说，"人的"（human）一词是有意义的，但它并不构成一个肯定命题或否定命题，只有当另外的词加上去的时候，全体合起来才会形成一个肯定的命题或否定的命题。这里所说的命题就是指直言命题。

　　语句和命题不同。亚里士多德说："每一个语句不都是一个命题；只有那些在其中有真或假的语句才是命题。例如，一个祈祷是一个语句，可是它不是真的，也不是假的。"（17a3 - 4）这里，亚里士多德所说的"有真或假的语句"是指陈述语句，他认为只有陈述语句才是命题。亚里士多德在逻辑史上最早提出了命题有

　　* 原载《重庆工学院学报》（社会科学版）2007 年第 3 期。

　　① *The Works of Aristotle Translated into English under the Editorship of W. D. Ross*, Vol. 1, Oxford University Press, 1928. 译文参见亚里士多德《范畴篇 解释篇》，方书春译，生活·读书·新知三联书店 1957 年版。以下引文，按惯例只在文中注明希腊标准页码。

真或假二值的思想，奠定了二值逻辑的基础。关于真假二值，亚里士多德说："正如在我们心灵里面有不涉及真或假的一些思想，也有那些必定或是真的或是假的的思想，同样地，在我们的语言里面也有这种情形。因为真和假蕴涵着结合和分离。名词和动词，只要不把别的东西加上去，就是和没有加以结合或加以分离的思想一样的；'人'和'白'，作为孤立的词，尚不是或真或假的。为证明这点，试考虑'山羊—牡鹿'一词。它是有意义的，但关于它，并无所谓真或假，除非现在时态或其他时态的'是'或'不是'被加上去。"（16a10 – 19）

亚里士多德关于一部分思想有真或假、真和假蕴涵着思想的结合和分离的论述是很正确的，但他认为语言中也有类似的情形，这是不正确的。我们认为，语言是表达思想的，但语言表达式本身无所谓真或假，陈述语句所表达的思想内容即命题才有真假。我们知道了这种区别之后，在日常也可采用亚里士多德的不精确说法：有真假的语句（陈述语句）就是命题，这倒无关大局。

二　直言命题的分类

亚里士多德根据不同的标准，对直言命题做了以下的分类：

1. 简单命题和复合命题。亚里士多德说："在命题中间，有一种是简单的命题，即那种对某事物断言了或否认了某些东西的命题；另一种命题是复合的，即那些由简单命题合成的命题。一个简单命题是一个有意义的陈述，说出一个主题中某一东西的存在或不存在，按照时间的划分，有现在时的、过去时的或将来时的。"（17a20 – 24）

2. 肯定命题和否定命题。"一个肯定命题是关于事物正面地断言了某些东西，一个否定命题是关于某一事物作了一种反面的断言。"（17a25）

　　亚里士多德在《解释篇》中先考察"二因素句"，接着考察了常用的"三因素句"："最基本的肯定命题和否定命题是像下面这些：'人是'、'人不是'。次于这些的是：'非人是'、'非人不是'。再其次我们有这些命题：'每个人都是'、'每个人都不是'、'所有的非人都是'、'所有的非人都不是'。……当动词'是'作为第三个因素被用于句子里面时，肯定命题和否定命题就能够各有两种。"（19b15－20）例如，一对肯定命题是"人是公正的"和"人是不公正的"，一对否定命题是"人不是公正的"和"人不是不公正的"；这里"是"和"不是"被加到"公正"上去，或被加到"不公正"上去。还可以形成以下的命题："每个人都是公正的"和"每个人都是不公正的"（一对肯定命题），"并非每个人都是公正的"和"并非每个人都是不公正的"（一对否定命题）。用不确定的名词"非人"做主词可形成以下命题："非人是公正的"和"非人是不公正的"（一对肯定命题），"非人不是公正的"和"非人不是不公正的"（一对否定命题）。肯定命题和否定命题可以不用"是"而用动词"步行""享有健康"等形成下面这些命题："每个人都享有健康""每个人都不享有健康""所有的非人都享有健康""所有的非人都不享有健康"；"人享有健康""人不享有健康""非人享有健康""非人不享有健康"，亚里士多德认为这些命题具有当"是"被加上去时可适用的模式（19b25－20a15）。

　　3. 全称、不定和单称命题。亚里士多德说："有些东西是普遍的，另外一些东西则是单独的。'普遍的'一词，我的意思是指那具有如此的性质，可以用来述说许多主体的；'单独的'一词，我的意思是指那不被这样用来述说许多主体的。例如，'人'是一个普遍的，'卡里亚斯'是一个单独的。"（17a37－40）这里所谓"普遍的"和"单独的"是指主词的类别，"普遍的主词"是一个普遍的名词，如"人"；"单独的主词"是一个个体名词，如"卡里亚斯"。

亚里士多德说:"我们的命题必然有时涉及一个普遍的主词,有时涉及一个单独的主词。"(17b1)对涉及普遍主词的命题他又做了如下的划分:先把命题分为两种,"如果有人关于普遍主词作了一个全称性的肯定命题和一个全称性的否定命题,则这两个命题乃是'反对'命题。用'关于一个普遍主词的一个全称性命题'这个词句,我的意思是指像'每个人都是白的'、'没有一个人是白的'这样的命题。反之,当肯定命题和否定命题虽然是关于一个普遍主词的,但却并非所指的意思有时是相反的。作为有关一个普遍主词而却不属于全称性的命题的例子,我们可以举出像'人是白的'、'人不是白的'这些命题。'人'是一个普遍主词,但这些命题不是作得具有全称性的;因为'每一个'一词并不使主词成为一个普遍的,而是对命题给以一种全称性。"(17b3-14)"一个肯定命题以我用'矛盾命题'一词所指的意义与一个否定命题相对立,如果两者的主词仍相同,而肯定命题是全称性的但否定命题却不是全称性的。肯定命题'每个人都是白的'乃是否定命题'并非每个人都是白的'的矛盾命题,还有,命题'没有一个人是白的'乃是命题'有的人是白的'的矛盾命题。"(17b16-20)在上述"还有"之后,亚里士多德实际上省去了一段话:"如果两者的主词相同,而否定命题是全称性的但肯定命题不是全称性的。"

由上可知,亚里士多德先把命题分为涉及普遍主词的和涉及单独主词的两种,涉及单独主词的命题就是我们现在所说的"单称命题",后来把涉及普遍主词的命题分为全称命题(包括全称肯定命题如"每个人都是白的"和全称否定命题"没有一个人是白的")和不属于全称性的命题(如"人是白的"和"人不是白的","人享有健康"和"人不享有健康"),亚里士多德把这种不是全称性的涉及普遍主词的命题称为"不定的"命题(20a12)。

全称命题和不定命题的区别，在于前者在主词前加了"每一个"和"没有一个"，以表示人们断定了普遍主词的全称性（20a13－15）。亚里士多德提出了"并非每个人都是白的"和"有的人是白的"这两种命题，指出它们不是全称性的，但没有用特称命题这个名称，在《前分析篇》中才提出这个名称。如"每个人都是白的"和"没有一个人是白的"，"每个人都是公正的"和"没有一个人是公正的"；反对命题仅仅是"两者不能同真"并不含有"两者不能同假"的意思，也就是说两者可以同假。全称肯定命题和特称否定命题如"每个人都是白的"和"并非每个人都是白的"（《前分析篇》表述为"有的人不是白的"）是矛盾命题，亚里士多德说："至于那涉及普遍主词并且其中之一是全称性的肯定命题和相应的否定命题，一个必是真的，另一个则是假的"（17b25－27）。全称否定命题和特称肯定命题如"没有一个人是白的"和"有的人是白的"也是矛盾命题。这就是说，矛盾命题既不能同真，也不能同假。由上所述，反对命题和矛盾命题的真假关系是不同的。亚里士多德没有提出"下反对命题"这个名称，他使用的是"一对反对命题的矛盾命题"，如"并非每个人都是白的"和"有的人是白的"，两者可以同真（17b24－25），亚里士多德没有说"两者不能同假"，这一性质显然可从"反对关系的矛盾关系"推导出来。

亚里士多德在《前分析篇》中第一次引进了词项变项，对4种直言命题做了3种表述：

第1种同上，只不过使用了词项变元。第2种分别是：A 属于所有 B（A belongs to all B），即所有 B 是 A，排序为 AB；A 不属于任何 B（A belongs to no B 或 A does not belong to all B）；A 属于有的 B（A belongs to some B）；A 不属于有的 B（A does not belong to some B）。第3种分别是：A 述说所有 B（A is predicated of all B）；A 不述说任何 B（A is predicated of no B）；A 述

说有的 B （A is predicated of some B）；A 不述说有的 B （A is not predicated of some B）。这 3 种表述在《前分析篇》中是混用的，用得最多的表述是"属于"型的。

全称肯定命题和特称肯定命题、全称否定命题和特称否定命题之间的差等关系，亚里士多德在《解释篇》中没有讨论，但他早已知道。他在《论辩篇》中说："当一般地驳斥和立论时，我们也就相应地证明了特殊的方面；因为如果某东西属于一切，它也就属于某个；如果它不属于任何一个，它也就不属于某个。……舆论认为'如果一切快乐都是善，那么一切痛苦都是恶'的看法与'如果有的快乐是善，那么有的痛苦是恶'的看法是相似的。"（119a35 - 119b2）他在《前分析篇》中讨论三段论的结论时认为，如果得到一个全称结论，则附属于结论主词的东西必定接受谓词，他说："如果结论 AB 是通过 C 而证明的，那么凡是附属于 B 或 C 的词项必定接受谓词 A：因为如果 D 整个被包含在 B 中，B 整个被包含在 A 中，那么 D 将被包含在 A 中。"（53a20 - 22）这是说，"所有 B 是 A"（亚里士多德的表述是"A 属于一切 B"，排序为 AB）是通过"所有 C 是 A"和"所有 B 是 C"证明的，由 D 包含于 B 和 B 包含于 A （即所有 B 是 A），可得 D 包含于 A；由于"D 是 B 的一部分"，因此，从"所有 B 是 A"可得"有的 B 是 A"。同样，从"所有 C 是 A"可得"有的 C 是 A"。亚里士多德还认为，这种情况也适用于否定。可见，亚里士多德是承认差等关系的，一般认为亚里士多德没有讨论差等关系，这是不对的。他只是在《解释篇》中没有讨论。

由上所说，亚里士多德在逻辑史上第一次提出了图 1 的对当方阵：

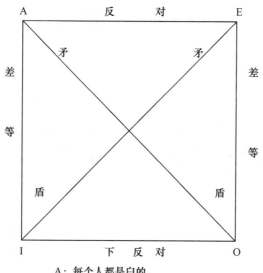

A：每个人都是白的，

E：没有一个人是白的，

I：有的人是白的，

O：并非每个人都是白的（有的人不是白的）。

图1　对当方阵

由此可见，全称肯定命题 A 和全称否定命题 E 是预设主词存在的命题。直接推理和三段论就是建立在这种基础之上的，这是亚里士多德逻辑的一个特点。

一对涉及同样单独主词的命题是矛盾的，如"苏格拉底是白的"和"苏格拉底不是白的"（17b27－28）。但是，一对涉及同样普遍主词的不定命题，如"人是白的"和"人不是白的"，不是反对命题（17b5－10），并不总是一者为真，另一者为假（17b29－34）。但亚里士多德在《解释篇》中有时说，"人是白的"和"人不是白的"是矛盾命题（20b5）。这种说法是混乱的，这表明《解释篇》是较早的著作。到了《前分析篇》中，在考察三段论时，亚里士多德取消了单称命题，对不定命题实际上处理成特称命题。

三　直言命题的现代解析

数理逻辑产生之后，如何在谓词演算中表示三段论系统，这是一个复杂的问题。国际著名数理逻辑学家希尔伯特和阿克曼在1928年写的《理论逻辑基础》（科学出版社1958年出版了莫绍揆的中译本，书名为《数理逻辑基础》。译者把"希尔伯特"译为"希尔伯脱"）一书中，专门有一节讨论亚里士多德的三段论，这是在现代逻辑建立之后用现代逻辑处理三段论的较早尝试。他们建立了一种命题演算与类演算（一元谓词演算）的联合演算。他们用 X、Y 分别表示"是 A""是 B"这种一元谓词，4 种直言命题表示为：

$$| \overline{\overline{X} \vee Y} | \ ; \quad | \overline{\overline{X} \vee \overline{Y}} | \ ; \quad | \overline{\overline{\overline{X} \vee \overline{Y}}} | \ ; \quad | \overline{\overline{\overline{X} \vee Y}} | \ 。$$

第 1 个是 A 命题，读为：谓词 $\overline{X} \vee Y$ 对一切客体成立，就是说，一切客体或者不是 X 或者是 Y，即一切客体如果是 X 则是 Y，也就是所有 X 是 Y。第 4 个命题是 O 命题，是对第 1 个命题的否定，表示并非所有 X 是 Y，即有 X 不是 Y。第 2 个命题是 E 命题，读为：对一切客体，非 X 或非 Y 成立，即对一切客体如果是 X 则是非 Y。第 3 个命题是 I 命题，是对第 2 个命题的否定，即并非对一切客体或非 X 或非 Y，也就是说，有的客体同时是 X 与 Y。

希尔伯特和阿克曼的这种解释，使直言命题的对当关系除矛盾关系外都不成立，特别是差等关系不成立，从 A 不能得到 I，从 E 不能得到 O。中间的 E 命题和 I 命题对 X 和 Y 是对称的，因此可以简单换位。但 A 命题不能简单换位。希尔伯特和阿克曼将全部三段论归结为联合演算的两个模式，得到 4 个格的 15 个有效式，还有 4 个从全称得特称的式和 5 个差等式不能推演出来。他们说："这个差异在于：从亚里士多德起，已经变成古典的对于全称肯定命题（'一切 A 为 B'）的解释与我们对公式 $| \overline{\overline{X} \vee Y} |$ 的解释并不

完全一致。事实上，依照亚里士多德，必须有客体使 A 成立时，命题‘一切 A 为 B’才算正确。在这点上我们所以要与亚里士多德的解释有所不同，乃由于顾到逻辑在数学上的应用之故，在这里，把亚里士多德的解释作为基本是不适当的。"[1] 如何解决这些问题呢？希尔伯特和阿克曼指出："必须把在亚里士多德逻辑中暗中作出的而在我们看来不是自明的那个假设明白写出。" 例如，三段论第三格 AAI 在联合演算中是得不出的，必须在两个前提中再加上主词存在的前提。

与希尔伯特和阿克曼的解释相等价，还有两种解释也很流行。一种是谓词演算的解释，把 4 种直言命题 AEIO 分别表述为：

$\forall x$ $(Sx \to Px)$，$\forall x$ $(Sx \to \neg Px)$，$\exists x$ $(Sx \land Px)$ 和 $\exists x$ $(Sx \land \neg Px)$。另一种是把 4 种直言命题 AEIO 分别表述为布尔表达式：

$S\overline{P} = 0$，$SP = 0$，$SP \neq 0$，$S\overline{P} \neq 0$。

我国著名逻辑学家金岳霖先生在 1936 年的《逻辑》一书中用文恩图解对传统的 A、E、I、O 四种直言命题讨论了 4 种情况，按照这 4 种情况，直接推理和三段论就有不同的形式。

（1）以 A、E、I、O 为不假设主词存在的命题，即主词存在与否与这些命题的真假不相干，记为 A_n、E_n、I_n、O_n。这时，传统的差等关系、下反对关系成立，传统的矛盾关系变为下反对关系，传统的反对关系变为独立关系即没有传统的任一对当关系。在换质换位中，A_n 和 I_n 不能换位。在三段论 19 个式（不含差等式）中，第 1 和第 2 两格的 8 个式有效，第 3 和第 4 两格之式除 $A_n E_n E_n$ 外均无效。

（2）以 A、E、I、O 为肯定主词存在的命题，如果主词不存在，它们都是假的，记为 A_c、E_c、I_c、O_c。这时，传统的差等和反对关系成立，矛盾关系变为反对关系，下反对关系变为独立关

① 希尔伯特、阿克曼：《数理逻辑基础》，莫绍揆译，科学出版社 1958 年版，第 54—55 页。

系。在换质换位中，E_c 的换位不正确。在三段论 19 个式（不含差等式）中，第 1 和第 2 两格的 8 个式有效，第 4 格 $A_cE_cE_c$ 无效，第 3 和第 4 两格其余各式均有效。

（3）以 A、E、I、O 为假设主词存在的命题，如果主词不存在，这些命题无意义，记为 A_h、E_h、I_h、O_h。这时，传统的对当关系全成立，但是在换质换位中，E_h 的换位不正确。这表明传统逻辑直接推论的两个部分之间不一致。在三段论 19 个式（不含差等式）中，第 1 和第 2 两格的 8 个式有效，第 4 格 $A_hE_hE_h$ 无效，第 3 和第 4 两格其余各式均有效。

（4）以 A、E 为不假设主词存在的命题，I、O 为肯定主词存在的命题，记为 A_n、E_n、I_c、O_c。这时，仅传统的矛盾关系成立，其余均为独立关系。在换质换位中，A_n 和 I_n 不能换位。在三段论 19 个式（不含差等式）中，第 1 和第 2 两格的 8 个式有效，第 3 格 $A_nA_nI_c$、$E_nA_nO_c$，第 4 格 $A_nA_nI_c$、$E_nA_nO_c$ 无效，第 3 和第 4 格其余 7 个式有效，共 15 个有效式。第 4 种解释就是经典逻辑演算的解释。

国际著名逻辑学家卢卡西维茨把 A、E、I、O 处理成初始的二元函子，从而把亚里士多德的三段论变为带函子的命题演算，以后，有些逻辑学家也采用了这种办法。

综上所说，以上各种对 4 种直言命题的处理办法都不能恰当地表示全称命题预设主词存在的涵义。我国著名逻辑学家莫绍揆先生提出了一种处理办法，他说："亚里士多德显然是从 'S 是 P' 而得出 SAP、SEP、SIP、SOP 四种命题的……如果我们用符号表示 'S 是 P'，例如写成 'SWP'，（或 'WSP'）那么便有：SAP 为 $\forall$（SWP）（或 $\forall$WSP），SEP 为 $\forall$（$\neg$SWP）（或 $\forall\neg$WSP），SIP 为 $\exists$（SWP）（或 $\exists$WSP），SOP 为 $\exists$（$\neg$SWP）（或 $\exists\neg$WSP），我们有：SAP $\rightarrow$ SIP，SEP $\rightarrow$ SOP，以及 $\neg$SAP $\leftrightarrow$ SOP，$\neg$SEP $\leftrightarrow$ SIP 等等，可以说，目前一目谓词的一阶逻辑基本上全包括在内了。

唯一不同的是：它对公式（语句）只限于 WSP 形，而且认为 S，P 等都是一元谓词，当前面冠以∀或∃时，便自动地对两者一齐约束［即理解为∀xW（S（x）P（x）），∃xW（S（x）P（x））］，从而排除了冠两个量词的可能（即未考虑到∀x∃yW（S（x）P（y））等等）。"[1] 我对莫绍揆先生的处理办法做了改进，把"S 是 P"当成复合的原子谓词，用符号表示为"S－P"，在前面加上全称号和特称号：

SAP 为 ∀（S－P），SEP 为 ∀¬（S－P），SIP 为 ∃（S－P），SOP 为 ∃¬（S－P）。

∀（S－P）理解为∀x（Sx－Px）或∀x（S－P）（x），读为：对一切 x 而言，它是 S 就是 P。对 E、I、O 的解释仿此。采用这种处理办法，就可使三段论系统成为一种特殊的一元谓词逻辑系统，符合 4 种直言命题预设主词存在的要求，因为在一阶谓词演算中，∀xFx、∀x¬Fx、∃xFx、∃x¬Fx 这 4 个公式之间有对当关系，从∀xFx可得到∃xFx（如果所有 x 是 F 则有 x 是 F），在谓词演算中，以下是定理：

∀xFx→∃xFx，

∀x¬Fx→∃x¬Fx，

∀xFx↔¬∃x¬Fx，

∀x¬Fx↔¬∃xFx，

¬∀xFx↔∃x¬Fx，

¬∀x¬Fx↔∃xFx。

我们用复合的谓词 S－P 代入 F，从∀（S－P）自然可以得到∃（S－P）（即从"所有 S 是 P"可得到"有 S 是 P"），图 2 就是在新解释之下的对当方阵：

---

[1]　中国社会科学院哲学所编：《金岳霖学术思想研究》，四川人民出版社 1987 年版，第 268—269 页。

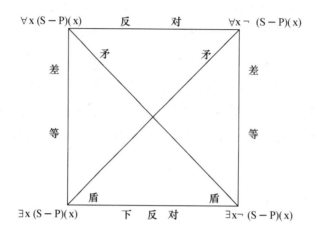

图 2　新的对当方阵

　　笔者认为，以上是对亚里士多德 4 种直言命题最恰当的现代逻辑解释，笔者在此基础上构造了一个树枝形的直言三段论系统，请参见拙作《从现代逻辑观点看亚里士多德的三段论》。①

_____

① 《哲学研究》1988 年第 5 期。

亚里士多德直言三段论的本来面目[*]

一 3 个格 36 个式还是 4 个格 24 个式？

卢卡西维茨说："中项在两个前提中作为主项或谓项的位置是亚里士多德用以将三段论各式划分为各个格的原则。亚里士多德明白地说过我们将由中项的位置而认识格。在第一格中，中项是大项的主项并且是小项的谓项，在第二格中，中项是其他两项的谓项，而在第三格中，中项是其他两项的主项。可是，当亚里士多德说每一个三段论必在这三格之一之中时，他是错了。还有第四个可能性，即中项是大项的谓项并是小项的主项，这类的式现在看作属于第四格。"[①] 他又说："亚里士多德知道并承认第四格的所有的式。……他的错误仅在于系统划分三段论时漏掉了这些式。"[②] 笔者不能同意卢卡西维茨对亚里士多德的这种指责。这里的关键在于正确理解亚里士多德划分三个格的标准。卢卡西维茨说："亚里士多德把三段论的各式划分为三个格。这些格的最简短和最明白的描述不见之于《前分析篇》的系统解说部分，而是在

---

[*] 选自合著《逻辑学思想史》（张家龙主编，湖南教育出版社 2004 年版）第 3 编第 2 章第 1 节。

① 卢卡西维茨：《亚里士多德的三段论》，李先焜、李真译，商务印书馆 1987 年版，第 35 页。

② 同上书，第 39 页。

该书后面的各章。"①

这种说法是不真实的。事实上，亚里士多德在《前分析篇》的第1卷第4章至第6章中，对三个格已做了最简短和最明白的描述。

在第一格中，亚里士多德说："如若三个词项相互间具有这样的联系，即最后的词项整个包含在中间的词项（中词）内就像在一个整体里一样，而中词或是包含在第一个词项之内就像在一个整体里一样，或是被排斥于其外就像离开了这个整体一样，在这种情况下，这两个端词就必然凭借一个完善的三段论而发生关联。我所说的'中词'，是指既包含在另一个词项中又包含着其他词项于自身中的词项，在位置上它也是在中间。两个端词是指包含在另一个词项中的那个词项，或者那个包含着另一个词项的词项。"（25b32）"所谓大词，我是指包含中词的词项；所谓小词，我是指从属于中词的词项。"（26a22）可见，在第一格即完善的三段论中，词项的排列次序是（连线表示在前提里，词项之间的关系；请注意：亚里士多德通常用"A 属于所有 B"或"A 述说所有 B"等形式的直言命题，词项的排列次序是谓词在前，主词在后，AB 就是"所有 B 是 A"）：大词—中词—小词。

亚里士多德对第二格描述说："如果同一事物属于一个主项的全部分子，而不属于另一个主项的任何分子，或者同时属于两个主项的全部分子，或者不属于两个主项的任何分子，我就把这个格叫做第二格。在这个格中，中词即是述说两个主项的那个词项；两个端词即是被中词所述说的两个词项；大词是与中词较接近的词项；小词是与中词距离较远的词项；中词被置于端词之外，而且位于前面。"（26b34）可见，在第二格里，词项的排列次序是：中词—大词—小词。

---

① 卢卡西维茨：《亚里士多德的三段论》，李先焜、李真译，商务印书馆 1987 年版，第 34 页。

　　亚里士多德对第三格做了这样的说明："如果一个词项属于第三个词项的全部分子，另一个词项不属于这第三个词项的任何分子；或者两个词项都属于第三个词项的任何分子；或者都不属于它的任何分子；那么我把这个格称为第三格。在这个格中，我所说的中词是指两个端词作其谓项的那个词项；我所说的端词是指那两个谓项；大词即是离中词较远的那个词项；小词即是离中词较近的那个词项。中词的位置处于两个端词之外，并且在最后。"（28a10）可见，在第三格中词项的排列次序是：大词—小词—中词。

　　综上所说，亚里士多德完全是根据两个前提中 3 个词项的位置排列的不同来划分 3 个格的，根本不考虑结论的主谓词。他用一种线性次序来表示，以中词的位置（中间、最前和最后三种情况）为标准，按离中词的距离的大小（相等、较远、较近）先排大词，后排小词；亚里士多德把包含大词的前提叫作"大前提"，把包含小词的前提叫作"小前提"。结果只能得出上面划分的 3 个格，绝不可能有第四格。亚里士多德划分的标准是严格的。

　　亚里士多德在《前分析篇》第 1 卷第 23 章中总结说："如果我们要有一个三段论把这个词项与那个词项联系起来，那么我们就必须在两者中找到居间的东西，由它把两个断定联结起来，而这可能有三种方式：或以 A 述说 C 并以 C 述说 B，或以 C 述说 A、B 两者，或以 A、B 两者述说 C，这些就是我们曾经讲过的三个格，显然每一个三段论必定用这三个格的某一个格或另一个格构成。"（41a13 - 20）按照以上所说的在两个前提中的词项排列次序，可以得到以小词为主词、大词为谓词的结论。这是一种标准三段论式。亚里士多德在陈述标准三段论时，有时把大、小前提加以调换，这并不影响标准三段论的实质。但是，亚里士多德在《前分析篇》第 1 卷第 7 章中，先陈述大前提，后陈述小前提，重申了在第 1 卷第 4—6 章中划分 3 个格的标准。笔者认为，应当把

"大词—中词—小词""中词—大词—小词"和"大词—小词—中词"分别看成是 3 个格中的词项标准排列次序。在标准三段论式中，把标准的排列次序改为非标准的排列次序是无关宏旨的，因为两个前提是可以交换的。

综上所说，根据两个前提的词项的标准排列次序，大词在小词之前，中词对大词和小词的关系只能有 3 种，三段论只能划分为 3 个格，绝没有第四个可能性。亚里士多德的这种划分方法并没有错。卢卡西维茨所说的"第四个可能性，即中项是大项的谓项并是小项的主项"，其根据是用结论的主谓词来定义大词和小词，这与亚里士多德的划分标准迥然不同，这第四个可能性已包含在第一格的结论即以大词为主词、以小词为谓词的非标准三段论式之中了。卢卡西维茨指出："亚里士多德知道并且承认第四格的所有式"，但他以"提到这些新的式的《前分析篇》第 1 卷第 7 章及第 2 卷第 1 章是亚里士多德在第 1 卷第 4—6 章的系统解说之后再写成的"为理由，指责亚里士多德"系统划分三段论时漏掉了这些式"，这是不能成立的。首先，亚里士多德在《前分析篇》第 1 卷第 7 章和第 2 卷第 1 章中提出第一格的 5 个非标准三段论式（也就是后来所谓第四格的 5 个式），恰恰是从第 1 卷第 4—6 章中的系统推出来的，这一点以下还要说明。其次，在《前分析篇》第 1 卷第 4—6 章中，亚里士多德在列出 14 个标准的有效式的同时，也列出了非标准的有效式。

亚里士多德在《前分析篇》中有两段话："可见，在所有这些格中，当得不出正常的三段论时，如果两个端词都是肯定的或者都是否定的，那就完全不能必然地得出什么来；但如果一个是肯定的，另一个是否定的，并且如果这否定的是全称的陈述，那么，总是能产生一个三段论来联结小词于大词（按：这是指'以大词为主词、小词为谓词'的结论）。例如，如果 A 属于所有或有的 B，B 不属于任何 C；因为如果把两个前提换位，那么必然可以推出，C 不属于有的 A。其他格亦相同。因为三段论总是通过换位法而产生的。"（29a19 – 29）"有些三段论是全称的，有些三段论是特称的。所有全称三段论总可以得出一个以上的结果；肯定的特称三段论可以得出一个以上的结果，但否定的特称三段论则仅能得出一个结论。因为所有命题除特称否定命题外均可换位；结论就是对一个确定的事物陈述另一个确定的东西。因此，所有三段论除特称否定的之外都可以推出一个以上的结论，例如，如果 A 被证明属于所有 B 或有的 B，则 B 必属于有的 A；如果 A 被证明不属于任何 B，则 B 不属于任何 A。这是与前者不同的一个结论。"（53a4 – 14）

莫绍揆先生根据这两段原文分析说："亚氏把反常三段论式分成两种情况：第一，前提与正常式不同，必是 AE、EA、IE、EI 四形之一。（对前提作换位后，即可根据正常三段论而得结论。即先换位，再用正常三段论式）。第二，前提与正常论式相同的，先用正常三段论式求得结论，再对结论换位而得。事实上，这便包括了一切反常三段论式。"① 莫绍揆先生还指出，正常式和反常式合计共 36 个有效式（包括亚式从未讨论的差等式）。② 我基本同意莫绍揆先生的看法，但是，要做出一切非标准三段论式，靠上述两种情况还是不够的，需做一点补充，另外，亚里士多德实际上已预见到差等式，不能说，亚里士多德从未讨论差等式。下面我具体地——列出 36 个有效式的根据。

1. 亚里士多德在《前分析篇》第 1 卷第 4—6 章中列出了三个格的 14 个标准式，我们按照国际通用的办法，将 14 个式的拉丁名称列在下面（第一行是第一格，第二行是第二格，第三行是

---

① 莫绍揆：《亚里士多德三段论格式的真面目》，载《全国逻辑讨论会论文选集（1979）》，中国社会科学出版社 1981 年版，第 669 页。

② 参见莫绍揆、汪灵华《逻辑代数和电子计算机简介》，江苏教育出版社 1983 年版，第 80—83 页。今将"正常"改为"标准"，"反常"改为"非标准"。

第三格）：

Barbara, Celarent, Darii, Ferio

Cesare, camestres, Festino, Baroco

Disamis, Darapti, Datisi, Ferison, Felapton, Bocardo①

2. 我们在前面引用了《前分析篇》（第 1 卷第 7 章，29a19 - 29）的一段话："如果 A 属于所有或有的 B，B 不属于任何 C；因为如果把两个前提换位，那么必然可以推出，C 不属于有的 A。"这里列出的两个式是：（1）"所有 B 是 A，无 C 是 B，所以，有 A 不是 C"；（2）"有 B 是 A，无 C 是 B，所以，有 A 不是 C"。这里的结论都是"以大词为主词，小词为谓词"。这是第一格非标准式的 Fapesmo（即第四格 Fesapo）和 Frisesomorum②（即第四格 Fresison），亚里士多德并指出了构成类似这两个式的其他非标准式的方法：对 AE、IE 型的前提进行换位，然后根据标准三段论式得出结论。以上 2 式将两个前提换位后，按第一格 Ferio 得结论，（1）和（2）都变为"无 B 是 C，有 A 是 B，所以，有 A 不是 C"。据此，还有以下几个非标准有效式：

（3）PIM，SEM，所以，POS。

（4）MIP，MES，所以，POS。

（5）MAP，MES，所以，POS。

3. 亚里士多德把通过对一些标准三段论式的结论加以换位而得到的非标准三段论式叫作"换位的三段论"（converted syllogism，见 44a31 - 35），他具体列出了 3 个：（1）第一格非标准式的 Celantes（即第四格 Camenes），（2）Dabitis（即第四格 Dima-

---

① 拉丁名称的 3 个元音字母，依次表示 2 个前提和结论，如 Barbara 表示 2 个前提和结论都是 A 命题（全称肯定命题）。在 36 个有效式中，有拉丁名称的式共 24 个，后来出现了 4 格 24 式后，与第一格 6 个非标准式相应的第 4 格 6 个式也有新的拉丁名称，本书做了说明。

② 取前 3 个元音字母依次表示 2 个前提和结论，此为 IEO。以下 Baralipton 的前 3 个元音字母为 AAI。

ris），（3）Baralipton（即第四格 Bramantip），它们分别是从第一格标准式 Celarent、darii、Barbara 通过对结论的换位而得到的。上面我们已经引用了亚里士多德构成"换位的三段论"的一般方法："所有三段论除特称否定的之外都可以推出一个以上的结论，例如，如果 A 被证明属于所有 B 或有的 B，则 B 必属于有的 A；如果 A 被证明不属于任何 B，则 B 不属于任何 A。这是与前者不同的一个结论。"（53a4 - 14）这是说对 Barbara 的全称肯定结论换位（所有 B 是 A 换位为有 A 是 B），对 darii 的特称肯定结论换位（有 B 是 A 换位为有 A 是 B）和对 Celarent 的全称否定结论换位（无 B 是 A 换位为无 A 是 B），就可得到与原结论的主谓项次序相反的新结论，这些就是我们所说的"以大词为主词、以小词为谓词"的非标准式 Baralipton、Dabitis 和 Celantes。据此，换位的三段论还有以下一些式：

（4）PEM，SAM，所以，PES。

（5）PAM，SEM，所以，PES。

（6）MAP，MAS，所以，PIS。

（7）MIP，MAS，所以，PIS。

（8）MAP，MIS，所以，PIS。

它们分别是从 Cesare、camestres、Darapti、Disamis 和 Datisi 通过对结论的换位而得到的。

4. 亚里士多德知道词项变元是可以改名的。他使用了不同的变元来表达同一个三段论式，例如，Camestres 可表述为"如果 M 属于所有 N，而不属于任何 O，那么 N 就不属于任何 O"（27a10），也可表述为"如果 A 不属于任何 C，而属于所有 B，那么 B 将不属于任何 C"（29b5 - 10）。Darapti 可表述为"每当 P 和 R 属于所有 S 时，P 就必然属于有的 R"（28a17 - 19），也可表述为"如果 A 和 B 都属于所有 C，A 就属于有的 B"（29a37 - 38）。词项改名要遵守以下规定："每个三段论式仅通过三个词项进行"，

"一个三段论的结论得自两个前提，不是得自两个以上前提"（42a31 – 35）。这就是说，一个三段论式在进行词项改名时，必须保持两个前提、三个词项数目不变。

（1）根据亚里士多德的词项改名规则，从 Baroco（PAM，SOM，所以，SOP）经过改名可得（P 改为 S，S 改为 P，并交换前提）：POM，SAM，所以，POS。

（2）从 Bocardo（MOP，MAS，所以，SOP）经过改名可得（P 改为 S，S 改为 P，并交换前提）可得：MAP，MOS，所以，POS。

英国著名学者大卫·罗斯（D. Ross）说："亚里士多德忽略了第二格 OA 和第三格的 AO 可得以 P 为主词的结论。"[1] 根据笔者在以上的论证，罗斯的说法是不正确的，亚里士多德并没有忽略这两个非标准式。

5. 亚里士多德明确承认差等关系。

我们在上面论述直言命题的对当关系时，引证了亚里士多德的两段原文：《论辩篇》的 119a35 – 119b2 和《前分析篇》的 53a20 – 22，有力地证明了亚里士多德是肯定差等关系的，据此，笔者认为亚里士多德知道并承认差等式，即以下诸式：

（1）Barbari　　MAP，SAM，所以，SIP。

（2）Celaront　　MEP，SAM，所以，SOP。

（3）Celantop　　MEP，SAM，所以，POS（即第四格 Camenop）。

（4）Cesaro　　PEM，SAM，所以，SOP。

（5）Camestrop　PAM，SEM，所以，SOP。

（6）由 PEM，SAM，所以，PES 得出：PEM，SAM 所以，POS。

（7）由 PAM，SEM，所以，PES 得出：PAM，SEM 所

① D. Ross, *Aristotle's Prior and Posterior Analytics*, Oxford, 1949, p. 314.

以，POS。

综上所说，直言三段论的格只能有 3 个，有效式共 36 个：每格 12 个，其中标准式、非标准式各 6 个（包括差等式）。3 个格的式的总数为：$3 \times 2 \times (4 \times 4 \times 4) = 384$，去掉 36 个有效式，共有 348 个无效式，每格 116 个无效式。

36 个有效式能否化简为 24 个呢？我们现在来分析这个问题。在第一格中，不管是先陈述大前提，还是先陈述小前提，大前提总是以中词做主词、大词做谓词的命题，小前提总是以小词做主词、中词做谓词的命题，因此，第一格的标准式（结论的主词是小词、谓词是大词）和非标准式（结论的主词是大词、谓词是小词）就有根本不同，例如第一格标准式 Barbara："所有 M 是 P，所有 S 是 M，所以，所有 S 是 P"与相应的非标准式 Baralipton："所有 M 是 P，所有 S 是 M，所以，有 P 是 S"是截然不同的，"所有 M 是 P"不能成为小前提，"所有 S 是 M"不能成为大前提，非标准式不能得出全称肯定的结论。但在第二格中，中词是两个前提的谓词；在第三格中，中词是两个前提的主词；在第二格和第三格中，大前提可以变为小前提，小前提可以变为大前提，而结论不变。例如第二格标准式 Cesare："所有 P 不是 M，所有 S 是 M，所以，所有 S 不是 P"可以调换前提："所有 S 是 M，所有 P 不是 M，所以，所有 S 不是 P"，结论没有改变，可是后者的大词是 S，小词是 P，结论以大词做主词、小词做谓词，按照非标准式的规定，这是与第二格标准式 Cesare 相应的非标准式 AEE，它们在实质上是同一个式。第二格的其他非标准式和第三格的非标准式的情况也是同样的，所以，原则上我们可以取消第二格和第三格的 12 个非标准式，而剩下第一格的标准式和非标准式、第二格和第三格的标准式，共 24 个。但是，我们可以使第二格和第三格的非标准式在形式上与标准式有所区别，例如，上述第二格非标准式 AEE："所有 S 是 M，所有 P 不是 M，所以，所有 S 不是

P"，将 S 和 P 互换后得："所有 P 是 M，所有 S 不是 M，所以，所有 P 不是 S"，这就与第二格标准式 Cesare："所有 P 不是 M，所有 S 是 M，所以，所有 S 不是 P"有了形式上的不同；更重要的是，按照以上亚氏产生"以大词做主词、小词做谓词"的结论的方法，这 12 个非标准式在形式上与相应的标准式也是有区别的，他并没有将第二格和第三格各式的前提进行互换，而是用前提换位和结论换位的方法推演出来的，所以，我们还是要保留这 12 个非标准式，这样就与第一格也具有对称性，3 个格各有 6 个非标准式。从逻辑史的角度来看，3 个格 36 个有效式才是亚里士多德直言三段论的本来面目。

这里我们要澄清逻辑史上的两个误传。

第一，有的书上说，泰奥弗拉斯多发现了间接第一格的 5 个式。其实他的老师亚里士多德已经在《工具论》中列出来了，本书详细举出了证据。亚里士多德在列出这 5 个式时是在已构造好两个化归系统之后，人们的注意力集中在 10 个式如何化归为第一格的 4 个式，第一格的两个特称式又如何化归为全称式，也许没有注意亚里士多德所说的"联结小词于大词"（即以大词为主词、小词为谓词）作为结论的非标准三段论式。因此，笔者认为，说泰奥弗拉斯多为亚里士多德的第一格增补了 5 个式，这是不正确的。事实上，他对亚里士多德第一格的定义做了补充："在第一格中，中词是一个前提的主词和另一个前提的谓词"。因此，他比亚里士多德更加明确地把这 5 个式同 4 个标准式一起放在第一格之中，并把这 5 个式称为"间接第一格"。这对于后来第四格的提出具有启发作用。

第二，通常认为，第四格的发现者是公元 2 世纪后住在罗马的希腊医生和哲学家盖伦（也译加伦，Galan，约 129—199 年）。这种说法已遭到不少著名逻辑史家的反驳。卢卡西维茨在《亚里士多德的三段论》中引用了一篇佚名作者的注解。亚里士多德的希腊文注释本的柏林编纂人之一马克西米利安·瓦里士（M. Wallies），在 1899 年出版了公元 6 世纪的注释家阿蒙尼乌斯（Ammonius）的《前分析篇》注释本的现存残篇，佚名作者的注解嵌入在该书的序言中，题为"论三段论的全部种类"，其开始说："三段论有三种：直言的、假言的和外设的三段论。直言的三段论又分两类：简单的和复合的。简单三段论有三种：第一、第二和第三格。复合三段论有四种：第一、第二、第三和第四格。亚里士多德之所以说只有三个格，因为他着眼于含有三个词项的简单三段论。然而盖伦在其《论必然》一书中说有四个格，是由于他着眼于含有四个词项的复合三段论，因为他在柏拉图的《对话集》中发现了许多那样的三段论。"① 卢卡西维茨接着分析说："这位佚名作者进一步对我们作了一些解释，我们能由此推想盖伦如何得以发现这四个格。含有四个词项的复合三段论可用简单三段论的 I、II、III 三个格以九种不同方式组合而形成：I 与 I，I 与 II，I 与 III，II 与 II，II 与 I，II 与 III，III 与 III，III 与 I，III 与 II。这些组合中的两个，即 II 与 II，III 与 III，根本不能得出三段论，而其余的组合中的 II 与 I 同 I 与 II，III 与 I 同 I 与 III，III 与 II 同 II 与 III 所得出的三段论是各自相同的。这样我们就仅仅得到四个格：I 与 I，I 与 II，I 与 III 以及 II 与 III。"② 这位佚名作者举了许多实例，其中 3 个来自柏拉图，例如："所有美的都是公正的，所有好的都是美的，所有好的都是公正的。所有好的都是公正的，所有有用的都是好的，所有有用的都是公正的。"如果把这个推理简化一下，可写成："所有有用的是好的，所有好的都是美的，所有美的都是公正的，所以，所有有用的都是公正的。"这是 I 与 I 格：从 A – B，B – C，C – D 推出 A – D。

　　盖伦扩展了亚里士多德的简单三段论，他在现今保存下来的

---

① 《亚里士多德的三段论》，第 53 页。
② 同上书，第 53—54 页。

著作《证明注释》中说直言三段论只有 3 个格。英国著名逻辑史家威廉·涅尔（William Kneale）说："在扩充了亚氏三段论的格和指出第二格第三格的论证如何可以还原为第一格之后，盖伦继续说没有其他的格，并且也不可能有其他的格，正如他在其《证明注释》中所提出的那样。这一点很重要，因为它表明那种把第四格归于盖伦的传统看法是错误的。但是这学说究竟何时首次提出，以及由谁提出，是无法知道的。"①

卢卡西维茨推测说："盖伦把三段论分为四个格，但这些都是具有四个词项的复合三段论，而不是亚里士多德的简单三段论。亚里士多德三段论的第四格曾是另外的某人所发现的，大概非常晚，也许不早于六世纪，这位不被知晓的作者大概曾听到过关于盖伦的四个格的某些情况，但他或者并不了解它们，或者手边并没有盖伦的著作。在反对亚里士多德以及整个逍遥学派时，他渴望抓住机会使他的意见受到一个杰出的名字的威望的支持。"②

在欧洲中世纪，传播的三段论是亚里士多德的三个格。英国逻辑学家希雷斯伍德的威廉（William of Shyreswood，约 1200—1266 年）写了一部逻辑著作：《逻辑导论》，在论三段论的部分中，他第一次将亚里士多德三段论的 3 个格 19 个有效式（包括第一格的非标准式）按亚里士多德的化归思想，概括成以下的拉丁文记忆歌诀：③

Barbara, Celarent, Darii, Ferio, Baralipton

Celantes, Dabitis, Fapesmo, Frisesomorum;

Cesare, Camestres, Festino, Baroco; Darapti

Felapton, Disamis, Datisi, Bocardo, Ferison

---

① 威廉·涅尔等：《逻辑学的发展》，张家龙等译，商务印书馆 1985 年版，第 237 页。

② 《亚里士多德的三段论》，第 56 页。

③ 《逻辑学的发展》，第 301 页。

在这个歌诀中，每一个拉丁词（Barbara 等）代表一个有效式，按以下规则来说明：

（1）前 3 个元音字母表示构成三段论的 3 个命题的量和质，a 代表全称肯定，e 代表全称否定，i 代表特称肯定，o 代表特称否定。a 和 i 是拉丁字"affirmo"（肯定）中的前两个元音字母，e 和 o 是拉丁字"nego"（否定）中的元音字母。第五个式 Baralipton 和第九个式 Frisesomorum 在第三个元音之后多出的字母只是为了具有歌诀的形式，没有实际意义。

（2）在前 4 个公式之后的每一个公式的第一个辅音字母，表示这个式可以化归为与它具有相同的第一个辅音字母的前 4 个公式之一。如第二格 Cesare 化归为第一格的 Celarent。

（3）直接在元音字母后面出现的 s 表示相应的命题在化归时进行简单换位。例如 Cesare，在 e 之后出现 s，表明第一个前提 e（全称否定）要简单换位。

（4）直接在元音字母后面出现的 p 表示相应的命题在化归时进行限制换位。例如 Felapton，表示在 p 之前的 a（第二个前提，全称肯定）要限制换位成特称肯定。

（5）在一个公式中，出现了字母 m，表示在化归时前提要调换。例如第二格 Camestres，在 a 和 e 之间有 m，表示在化归时前提要调换，化归为 Celarent。再如第三格 Disamis，在化归时 i 和 a 所代表的两个前提要交换（i 所代表的命题还要简单换位），结果化归为 Darii。

（6）在前 2 个元音字母之一后面出现的 c 表示相应的前提用结论的否定来代替，这样就达到用归于不可能法（即反三段论律）化归的目的。例如第二格 Baroco 用归于不可能法化归为第一格 Barbara，第三格 Bocardo 也是用归于不可能法化归为 Barbara。

（7）在 19 个公式中，没有意义的字母是 r、t、l、n 和不在开头的 b、d，还有在 3 个元音字母后出现的元音字母 o 和 u。

由上可见，希雷斯伍德的威廉的这套三段论记忆歌诀实际上就是亚里士多德以第一格4个式为初始式的化归系统。西班牙的彼得（Peter of Spain，原名 Petrus Hispannus，约 1220—1277 年）在其有名的著作《逻辑大全》中吸收了希雷斯伍德的威廉的三段论记忆歌诀。他在 276 年被选为罗马教皇，称约翰二十一世。《逻辑大全》一书到 17 世纪初共印刷 166 次，是中世纪逻辑学的经典著作。这表明，希雷斯伍德的威廉和西班牙的彼得的三段论记忆歌诀一直流传到 17 世纪，也证明了亚里士多德的直言三段论原本只有 3 个格 19 个式。

在西方逻辑史上，《波尔—罗亚尔逻辑》第一次明确提出了第四格。该书原名《逻辑学或思维的艺术》，是笛卡儿的信徒阿尔诺和尼柯尔合著的。他们二人是修士，波尔—罗亚尔是法国巴黎郊外的一个修道院。阿尔诺和尼柯尔用法文撰写这部著作，作为修道院学生的教材。该书于 1644 年以手抄本形式流传，1662 年正式出版。1666 年译成拉丁文出版，1685 年在伦敦出版英译本，以后又多次再版，成为欧洲近代逻辑的范本，对后来编著各种逻辑教材产生了深远的影响。该书把直言三段论分成 4 个格 19 式，提出了 4 条总规则，并对 4 个格的规则进行了讨论，还论述了如何将第二、第三、第四格化归为第一格的问题，这些内容同后来的甚至今日的逻辑教科书关于直言三段论的内容是一致的。

随着《波尔—罗亚尔逻辑》一书在欧洲的流传，直言三段论分为 4 个格的思想日益为人们所接受。在这样的背景下，阿尔德里希（Aldrich）在 1691 年的《逻辑方法纲要》中第一次对希雷斯伍德的威廉和西班牙的彼得的三段论记忆歌诀进行了修改。原歌诀在第一格标准式的 4 个式之后，接着就是非标准式的 5 个式；阿尔德里希将这 5 个式改为第四格的 5 个式，起了新的拉丁名字，排在 3 个格的各式之后。第二个修改是，原歌诀的行的划分并不是与格的划分相对应，例如第三行的最后一个式 Darapti 是第三

格，可是它前面的 4 个式都是第二格，修改后的歌诀严格按照 4
个格顺序来排列各式，并用拉丁字放在括号里清楚地标出 4 个格。
以下是新的歌诀：

Barbara Celarent Darii Ferioque（prioris）

Cesare Camestres Festino Baroco（secundae）

（Tertia）Darapti Disamis Datisi Felapton

Bocardo Ferison（habet）（quarta insuper addit）

Bramantip Camenes Dimaris Fesapo Fresison

由以上的历史考察，我们可以总结几点：亚里士多德直言三
段论的本来面目是 3 个格，而且只能有 3 个格；亚里士多德的思
想经过中世纪记忆歌诀的总结，一直流传到 17 世纪；第四格不是
盖伦提出的，而是由一个不知名的作者提出的（时间不明）；《波
尔—罗亚尔逻辑》第一次在逻辑著作中提出将直言三段论分 4 个
格 19 个式；随后出现了 4 个格 19 个式的拉丁记忆歌诀，这与中
世纪的记忆歌诀是截然不同的。在两个拉丁记忆歌诀中，没有 5
个差等式的名称，这是后来才有的，没有写进歌诀。现在有些逻
辑著作根本不知道亚里士多德直言三段论的本来面目，不知道中
世纪的拉丁记忆歌诀，不知道存在两个拉丁记忆歌诀以及其间的
区别，不知道第四格的来龙去脉，笔者希望这里所做的历史考察
能够澄清这些问题。

二　三段论是蕴涵式还是推理规则？

卢卡西维茨把三段论式看成一个蕴涵式，他构造了直言三段
论的一个蕴涵式系统。他说："一个推论的特征记号是'所以'
这个字。但亚里士多德构造的三段论原来不是一个推论，它们都
不过是一些由前提的合取式作为前件、由结论作为后件的蕴涵式

罢了。"① "必须着重指出：由亚里士多德构造的三段论没有一个是像传统逻辑所作的那种带着'所以'一词的推论。"② "没有一个亚里士多德式三段论是作为带'所以'一词的推论规则而构成的，如像传统逻辑那样。"③ 著名逻辑史家波亨斯基也说："它（三段论式）是一个条件语句，其前件是两个前提的合取。它的一般形式是'如果 p 和 q，则 r'，其中命题形式将用以对'p'，'q'和'r'进行代入。所以，亚里士多德的三段论没有后来的形式：'p，q；所以 r'，这是一个规则。亚里士多德的三段论不是一个规则，而是一个命题。"④

我们不能同意卢卡西维茨和波亨斯基的看法。亚里士多德并不总是用蕴涵式表示三段论式，也用推理规则表示三段论式。下面举几个例子。

（1）"O 不属于任何 M，M 属于所有 N，所以，O 不属于任何 N"（27a9 - 14），这里用的是"所以"（then）。

（2）"N 不属于任何 M，M 属于有的 O，所以，N 将不属于有的 O"（27a30 - 35），这里用的是"所以"（therefore）。

（3）"R 属于所有 S，并且 S 属于有的 P，所以，P 必属于有的 R"（28b7 - 12），这里用的是"所以"（therefore）。

（4）"A 述说所有 B，但不述说任何 C，因此，B 不述说任何 C。"（78b27）这里用的是"因此"（consequently）。

（5）"所有 B 是 D，无 D 是 A，∴ 无 B 是 A（据三段论式）。"（79b2 - 4）这里用的是"所以"的符号"∴"。

（6）卢卡西维茨曾引用《后分析篇》第 2 卷第 16 章，98b5 - 10 中的一个用蕴涵式表述的三段论实例："如果所有的阔叶植物

---

① 《亚里士多德的三段论》，第 9 页。
② 同上书，第 32 页。
③ 同上书，第 92 页。
④ I. M. Bochenski, *A History of Formal Logic*, University of Notre Dame Press, 1961, p. 69.

都是落叶性的，并且所有葡萄树都是阔叶植物，那么所有葡萄树都是落叶性的。"亚里士多德紧接着说："我们也能证明：葡萄树有阔叶因为它是落叶性的。令 D 是阔叶植物，E 是落叶性的，F 是葡萄树。这样，E 作为属性为 F 所具有（因为每一葡萄树是落叶性的）并且 D 作为属性为 E 所具有（因为每一落叶性的植物有阔叶）：所以，每一葡萄树有阔叶，其原因是它的落叶性的特征。"（98b10－15）这里用的是"所以"（therefore）。

在《工具论》的希英对照本中，与以上例子中的 therefore 等相对应的希腊字是"所以"的意思，这些证据足以证明，卢卡西维茨和波亨斯基把亚里士多德的三段论式说成都是蕴涵式或条件句，这种观点是不能成立的。笔者认为，亚里士多德是用蕴涵式和推理规则这两种方式来表述三段论式的：

（1）"如果 α 和 β，则 γ"是被断定的；

（2）α，β，所以，γ。

卢卡西维茨指出："从蕴涵式形式的断定命题推导出相应的推论规则总是容易的。设蕴涵式命题'如果 α，那么 β'是真的；如果 α 真，我们用分离规则总可以得到 β，因之，'α 所以 β'这条规则是正确的，当蕴涵式的前件是一个合取式，如亚里士多德三段论那样，我们必须首先将合取形式'如果 α 并且 β，那么 γ'变为纯蕴涵形式'如果 α，那么如果 β，那么 γ'。稍加思索就足以令我们信服这变形是对的。现在，设 α 与 β 都是三段论的真前提，我们两次用分离规则于该三段论的纯蕴涵形式，从而得到结论 γ。因此，如果一个'如果 α 并且 β，那么 γ'形式的亚里士多德式三段论是真的，那么相应的传统形式'α，β，所以 γ'就是正确的。但是，反过来，用已知的逻辑规则似乎不可能从正确的传统的式推导出相应的亚里士多德三段论来。"①

---

① 《亚里士多德的三段论》，第 34 页。

卢卡西维茨的看法并不正确，其实根据演绎定理从（2）可以得（1），根据逆演绎定理从（1）可得（2），（1）和（2）并没有根本的区别，但是在表述形式以及在构造演绎系统方面却是大不相同的。要注意，如果 A 蕴涵 B 不是一个系统的定理，我们就不能得出 A 推出 B。亚里士多德对这些区别并不清楚，证据如下：

（1）根据上文所举的例子，亚里士多德在用蕴涵式表示三段论式的同时，也用推理规则表示三段论式。这种混合用法表明，他并没有强调（1）和（2）的区别，实际上认为他所用的蕴涵式或条件句是推理规则而不是一个命题。这符合他对三段论式的看法，他说："三段论式是由前提构成的；一个指谓这个的三段论式是由具有同样指谓关系的前提组成的；并且一个把这个和那个联系起来的三段论式，是通过使这个和那个发生关系的前提进行的。"（41a4-7）"也很显然，每一个论证都是通过三个词项并且不多于三个词项来进行的；除非同一结论得自不同的一对命题。例如，要确立结论 E 可以通过 A 和 B 两个命题，通过 C 和 D 两个命题，或通过 A 和 B，或 A 和 C，或 B 和 C。因为没有什么能阻止那些对同样的词项存在着几个中词，但在那种情况下，并不是有一个三段论式，而是有几个三段论式。"（41b36）"显然，一个三段论的结论是从两个前提得到的。"（42a32）这些论述可看成三段论的定义，由此可见，亚里士多德是把三段论式看成推理规则，而不是看成一个命题。

（2）亚里士多德的三段论理论并不是像卢卡西维茨所构造的直言三段论系统那样，从蕴涵式推演出蕴涵式，因此根本没有必要预设卢卡西维茨的 C-N 系统（命题演算系统）。亚里士多德的化归理论的目的是从 Barbara 和 Celarent 的有效性导出其他三段论式的有效性，例如在《前分析篇》第 1 卷第 5 章 27a9-14，亚里士多德表述第二格的 Camestres 是用蕴涵式"如果 M 属于所有 N，而不属于任何 O，那么 N 就不属于任何 O"，但在把它化归为

Celarent时，却用了推理规则："因为如果 M 不属于任何 O，O 就不属于任何 M；但是，M 属于所有 N（业已说过）；所以，O 不属于任何 N：因为又形成了第一格。但是由于否定的关系可换位，N 将不属于任何 O。这样，就是这同一个三段论，证明两个结论。"这里的化归程序实际上是以下树枝形的推理过程：

所有 N 是 M

$$\frac{\text{无 O 是 M}}{\text{无 M 是 O}}\ \text{换位}$$

$$\frac{\text{无 N 是 O}}{\text{无 O 是 N}}\ \begin{array}{l}\text{Celarent}\\ \text{换位}\end{array}$$

由此可见，亚里士多德的蕴涵式实际上表达的是推理规则，它是把一个推理规则的有效性化归为第一格三段论规则（最终是Barbara 和 Celarent 两条规则）的有效性。亚里士多德并没有像卢卡西维茨那样从一个蕴涵式证明另一个蕴涵式。

此外，亚里士多德在用归于不可能法（反三段论律）证明Baroco 时说："如果 M 属于所有 N，但不属于有些 X，则 N 应不属于有些 X，就是必然的了；因为如果 N 属于所有 X，而 M 也述说所有 N，M 必属于所有 X：但我们已假定 M 不属于有的 X。"（27a37）卢卡西维茨分析说："已经承认前提'M 属于所有 N'以及'M 不属于有些 X'都真；则结论'N 不属于有些 X'必须也是真的。因为如果它是假的，它的矛盾命题'N 属于所有 X'就会是真的。这最后一个命题就是我们逆推的起点。因为已经承认前提'M 属于所有 N'是真的，我们从这个前提与命题'N 属于所有 X'（用 Barbara 式）得到结论'M 属于所有 X'。但这个结论是假的，因为已经承认了它的矛盾命题'M 不属于有些 X'是真的，所以我们逆推的起点'N 属于所有 X'导致了一个假的结论，从而它必是假的，而它的矛盾命题，'N 不属于有些 X'必是真的。这个论证只有表面的说服性；事实上它并没有证明上面的三段论（按：指蕴涵式'如果 M 属于所有 N 并且 M 不属于有些 X，则 N 不属于有些 X'）。它仅能应用于传统的 Baroco 式（我以这个式通常带有动词'是'的形式来引述它，而不用亚里士多德式的带有'属于'字样的形式）：

所有 N 是 M，有些 X 不是 M，所以，有些 X 不是 N。

这是一条推论规则，假定前提都是真的话，那也就允许我们断定这个结论。"[1] 著名逻辑史家波亨斯基在《形式逻辑史》中援引了卢卡西维茨对亚里士多德的批评，认为亚里士多德的上述证明程序对条件句形式的三段论式是不正确的，波亨斯基说："如果亚里士多德没有把三段论式表达为条件语句（在其中前件不必被断定），而是以经院学者的方式表达为规则（在其中人们是从被断定的前提出发的），那么它（这个程序）就确实是正确的。"[2] 卢卡西维茨和波亨斯基都假定亚里士多德的三段论式全都是蕴涵式，没有表达为推理规则，他们从这个不正确的假定出发对亚里士多德做了不正确的批评。但是，他们的批评也启示人们，即亚里士多德并没有严格区别蕴涵式和推理规则，他对蕴涵式的理解并不像卢卡西维茨和波亨斯基那样。

由上可知，亚里士多德的化归程序实际上是由一个推理规则的有效性证明另一个推理规则的有效性。

三　直言三段论的化归

波亨斯基说："三段论是一个已知的公理系统，或更精确地是第一类这样的系统：因为亚里士多德是以几种方式把它公理化的。人们从他的著作可以区别出以下的系统：（1）以第一格的 4 个三段论式（连同其他规律）作公理，（2）以第一个的前两个式作公理，（3）以任一格的三段论式作公理，其中除其他一些特点外，第一格三段论式可化归为第二格和第三格的那些三段论式。这三

---

① 《亚里士多德的三段论》，第 71—72 页。
② *A History of Formal Logic*, pp. 77 – 78.

个系统是用对象语言表述的；在亚里士多德那里还可发现用元语言把三段论公理化的纲要。"① 波亨斯基所说的 3 个系统是从蕴涵式推演蕴涵式的公理系统，我在上文曾论证过这并不符合亚里士多德的本义。我们当然可以把三段论构造成为（1）—（3）那样的从蕴涵式推演蕴涵式的系统，但这不能称为亚里士多德的直言三段论公理系统，因为这样的系统要以亚里士多德所没有深入考察过的命题逻辑为基础。笔者不同意波亨斯基的论述，提出以下观点：

直言三段论是逻辑史上的第一个已知的树枝形的自然演绎系统，因为亚里士多德以三种方式从一些规则式的三段论式的有效性推出其他三段论式的有效性。直言三段论有以下 4 个系统：（1）以第一格的 4 个三段论式作初始规则，（2）以第一格的前两个式作初始规则，（3）以第二（或第三格）的三段论式作初始规则，在这样的系统中第一格三段论式可化归为第二格（或第三格）。此外还有元逻辑的规则系统。在（1）—（3）中，（2）最重要，（1）和（3）的构造与（2）是类似的。

亚里士多德在《前分析篇》中对"三段论"下了一个定义："三段论就是论说，其中某些东西被陈述了，在所陈述的东西之外有某种东西因其如此而必然地得出。后面这句话的意思是指它们产生结论；据此，为使结论成为必然的，并不需要其他更多的词项。"（24b19 – 22）这里，"三段论"一词原文是希腊词，英文拼写为 syllogismos，原为"计算"的意思，在柏拉图那里有"推理"的意思。亚里士多德在这里对 syllogismos 的定义，是针对上一节所讨论的三段论的，指由两个前提、三个词项"必然地得出"一个结论的三段论。在较早的《论辩篇》中也有对 syllogismos 的类似定义，那是对一般演绎推理的定义。

---

① *A History of Formal Logic*，p. 75.

　　亚里士多德把三段论的演绎叫作"化归"（或"还原"，reduction）。他首先把第一格的 4 个式称为"完善的三段论"，就是说这些式都是通过原来设定的前提而完成的，其他两个格是不完整的，其中的各个式都可用这个格来证明，既能证明全称的又能证明特称的结论，无论是肯定的还是否定的。因此，亚里士多德把这个格称为"第一格"，也称为"初始格"。初始格的 4 个式就是起公理作用的初始推理规则，第二格、第三格的各式都可从它们推导出来，这就是所谓把第二格和第三格"化归"为第一格。化归的形式是树枝形的推导过程。三段论式的拉丁名称歌诀简要地说明了化归的过程，第一格的 4 个式是完善式即初始规则，第二格和第三格各式化归为与第一格各式第一个字母相同的那个式，例如，第二格 Cesare 化归为第一格 Celarent。

　　下面我们先看第二格的化归。

1. Cesare

　　亚里士多德说："设 M 不述说任何 N，但却述说所有 O。由于否定前提可以换位，所以 N 也不属于任何 M。但根据设定，M 属于所有 O，因而 N 也不属于任何 O（这已经在上面证明了）。"（27a5 - 9）他的证明模式是（为方便起见，采用现在通行的直言命题 AEIO 记法）：

　　要证明第二格 Cesare：$\underline{\text{NEM，OAM}}$（以下我们省去这一步）

　　　　　　　　　　　　　　OEN

$\underline{\begin{array}{ll} \text{NEM} & \text{OAM} \\ \text{MEN 换位} \end{array}}$

　　　　　OEN　　　　　　第一格　Celarent

这个证明模式写详细一点就是：

　　从 NEM，OAM（Cesare 的两个前提）通过对 NEM 换位可得：MEN，OAM；后两个命题再据第一格 Celarent 可推出 OEN；因而从 NEM，OAM 推出 OEN，这就是第二格的 Cesare。

　　在这个推理过程中，除了要用全称否定命题的换位之外，还需要用假言三段论律：如果从 α，β 推出 α'，β；从 α'，β 又推出 γ，则从 α，β 推出 γ。亚里士多德在化归的过程中，多次使用了这个推理规则，但他没有明确陈述。以下不再指明。

　　2. Camestres

　　"如果 M 属于所有 N，不属于任何 O，那么 N 将不属于任何 O。因为，如果 M 不属于任何 O，O 就不属于任何 M。然而根据设定，M 属于所有 N，所以，O 也不属于任何 N。我们再次得到了第一格。由于否定命题是可以换位的，则 N 也不属于任何 O。"（27a9 – 14）写成证明模式就是：

NAM　　OEM
──────────────
　　　MEO 换位
──────────────
　　NEO　　第一格　Celarent
　　OEN　　换位

亚里士多德还指出，此式可用归于不可能法加以证明，参见以下 Baroco 的证明。

　　3. Festino

　　"如果 M 不属于任何 N，而属于有的 O，那就必然得到 N 不属于有的 O。因为否定陈述可以换位，所以 N 也不属于任何 M。但根据设定，M 属于有的 O，所以，N 不属于有的 O。得出这个结论是凭借第一格。"（27a30 – 35）写成证明模式就是：

NEM　　OIM
──────────────
MEN 换位
──────────────
　　OON　　　第一格 Ferio

　　4. Baroco

　　"如果 M 属于所有 N，但不属于有的 O，那就必然地得到 N 不属于有的 O。因为如果 N 属于所有 O，而 M 也述说所有 N，那么 M 必定也属于所有 O。但我们已假定，M 不属于有的 O。"

（27a35 – 27b1）这个证明使用了"归于不可能法"，写成证明模式是：

$$\underline{NAM\ \ OOM} \xrightarrow{\hspace{1cm}} \underline{OAN\ \ NAM}$$
$$OON \hspace{3cm} OAM\ \ Barbara$$

亚里士多德的证明思路是：为证明 Baroco 成立，先假设与结论 OON 的矛盾命题 OAN，由 OAN 与 Baroco 的大前提 NAM 组成第一格 Barbara 的两个前提，推出结论 OAM，这个结论与 Baroco 的小前提 OOM 相矛盾，因此，假设 OAN 不成立，原先的结论 OON 就是真的。这样，由 Barbara 的有效性就证明了 Baroco 的有效性。

亚里士多德在化归时所使用的归于不可能法现今称为"反三段论律"。这个推理规则可以写为：如果 α，β 推出 γ，则 α，非 γ 推出非 - β。这里的证明就是：如果从 OAN，NAM 推出 OAM，则从 NAM，非 OAM（即 OOM）可推出非 OAN（即 OON）。在这个证明中，除使用归于不可能法之外，还使用了 A 命题和 O 命题的矛盾关系，亚里士多德把它省略而没有明说。

第三格的化归如下：

1. Darapti

"如果两个前提是全称的，P 和 R 都属于 S，那就得到 P 将必然属于有的 R。因为肯定的陈述是可以换位的，S 将属于有的 R，其结果是由于 P 属于所有 S 并且 S 属于有的 R，所以 P 必定属于有的 R。我们通过第一格得到了这个三段论。"（28a19）写成证明模式是：

$$\underline{SAP \hspace{1cm} \underline{SAR}}$$
$$\underline{\hspace{1.5cm} RIS \hspace{0.5cm} 换位}$$
$$RIP \hspace{2cm} 第一格\ Darii$$

亚里士多德指出，这个式也可用归于不可能法和显示法来证。所谓用"显示法"来证，就是在 S 类中选择某个事物，譬如说 N，这是一个显示词项，使这个 N 既是 P 又是 R，这样一来，有的 R 就是 P（28a23 – 25），这种证明是不严格的。

2. Felapton

"如果 R 属于所有 S，P 不属于任何 S，就将必然有一个三段论证明：P 不属于有的 R。证明方法同上，将前提 RS 换位。"（28a25 - 30）证明模式是：

SAR SEP

RIS 换位

  ROP 第一格 Ferio

亚里士多德还指出，此式也可用归于不可能法来证。

3. Disamis

"如果 R 属于所有 S，P 属于有的 S，P 必定属于有的 R。由于肯定的陈述是可以换位的，S 就将属于有的 P；其结果由于 R 属于所有 S，并且 S 属于有的 P，R 就必然也属于有的 P；所以，P 必定属于有的 R。"（28b7 - 12）证明模式是：

SAR SIP

   PIS 换位

  PIR   第一格 Darii

  RIP   换位

4. Datisi

"如果 R 属于有的 S，P 属于所有 S，P 必定属于有的 R。"（28b13 - 15）

亚里士多德说此式的证明与以前相同，并可用归于不可能法和显示法加以证明。今把证明模式列出如下：

SIR SAP

RIS 换位

  RIP 第一格 Darii

5. Bocardo

亚里士多德对这一证明用了归于不可能法："如果 R 属于所有 S，P 不属于有的 S，那就必然得出：P 不属于有的 R。因为如果 P

属于所有 R，并且 R 属于所有 S，那么 P 将属于所有 S；但我们已假定了它不是如此。"（28b18 – 20）证明模式如下：

$$\underline{SAR \quad SOP} \longleftarrow \quad \longrightarrow \underline{RAP \quad SAR}$$

$$ROP \longleftarrow \qquad\qquad \longrightarrow SAP \qquad 第一格 Barbara$$

亚里士多德说对这个式也可用"显示法"来证，这个方法的主要步骤是"提出 S 的分子之一，它就是不为 P 所属于的那一个。"（28b21 – 22）

按亚里士多德的方法，取 S′⊂S，使 SOP 变为 S′EP：

S′EP

S′AR
───
ROP

Bocardo 的有效性通过显示法化归为 Felapton，这种证明方法是不严格的。

6. Ferison

"如果 P 不属于任何 S，并且 R 属于有的 S，那么 P 就不属于有的 R。如果将前提 RS 换位，根据第一格就可得结论。"（28b34 – 35）

SEP　　　　SIR
　　　　　───
　　　　　RIS　换位
────────
　　　ROP　　第一格 Ferio

由上可见，亚里士多德的三段论系统是一个初步形式化的演绎系统，这个系统有 4 个初始推理规则。亚里士多德在建立了这个系统之后，又简化了这个系统，只用第一格的 Barbara 和 Celarent 两个初始规则，就可推出其余的 12 个式。第一格 5 个非标准式上节已推导出，这里不赘述。

在以上的证明中，我们看到在第二格的 4 个式中，Cesare、Camestres 通过换位，Baroco 通过反三段论律都已化归为第一格的两个全称式 Barbara 和 Celarent；Festino 通过换位化归为第一格的 Ferio。在第三格中，有 5 个式化归为第一格的两个特称式，有 1

个式（Bocardo）用反三段论律化归为第一格的 Barbara。

亚里士多德证明，第一格的两个特称式可化归为第二格的全称式。

1. Darii 的化归：

BAA　CIB ⬅ ➡ CEA　BAA

　　CIA ⬅ ➡ CEB　　第二格Camestres

2. Ferio 的化归：

BEA　CIB ⬅ ➡ CAA　BEA

　　COA ⬅ ➡ CEB　　第二格 Cesare

我们已经看到，Camestres 和 Cesare 化归为第一格的全称式 Celarent；因此，第一格的两个特称式、第二格和第三格的各式都可以化归为第一格的两个全称式。

因此，亚里士多德总结说："很显然，所有的三段论都可以化归为第一格的全称三段论。"（29b24－25）"每一个三段论都是凭借第一格达到完善的，并且都可化归为第一格的三段论。"（41b3－5）通过以上的证明，亚里士多德就化简了由 4 个初始规则组成的三段论系统，从而建立了由第一格的两个全称式为初始规则的第 2 个三段论系统。

此外，亚里士多德还谈到以第二（或第三格）的三段论式作初始规则，在这样的系统中第一格三段论式可化归为第二格（或第三格）。亚里士多德说："所有三段论式都能通过第二格形成。"（62b1－4）"第一格中的所有三段论式都能归结为第三格。"（50b35）由于他谈得不多，后世也未流传，我们就略而不述了。

四　无效式的排斥

亚里士多德对无效式的排斥方法主要使用举例法。例如，要排斥第一格 AEE、AEO、AEA、AEI 这四个无效的三段论式即要排斥"所有 M 是 P，所有 S 不是 M，所以，所有（有的）S 不是

P"和"所有 M 是 P，所有 S 不是 M，所以，所有（有的）S 是
P"〔例子分别是"所有人是动物，所有马不是人，所以，所有
（有的）马不是动物""所有人是动物，所有石头不是人，所以，
所有（有的）石头是动物"〕。亚里士多德说："如果第一个词项
属于中间词项的全部分子，而这中间词项不属于最后词项的任何
分子，那么在两个端词之间就没有三段论的必然联系；因为从如
此相关的几个词项之间不能得出必然的东西。由于第一个词项属于
最后词项的全部分子或不属于它的任何分子都是可能的，因而既不
能必然得出一个特称的结论，又不能必然得出一个全称的结论。而
如果不能产生必然的结果，那就是凭借这些前提不能够形成一个三
段论。我们可以选用动物、人、马这三个词项作为在两个端词之间
的一种全称肯定关系的例子，可以选用动物、人、石头这三个词项
作为全称否定关系的例子。"（26a3 - 9）第一格的 3 个词项按大词
—中词—小词的次序排列，亚里士多德在这里用例子排斥的主要之
点是找出一个真的全称肯定命题（如"所有马是动物"）和一个真
的全称否定命题（如"所有石头不是动物"），两者皆与前提相容；
但根据选出的词项，无效式中两个前提是真的，而结论却是同所找
出的真的全称肯定命题和全称否定命题不相容。根据以上的解释，
我们就不难理解亚里士多德对其他无效式的举例排斥了。

但是，亚里士多德还看到可以用形式的排斥方法，例如，他
为了排斥第二格三段论的 EOO（或 EOA，或 EOE，或 EOI）式：

无 N 是 M，有 O 不是 M，所以，有 O 不是 N（或所有 O 是
N，或无 O 是 N，或有的 O 是 N）   （1）

把它加强为 EEO：

无 N 是 M，无 O 是 M，所以，有 O 不是 N（或所有 O 是 N，
或无 O 是 N，或有的 O 是 N）   （2）

亚里士多德先用举例法排斥（2）："当 M 既不述说任何 N，
又不述说任何 O，也不能够形成一个三段论。一个肯定关系方面

的例子，可以用线、动物、人这三个词项；否定关系的例子，用
线、动物、石头。"（27a21－24）这里，第二格的 3 个词项按中
词—大词—小词的次序排列，"线"是中词，"动物"是大词，
"人"（"石头"）是小词。当（2）式得肯定的结论，例如得"所
有石头是动物"或"有的石头是动物"，我们就可举出一个真的
全称否定命题"无石头是动物"，它与前提"无动物是线"和
"无石头是线"是相容的，但与结论却是不相容的。当（2）式得
否定的结论，例如得"所有人不是动物"或"有的人不是动物"，
我们就可举出一个真的全称肯定命题"所有人是动物"，它与前提
"无动物是线"和"无人是线"是相容的，但与结论却是不相
容的。

　　但是，找不出词项以组成一个全称肯定陈述"所有 O 是 N"
来排斥（1），亚里士多德用反证法做了证明，他说："设 M 不属
于任何 N，也不属于有的 O。在这里，N 或者属于所有 O，或者不
属于任何 O 都是可能的。例解否定关系的词项是黑（中词）—雪
（大词）—动物（小词）。但是，如果 M 属于有的 O，并且不属于
有的 O，在这种情况下找出几个词项用以例解几个端词之间具有
肯定的全称的关系（'所有 O 是 N'），就是不可能的。因为，如
果 N 属于所有 O，而 M 不属于任何 N，那么 M 就不属于任何 O；
但我们已经假定它属于有的 O。从而在这里采用词项是不许可的。
我们的论点必然从特称陈述的不定性中得到证明。由于 M 不属于
有的 O 是真的，即使它不属于任何 O 也是真的，并且由于它不属
于任何 O，形成一个三段论就是不可能的（如同我们已经看到的
那样），从而很清楚，两者中之任何一个都是不可能的。"
（27b12－23）这段话告诉我们，要排斥"无 N 是 M，有 O 不是
M，所以，所有 O 是 N"，例如排斥"无雪是黑的，有的动物不是
黑的，所以，所有动物是雪"，举出"所有动物不是雪"这个全
称否定命题，它与两个前提相容，而与结论不相容。但是要排斥

"无N是M，有O不是M，所以，有O不是N"找不到"所有O是N"，亚里士多德用反证法证明，设有的O是M，并且有的O不是M，假定所有O是N，加上无N是M，可得：无O是M，这与"有的O是M"产生矛盾。因此，无法用举例排斥。

在此情况下，要用形式排斥法来排斥（1）：如果（1）成立则比（1）有一个更强前提的（2）成立；反过来说，如果（2）被排斥，则（1）就被排斥。亚里士多德还指出，"如果所有N是M，有的O是M，所以，有的O不是N"成立，则"如果所有N是M，所有O是M，所以，有的O不是N"成立；而如果后者被排斥则前者就被排斥（27b25－30）。

亚里士多德的关系理论探究[*]

一　关系的一般特点

关于关系这一范畴，亚里士多德主要提出以下 4 点一般的看法。

（一）关系的比较性

亚里士多德说："有些东西由于它们是别的东西'的'，或者以任何方式与别的东西有关，因此不能离开这别的东西而加以说明，我们就称之为关系（词）。例如'更高'一词乃是借与别一个东西比较而说明的，因为它所指的乃是比某一其他东西更高。同样地，'二倍'一词，也有一个外在东西作比较，因为它的意思是指某一其他东西的二倍。"（6a35 –6b1）亚里士多德所说的关系实际上是指关系词，包含两种：一种是关系本身，如"大于""小于""相似""二倍"等等；另一种是涉及关系者的关系词，如"主人""奴隶"等。亚里士多德没有明确区分。亚里士多德初步认识到，关系与性质是不同的，关系至少存在于两个事物之间，他主要考察了二元关系，此外还考察了三元关系，"说知识时我们的意思是指关于认识的东西的知识；说可认识的东西，我们的意思是指那被知识所认识的东西；说知觉，是指可知觉的东西

---

* 原载《哲学研究》1996 年第 1 期。

的知觉；说可知觉的东西，是指那被知觉所知觉的东西"（6b31－35）。这就是说知识活动是知识对象、进行认知的主体和作为认知结果的知识之间的关系，知觉活动是知觉对象、进行知觉的主体和作为知觉结果的知觉之间的关系。由此可见，亚里士多德认识到，性质是一元谓词，关系是多元谓词。

（二）关系与关系词

所有的关系词有与它相关的东西。例如，"奴隶"是指一个主人的奴隶，"主人"是指一个奴隶的主人。"两倍"是指它的一半的两倍，"一半"是它的两倍的一半。"较大"是指比那较小的为大，"较小"是指比那较大的为小（6b25－30）。亚里士多德实际考察了二元关系及其逆关系，所谓"相关的东西"就是这个意思。我们用现代逻辑的工具稍加分析可清楚这一点。设"R"表示二元关系，"xRy"表示"x对y有R关系"，则"yRx"就是"y对x有R的逆关系"。x对y有主奴关系，则y对x就有奴主关系（"奴主"是"主奴"的逆）。x对y有两倍关系，则y对x就有一半关系了（"一半"是"两倍"的逆）。x大于y，则y小于x（"小于"是"大于"的逆）。由上可见，亚里士多德不但在逻辑上最早提出了"关系"概念，而且最早有了"逆关系"概念，虽然他没有用这个词。此外，亚里士多德还认为，关系和逆关系是同时存在的。例如，"一半"存在也就同时意味着"两倍"存在，没有"两倍"便没有"一半"，没有"一半"也就没有"两倍"。"主人"和"奴隶"的情况是类似的。

（三）关系词的恰当性

确切说明相互关联的词，使它们有适当的名称。亚里士多德举例说，如果我们规定"奴隶"这个词不是与"主人"相联系，而是与"人"或"两足动物"相联系，那么便不会有相互关联，因为这里所关联的事物是不确切的。如果与"奴隶"相关的是"主人",我们撇开所说的主人的所有不相干的属性如"两足的""能获得知识的""有人性的"等,而只保留"主人"这个属性,那么"奴隶"便会有相关联的事物,因为正是由于属于一个主人所有,一个奴隶才被称为奴隶。亚里士多德认为,只要我们用词恰当,一切相对的关系词,如"奴隶"和"主人",都会互相依存。他之所以十分重视对相对的关系词的表达,是因为这些关系词是表达关系的一种常用方法。人们在日常生活中,往往不说"主奴关系",而简单说成"主人"或"奴隶";不说"夫妻关系",而说成"丈夫"或"妻子";如此等等。亚里士多德还讨论了从一个实体词形成与它相关联的、含有关系的新词。例如,从"翼"引申出"有翼者",从"舵"引申出"有舵之物",从"头"引申出"有头者",等等。"有翼者""有舵之物""有头者"等是一种复杂概念,其中含有关系。我们可用现代逻辑加以分析。设 P 表示谓词"____是翼",Q 表示"____是生物",R 表示二元关系"____被____所具有",e_1 和 e_2 是表示第一空位和第二空位的符号,∧表示"并且",这样,"有翼者"或"有羽翼的生物"便可表示为:

$$P\ (e_1)\ \land Q\ (e_2)\ \land R\ (e_1,\ e_2)。$$

(四) 关系者的密切联系

"确切地知道一事物为关系的人,也一定会知道和它相关的事物是什么。"(8b15 – 16)例如,"假如有人确切地知道某物是'两倍',那么他也一定同时知道它是什么东西的两倍。假如他不知道它是某个确定事物的两倍,他也就不可能知道它是'两倍'。再者,如若他确切地知道一个东西更美丽,那么他也就必然同时知道,它比什么东西更美丽"(8b1 – 10)。亚里士多德在这里说的是,知道了一个二元关系和一个关系者,就同时知道另一个关

系者。亚里士多德提出的这一思想十分重要，预示着皮尔士在 19
世纪 80 年代提出的"二元关系是对象偶的类"的思想。皮尔士认
为，"两倍"关系是所有具有此关系的对象偶（2，1）、（4，2）、
（8，4）、（16，8）等所组成的类。如果我们知道了其中一个对象
偶（8，4）的关系者8，就可知道被关系者4。对于"＿＿比＿＿
更美丽"这种二元关系可以做同样分析。

二　后范畴

《范畴篇》最后六章（第 10—15 章）论述的后范畴对现代逻
辑来说有价值的是涉及关系。

（一）相关者

相关者是后范畴"对立者"之一，亚里士多德说："属于关
系范畴的各种对立者，是借一方对另一方的关系加以说明的；这
种关系是用'的'这个介词或其他介词来指示。比如：二倍是一
个相对的名词，因为成为二倍的东西，要由某物的二倍才能予以
说明。再者，在同样的意义上，知识是被认识的事物的对立者，
被认识的事物也是借它同它的对立者（即知识）的关系而得到说
明的，因为被认识的事物是作为为某事物所认识（即知识）而得
到说明的。因此，这些东西，作为相关者意义上的彼此对立者，
是借彼此的关系而得到说明的。"（11b25 – 30）

（二）先于

这种关系主要指：

1. 时间上在先，如一事物比另一事物更年长或者更古老。

2. 当两事物的次序不能颠倒时，另一事物所依赖的一个事物
就被认为"先于"另一事物。亚里士多德举例说：" '1' 先于

'2'，因为如果'2'存在，就可以直接推定'1'的存在；但如果'1'存在却不一定推出'2'的存在。由此可见，存在的次序是不能颠倒的。"（14a30－35）这是说，2的存在依赖1的存在，但1的存在不依赖2的存在，因此，1先于2，但不是2先于1。我们可以把这种关系理解为"小于"关系，1小于2，但不是2小于1。亚里士多德的这种"次序不能颠倒"的概念，预示着现代集合论的"有序对"概念，<1，2>是一个有序对，次序不能颠倒，它是"小于"关系的有序对集合 ｛<1，2>，<2，3>，<3，4>…｝中的一个元素，<1，2>≠<2，1>。

此外，亚里士多德认为属先于种，这个次序不能颠倒，因为属的存在不依赖种的存在，种的存在要依赖属的存在，例如，如果存在"水栖动物"这个种，就会有"动物"这个属。但如果假定有"动物"这个属，却未必能推定有"水栖动物"这个种。

3. 排列在前的事物，例如在几何学中，点、线先于面、体；在语法中，字母先于音节；在讲话中，开场白先于内容叙述。

4. 原因先于结果，例如，一个人存在是借以断定他存在的命题为真的原因，因而前者就先于后者。

（三）同时

"同时"关系主要指：

在同一时间产生的那些事物。亚里士多德指出，同时的事物没有一个在时间上先于或后于另一个。

互相依存而任何一个都不是另一个的原因的那些事物。例如，二倍和一半，如果有二倍就有一半；如果有一半就有二倍；但一方不是另一方存在的原因。

同一个属的不同的种。例如，"动物"这个属之下有"会飞的""陆生的""水栖的"等各个种，其中没有一个是先于或后于另一个种的，它们在性质方面都是同时的。

三　其他类型的关系理论

（一）更大与更小、同等程度以及更多与更少

在亚里士多德的关系理论中，关于较大（较多）、较小（较少）的论证颇具特色，值得探讨。在逻辑史上，亚里士多德的这种关系推理被称为"更强推理"（a fortiori）。亚里士多德在《论辩篇》第 2 卷第 10 章中说："再有就是从更大与更小程度出发考察。考察更大与更小程度有四种普通规则。首先，谓词的更大程度是否跟随着主词的更大程度，例如，如果欢悦是善，更大的欢悦是否就是更大的善；如果做错事是恶，做更大的错事是否就是更大的恶。……其次，当一个谓词属于两个主词时，如果它不属于更应属于的那个主词，它也就不会属于更不应属于的那个主词；反之，如果它属于更不应属于的那个主词，它也就一定属于更应属于的那个主词。再有，当两个谓词属于一个主词时，如果公认为更应属于主词的那个谓词不属于，那么，更不应属于主词的另一个谓词就一定不会属于；反之，如果公认为更不应属于主词的那个谓词属于了，另一个更应属于主词的谓词也就一定会属于。再有，当两个谓词属于两个主词时，如果谓词 P_1 公认为更应属于主词 S_1 但却没属于，谓词 P_2 就一定不会属于主词 S_2；相反，如果谓词 P_2 虽被公认为更不应属于主词 S_2 但却属于了，谓词 P_1 就一定会属于主词 S_1。"（114b36－115a15）这里，亚里士多德考察了以下 4 种关于更大与更小程度的推理：

1. 设 S 表示"是欢悦"，P 表示"是善"，a、b 为个体常项。从"S（a）是 P（a），S（b）大于 S（a），P（b）大于 P（a）"可得"S（b）是 P（b）"。这里，"大于"指性质程度。

2. 设谓词 P 属于两个主词 S_1 和 S_2，P 属于 S_1 的程度大于 P 属于 S_2 的程度（"P 属于 S_1"就是"S_1 是 P"）。由"P 不属于 S_1"，

可得"P 不属于 S_2";由"P 属于 S_2"可得"P 属于 S_1"。亚里士多德举了一个例子,如果某种能力（S_2）比知识（S_1）具有更少的善（P），而这种能力是善,知识也当然就是善;但是没有一种能力是善,就不能必然地推出没有一种知识是善（119b26 – 30）。亚里士多德在这里把"更少"作为"更多"的逆关系来考察,并指出从更少角度出发的推理只能用于立论而不能用于驳论。

3. 设两个谓词 P_1 和 P_2 属于一个主词 S,P_1 属于 S 的程度大于 P_2 属于 S 的程度。由"P_1 不属于 S"可得"P_2 不属于 S";由"P_2 属于 S"可得"P_1 属于 S"。

4. 设两个谓词 P_1、P_2 分别属于两个主项 S_1 和 S_2,P_1 属于 S_1 的程度大于 P_2 属于 S_2 的程度。由"P_1 不属于 S_1"可得"P_2 不属于 S_2";由"P_2 属于 S_2"可得"P_1 属于 S_1"。

与上述后三种更大程度的情况相应,亚里士多德还从"同等程度"出发来考察。他说:"假如某一谓词同等地属于或被认为属于两个主词,那么,如果它不属于其中的一个,它也就不会属于另一个,相反,如果它属于其中的一个,也就属于其余的另一个。此外,假如两个谓词同等地属于同一个主词,那么,如果一个谓词不属于,剩下的另一个谓词也不会属于,反之,如果一个属于,其余的另一个也会属于。再有,假如两个谓词同等地属于两个主词,情形也一样;因为如果谓词 P_1 不属于主词 S_1,谓词 P_2 也不会属于主词 S_2,相反,如果谓词 P_1 属于主词 S_1,谓词 P_2 也会属于主词 S_2。"（115a17 – 24）

我们只分析其中的第一种情况就够了,其余情况是一样的:设谓词 P 属于两个主词 S_1 和 S_2,P 属于 S_1 的程度与 P 属于 S_2 的程度是同等的。这样,不但由"P 不属于 S_1"可得"P 不属于 S_2",而且由"P 不属于 S_2"可得"P 不属于 S_1";同样,不但由"P 属于 S_2"可得"P 属于 S_1",而且由"P 属于 S_1"可得"P 属于 S_2"。亚里士多德举的例子是,如果某种能力（S_1）和知识（S_2）

都是同等的善（P），而且某种能力是善，知识也就是善；如果没有一种能力是善，知识也就不是善（119b24－26）。亚里士多德指出，从同等的角度出发，既可驳论又可立论。

由上可见，亚里士多德充分认识到，"更大或更小程度"和"同等程度"是两种不同的关系，以它们为基础的推理具有不同的形式。亚里士多德进一步考察了与以上有所不同的推理：

1. "从更多、更少和同等的角度来考察。如若另外的属中有某物比所说东西具有更多的某种性质，而那个属下的其余事物又都无一具有这种性质，那么，所说的这东西也就不会具有这种性质。例如，如若某种知识比欢愉具有更多的善，而其余的知识又都无一具有这种善，那么，欢愉也就不会是善。"（119b17－21）设所说的东西为 x，另外的属为 B，a 是 B 中的某物，F 是某种性质，上述推理是说：从"a 是 F 多于 x 是 F，B 中除 a 之外的其余事物都不是 F"可得"x 不是 F"。

2. "如果要推翻一个观点，那么就要考察是否一个属容纳更大的程度，而种自身或按种称谓的事物却不如此。例如，如果德性能容纳更大程度，公正和公正的人也应如此，因为一个人能被说成比另一个人更公正。如若被设定的属能容纳更大的程度，但种自身或按种称谓的事物却不能，那么，被设定的词就不会是属。"（127b18－25）这里讲得很清楚，属容纳了更大的程度，种就一定如此。

3. "如果具有更大程度 P 的东西不是具有更大程度 S 的特性，则具有更小程度 P 的东西就不是更小程度 S 的特性，具有最小程度 P 的东西就不是具有最小程度 S 的东西的特性，具有最大程度 P 的东西也就不是具有最大程度 S 的东西的特性，一般说来，P 就不是 S 的特性。例如，既然更大范围的着色不是更大范围的物体的特性，更小范围的着色也就不会是更小范围的物体的特性，一般说来，着色就不会是物体的特性。如果具有更大程度 P 的东西是具有更大程度 S 的特性，则具有更小程度 P 的东西就是更小程度 S 的特性，具有最小程度 P 的东西就是具有最小程度 S 的东西的特性，具有最大程度 P 的东西也就是具有最大程度 S 的东西的特性，一般说来，P 就是 S 的特性。例如，既然愈高级的感觉是愈高级的生命的特性，愈低级的感觉就应是愈低级的生命的特性，最高级的感觉就会是最高级生命的特性，最低级的感觉就会是最低级生命的特性，一句话，感觉就应是生命的特性。"（137b19 - 28）这段话讨论了主词 S 和谓词 P 的较大和较小程度的各种情况，分为两大段，前一段是反驳，后一段是立论。前提是"具有更大程度 P 的东西是（不是）具有更大程度 S 的特性"，可以推出多个结论：具有更小程度 P 的东西就是更小程度 S 的特性，具有最小程度 P 的东西就是具有最小程度 S 的东西的特性，具有最大程度 P 的东西也就是具有最大程度 S 的东西的特性，一直到 P 就是 S 的特性。简单说，从"更大程度"可以推出"更小程度""最小程度""最大程度"直到原级。我们分析一个从"更大"到"更小"的推理："愈高级的感觉是愈高级的生命的特性，所以，愈低级的感觉就应是愈低级的生命的特性。"设 F 是"是感觉"，G 是"是生命"，P 表示"…是…的特性"，上述推理可表示如下：

Fa 比 Fb 高级，

Gc 比 Gd 高级，

$Fa \wedge Gc \rightarrow Pac$，

所以 $Fb \wedge Gd \rightarrow Pbd$。

可见上述是一种新的更大（小）程度的推理。亚里士多德还详细列举了与上述推理同类型的一些推理：

4. 谓词 P 是（或不是）主词 S 的特性，则更大程度的 P 就是（或不是）更大程度 S 的特性，更小程度的 P 就是（或不是）更小程度 S 的特性，最小程度的 P 就是（或不是）最小程度 S 的特性，最大程度的 P 就是（或不是）最大程度 S 的特性。例如，符合本性地向上升腾是火的特性，那么，愈符合本性地向上升腾就愈是火的特性。施善不是人的特性，那么更施善就不会更是人的特性（见137b29－138a3）。这段话的推理过程与上述推理的过程正好相反，从原级"谓词P是（或不是）主词S的特性"出发，推出"更大程度""更小程度""最小程度"和"最大程度"。

5. 如果更大程度的特性不是更大程度主体的特性，则更小程度的特性就不是更小程度主体的特性。例如，与知识是人的特性相比，感觉更是动物的特性，但感觉不是动物的特性，所以，知识也就不应是人的特性。如果更小程度的特性是更小程度主体的特性，那么更大程度的特性也就是更大程度主体的特性。例如，本性上文明比起生命是动物的特性来更少是人的特性，如果本性上文明是人的特性，那么生命也就应是动物的特性（见138a4－12）。

6. 如果一个谓词不是在更大程度上是特性的东西的特性，它就不会是在更小程度上是特性的东西的特性。如果它是前者的特性，它就不是后者的特性。例如，如果被着色在更大程度上是表面的特性而不是物体的特性，但被着色不是表面的特性，那么，被着色就不应是物体的特性；并且，即使它是表面的特性，它也不应是物体的特性（见138a13－20）。

7. 如果在更大程度上是一个给定主体的特性的东西不是其特性，那么在更小程度上是它的特性的东西就不是它的特性。例如，能感觉比起能分割更是动物的特性，而能感觉却不是动物的特性，那么，能分割就不是动物的特性。如果在更小程度上是它的特性的东西是其特性，那么在更大程度上是它的特性的东西就是它的特性。例如，感觉与生命相比更不会是动物的特性，但感觉却是动物的特性，那么，生命就应是动物的特性（见138a21－29）。

在《论辩篇》中，还有其他类型的关系推理，以下加以论述。

（二）　等同关系

1. 亚里士多德说："要考察相同双方的一方与某物相同，另一方是否也与它相同。因为如果它们二者不与同一个事物相同，它们自己显然也就不彼此相同。"（152a31 – 33）这实际上表述了同一关系的传递律（" ＝ "表示同一关系）：

如果 a = b 并且 b = c，则 a = c。同时还表达了以下原理：如果 ∃c（a≠c 并且 b≠c），则 a≠b。

2. 亚里士多德紧接着上文说："再有，要从它们的那些偶性以及从它们作为偶性所属的那些事物出发来考察。因为一物的任何偶性必定也是另一物的偶性，而且，如若它们中的一个是某物的偶性，另一个也必定是某物的偶性。如果在这些方面有某种不一致，它们显然就不是相同的。"（152a34 – 38）这里表述了以下原理：

（a = b）→（F（a）→F（b））。

这条原理是说：如果 a 和 b 同一，则 a 有 F 性质，b 就有 F 性质。这在数理逻辑中称为"同一物的不可分辨原理"，是带等词的一阶逻辑的一条公理。

亚里士多德还表述了这条原理的逆原理即"不可分辨物的同一原理"："所有同样的属性只是属于不能区分的，在本质上是同一的事物。"（179a37 – 38）在二阶逻辑中，这一原理就是等词的定义：

（a = b）＝def. ∀F（F（a）↔F（b））。

（三）　相似关系

亚里士多德把相似关系也称为"类似关系"或"相同关系"。他认为，相同关系与同等程度是有区别的。从具有相同关系出发进行考察的方式依据类似来把握，不考虑所属的属性是什么，而从同等程度地属于某物的属性出发的考察方式是通过所属属性的综合比较进行的。他把研究相似性看成进行推理的一种手段。相似关系存在于两个个体之间，也存在于两种关系之间，如"健康的东西和健康之间的关系，与强壮的东西和强壮之间的关系是相似的"。两个个体之间的相似是一阶关系，而两种关系之间的相似则是二阶关系。亚里士多德主要研究后者。下面我们看一看他考察的相似关系推理。

1. "要考察不同属的事物之间的相似情况。一个表述是'A：B = C：D'，例如，假定知识与知识的对象相关，那么感觉就与感觉的对象相关。另一个表述是'假设 A 在 B 中，则 C 在 D 中'，例如，假定视觉在眼睛中，那么理智在灵魂中；假定浪静在海中，则风平在空中。"（108a7 – 11）这里包含两个相似关系推理：第一，从"A 与 B 相关相似于 C 与 D 相关，A 与 B 相关"可得"C 与 D 相关"；第二，从"A 在 B 中相似于 C 在 D 中，A 在 B 中"可得"C 在 D 中"。这两个推理是以关系的相似为基础的，亚里士多德已有了这个概念，但对"关系的相似"做出严格定义是由两千多年后的罗素完成的。罗素用一对一的关系（即此关系的一个前项仅仅有一个后项与之对应）定义了 P 和 Q 这两个关系之间的相似：

如果有一个一对一的关系 S，它的前域是 P 关系的场（即前域与后域的和），后域是 Q 关系的场，并且如果一项对另一项有 P 关系，则此项的对应者与另一项的对应者有 Q 关系，反之，如果一项对另一项有 Q 关系，则此项的对应者与另一项的对应者有 P 关系。罗素用下图说明了这个定义：

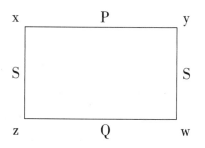

由此可见，关系之间的相似是一种关系的关系，是二阶关系，现在我们称之为同构。

2. 如果具有相同关系的东西是（或不是）具有相同关系的事物的特性，则具有相同关系的东西就是（或不是）具有相同关系的事物的特性。例如，既然医生能造成健康与教练对于能造就良好体质具有相同关系，而造就良好体质是教练的特性，那么，能造成健康也就应是医生的特性；既然建筑者对于建筑房屋的行为与医生对于造成健康的行为二者之间具有相同的关系，而造成健康的行为不是医生的特性，那么，建筑房屋的行为也就不应是建筑者的特性（见 136b33 – 137a5）。以上两个推理也是建立在"关系的相似"这个概念基础之上的。

亚里士多德认为，考察相似性有三方面作用：（1）对归纳论证有用，因为只有通过对若干相似的个别情况的归纳，才能得到一般性的结论。（2）对假设性推理有用，因为当相似物中的某一个东西具有真实性时，其余的也如此。（3）对定义有用，因为当我们能看出每一个别事物中是什么东西相同时，我们就把一切事物都共有的东西归于属。例如，海中的浪静与空中的风平是相同的，因为每种状态都是静止，"静止（状态）"就是属，浪静是海中的静止状态，风平是空中的静止状态。再如，线段上的点和数目中的 1 也是相同的，因为每种情况都是一个起点，起点就是属，我们在下定义时可以说，1 是数目的起点，点是线段的起点。

（四）逆关系和复杂概念的推理

亚里士多德说："如果 3/1 是倍数，1/3 则是分数。如果 3/1 被说成与 1/3 相关，倍数也与分数相关。再有，如果知识是理解，知识的对象就是理解的对象。如果视觉是感觉，视觉的对象就是感觉的对象。"（114a15 - 19）我们曾指出，亚里士多德已有了"逆关系"概念。这里，他做出了关于逆关系的推理：如果一个关系（3/1）推出另一关系（倍数），则前一关系的逆（1/3）推出后一关系的逆（分数）。这个推理可写成以下形式：

如果 a 和 b 有 u 关系，则 a 和 b 有 s 关系，可得：如果 b 和 a 有 u 的逆关系，则 b 和 a 有 s 的逆关系。写成符号公式就是：从 aub→asb 可得：bǔa→bša（ǔ，š 表示相应的逆关系）。

"如果视觉是感觉，视觉的对象就是感觉的对象"是一个含有"视觉的对象"等复杂概念的关系推理，设 F 表示"是视觉"，G 表示"是感觉"，H 表示"…是…的对象"，上述推理可表示为：

$\forall x (Fx→Gx)$，

所以，$\forall x (\exists y (Fy \wedge Hxy) →\exists y (Gy \wedge Hxy))$。

这个推理可以在一阶逻辑的自然演绎系统中证明。

亚里士多德提出的这种复杂概念的关系推理比德摩根提出的著名推理"所有马是动物，所以，所有马头是动物头"早了两千多年。可是，关系逻辑的创始人德摩根确认为亚里士多德没有关系理论，认为用"所有马是动物，所以，所有的马头都是动物头"这个推理就可证明亚里士多德逻辑理论的局限性，这种错误观点使国内外的一些逻辑学者对亚里士多德的逻辑理论产生了诸多误解，其实，亚里士多德早已提出了德摩根的许多关系概念。

与逆关系有关，亚里士多德还提出了以下两种推理：

1. "虽然倍被说成与半相关，超过与被超过相关，但是，既然超过不是倍的特性，被超过也就不可能是半的特性。"（135b20 -

21）这是说，给定关系 u 和逆关系 ǔ，关系 s 和逆关系 š，由 "u 不是 s 的特性" 可得 "ǔ 不是 š 的特性"。

2. "既然倍被说成与半相关，2∶1 与 1∶2 相关，那么，如若 2∶1 是倍的特性，1∶2 就是半的特性。"（135b23－25）给定关系 u 和逆关系 ǔ，关系 s 和逆关系 š，由 "u 是 s 的特性" 可得 "ǔ 是 š 的特性"。

（五）关系之间的包含关系

关系之间的包含关系是 20 世纪初罗素在《数学原理》中提出的，并在关系演算中做了形式处理。但是，我们应该承认，亚里士多德已初步认识到这种关系。他说："关系的属自身也应该是关系，就像两倍一样；因为作为两倍之属的倍自身也是关系。"（121a1－5）"两倍" 关系是种，"倍" 关系是属。按亚里士多德的看法，种是小类，属是大类，属的外延大于种，而属中有若干种并列，这就是说，种真包含于属。两倍真包含于倍，就是说，如果 x 是 y 的两倍，则 x 是 y 的倍。

综上所说，亚里士多德是关系逻辑的开拓者，他以丰富多彩的关系理论在逻辑史上建立了一座不朽的丰碑。吸取亚里士多德关系理论的成果对于丰富和发展现代逻辑具有不可估量的作用。那种在国内外流行的认为亚里士多德没有关系理论的观点完全是不实之词，应予推倒。

亚里士多德对"偏好"如是说[*]

一 引言

"偏好"的概念出现在很多不同的研究领域，譬如，决策论、博弈论以及关于行为选择的哲学理论。偏好的实质在于对事物的比较，而比较的想法在逻辑语义理论中有着广泛的应用。所以，不难理解，偏好的概念自然得到了逻辑学家的青睐，从冯莱特 1963 年出版的《偏好逻辑》开始，已经有很多关于偏好的逻辑著作和论文。例如，2001 年出版的《哲学逻辑手册》就有一章专门介绍偏好逻辑，由汉森（Hasson）撰写。2008 年还有一些最新的文献，这些著作主要是为偏好提出新的模型，研究偏好改变，以及偏好与其他认知概念之间的关系。本文的主旨不是要接着发展这些最新的逻辑理论，而是希望能够回到亚里士多德，探讨他对偏好的一些阐述。这样做的目的一方面要揭示对"偏好"的研究本身是很古老的；另一方面，也希望能为偏好的现代研究提供一些参考素材。

亚里士多德在《工具论》中的《论辩篇》和《前分析篇》中提出了关于偏好关系^②的理论。关于这种理论的对象，他说："我

---

* 原载《逻辑学研究》2008 年第 2 期。

② "偏好"一词在罗斯主编的《亚里士多德全集》（英译本）第一卷（工具论）中，由于《前分析篇》和《论辩篇》的译者不同，因而有不同的译法，前者译为"A is preferable to B"，后者译为"A is more desirable than B"。本文均译为"偏好"。事实上，从技术的层面而言，二者之间的差别不大。本文中的亚里士多德原文主要根据英译本翻译，引文按惯例只在文中注明希腊标准页码。

们所做的考察并不涉及那些有着很大不同，而且彼此之间有极大差别的东西（因为无人不知幸福和健康两者中哪一个更是我们偏好的），而是涉及那些密切相关的东西，并且关于它们，由于我们看不出在两者比较时一方优于另一方，因而我们通常讨论在两者中，我们更应该选择哪一方。"（116a5－6）这就说明，偏好关系是主体对两种事物情况的一种选择。

与偏好关系相联系，有一种更好（A is better than B）关系，两者之间有何联系与区别呢？亚里士多德说："离善更近的东西即更相似于善的东西是更好的并且是更偏好的；例如，公正比公正的人更好。"（117b10－12）"如果一物是为了自身而来选择，另一物是为了某种看法而选择，前者就是更偏好的；例如，健康之于美丽。……无论什么东西，只要它是为了自身而更珍贵的，就是更好的和更偏好的。"（118b20－25）"如果更珍贵的东西是更偏好的，那么珍贵的东西也就是偏好的；如果更有用的东西是更偏好的，那么有用的东西也就是偏好的。"（119a1－5）

由这三段话可以看出，所谓"更好"是从两种事物情况的效用来说的，效用大的事物情况比效用小的事物情况就更好，就更是我们偏好的。这样，偏好关系就与更好关系融为一体，我们在两种事物情况中，偏好的一方是效用更好的一方，是更值得选择的一方。因此，我们也可以把"preference"译为"值得选择"。这种偏好关系就是现代偏好逻辑中所说的"强偏好"或"严格偏好"，亚里士多德首先提出了这种偏好关系。

如果不是从效用的角度，比如说从生活目的来说，"更好"与"偏好"会不一致，正如亚里士多德所说："有时候，更好的东西却不是更偏好的；因为不能从如果它更好必然地推出它是更偏好的。例如，当哲学家比挣钱更好，但对于一个缺少生活必需品的人来说，它就不是更偏好的。"（118a10－15）因此我们研究偏好关系应当从效用的角度出发。

二　关于偏好的一些基本原理

下面，我们看看亚里士多德提出了哪些偏好关系的原理。

亚里士多德说："如果 A 无 B 是我们偏好的，而 B 无 A 则不是我们偏好的，那么 A 比 B 更是我们偏好的；例如，能力如无谨慎就不是我们偏好的，但谨慎如无能力则是我们偏好的。再次，在两种事物中，如果我们否认其一，以便我们被认为拥有另一个，那么，那个我们希望被认为拥有的东西就更是我们偏好的，例如，我们否认自己的勤勉，以便被人认为是天才。"（118a16－23）

这里，亚里士多德从形式上提出了以下原理：

原理 1　（（A∧¬B）》（¬A∧B））→（A 》 B）（"》"表强偏好关系，"A》B"读为"偏好 A 而不是 B"或"偏好 A 胜过偏好B"，"∧"表合取，"¬"表否定，"→"表蕴涵）。

这条原理实际上是冯莱特在 1963 年的著作中关于偏好的一个基本定义，即"偏好 A 胜于偏好 B"意味着我们喜欢有 A 没有 B的情形胜过有 B 没有 A 的情形。反过来，不难理解，以下的原理2 也成立。下文将说明，亚里士多德是知道这一点的：

原理 2　（A 》 B）→（（A∧¬B）》（¬A∧B））。

原理 1 和原理 2 现在被称为"强偏好的合取扩展原理"。

现在，我们来分析亚里士多德提出的一种复杂的偏好推理，他说："如果在 A、B 这两个相对立的选择项中，偏好 A 而不是B，同样，偏好 D 而不是 C，那么，如果偏好 A 加 C 而不是 B 加D，则必定偏好 A 而不是 D。偏好 A 的程度与厌恶（不偏好）B的程度相同（因为它们是对立的），C 和 D 的情况也同样（因为它们也是对立的）。因而，如果偏好 A 的程度与偏好 D 的程度相等，则厌恶 B 的程度与厌恶 C 的程度相等（因为每一个都同每一个有同样程度，一个是厌恶的对象，另一个是偏好的对象）。所以，AC 与 BD 是同等偏好的或厌恶的。但是由于偏好 AC 而不是 BD，A 不能与 D 同等偏好，否则 BD 与 AC 是同等偏好的。但如果偏好 D 而不是 A，则 B 一定成为比 C 较少厌恶的对象，因为这个较少与那个较少相反。偏好较大的善与较小的恶而不是较小的善与较大的恶，因而偏好 BD 而不是 AC。但先前的假设并非如此。这样，偏好 A 而不是 D，因而 C 成为比 B 较少厌恶的对象。"（68a27 - 39）亚里士多德所谓"对立选择项"是指 A 的效用与 B 的无效用对立、D 的效用与 C 的无效用对立，这个推理形式是：

原理 3　$(A \gg B) \wedge (D \gg C) \rightarrow ((A \wedge C) \gg (B \wedge D) \rightarrow (A \gg D))$

亚里士多德采用反证法，我们分析如下：

假定偏好 A 与偏好 D 的程度相同。

根据对立选择项的设定可得：厌恶 B 与厌恶 C 的程度相同，因此，偏好或厌恶 AC 的程度等于偏好或厌恶 BD 的程度（AC 就是 A 并且 C，BD 就是 B 并且 D）。可是已设定偏好 AC 而不是 BD，所以，"偏好 A 与偏好 D 的程度相同"这个假定是错误的。

亚里士多德在这里提出了"同等偏好"的概念，这就是现代偏好逻辑的"indifference"概念，即用 ~ 表示的"无差别偏好"概念。

假定偏好 D 而不是 A。

根据对立选择项的设定可得：厌恶 C 较多于厌恶 B，因而偏好 BD 而不是 AC，这与偏好 AC 而不是 BD 的设定相矛盾，因此偏好 D 而不是 A 的假定是错误的。亚里士多德在证明中举了一个例子：偏好较大的善与较小的恶而不是偏好较小的善与较大的恶，令 B 代表较小的恶，D 代表较大的善，A 代表较小的善，C 代表较大的恶，这样，偏好 BD 而不是 AC。

由以上第一步和第二步，两个假定是错误的，由于 A 与 D 之间只有 3 种情况，排除了以上两种，只能得到"偏好 A 而不是 D"

的结论。

整个证明过程可以总结为：

或者偏好 A 的程度等于偏好 D 的程度，或者偏好 D 而不是 A，或者偏好 A 而不是 D；

既非偏好 A 的程度等于偏好 D 的程度，又非偏好 D 而不是 A（使用反证法）；

所以，偏好 A 而不是 D。

这里我们补充说明一点。亚里士多德在以上的证明中不但证明了"如果偏好 AC 而不是 BD，那么偏好 A 而不是 D"，而且证明了"如果偏好 D 而不是 A，那么偏好 BD 而不是 AC"。根据他的证明方法，显然可以证明"如果偏好 A 而不是 D，那么偏好 AC 而不是 BD"和"如果偏好 BD 而不是 AC，那么偏好 D 而不是 A"，这就是说，"偏好 AC 而不是 BD"当且仅当"偏好 A 而不是 D""偏好 BD 而不是 AC"当且仅当"偏好 D 而不是 A"。我们可以把亚里士多德的例子改变一下，"偏好较大的善（A）与较小的恶（C）而不是较小的善（D）与较大的恶（B）"当且仅当"偏好较大的善（A）而不是较小的善（D）"；"偏好较大的善（D）与较小的恶（B）而不是较小的善（A）与较大的恶（C）"当且仅当"偏好较大的善（D）而不是较小的善（A）"。由于 A、B、C、D 是变项，上述两条原理可化归为一条，"偏好 AC 而不是 BD"当且仅当"偏好 A 而不是 D"：

原理 4　$(A \gg B) \wedge (D \gg C) \rightarrow ((A \wedge C) \gg (B \wedge D) \leftrightarrow (A \gg D))$

原理 3 和原理 4 可称之为关于对立选择项的偏好原理。实际上，在 A 和 B、D 和 C 是对立选择项的假设下，原理 3 和原理 4 可以肯定前件，得到：

原理 5　$(A \wedge C) \gg (B \wedge D) \rightarrow (A \gg D)$

原理 6　$(A \wedge C) \gg (B \wedge D) \leftrightarrow (A \gg D)$

由于 A 与 B、D 与 C 是对立选择项，在原理 6 中我们可以用 $\neg D$ 代 C，$\neg A$ 代 B 得到：

原理 7　　$(A \wedge \neg D) \gg (\neg A \wedge D) \leftrightarrow (A \gg D)$

这就是以上的原理 1 和原理 2。

亚里士多德在以上的证明过程中还提出了以下原理：

原理 8　　$(A \gg D) \vee (A \sim D) \vee (D \gg A)$

这是说，或者偏好 A 而不是 D，或者对 A 与 D 的偏好无差别，或者偏好 D 而不是 A。这是强偏好关系的完全性原理，说的是，任意两个选择项都可以进行比较。

原理 9　　$\neg (A \sim D) \wedge \neg (D \gg A) \rightarrow (A \gg D)$

这是说，如果既非对 A 与 D 的偏好无差别，又非偏好 D 而不是 A，那么偏好 A 而不是 D。

容易看出，原理 9 是可以从原理 8 直接得到的。下面的原理 10 也是属于这一类型的原理。

原理 10　　$\neg (A \sim D) \rightarrow (D \gg A) \vee (A \gg D)$

这是说，如果并非对 A 与 D 的偏好无差别，那么或者偏好 D 而不是 A，或者偏好 A 而不是 D。

原理 11　　$(A \wedge C) \gg (B \wedge D) \rightarrow \neg ((B \wedge D) \gg (A \wedge C))$

原理 12　　$A \gg D \rightarrow \neg (D \gg A)$

以上两条是强偏好关系的不对称原理。

原理 13　　$A \gg D \rightarrow \neg (A \sim D)$

这是偏好与无差别偏好的不相容原理，如果偏好 A 而不是 D，那么就并非对 A 与 D 的偏好无差别。

亚里士多德在《论辩篇》中说："在不出现状态中，偏好那些对于陷入烦恼的人来说较少受非难的东西。"（118a24 – 25）这里需要解释，这段话说的是：如果在出现状态中，偏好 A 而不是 B，那么在不出现状态中，对于陷入烦恼的人来说，就偏好 $\neg B$ 而不是 $\neg A$；$\neg B$ 是较少受非难的，$\neg A$ 不是较少受非难的东西。亚里士多德曾说，偏好追求友谊而不是追求金钱，这是一种出现状态，在不出现状态中就应该是：偏好不追求金钱而不是不追求友谊。不追求金钱比不追求友谊对于陷入烦恼的人来说是较少受非难的，而不追求友谊比不追求金钱更令人烦恼并且不是较少受非难的。以上原理可表述为：

原理 14　　$(A \gg B) \rightarrow (\neg B \gg \neg A)$

这是强偏好关系的换质位原理。这一原理也可从以上的原理 2 或原理 7 得出。

由原理 7 $(A \gg B) \leftrightarrow ((A \wedge \neg B) \gg (\neg A \wedge B))$，这里 $\neg A$ 是 A 的对立选择项，$\neg B$ 是 B 的对立选择项，根据亚里士多德的论证，偏好 A 的程度等于厌恶 $\neg A$ 的程度，偏好 B 的程度等于厌恶 $\neg B$ 的程度，由于偏好 A 的程度大于偏好 B 的程度，因而厌恶 $\neg A$ 的程度大于厌恶 $\neg B$ 的程度，即厌恶 $\neg B$ 的程度小于厌恶 $\neg A$ 的程度，这样，我们考虑在 $\neg B$ 和 $\neg A$ 两个选择项中哪一个值得选择时，应偏好那个厌恶程度小的 $\neg B$ 而不是厌恶程度大的 $\neg A$，因此可得：

原理 15　　$(A \gg B) \leftrightarrow (\neg B \gg \neg A)$

亚里士多德说："如果 A 绝对地比 B 更好（A be without quali-fication better than B），那么 A 中最好的成员也就比 B 中最好的成员更好；例如，如果人比马更好，那么最好的人就比最好的马更好。反过来，如果 A 中最好的成员比 B 中最好的成员更好，那么 A 就绝对地比 B 更好；例如，最好的人比最好的马更好，那么人就绝对地比马更好。"（117b35 – 39）这段话提出了一种"绝对地更好"关系，从前后文来看，这是一种值得选择的关系即偏好关系。A 和 B 都是可能选择的东西的类，设 A^* 和 B^* 分别是两类中最好的成员，我们当然偏好绝对地更好的东西，以上原理可以写成：

原理 16　　$(A \gg B) \leftrightarrow (A^* \in A \gg B^* \in B)$

这是说，偏好 A 而不是 B 当且仅当偏好 A 中最好的成员而不是 B 中最好的成员。这一原理可称为关于两类事物的偏好原理。事实上，这里涉及一个十分关键的问题，即关于集合或类的偏好如何从对它们的个体的比较中得到。亚里士多德这里提出的是对两个类中最好的成员做比较。当然，不难想象，我们也可以对最差的成员进行比较。更进一步，我们还可以让量词介入比较。譬如，一个可选的方案是，我们说偏好 A 胜过偏好 B 当且仅当对 B 中任意的成员，总能在 A 中找到一个更好的成员。

亚里士多德说："在两个具有产生能力的东西中，我们偏好一个有更好目的具有产生能力的东西。在一个产生者和一个目的之间，我们能通过比例数来判定：一个超过另一个大于后者超过产生自己的手段。例如，假定幸福超过健康大于健康超过产生健康的东西，则产生幸福的东西比健康更好。因为产生幸福的东西超过产生健康的东西，正如幸福超过健康。但健康超过产生健康的东西，其数量较小，因此，产生幸福的东西超过产生健康的东西大于健康超过产生健康的东西。显然，我们偏好产生幸福的东西而不是健康。"（116b25 – 35）

令 A 为幸福，B 为健康，A′为产生幸福的东西，B′为产生健康的东西，这里，A、B 是目的，A′、B′分别是达到 A、B 的手段，整个推理过程为：

假定 A 超过 B 大于 B 超过 B′，则 A′比 B 更好，因为 A′超过 B′＝A 超过 B，但 B 超过 B′的数量较小，所以 A′超过 B′大于 B 超过 B′，这样，偏好 A′而不是 B。

我们引进效用函数 u，所要证明的是：

原理 17　(u (A)：u (B) >u (B)：u (B′)) ∧(u (A′)：u (B′) ＝u (A)：u (B)) → (A′≫ B)

这是说，如果 A、B 两者的效用之比大于 B、B′两者的效用之比，并且 A′、B′的两者效用之比等于 A、B 两者的效用之比，那么就偏好 A′而不是 B。这一原理可称为关于目的和手段的偏好原理。亚里士多德分三步加以证明，现分析如下。

第一步：$(u (A)：u (B) >u (B)：u (B')) \land (u (A')：u (B') = u (A)：u (B)) \rightarrow (u (A')：u (B') >u (B)：u (B'))$

这是说，如果 A、B 两者的效用之比大于 B、B'两者的效用之比，并且 A'、B'的两者效用之比等于 A、B 两者的效用之比，那么 A'、B'的两者效用之比大于 B、B'两者的效用之比。

第二步：$(u (A')：u (B') >u (B)：u (B')) \rightarrow (u (A') > u (B))$

如果 A'、B'的两者效用之比大于 B、B'两者的效用之比，那么 A'的效用大于 B 的效用。

第三步：$(u (A') >u (B)) \rightarrow (A' 》 B)$

如果 A'的效用大于 B 的效用，那么就偏好 A'而不是 B。

由以上三步根据假言三段论律可得原理 17。

另外，我们看到，引进效用函数可以把偏好关系表示得更清楚。而这也正是决策论和博弈论通常采用的表示偏好的方法。

三 关于组合选择项的偏好问题

以下我们来讨论亚里士多德关于组合选择项的偏好问题。亚里士多德说："数量上更大的善的东西比更小的善的东西更是我们偏好的，这又或者是绝对的，或者是一个包含在另一个之中，即更小的包含在更大的之中。可能会有人反驳：在某个特殊场合，一个事物的价值是为了另一个事物；因为这样，把两个合在一起并不比一个更是我们偏好的；例如，恢复健康加健康，并不比健康更是我们偏好的，因为我们选择恢复健康乃是为了健康。……同一个东西伴随着愉悦比不伴随愉悦，伴随着无痛苦比伴随着痛苦是更有价值的。"（117a16 - 24）"你必须注意，共同语词使用于或以某种其他的方式结合于被添加的某物，而不是使用于或结合于另一物；例如，如果你把锯子和镰刀同木工技术结合；因为在组合中的锯子才是我们偏好的，并非绝对地是我们偏好的。"（118b11 – 19）这里，提出了以下几个问题：

原理 18　（A ～ A）→¬（（B ∧A）》A），例如，A 为健康，B 为恢复健康。这说明在 B 是为了 A 的情况下，"偏好整个组合而不是其中的一项"不成立。

原理 19　（A ～ B）→（（A′∧A）》（A′∧B）），例如，A、A′为两种锯子，B 为木工技术。这表明"（A ～ B）→（（A′∧A）～（A′∧B））"并不总是成立的。

原理 20　（B 》¬B）→（（A ∧B）》（A ∧¬B）），例如，B 为愉悦或无痛苦，¬B 为不愉悦或痛苦。

亚里士多德没有更多地讨论组合项的偏好问题，他提出的问题值得进一步研究。

四　结语

以上我们详细考察了亚里士多德关于偏好的一些阐述和研究。我们看到，亚里士多德早在两千多年前就认识到偏好概念的重要性，并提出了关于偏好的一些基本原理。并且，他对这些原理的合理性给出了论证，这与现代逻辑学家们对偏好属性的探讨如出一辙。他提出的很多具体原理和想法即使在今天仍具有重要的意义，值得我们进一步思考。

亚里士多德模态命题
理论的现代解析*

　　亚里士多德不但是形式逻辑的创始人，而且是模态命题逻辑的创始人。他使用了四个模态词："必然"（necessary）、"不可能"（impossible）、"可能"（possible）和"偶然"（contingent）。并认为只有命题才是必然的、不可能的、可能的或偶然的，他说："我们必须来考察那些断言或否认可能性或偶然性、不可能性或必然性的肯定命题和否定命题之间的相互关系，因为这个问题不是没有困难的。"（21a34 – 37）"因为正如在前面的例子中动词'是'和'不是'被加到句子的材料'白的'和'人'上面一样，在这里句子的材料乃是'有这件事'（that it should be）和'没有这件事'，而所加上去的乃是'是可能的'、'是偶然的'等。这些词表明某事是可能的或不是可能的，正如在前面的例子中'是'和'不是'表示某些事物是事实或不是事实一样。"（21b26 –32）"我们必须像已指出的那样把短句'有这件事'和'没有这件事'规定为命题的基本材料，而在将这些词造成肯定命题和否定命题的时候，我们必须把它们分别和'可能'（possible）、'偶然'（contingent）等词结合起来。"（22a8 – 13）

　　由上可见，亚里士多德是从"从言模态"（de dicto）的角度

　　* 本文是2006年10月第二届海峡两岸逻辑教学学术会议论文，原载《哲学研究》2007年增刊。

来处理模态命题的。此外，在《解释篇》中模态词"偶然"与"可能"具有同样的涵义，亚里士多德说："从命题'可能有这件事'就可以推论出偶然有这件事，而反过来也一样。"（22a15）他列了一张表来考察模态命题：①

A. 可能有这件事。

（It may be）

偶然有这件事。

（It is contingent）

并非不可能有这件事。

（It is not impossible that it should be）

并非必然没有这件事。

（It is not necessary that it should not be）

C. 可能没有这件事。

（It may not be）

偶然没有这件事。

（It is contingent that it should not be）

并非不可能没有这件事。

（It is not impossible that it should not be）

并非必然有这件事。

（It is not necessary that it should be）

B. 不能有这件事。

（It cannot be）

并非偶然有这件事。

（It is not contingent）

不可能有这件事。

（It is impossible that it should be）

必然没有这件事。

（It is necessary that it should not be）

D. 不能没有这件事。

（It cannot not be）

并非偶然没有这件事。

（It is not contingent that it should not be）

不可能没有这件事。

（It is impossible that it should not be）

必然有这件事。

（It is necessary that it should be）

---

① 亚里士多德在列出A、B、C、D四个表时，其中有一个错误，A中第4个命题（"并非必然有这件事"）和C中第4个命题（"并非必然没有这件事"）应当对调，他在22b14－27中做了改正。我们在下面列出的表中已改正。

根据以上所引的话，"It may be"（可能有这件事）即是"It is possible that it should be"；"It cannot be"（不能有这件事），即是"It is not possible that it should be"。"It is contingent""It is not contingent""It may not be""It cannot not be"等可做同样分析。亚里士多德在《解释篇》第 12 章、第 13 章中讨论了以上各种命题之间的关系，A 和 B 中相对应的命题、C 和 D 中相对应的命题是矛盾命题，A 和 C 以及 B 和 D 中相应的命题不是矛盾命题。在 A、B、C、D 四个系列中，每个系列从前两个命题可推出后两个命题。在各系列中的后两个命题是什么关系呢？亚里士多德指出，它们是等值关系："命题'不可能（有这件事）'当用于一个相反的主词上时，① 就等值于命题'必然（没有这件事）'。因为，当不可能有一事物时，就必然不是有它而是没有它；而当不可能没有一事物时，就必然有该事物。所以，如果说那些谈事物的不可能性或非不可能性的命题，不必改变主词就可以从那些该事物的可能性或非可能性的命题推出来，那些谈必然性的命题则就要改为相反的主词才能推出来；因为由'不可能'和'必然'这两个词形成的命题并不是相等的，而是如上所指，颠倒地联结着的。"（22b1 – 9）这就是说，在 B 中"不可能有这件事"等值于"必然没有这件事"；在 D 中，"不可能没有这件事"等值于"必然有这件事"。关于在 A 和 C 中，后两个命题的等值，亚里士多德没有明确的陈述，但从 A 和 B 中、C 和 D 中相应的命题是矛盾命题，显然可以得出：在 A 中，"并非不可能有这件事"等值于"并非必然没有这件事"；在 C 中，"并非不可能没有这件事"等值于"并非必然有这件事"。

我们要问：在 A、B、C、D 四个表中，第 1 个命题（等值于

---

① 亚里士多德是从从言模态的观点来考察模态命题的，在"不可能［有这件事］"中，主词是"有这件事"（that it should be），相反的主词是指"没有这件事"（that it should not be）。

第 2 个命题）是否等值于第 3 个命题，从而等值于第 4 个命题呢？亚里士多德考察了 A 和 B：“现在，命题‘不可能有这件事’和‘并非不可能有这件事’是可以从命题‘可能有这件事’、‘偶然有这件事’和‘不能有这件事’、‘并非偶然有这件事’推论出来的——即矛盾命题从矛盾命题推论出来。但其中有戾换法。命题‘不可能有这件事’的否定命题可以从命题‘可能有这件事’推论出来，而第一个命题的相应的肯定命题则可以从第二个命题的否定命题推论出来。因为‘不可能有这件事’是一个肯定命题，而‘并非不可能有这件事’是一个否定命题［按：‘不可能’（impossible）是一个模态词］。”（22a32 - 36）“命题‘并非必然没有这件事’是那个从命题‘不能有这件事’推出来的命题的矛盾命题；因为从‘不能有这件事’可以推出‘不可能有这件事’和‘必然没有这件事’，而后者的矛盾命题是命题‘并非必然没有这件事’。这样，在这种场合，矛盾命题也以所指出的方式从矛盾命题推出来，并且，当它们被这样排列时，并没有逻辑上不可能的事情发生。”（22b25 - 27）这段话是说，“不可能有这件事”的矛盾命题“并非不可能有这件事”可以从命题“可能有这件事”（它也是“不可能有这件事”的矛盾命题）推论出来，同理，“不可能有这件事”可以从“可能有这件事”的矛盾命题“不能有这件事”推论出来，这就是亚里士多德所说的“矛盾命题从矛盾命题推论出来”，即“戾换法”。按照同样的方式，“可能有这件事”的两种形式的矛盾命题“不能有这件事”和“不可能有这件事”，可以互相推出；“并非必然没有这件事”的两种形式的矛盾命题“不能有这件事”和“必然没有这件事”可以互相推出。亚里士多德没有考察 C 和 D 的“戾换法”，但很显然，“矛盾命题从矛盾命题推论出来”的原则是完全适用的。

　　综上所说，在以上 4 个系列中，各系列的 4 个命题是等值的。亚里士多德在《解释篇》中没有引进命题变项，为方便起见，我们把模态命题的基本材料"有这件事"（"it should be"）用命题变项"P"来表示，"没有这件事"（"it should not be"）用"¬p"（读为"非 p"）来表示。在 4 个模态词中，去掉"偶然"，我们用"□"表示"必然"，"◇"表示"可能"，"¬◇"表示"不可能"，这样，我们就可以得到以下原理（"↔"表示"等值"）：

1. ◇p ↔¬¬◇p ↔¬□¬p
2. ¬◇p ↔□¬p
3. ◇¬p ↔¬¬◇¬p ↔¬□p
4. ¬◇¬p ↔□p
5. ¬◇p（□¬p）与◇p（¬¬◇p、¬□¬p）是矛盾关系。
6. ◇¬p（¬¬◇¬p、¬□p）与¬◇¬p（□p）是矛盾关系。

此外，亚里士多德陈述了一个重要原理：必然命题蕴涵可能命题，他说："当必然有一事物的时候，就可能有它。（when it necessary that a thing should be, it is possible that it should be）。"（22b11）关于"可能"（possible，亚里士多德有时也用 potential 作为同义词）这个模态词，亚里士多德做了说明："显然事实上并非常常是凡可能有或可能步行的东西也就具有另一方向的可能性。例外是有的。首先，必须作为例外的，是那些不是按照理性原则而具备一种可能性的东西，像火之具有发热的可能性，即一种非理性的能力。那些牵涉一个理性原则的可能性，乃是具有一个以上结果的可能性或者说相反结果可能性的；那些非理性的，就不是永远如此的。如上所说，火不能既发热又不发热，任何永远是现实的东西，也没有什么双重的可能性。但即使在那些非理性的可能性中间，有些也允许对立的结果。不过，上面所说的话已足够强调指出这个真理：即并非每种可能性都允许对立的结果，即使当'可能'一词永远以同一的意义被使用的时候。"（22b35 – 23a6）这段话是说，牵涉一个理性原则的可能性以及有些非理性的可能性，允许对立的结果，即"可能有这件事"允许"可能没有这件事"，但并非每种可能性都允许对立的结果。亚里士多德进一步指出："但有时'可能'一词是同名异义地来使用的。因为'可能'一词是有歧义的；在一种情况之下，它被用来指事实，指那已现实化了的，例如说一个人发觉步行是可能的，因为它实际上是在步行着；一般来说，当我们因为一种能力实际上已现实化了而把该种能力赋予一件事物的时候，我们就是在使用这个意义上的'可能'一词。在别的场合，它是指某一能力，这种能力在一定条件之下是能现实化的，例如我们说一个人发觉步行是可能的，因为在某种条件之下他会步行。这后一种可能性，只属于那能够运动的东西，前一种可能性也能存在于那没有这种运动能力的东西那里。对于那是在步行着并且是现实的东西，以及对于那有这种能力虽然不一定现实化了这种能力的东西，都能正确地说它并非不可能步行（或者，在别种情况，并非不可能有这件事）；我们虽然不能把后一种可能性用来述说那不加限制意义上的必然事物，我们却能把前一种可能性用来述说它。"（23a7 - 15）由上所说，亚里士多德得出结论："当必然有一事物的时候就可能有它"（22b11），"必然的事物也是可能的"（23a17）。我们可用公式表示为：

7. $\Box p \to \Diamond p$。这是现代模态命题逻辑 D 系统的公理。

"必然没有这件事"与"并非必然有这件事"是什么关系呢？亚里士多德说："命题'并非必然有这件事'并不是'必然没有这件事'的否定命题，因为这两个命题对于同一个主词而言可能都是正确的；因为，当一事物必然没有的时，就并非必然有。"（22b1）这就是说（"$\to$"表示"蕴涵"）：

8. $\Box \neg p \to \neg \Box p$，

而 $\neg \Box p \leftrightarrow \Diamond \neg p$，因此：

9. $\Box \neg p \to \Diamond \neg p$。

7 和 9 表明，□p 与 ◇p、□¬p 与 ◇¬p 之间是等差关系。

"可能有这件事"和"可能没有这件事"是什么关系呢？亚里士多德说："'可能没有这件事'的矛盾命题不是'不能有这件事'，而是'不能没有这件事'；而'可能有这件事'的矛盾命题不是'可能没有这件事'，而是'不能有这件事'。这样，命题'可能有这件事'和'可能没有这件事'就显出是互相蕴涵的：因为，既然这两个命题不是互相矛盾的，那么同一件事物就可能有也可能没有。"（21b32 – 35）这就是说，◇p 和 ◇¬p 不是矛盾关系，两者可以同真。两者能否同假呢？不能。亚里士多德说："可能有人会提出这样的疑问：命题'可能有这件事'是否能够从命题'必然有这件事'推出来？如果不能，则必须推论出它的矛盾命题，即不能有这件事；或者，如果人们认为这并非它的矛盾命题，那么，则必须推论出命题'可能没有这件事'。但对于那必须有的东西，这两个命题都是假的。"（22b29 – 32）这是说，□p 推出 ◇p，从 □p 不能推出 ¬◇p（□¬p）和 ◇¬p，当 □p 真时，¬◇p 和 ◇¬p 都是假的。因此，当 □p 真时，◇p 为真而 ◇¬p 为假，它们不同假。由此可得：

10. ◇p 和 ◇¬p 之间是下反对关系。

"必然有这件事"和"必然没有这件事"是什么关系呢？亚里士多德说："'必然有这件事'的矛盾命题不是'必然没有这件事'而是'并非必然有这件事'；而'必然没有这件事'的矛盾命题是'并非必然没有这件事'。"（22a3 – 5）这就是说，□p 和 □¬p 之间不是矛盾关系，它们的矛盾命题分别是 ¬□p 和 ¬□¬p，根据上述的 1 和 3，就是 ◇¬p 和 ◇p，根据 10，◇¬p 和 ◇p 是下反对关系，可以同真而不同假，因此，同它们相矛盾的命题 □p 和 □¬p 就可以同假而不同真；另外，从上面所引的 22b29 – 32 的一段话，可以看出：当 □p 真时，◇¬p 为假从而 □¬p 为假，也就是说 □p 和 □¬p 不能同真，因此：

11. □p 和□¬p 之间是反对关系。

由上所说，亚里士多德实际上已提出了以下的模态对当方阵：

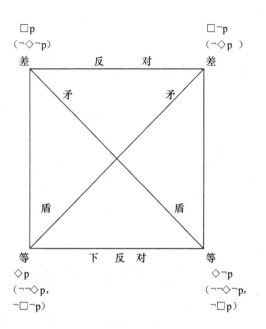

关于模态命题之间的关系，亚里士多德还说："必然性的东西就是现实的东西。所以，如果永恒的事物是在先的，则现实性也就先于可能性。"（23a21 – 25）

亚里士多德在这段话中，提出了两条原理，即"必然的东西是现实的东西"和"现实性先于可能性"，我们可用符号公式表示为：

12. □p →p，这是现代模态命题逻辑 T 系统的公理。

13. p → ◇p。

由此也可得到以上的 7（D 公理）：

□p → ◇p。

综上所说，亚里士多德实际上已经建构了模态命题逻辑 T 系统的雏形。

亚里士多德模态三段论的本来面目[*]

亚里士多德的模态三段论是在直言三段论的基础上构成的。模态算子加在直言命题之前构成模态直言命题，模态三段论系统与直言三段论系统一样是树枝形演绎系统。下面我们分三个问题概述。

一　必然三段论概述

所谓"必然三段论"是指前提中至少有一个必然命题而结论为必然命题的三段论。我们已经论述过直言三段论（与模态三段论相对，亦称为实然三段论），必然三段论的有效式是在此基础上，对一个前提或两个前提加上必然算子后得出必然结论。亚里士多德研究了 3 种必然三段论：带两个必然前提的三段论，带必然大前提、实然小前提的三段论和带实然大前提、必然小前提的三段论。下面我们分别加以论述。

（一）带两个必然前提的三段论

亚里士多德说："必然前提与实然前提的三段论两者之间几乎没有什么差别。如果词项间的联系方式相同，那么无论是某物属

* 本文据合著《逻辑学思想史》（张家龙主编，湖南教育出版社 2004 年版）第 3 编第 5 章第 1 节和论文《论偶然模态》［载《哲学研究》2009 年增刊（第四届海峡两岸逻辑教学学术会议专辑）］修订而成。

于另外某物或某物必然地属于另外某物（或不属于），在两种情况下，三段论将以同样方式成立或不成立。唯一的差异是词项要带上'必然地'这个字样。"（29b35－30a4）这里先说明一个问题，亚里士多德混用了从言模态和从物模态，说"A 属于所有 B"是必然的，这是从言的模态，说"A 必然属于所有 B"，这是从物的模态。亚里士多德经常混用，我们把从物的模态改为从言的模态，一律用从言的模态。

上一段话指明，带两个必然前提的三段论，除了对前提和结论都必须加上必然性字样以外，其余跟实然（直言）三段论都相同。按照亚里士多德的论述，带两个必然前提的三段论如同直言三段论一样是一个自然演绎系统，第一格的各式是完善的、不需证明的，这就是说，第一格的各式是初始推理规则。在所有其他格中，结论跟实然三段论的情况一样，通过转换，以同样方式被证明是必然的。"在中间格中，当全称前提是肯定的，特称前提是否定的；再者，在第三格中当全称前提是肯定的，特称前提是否定的时，则证明方式便不相同，以特称否定命题的主词的一部分（不为谓词所属于的那部分）作为显示词项构成的三段论，乃是必然的；带有这样选用的几个词项，将必然地得出结论。"（30a5－15）这就是说，第二格和第三格的各式，除 Baroco 和 Bocardo 外，都要按实然三段论的证明方法从第一格各式导出。亚里士多德在实然三段论中用反三段论律证明 Baroco 和 Bocardo，但在带两个必然前提的三段论中必须要用"显示法"证明 Baroco—□□□和 Bocardo—□□□，这两个式无法用反三段论律证明。以下是根据亚里士多德的显示法对 Baroco—□□□[①]的证明：

---

① "□"表示"必然"，在 Baroco 后加 3 个必然记号表示两个前提 A、O 和结论 O 均为必然命题，Barbara—□○□表示大前提 A 为必然命题、小前提 A 为实然命题（记为"○"）而结论 A 为必然命题。其他各式记法同此。为清晰起见，在推理过程中使用本文对模态命题的记法。

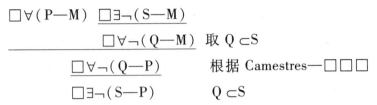

$$\Box\forall(P{-}M) \quad \Box\exists\neg(S{-}M)$$
$$\Box\forall\neg(Q{-}M) \quad 取\ Q\subset S$$
$$\Box\forall\neg(Q{-}P) \quad 根据\ Camestres{-}\Box\Box\Box$$
$$\Box\exists\neg(S{-}P) \quad Q\subset S$$

这里的 Q 是"显示词项",就是"不为谓词所属于的那部分主词",是从特称否定的小前提【$\Box\exists\neg(S{-}M)$】主词 S 中取出来的一部分,使得 Q 真包含于 S(记为 $Q\subset S$),这样就把特称否定变为全称否定的 $\Box\forall\neg(Q{-}M)$,从而 Baroco—$\Box\Box\Box$ 化归为 Camestres—$\Box\Box\Box$。

Bocardo—$\Box\Box\Box$ 的证明是类似的:

$$\Box\exists\neg(M{-}P) \quad \Box\forall(M{-}S)$$
$$\Box\forall\neg(Q{-}P) \quad \Box\forall(Q{-}S) \quad 取\ Q\subset M$$
$$\Box\exists\neg(S{-}P) \quad 根据\ Felapton{-}\Box\Box\Box$$

这里的显示词项是特称否定前提 $\Box\exists\neg(M{-}P)$ 中的主词 M,取 Q 真包含于 M,这样就把两个前提都变为全称的,从而 Bocardo—$\Box\Box\Box$ 化归为 Felapton—$\Box\Box\Box$。

由于显示法不是严格的形式证明方法,我们在重新构造必然三段论系统时把这两个式列为初始规则。

我们曾说亚里士多德的直言三段论只有 3 个格,共有 36 个有效式。因此,带两个必然前提和一个必然结论的三段论也应当有 3 个格 36 个有效式。

(二) 带必然大前提、实然小前提和必然结论的三段论

现在我们来考察带有必然大前提、实然小前提和必然结论的有效式。在第一格中,亚里士多德说:"有时也出现这样的情况,即使只有一个前提是必然的,当然,不能两个前提中的任意一个,只能是大前提,我们也能获得必然的三段论。"(30a15-20)他首先列出两个式:A 必然属于(或不属于)所有 B,B 只是属于 C

（C 是 B 的一部分），所以，A 必然属于（或不属于）C。这两个式就是 Barbara—□○□（"○"代表"实然"）和 Celarent—□○□。

接着，亚里士多德列出了两个特称的式："让我们首先设定，全称前提是必然的，A 必然属于所有 B，B 仅属于有的 C。由此可得的结论必然是：A 必然属于有的 C，因为 C 归于 B，而根据设定，A 必然属于所有 B。如果三段论是否定的，情况亦同样，因为证明是相同的。"（30a35 – 30b2）这两个特称式就是：Darii—□○□ 和 Ferio—□○□。根据亚里士多德的论述，这 4 个第一格 □○□ 构成了 □○□ 系统的初始推理规则。

亚里士多德陈述了第二格 2 个有效的 □○□ 式：

1. "A 不可能属于所有 B，A 仅属于 C。因为否定前提是可以换位的，所以 B 也不可能属于任何 A。但 A 属于所有 C，则 B 不可能属于任何 C，因为 C 归于 A。"（30b10 – 15）"A 不可能属于所有 B"就是"A 必然不属于所有 B"即"必然无 B 是 A"，以后遇到这种不可能命题，要把它变为必然命题。上述的证明把 Cesare—□○□ 化归为 Celarent—□○□：

$$\frac{\Box\forall\neg(B{-}A)\qquad\forall(C{-}A)}{\Box\forall\neg(A{-}B)}$$

$$\Box\forall\neg(C{-}B)\qquad \text{Celarent—□○□}$$

在证明过程中，亚里士多德应用了必然全称否定命题的换位律和以下的假言三段论律：

$$\text{如果}\frac{\Gamma_1,\ \Gamma_2,}{\Gamma_2}\frac{\Gamma_3}{\triangle},\text{则}\ \frac{\Gamma_1,\ \Gamma_3}{\triangle}$$

这条规则可简写成

$$\frac{\frac{\Gamma_1\ \Gamma_3}{\Gamma_2}}{\triangle}$$

$$\frac{\Gamma_3，\underline{\Gamma_1}}{\underline{\Gamma_2}}$$
由于前提可交换，也可写成

2. "否定前提是全称必然的，A 不可能属于任何 B，但属于有的 C。由于否定前提是可以换位的，B 也不可能属于任何 A。但 A 属于有的 C，因此 B 必然不属于有的 C。"（31a6 – 10）这里，亚里士多德把 Festino—□○□的有效性化归为 Ferio—□○□：

$$\underline{□∀¬（B—A），∃（C—A）}$$
$$\underline{□∀¬（A—B）}$$
$$□∃¬（C—B）\qquad\qquad Ferio—□○□$$

但在第二格中，Camestres—□○□ 和 Baroco—□○□ 二式是无效的。亚里士多德看到 Camestres—□○□的无效性可以化归为 Cesare—○□□的无效性，而后者化归为第一格 Celarent—○□□的无效性，但是他说得不是很明确；他对 Camestres—□○□的无效性通过词项的例子证明，结论并非无条件地是必然的，而只是在某些条件下是必然的。例如设定中词 A 表示"动物"，大词 B 表示"人"，小词 C 表示"白色的"，亚里士多德认为，从"必然所有人是动物"和"所有白色的事物不是动物"可以得到实然的"所有白色的事物不是人"，但不能得出必然的"所有白色的事物不是人"，因为有可能人生来就是白的，然而在"必然所有白色的事物不是动物"的条件下，人就没有可能是白的，这样才可得"必然所有白色的事物不是人"。（参看 30b32 – 40）这是 Camestres—□□□。

关于 Baroco—□○□的无效性，亚里士多德是用举例法加以排斥，设 A 表示"动物"，B 表示"人"，C 表示"白色的"，由"必然所有 B（人）是 A（动物）"和"有的 C（白色的事物）不是 A（动物）"可得"有的 C（白色的事物）不是 B（人）"，但不能得"必然有的 C（白色的事物）不是 B（人）"（参见

31a10）。

由上可见，亚里士多德在排斥 Camestres—□○□ 和 Baroco—□○□ 时承认了 Camestres—□○○ 和 Baroco—□○○ 的有效性。这是很显然的，因为亚里士多德说："必然的也是现实的。"（23a23）这就是说，他承认模态从属律：从□P 可推出 P。据此，上述两式的有效性可化归为相应的实然三段论的有效性。事实上，亚里士多德凡是在有效的实然三段论中，有一个前提改为必然的，即前提组合为□○或○□，结论为○，三段论式仍有效。

第三格有效式的□○□式有 4 个：

1. "A 和 B 都属于所有 C，AC 是必然的。由于 B 属于所有 C，C 属于有的 B，因为全称命题可以换位成特称命题；所以，如果 A 必然属于所有 C，C 属于有的 B，那么，A 属于有的 B 就是必然的了；因为 B 归于 C。这样，第一格就产生了。如果前提 BC 是必然的，则证明方式亦相同；因为通过换位，C 属于有的 A，所以，如果 B 必然属于所有 C，那么它也必然属于有的 A。"（31a25）这里把 Darapti—□○○ 的有效性化归为 Darii—□○□：

$$\underline{\Box\forall(C—A),\quad \forall(C—B)}$$
$$\exists(B—C)$$
$$\Box\exists(B—A)\qquad Darii—\Box○\Box$$

若∀（C—B）是必然的，证法相同。在证明过程中，使用了全称肯定命题的换位律和假言三段论律：

$$\underline{\forall(C—A),\quad \Box\forall(C—B)}$$
$$\exists(A—C)$$
$$\Box\exists(A—B)\qquad Darii—\Box○\Box$$

2. "设定 AC 是否定的，BC 是肯定的。否定前提是必然的，既然通过换位，C 属于有的 B，A 必然不属于任何 C，那么，A 也必然不属于有的 B；因为 B 归于 C。"（31a34–36）这是把 Felapton—□○○ 的有效性化归为 Ferio—□○□：

$$□∀¬(C—A)，\underline{∀(C—B)}$$
$$∃(B—C)$$
$$\underline{\qquad\qquad\qquad\qquad}$$
$$□∃¬(B—A)\qquad\qquad Ferio—□○□$$

3. "如果一个前提是全称的，另一个前提是特称的，两个前提都是肯定的，那么，如果全称前提是必然的，则结论也是必然的。证明的方式与以前相同；因为特称前提是可以换位的。因此，如果 B 属于所有 C 是必然的，A 归于 C，那么 B 属于有的 A 就是必然的。如果 B 属于有的 A，则 A 必然属于有的 B，因为特称命题是可以换位的。如果 AC 是全称必然的，情况亦相同；因为 B 归于 C。"（31b15－20）这里，亚里士多德在同一个证明模式里把 Datisi—□○□ 和 Disamis—○□□ 归为一类，并且都把它们化归为 Darii—□○□：

$$□∀(C—B)，\underline{∃(C—A)}$$
$$∃(A—C)$$
$$\underline{\qquad\qquad\qquad\qquad}$$
$$\underline{□∃(A—B)\qquad\qquad Darii—□○□}$$
$$□∃(B—A)\qquad\qquad □I\ 换位律$$

在此式的证明过程中，与以前的证明相比使用了另一种形式的假言三段论律：

如果从 Γ_2 推出 Γ_3，Γ_1 和 Γ_3 推出 $\triangle_1$，$\triangle_1$ 推出 $\triangle_2$，则 Γ_1 和 Γ_2 推出 $\triangle_2$。

另一种证明如下：

$$\underline{∃(C—B)，\qquad\qquad □∀(C—A)}$$
$$∃(B—C)\ I\ 换位$$
$$\underline{\qquad\qquad\qquad\qquad}$$
$$□∃(B—A)\qquad\qquad Darii—□○□$$
$$□∃(A—B)\qquad\qquad □I\ 换位律$$

4. "如果一个前提是肯定的，另一个前提是否定的，当全称前提为必然否定时，结论也是必然的。因为 A 属于任何 C 是不可能的，B 属于有的 C，A 不属于有的 B 就是必然的。"（31b34－

36）"A 属于任何 C 是不可能的" 就是 "所有 C 必然不是 A"。这个式是 Ferison—□○□，亚里士多德没有陈述证明过程，其实可以化归为 Ferio—□○□。

第三格 □○□ 的无效式有两个：（1）Disamis—□○□ 和（2）Bocardo—□○□，亚里士多德用例子加以排斥。

综上所说，在 □○□ 式中，亚里士多德列出了第一格的 4 个完善式，证明了第二格和第三格的 6 个有效式；排斥了 4 个无效式，主要用举例法，个别用化归为另一个无效式的办法。

（三）带实然大前提、必然小前提和必然结论的三段论

当大前提实然、小前提必然时能否得必然结论呢？这里的情况比较复杂。

我们已经看到，Barbara—□○□ 是一个完善式，那么，Barbara—○□□ 也是一个完善式吗？不是！亚里士多德说："如果大前提不是必然的，小前提是必然的，那么结论就不是必然的。如果它是必然的，则可以根据第一格和第三格推出，A 必然属于有的 B。然而这是虚假的。因为 B 可能是 A 不属于它的任何部分。而且，根据词项例子也可明显地看到，结论不是必然的。例如，设定 A 表示'运动'，B 表示'动物'，C 表示'人'，那么，人必然是动物，但动物却不必然是在运动的；人也不必然是在运动的。如果前提大前提是否定的，情况亦相同，因为证明是相同的。"（30a24－34）

这段话列出了两个无效式：Barbara—○□□ 和 Celarent—○□□，并说明了前者无效的理由：（1）从 ∀（B—A）和 □∀（C—B）不能得出 □∀（C—A），若得出了此结论，则它和前提之一的 □∀（C—B），根据第一格 Darii—□□□ 和第三格 Darapti—□□□可得：□∃（B—A），但这是虚假的，因为可能 A 不属于任何 B。（2）用举例法说明 ∀（C—A）不是必然的。

关于两种 Barbara 有效性的问题，亚里士多德学派的著名逻辑学家泰奥弗拉斯多和欧德谟斯坚持认为"结论永远由最弱的前提规定"，反对 Barbara—○□□ 的有效性，主张两种 Barbara 均无效。现代著名数理逻辑学家卢卡西维茨认为，两种 Barbara 均有效，在他的 4 值模态逻辑系统中证明了两种 Barbara。①

笔者对以上争论的看法是：（1）泰奥弗拉斯多否定 Barbara—□○□，看来是很难站住脚的；（2）卢卡西维茨主张两种 Barbara 的有效性是有道理的，并从他的模态逻辑系统中推出了这两个式，在这一方面，他的系统强于亚里士多德的模态逻辑系统；（3）亚里士多德排斥 Barbara—○□□ 也是正确的。逻辑系统是相对的，不是绝对的、凝固不变的，它可大可小。事实证明，亚里士多德的必然三段论系统虽然排斥了 Barbara—○□□，但仍不失为一个优美的系统，对现代模态逻辑的发展具有重要意义。我们应当承认，不但卢卡西维茨构造包含 Barbara—○□□ 的系统是合理的，而且亚里士多德构造排斥这个式的系统也是合理的。

亚里士多德在第一格○□□中排斥了前 4 个式，而且也排斥了第二格的 Cesare—○□□、Baroco—○□□和 Festino—○□□。

但 Camestres—○□□是有效的，亚里士多德说："如果 A 不可能属于所有 C，则 C 也不可能属于所有 A。但 A 属于所有 B，所以 C 不可能属于任何 B。这里我们再次得到了第一格。从而 B 不可能属于 C，因为这里不改变关系是可以换位的。"（30b13 – 17）亚里士多德把"$\forall$（B—A），$\square\forall\neg$（C—A），所以，$\square\forall\neg$（C—B）"化归为"$\square\forall\neg$（A—C），$\forall$（B—A），所以，$\square\forall\neg$（B—C）"，这是第一格有效的 Celarent—□○□，结论换位后就得到"$\square\forall\neg$（C—B）"。

Festino—○□□是有效式呢，还是无效式？亚里士多德没有

---

① 卢卡西维茨：《亚里士多德的三段论》，商务印书馆 1981 年版，第 225—235 页。

提。根据亚里士多德的思想，此式应是无效的，它的无效性可化归为 Ferio—○□□的无效性。

在第三格中，○□□的有效式除 Camestres—○□□之外还有几个呢？在上面我们已经说过，亚里士多德把 Datisi—□○□和 Disamis—○□□归为一类，并且都把它们化归为 Darii—□○□。在第三格有效式中除 Disamis—○□□外，还有 Darapti—○□□，此式与 Darapti—□○□属于一类，亚里士多德把这两种有效式概括成以下规则："在最后格中，当端词与中词的关系是全称的，并且两个前提都为肯定时，如若其中有一个是必然的，则结论也是必然的。"（31a20—21）这段话可用以下的推理形式表示出来：

$$\forall(C—A) \qquad \square\forall(C—B)$$
$$\underline{\exists(A—C)}$$
$$\square\exists(A—B)$$
$$\square\exists(B—A)$$

"∀（C—A），□∀（C—B），所以，□∃（A—B）"，这是 Darapti—□○□，亚里士多德已经做了证明；把结论换位就得到 "∀（C—A），□∀（C—B），所以，□∃（B—A）"，这就是 Darapti—○□□，亚里士多德没有明确列出这个具体形式，这是因为他认为特称肯定命题的换位是显然的，可以略而不说。

第三格的无效的 ○□□式有：Felapton—○□□、Datisi—○□□、Bocardo—○□□、Ferison—○□□。亚里士多德把 Datisi—○□□的无效性化归为 Darii—○□□的无效性。

综上所述，在○□□式中，亚里士多德证明了 3 个有效式，把它们化归为第一格完善的□○□式；他排斥了 11 个式，有的是用化归为另一个无效式来排斥，有的是用举例法。

现在我们将以上的讨论做一个小结：

1. 亚里士多德的必然三段论实际上有两个系统：（1）两个前提和结论皆为必然命题的系统即□□□系统；（2）一个前提为必

然命题、另一前提为实然命题而结论为必然命题的系统即□○□和○□□的系统。□□□系统以第一格的 4 个完善式为初始推理规则，后一个系统以第一格 4 个完善的□○□式为初始推理规则，在从初始推理规则导出其他各格的有效式时采用了显示法、换位律、假言三段论律等辅助推理规则。亚里士多德没有看到，□□□可以用必然从属律（□p 推出 p）化归为□○□，我们在重新构造新的系统时取消了□□□的独立系统。

2. 亚里士多德对无效式的排斥采用了两种方法：一是将一式的无效性化归为另一式的无效性，二是用举例法。前一种方法是一种形式排斥思想的萌芽。

亚里士多德在排斥无效的□○□和○□□各式的过程中，肯定了相应的□○○和○□○的有效性，但他没有专门讨论这些式。实际上这种带一个必然前提而结论却为实然命题的三段论式，其有效性同于实然三段论，只要加上模态从属律（从□P 推出 P）和假言三段论律，立即可以化归为实然三段论。严格说来，它们不属于必然三段论。

3. 亚里士多德没有讨论带有可能前提的各式，但是这些式可以从□□□式、□○□式和○□□式导出。

二　亚里士多德在偶然命题方面的严重错误及其纠正方案

亚里士多德在构建偶然三段论系统时提出了两条原理，他说："使用偶然模态的所有前提，可以通过转换互相推得。我并不是说肯定前提可以转换为否定前提，而是说那些形式上为肯定的前提容许转换为与它们对立的命题。例如，'偶然属于'可以转换为'偶然不属于'；'A 属于所有 B 是偶然的'可以转换为'A 不属于任何 B 是偶然的'，并且'A 属于有的 B 是偶然的可以转换为

'A 不属于有的 B 是偶然的'。"（32a30 – 35）上述两条原理可表示如下：

1. $\Delta\forall(B{-}A) \leftrightarrow \Delta\forall\neg(B{-}A)$，

2. $\Delta\exists(B{-}A) \leftrightarrow \Delta\exists\neg(B{-}A)$。

英国亚里士多德研究专家罗斯（D. Ross）称这种转换为："补转换"（complementary conversion），以便与偶然命题的换位（conversion）相区别。这两条补转换律实际上给出了偶然性的另一种定义。

亚里士多德的这两条补转换律与他的双可能合取的偶然定义是不一致的，证明如下（"Δ"表示偶然算子，"$\diamondsuit$"表示可能算子，"$\wedge$"表示合取）：

$\Delta\forall(B{-}A) \leftrightarrow \diamondsuit\forall(B{-}A) \wedge \diamondsuit\neg\forall(B{-}A) \leftrightarrow \diamondsuit\forall(B{-}A) \wedge \diamondsuit\exists\neg(B{-}A)$；

$\Delta\forall\neg(B{-}A) \leftrightarrow \diamondsuit\forall\neg(B{-}A) \wedge \diamondsuit\neg\forall\neg(B{-}A) \leftrightarrow \diamondsuit\forall\neg(B{-}A) \wedge \diamondsuit\exists(B{-}A)$。

由上可见，$\Delta\forall(B{-}A)$ 和 $\Delta\forall\neg(B{-}A)$ 是不等值的，可是根据补转换律，它们是等值的。再看第二条补转换律：

$\Delta\exists(B{-}A) \leftrightarrow \diamondsuit\exists(B{-}A) \wedge \diamondsuit\neg\exists(B{-}A) \leftrightarrow \diamondsuit\exists(B{-}A) \wedge \diamondsuit\forall\neg(B{-}A)$；

$\Delta\exists\neg(B{-}A) \leftrightarrow \diamondsuit\exists\neg(B{-}A) \wedge \diamondsuit\neg\exists\neg(B{-}A) \leftrightarrow \diamondsuit\exists\neg(B{-}A) \wedge \diamondsuit\forall(B{-}A)$。

显然，$\Delta\exists(B{-}A)$ 和 $\Delta\exists\neg(B{-}A)$ 是不等值的，可是根据补转换律，它们是等值的。

由上所说，亚里士多德关于偶然的两条补转换律是与双可能合取的偶然定义不相容的，应当抛弃。但是，由以上 4 个等值式可以得到：

（1）$\Delta\forall(B{-}A) \leftrightarrow \Delta\exists\neg(B{-}A)$（简记为：$\Delta AO$），

（2）$\Delta\forall\neg(B{-}A) \leftrightarrow \Delta\exists(B{-}A)$（简记为：$\Delta EI$）。

我们称这两个等值式为"新补转换律",它们完全符合双可能合取的偶然定义。我们应当用这两条补转换律来代替亚里士多德原来的两条补转换律,重新改造亚里士多德的偶然模态三段论,取消偶然模态三段论中依赖原来补转换律的一切有效式,增加依赖（1）、（2）两条新补转换律的一切有效式。

亚里士多德的补转换律的谬误还表现在另一个方面。他在《前分析篇》第 1 卷第 3 章考察换位律时提出,肯定命题的换位对单可能和双可能是一样的:

1. $\Diamond\forall(B{-}A)$ 换位成 $\Diamond\exists(A{-}B)$,2. $\Delta\forall(B{-}A)$ 限制换位成 $\Delta\exists(A{-}B)$,

3. $\Diamond\exists(B{-}A)$ 与 $\Diamond\exists(A{-}B)$ 可互换,4. $\Delta\exists(B{-}A)$ 与 $\Delta\exists(A{-}B)$ 可互换。

但是,在否定命题的换位的情况下,单可能和双可能不一样:

5. $\Diamond\forall\neg(B{-}A)$ 换位成 $\Diamond\forall\neg(A{-}B)$,6. $\Delta\forall\neg(B{-}A)$ 不能换位,

7. $\Diamond\exists\neg(B{-}A)$ 不能换位,8. $\Delta\exists\neg(B{-}A)$ 可以换位 $(25a37 - 25b20)$。

关于双可能 E 命题不能换位,他的证明思路是,如果 $\Delta\forall\neg(B{-}A)$ 与 $\Delta\forall\neg(A{-}B)$ 可以互换,那么根据补转换律,$\Delta\forall(B{-}A)$ 与 $\Delta\forall\neg(A{-}B)$ 也可以互换,从而 $\Delta\forall(B{-}A)$ 与 $\Delta\forall(A{-}B)$ 就是等值的,这是不正确的,因此,偶然全称否定命题不能换位。$(36b35)$ 但是,根据偶然性定义,$\Delta\forall\neg(B{-}A)$ 等值于 $\Diamond\forall\neg(B{-}A)\wedge\Diamond\neg\forall\neg(B{-}A)$ 等值于 $\Diamond\forall\neg(A{-}B)\wedge\Diamond\exists(B{-}A)$ 等值于 $\Diamond\forall\neg(A{-}B)\wedge\Diamond\exists(A{-}B)$ 等值于 $\Delta\forall\neg(A{-}B)$,这表明 $\Delta\forall\neg(B{-}A)$ 与 $\Delta\forall\neg(A{-}B)$ 是可以互换的。关于偶然特称否定命题可以换位,这也是根据补转换律,$\Delta\exists\neg(B{-}A)$ 等值于 $\Delta\exists(B{-}A)$ 等值于 $\Delta\exists(A{-}B)$ 等值于 $\Delta\exists\neg(A{-}B)$。但是,根据偶然性定义,$\Delta\exists\neg(B{-}A)$ 等值于 $\Diamond\exists\neg(B{-}A)\wedge\Diamond\neg\exists\neg(B{-}A)$ 等值于 $\Diamond$

∃¬(B—A) ∧◇∀(B—A)，但不等值于◇∃¬(A—B) ∧◇∀(A—B)，即不等值于△∃¬(A—B)，这就表明，偶然特称否定命题不能换位。此外，关于△∀(B—A) 换位成△∃(A—B)，根据偶然性定义，△∀(B—A) ↔◇∀(B—A) ∧◇¬∀(B—A) ↔◇∀(B—A) ∧◇∃¬(B—A)，而△∃(A—B) ↔◇∃(A—B) ∧◇¬∃(A—B) ↔◇∃(A—B) ∧◇∀¬(A—B)，由此可见，由△∀(B—A) 不能必然推出△∃(A—B)，因而偶然全称肯定命题是不可以限制换位的。在以上 8 条换位律中，关于可能命题的换位律是正确的，我们可以用"如果（A→B）是定理，则◇A→◇B 也是定理"这条规则加以证明。关于偶然命题的换位律，亚里士多德说错了 3 条（即 2、6、8），说对了 1 条（即 4）。根据偶然性定义，偶然命题的换位律有如下 2 条：

（1）△∃(B—A) 换位成△∃(A—B)（简记为：△I 换位律），

（2）△∀¬(B—A) 换位成△∀¬(A—B)（简记为：△E 换位律）。

由上所说，亚里士多德的偶然模态三段论还需要根据上述换位律加以改造。

现在我们从另一方面证明两条补转换律的谬误。假定它们是正确的，就会有这样的结果：补转换的偶然是双可能析取即△A 是◇A∨◇¬A。在 K 系统中有定理◇A∨◇¬A ↔◇（A∨¬A），由此可得：

△A ↔◇A∨◇¬A ↔◇（A∨¬A）↔◇T［"T"为命题常项（逻辑真）］，

△∀(B—A) ↔◇∀(B—A) ∨◇¬∀(B—A) ↔◇（∀(B—A) ∨¬∀(B—A)）↔◇T，

△∀¬(B—A) ↔◇∀¬(B—A) ∨◇¬∀¬(B—A) ↔◇（∀¬(B—A) ∨¬∀¬(B—A)）↔◇T。

同理，△∃(A—B) 和△∃¬(A—B) 均等值于◇T，其结果是，不但两条补转换律成立，而且 4 个偶然命题均可以补转换。这就产生了一个严重的后果：所有偶然命题均等值，而且等值于逻辑真是可能的。这种补转换的"偶然"完全背离了人们对偶然的直观理解，因此必须抛弃。值得注意的是，在 K 的扩张系统 D 中有定理◇A∨◇¬A 和◇（A∨¬A），因而ΔA 也是定理，这就导致两个后果：不但所有偶然命题均等值，而且所有命题都是偶然的。用双可能析取的偶然来为补转换律辩护是不成功的，这样的偶然是没有意义的。

由于引进双可能合取的偶然定义，偶然命题的差等律也不成立。Δ∀（B—A）↔◇∀（B—A）∧◇¬∀（B—A）↔◇∀（B—A）∧◇∃¬（B—A），而Δ∃（B—A）↔◇∃（B—A）∧◇¬∃（B—A）↔◇∃（B—A）∧◇∀¬（B—A），比较两个合取项可见，由Δ∀（B—A）推不出Δ∃（B—A）。同理，由ΔE 推不出ΔO。因此，在偶然三段论中，要取消一切偶然命题的差等式。

由上所说，我们的发现对亚里士多德的偶然三段论系统将会产生重大影响。以下我们来看看亚里士多德的偶然模态三段论系统。

三　偶然模态三段论概述

亚里士多德的偶然三段论式的前提和结论的组合有 11 种情况，但前提中至少有一个是偶然命题。每一种组合分 3 个格。卢卡西维茨指出，亚里士多德的偶然模态三段论充满着严重的错误。[①] 下面我们分别对 11 种情况加以分析和评论，指出亚里士多德的错误，并指出哪些式在我们重新构造的偶然模态三段论系统

---

① 《亚里士多德三段论》，第 243 页。

中是有效的，哪些是无效的。①

（一）齐一的偶然三段论

亚里士多德认为，第一格的 4 个△△△式是完善的，还讨论了通过补转换而有效的 3 个式。

我们认为，△△△系统是不能成立的。在必然模态三段论系统中，并没有导出◇◇◇式，这些式从初始规则是得不出来的。我们已经采用了双可能合取的偶然定义，既然没有◇◇◇式，也就不会有△△△式。我们在重建偶然模态三段论系统时，取消亚里士多德的△△△系统。

（二）带一个偶然前提和一个实然前提的三段论

这些三段论有△○△、○△△、△○◇和○△◇等形式。

1. 第一格

亚里士多德将第一格的 4 个式：Barbara—△○△、Celarent—△○△、Darii—△○△ 和 Ferio—△○△ 列为完善的式。在第一格中，亚里士多德没有陈述○△△和△○◇的有效式。他证明了以下几个○△◇式：

（1）Barbara—○△◇

关于这个式，亚里士多德说："让我们设定 A 属于所有 B，B 可能属于所有 C，那么，必然地，A 可能属于所有 C。假设 A 属于所有 C 是不可能的，让 B 属于所有 C（这是假的，但不是不可能的）。如果 A 属于所有 C 是不可能的，B 属于所有 C，那么 A 属于所有 B 就是不可能的。我们通过第三格获得了这个三段论。但根据假定，A 可能属于所有 B。因而必然可以推出，A 可能属于所有 C。从一个虽然不是不可能的但却是假的设定中，所推得的结论是

---

① 参见拙著《从现代逻辑观点看亚里士多德的逻辑理论》，中国社会科学出版社 2016 年版。

不可能的。"（34a34 – 34b1）今将这个证明用符号表示如下：

$$
\begin{array}{ll}
\forall(B—A) & \neg\diamondsuit\forall(C—A)\,【\Box\exists\neg(C—A)】 \\
\triangle\forall(C—B) & \underline{\forall(C—B)} \\
\diamondsuit\forall(C—A) & \neg\diamondsuit\forall(B—A)\,【\Box\exists\neg(B—A)】\quad \text{Bocardo}—\Box\bigcirc\Box \\
& \exists\neg(B—A) \hspace{6.5em} \Box\Gamma\text{推出}\Gamma
\end{array}
$$

亚里士多德时常把前提中的"可能"用来指双可能，结论中的可能显然是单可能，他要对这个结论使用归于不可能法，把 Barbara—○△◇化归为第三格 Bocardo—□○□，从而化归为 Bocardo—□○○，但是他在化归时把偶然前提△∀（C—B）改为实然前提∀（C—B），他的理由是后者虽然是假的但不是不可能的。亚里士多德的这个证明是不成立的。

亚里士多德还证明了以下几个式：

（2）Celarent—○△◇

（3）Darii—○△◇

（4）Ferio—○△◇。

他用的方法与证明 Barbara—○△◇的方法是一样的，是不能成立的。这 4 个式在我们重新构造的偶然模态三段论系统中是不成立的。

2. 第二格

在第二格的△○△、○△△、△○◇和○△◇式中，亚里士多德陈述了以下几个式：

（1）Cesare—○△◇

（2）Camestres—△○◇

亚里士多德说："设定 A 不属于任何 B，但可能属于所有 C。那么，如果否定命题可以换位，B 就不属于任何 A，但已经设定 A 可能属于所有 C。因而，三段论便可通过第一格而产生，结论是：B 可能不属于任何 C。如果小前提是否定的，情况也相同。"（37b24 – 29）

根据亚里士多德的论述，Cesare—○△◇的化归过程如下：

$$\forall\neg(B\!-\!A) \qquad\qquad \triangle\forall(C\!-\!A)$$
$$\underline{\forall\neg(A\!-\!B)\ E\ 换位律}$$
$$\diamondsuit\forall\neg(C\!-\!B) \qquad\qquad Celarent\!-\!\bigcirc\triangle\diamondsuit$$

亚里士多德把 Cesare—○△◇ 的有效性化归为 Celarent—○△◇ 的有效性，由于 Celarent—○△◇ 在我们的新系统中不成立，因而 Cesare—○△◇ 不成立。

Camestres—△○◇ 的化归过程如下：

$$\triangle\forall(B\!-\!A)\quad \forall\neg(C\!-\!A)$$
$$\underline{\qquad\qquad \forall\neg(A\!-\!C)\ E\ 换位律\qquad}$$
$$\underline{\diamondsuit\forall\neg(B\!-\!C)} \qquad\qquad Celarent\!-\!\bigcirc\triangle\diamondsuit$$
$$\diamondsuit\forall\neg(C\!-\!B) \qquad\qquad \diamondsuit E\ 换位律$$

由于 Celarent—○△◇ 在我们的新系统中不成立，因而 Camestres—△○◇ 不成立。关于 Camestres—○△◇，亚里士多德没有列出，它在我们的新系统中是有效的。

（3）Festino—○△◇

亚里士多德将它化归为 Ferio—○△◇。

由于 Ferio—○△◇ 在我们的新系统中不成立，因而 Festino—○△◇ 不成立。

亚里士多德在第二格中还提出了补转换的 3 个式：EEE—○△◇、EEE—△○◇ 和 EOO—○△◇，这些式按照我们的新补转换律都是无效的。以下不再提及亚里士多德的补转换式。

3. 第三格

第三格的式，亚里士多德陈述了 11 个：

（1）Darapti—△○△

（2）Felapton—△○△

（3）Datisi—△○△

（4）Disamis—○△△

（5）Ferison—△○△

以上 5 个式在我们的新系统中均成立。

（6）Bocardo—△○◇

"如果肯定的前提是全称的，否定的前提是特称的时，则证明将通过归于不可能法而进行。设定 B 属于所有 C，A 可能不属于有的 C，那么必然可以推出，A 可能不属于有的 B，因为如果 A 必然属于所有 B，B 仍然属于所有 C，则 A 必然属于所有 C，（这在以前已经被证明了）。但已经设定，它可能不属于有的 C。"（39b31－39）

这个式的化归过程是：

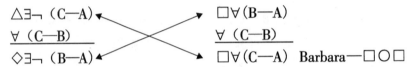

此式的证明将必然全称肯定命题与偶然特称否定命题视为矛盾命题，这是不能成立的，此式在我们的系统中不成立。

（7）darapti—○△◇

"设定前提是肯定的，让 A 属于所有 C，B 可能属所有 C，则通过 BC 的换位，我们就能得到第一格。结论是，A 可能属于有的 B。"（39b10－14）其化归过程如下：

$$\forall(C—A) \qquad \frac{\triangle\forall(C—B)}{\triangle\exists(B—C) \quad \triangle A \text{ 换位律}}$$
$$\overline{\diamondsuit\exists(B—A) \qquad \text{Darii—}○△◇}$$

由化归过程可见，这个式结论中的"可能"是指单纯的可能，因为所化归的第一格是 Darii—○△◇。亚里士多德的两个证明根据均不能成立，但此式在我们的新系统中是有效的，由我们新系统中的定理 Darapti—○△△对结论使用偶然从属律得出。

（8）Felapton—○△◇

亚里士多德没有证明，此式在我们的系统中是无效的。

（9）Datisi—○△◇

（10）Disamis—△○◇

（11） Ferison—○△◇

这 3 个式在我们的新系统中是无效的。

（三） 带一个必然前提和一个偶然前提的三段论

这些三段论有△□△、□△△、△□○、□△○、△□◇ 和 □△◇等形式，由一个必然前提和一个偶然前提，结论可以是偶然命题，实然命题，或可能命题。下面我们看一看在 3 个格中，有哪些有效式，是怎样化归的。

1. 第一格

亚里士多德取第一格的 4 个△□△式作为完善的式：

（1） Barbara—△□△

（2） Celarent—△□△

（3） Darii—△□△

（4） Ferio—△□△

亚里士多德没有看到，上述 4 个△□△式可化归为第一格的 4 个完善的 △○△，例如，Barbara—△□△ 可化归为 Barbara—△○△：

$$\frac{\triangle \forall (B\!-\!A) \qquad \square \forall (C\!-\!B)}{\triangle \forall (C\!-\!A)} \quad \begin{array}{l} \forall (C\!-\!B) \quad 由\square p\ 推出\ p \\ \text{Barbara}—\triangle\bigcirc\triangle \end{array}$$

因此，上述的 4 个式可作为定理。

（5） Celarent—□△○

"设定 A 不可能属于任何 B，而 B 可能属于所有 C，那么必然可以推出，A 不属于任何 C。设定它属于有的或所有的 C，它不可能属于所有 B，由于否定前提可以换位，所以 B 也不可能属于任何 A。但已经设定 A 属于有的或所有的 C，所以 B 不可能属于任何或有的 C，但我们原来设定它可能属于所有 C。" （36a8 – 15）

这个式可化归为 Ferio—□○□：

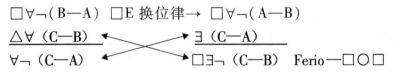

此式的证明是错误的，把偶然全称肯定命题与必然特称否定命题当做矛盾命题。此式在我们的新系统中可以用别的方法证明，是有效的。

（6）Ferio—□△○

（7）Barbara—□△◇

（8）Darii—□△◇

（9）Ferio—△□◇

亚里士多德用同样的方法来证明以上 4 个式，证明是错误的。（6）、（7）、（8）在我们的新系统中是无效的，（9）是有效的，由 Ferio—△□△对结论用偶然从属律导出。

（10）Celarent—□△◇

（11）Ferio—□△◇

这两个式，可以用"由 p 推出◇p"化归为（5）和（6）。

（5）和（6）是"否定实然式的三段论"，而（10）和（11）是"否定或然式的三段论"，亚里士多德说："很清楚，我们能得到一个否定的或然的结论，因为我们也有一个否定的实然的结论。"（36a15－17）Celarent—□△◇在我们的新系统中有效，而 Ferio—□△◇是无效的。

2. 第二格

在第二格中，由一个必然前提和一个偶然前提组成的三段论，亚里士多德陈述了以下一些式：

（1）Cesare—□△○

（2）Camestres—△□○

"设定 A 必然不属于任何 B，但可能属于所有 C。……很显然，B 也不属于任何 C。设定它属于有的 C，那么，如果 A 不可能属于任何 B，B 属于有的 C，则 A 不可能属于有的 C。但已设定它

可能属于所有 C。设定小前提是否定的，则证明也能通过同样方式获得。"（38a16 – 18，21 – 26）

Cesare—□△○的证明如下：

$$\square\forall\neg(B-A) \qquad\qquad\qquad \square\forall\neg(B-A)$$

$$\underline{\triangle\forall(C-A)} \qquad\qquad\qquad \underline{\exists(C-B)}$$

$$\forall\neg(C-B) \qquad\qquad\qquad \square\exists\neg(C-A)\quad Ferio—□○□$$

这里，亚里士多德认为□∃¬（C—A）与△∀（C—A）是矛盾的，上述证明不成立。

Camestres—△□○的证明"能通过同样方式获得"。以上 2 个式虽然证明不正确，但它们在我们的系统中可证。

（3）Festino—□△◇

（4）Festino—□△○

亚里士多德是根据 Ferio—□△◇ 和 Ferio—□△○ 来证明（3）、（4）两式的，这两个根据在我们的新系统中都不成立，所以（3）、（4）两式无效。

亚里士多德还列出了 3 个无效的补转换的式 EEE—□△○、EEE—△□○和 EOO—□△○。

（5）Cesare—□□△◇

（6）Camestres—△□◇

关于这两个式，亚里士多德说："设定 A 必然不属于任何 B，但可能属于所有 C。则通过否定前提的换位，B 也不属于所有 A；已经设定 A 可能属于所有 C，这样，我们再次通过第一格得到了一个三段论，结论是，B 可能不属于任何 C。……设小前提是否定的，则证明也能通过同样方式获得。"（38a16 – 18，21 – 26）

（5）的证明如下：

$$\square\forall\neg(B-A) \qquad\qquad\qquad \triangle\forall(C-A)$$

$$\underline{\square\forall\neg(A-B)\quad \square E\,换位律}$$

$$\qquad\quad \diamondsuit\forall\neg(C-B) \qquad\qquad\qquad Celarent—□△◇$$

（6）的证明如下：

$$\triangle \forall (B—A) \qquad \square \forall \neg (C—A)$$

$$\underline{\qquad\qquad\qquad \square \forall \neg (A—C)} \quad \square E \text{ 换位律}$$

$$\diamond \forall \neg (B—C) \qquad \text{Celarent—} \square \triangle \diamond$$

$$\diamond \forall \neg (C—B) \qquad \diamond E \text{ 换位律}$$

这两个式在我们的新系统中也是有效的。

3. 第三格

亚里士多德陈述了第三格的△□或□△的 13 个式。

亚里士多德证明了以下 6 个式，这 6 个式在我们的新系统中是有效的：

（1）Darapti—△□△

（2）Felapton—△□△

（3）Datisi—△□△

（4）Ferison—△□△

（5）Disamis—□△△

（6）Darapti—□△◇

亚里士多德对以下 7 个式的证明充满错误，有的是使用了无效的偶然全称肯定命题的换位律，或者把偶然特称否定命题与必然全称肯定命题作为矛盾命题，或者化归为无效式，这 7 个式在我们的新系统中均是无效的：

（7）Felapton—□△◇

（8）Felapton—□△○

（9）Bocardo—△□◇

（10）Ferison—□△○

（11）Bocardo—□△○

（12）Datisi—□△◇

（13）Disamis—△□◇

以上我们对亚里士多德关于偶然模态三段论格和式的论述进

行了解释，并从形式上按亚里士多德的原文列出了一些有效式的化归过程。可以看到，亚里士多德关于偶然模态三段论的论述有很多错误，我们做了说明。我们略去了许多通过补转换的式，略去了他用举例法所排斥的式。在他所排斥的无效式中有些实际上是有效的，这给后人研究他的偶然模态三段论带来很大困难。尽管有这样的缺点，亚里士多德的偶然模态三段论学说仍是逻辑史上的伟大成果，值得从现代逻辑观点认真整理研究。

论亚里士多德的排中律疑难[*]

亚里士多德在《解释篇》中对矛盾律和排中律有所论证，但论述比较简单；他在《形而上学》一书中，从本体论方面、逻辑方面、认识方面和语义方面对矛盾律和排中律做了详尽的论证。下面我们只论述亚里士多德在《解释篇》第9章中对排中律提出的限制，试图解决这个疑难。

亚里士多德说："在有关现存事物或已发生的事物的场合，命题不论其为肯定的或否定的，都必须或为真的，或为假的。至于一对矛盾命题，则正如上面所已指出的，不论主词是普遍的并且命题是全称性的，或者主词是单称的，两个命题中其一必定为真的，而另一个必定为假的。"（18a27 – 30）这里，亚里士多德从逻辑上论述了排中律和矛盾律。

但是，亚里士多德提出了一个著名的论题："排中律不适用于未来偶然事件的命题。"他说："不过，当主词是单独的，而被用来述说它的东西是属于将来的东西的时候，情形就不同了。"（81a32）他对4种可能的理论做了分析：

第一种理论认为，关于未来的单称矛盾命题两者皆真。

亚里士多德对此反驳说："如果所有的命题不论肯定的或否定的，都或者是真的，或者是假的，那么，任何一个谓词，必定就或者属于该主词，或者不属于该主词，因此如果有人断定具有某

* 原载《哲学动态》2004 年第 12 期。

种性质的一个时间事件将会发生，而另一个人则否认它，那么，显然其中一个人的话就将与实在相符而另一个人的话就将不与实在相符，因为该一谓词在将来的任何时间中不能够同时既属于该一主词又不属于它。"（18a34－39）

第二种观点认为，关于未来的单称矛盾命题，一个决定性地真，另一个决定性地假。

这种观点说得详细一点是，"如果说一个东西是白的这句话是真的，它就必然是白的；如果反面的命题是真的，它就将必然地不是白的。再者，如果它是白的，那么，先前说它是白的那个命题，就是真的；如果它不是白的，则先前那个反面的命题就是真的。而如果它不是白的，则那个说它是白的人，就是说出一个假的陈述；而如果那个说它是白的人乃是说出一个假的陈述，则可得出该物不是白的。因此，可以主张肯定命题或否定命题必定是或为真的，或为假的"（18b1－4）。亚里士多德从非决定论的角度反驳说："现在，如果是这样，那么就没有什么东西能够是偶然地发生的，不论是在现在或者将来；因此万事是无选择余地的；每件事皆按必然性发生，并且是注定了的。因为或者是那肯定它将发生的人的话与事实相符，或者是那否定它将发生的人的话与事实相符，两者必居其一；反之，如果事实不是按必然性而发生，则一事件就能够随便不发生，正像它能够随便发生一样；因为就其对现在或将来的事物的关系而言，'偶然的'一词的意义就是说：现实是如此构造的，以致事物的发生可能采取两个对立的方向中的任何一个。""再者，如果一件东西现在是白的，那么，先前说'它将会是白的'那句话就是真的；这样一来，对于任何曾发生了的事物，事先所说的'它是'或'它将是'都总是真的。但如果说一事物'是'或'将是'的话总是真的，那么，他不是或将不是就不是可能的，而如果一事物不能不将发生，那么，就不可能是它将不发生，而如果不可能是它将不发生，那么，它就必定将发生。所以，一切将要发生的，一定必然发生。由此得到一个结论，没有什么东西是不确定的或偶然的，因为如果它是偶然的，它就不会是必然的。"（18b5－15）

第三种观点认为，关于未来的单称矛盾命题两者皆假。

亚里士多德反驳说："如果说肯定命题和否定命题都不是真的而主张（比如说），一事件既不是将要发生也不是将不发生，这是采取了一个不可辩护的立场。第一，虽然事实证明一个命题是假的，但那个与它对立的命题仍然会是不真实的。第二，如果真可以说一件东西既是白的又是大的，那么这两个性质就必然属于这件东西；而如果它们明天将属于它，那么，它们明天就一定必然属于它。但如果一件事既不将于次日发生，又不将不发生，那么偶然这个因素就会被取消了。例如，就将必然地是：一场海战既不是将于次日发生，又不是将不发生。"（18b16－25）

第四种观点认为，在关于未来的单称矛盾命题中不能确定地说出其中一个是真的，另一个是假的。

亚里士多德同意这种观点并进一步加以论述："存在的东西，当它存在的时间，必定要存在，而不存在的东西，当它不存在的时候，必定要不存在。① 但不能无保留地说，所有的存在和不存在，乃是必然性的结果。因为，说存在的东西当它存在的时候必定要存在，和仅仅说凡存在的东西必定要存在，这两个说法之间是有差别的，关于不存在的东西，情形也相同。关于两个矛盾命题的情形，亦复如此。每种事物必定或者存在或者不存在，不论是在现在或者将来；但并不是常常可能加以分清，并确定地说出存在和不存在这两者中何者是必然的。

"让我举例说明。一场海战必定将于明天发生或不发生，但并不是必然它将于明天发生，也不是必然它将不发生，可是它却必

---

① 这里，亚里士多德从本体论的角度提出了关于事物存在的同一律。

然或将于明天发生或不发生。既然命题是符合于事实的，所以显然，当在未来的事件中是有选择的余地和一种相反的方向的可能性时，则相应的肯定命题和否定命题也有同样的性质。对于那些不是永远存在或不是永远不存在的事物，情形就是这样。在这类事例中，两个命题中的一个必定是真的而另一个必定是假的，但我们不能确定地说这一个或那一个是假的，而必须不加以决定。诚然，其中之一较另一个可以更像是真的，但它既不能实际上是真的，也不能实际上是假的。因此，显然不是必然在一个肯定命题和一个否定命题中间其一是真的而另外一个是假的。因为关于那些可能存在而不是实际存在的东西，那适用于实际存在着的东西的规则是不适用的。"（19 a23 – 19 b4）

亚里士多德还说："深思熟虑和行为两者就其对于未来的事物而言，是能起作用的；并且我们也看到，一般说来，在那些不是连续不断地实存的事物中，是有两个方向的可能性的。这种事物可以存在，也可以不存在；事件也因此可以发生或不发生。关于这种事物，有很多很显著的例子。很可能这件衣服会被割成两半，但它可以不被割成两半而是先被穿破。同样地，可能它不会被割成两半；除非是这样，就不会有可能它将被穿破。其他具有这种可能性的事件也是如此。因此，显然并非必然每件事物都存在或发生；在有些事例中，是有选择的余地的；在这种场合，肯定的命题比否定的命题既不是更真也不是更假；有些事物虽然一般地总是显出将采取某一个方向，但结果却能够例外地采取了对立的方向。"（19a6 – 22）

综上所说，亚里士多德认为对于反映涉及人的意志和行为的未来偶然事件的一对矛盾命题，应用排中律是有限制的，不能确定其中一个命题是真的，另一个是假的；这两个命题在现时既不是真的，也不是假的。

按照逻辑史家肖尔兹（H. Scholz，1884—1958 年）的说法，亚里士多德是这样论证的：如果非决定论是真的，如果未来不是现在已经确定了，那么"事件 E 将在后天发生"这个命题在今天就既不真也不假。这是因为，如果它是真的，那么事件将必然发生，也就是说今天就确定了，这就违反了非决定论的假定。肖尔兹认为，亚里士多德的这个论证包含着错误。肖尔兹说："因为逻辑规律仅仅是我们符号系统的规则，因此不能依赖于在世界上是否有因果关系，每一个命题必须或真或假，而真假是无时间性的一种性质。……'事件 E 将在某天发生'这个命题是无时间性的，因此即使是在此刻也是或真或假的。它仅能二者择一，完全不依赖于决定论或非决定论是否在世界上发生作用。非决定论所断定的，并不是说有关未来事件 E 的命题不是今天已经是明确地真的或假的，而只是说这个命题的真或假不能根据有关现在事件的命题加以计算。其结果是：非得等到有关的时间已经来到并且过去了，我们不能知道这个命题是否是真的，但是这一点同命题的真或者同逻辑规律完全没有关系。"①

但是，卢卡西维茨从他所理解的非决定论出发，赞同亚里士多德的论证，认为当亚里士多德"讨论未来海战的偶然性时，他已非常接近于一个多值逻辑的概念，但是他没有着重发展这个重要的思想，而经过多少世纪他的启示依然没有成果。正由于亚里士多德的这种启示，我才能够在 1920 年发现这个观念，并且建立了与至少已知的逻辑（我称之为'二值逻辑'）相对立的第一个多值逻辑系统，而这样引入的一个术语，现在已为逻辑学家们所普遍接受。"② 卢卡西维茨在创建三值逻辑时说："我可以无矛盾地假定：我在明年的某个时刻，例如 12 月 21 日中午，出现在华沙，这在现在的时刻是不能肯定或否定地解决的。因此，我在所说的时间将在华沙，这是可能的但不是必然的。根据这个预先假

① 《简明逻辑史》，商务印书馆 1977 年版，第 80 页。
② 《亚罗士多德的三段论》，第 251—252 页。

定，'我在明年 12 月 21 日中午出现在华沙'这句话在现时既不是真的，也不是假的。因为如果它现时是真的，那么我未来在华沙的出现就一定是必然的，而这与预先假定矛盾；如果它现时是假的，那么我未来在华沙的出现就一定是不可能的，而这也与预先假定矛盾。因此，所考虑的这句话在现时既不真也不假，必有与 0（或假）和 1（或真）不同的第三个值。我们可以用'1/2'来表示这一点：它是'可能的'，作为第三个值是与'假'和'真'并行不悖的。这就是产生三值命题逻辑系统的思想。"①

肖尔兹和卢卡西维茨对亚里士多德观点的评论值得我们进一步研究。他们两个人的解释迥然不同，这是什么原因呢？其实，亚里士多德关于未来偶然事件的排中律难题本身就蕴涵着这两种解释，它一方面要维护排中律，另一方面用未来偶然事件的命题来限制排中律，由于当时的逻辑工具不够，因而在他的思想中，二值逻辑和三值逻辑的萌芽思想是混淆在一起的。肖尔兹和卢卡西维茨正是从不同方面解决了亚里士多德的排中律难题。这里，我们做一些补充。

排中律是一个逻辑规律，它也适用于亚里士多德所说的关于未来偶然事件的命题。我们现在用现代时态逻辑的观点来加以说明。

在时态逻辑系统 L_4 中有以下结果：②

（1）$p \vee \neg p$ 是一条公理

（2）$G(p \vee \neg p)$ 也是一条公理（G 表示"将来永远"）

（3）$G(p \vee \neg p) \to F(p \vee \neg p)$（F 表示"将来"）

（4）$F(p \vee \neg p)$

（5）$F(p \vee \neg p) \leftrightarrow Fp \vee F \neg p$

① 转引自《逻辑学的发展》，第 709 页。

② 参见张清宇、郭世铭、李小五《哲学逻辑研究》，社会科学文献出版社 1997 年版，第三章"时态逻辑"。

（6）Fp ∨F ¬p

根据（5），"一场海战将于明天发生或者一场海战将于明天不发生"，等值于"明天（一场海战发生或者一场海战不发生）"。因此，关于明天发生一场海战的排中律，可采用"Fp ∨F ¬p"的形式，也可采用"F（p ∨¬p）"的形式，它们都是时态逻辑的定理，都是有效的。这就是说，关于未来偶然事件的排中律是成立的。肖尔兹的观点基本上是正确的，只是在他那个时代，时态逻辑尚未建立，我们现在用时态逻辑的观点对肖尔兹的基本论点做了进一步的论证，表明排中律是逻辑系统的规律，它的有效性不依赖于决定论或非决定论是否在世界上发生作用。"一场海战发生或者一场海战不发生"（p ∨¬p）在今天是真的，"明天（一场海战发生或者一场海战不发生）"［F（p ∨¬p）］或"一场海战将于明天发生或者一场海战将于明天不发生"（Fp ∨F ¬p）也是真的。这就是说，"一场海战将于明天发生"这个命题在现在也是或真或假的。我们可以从时态逻辑的模型来解释肖尔兹所说的"真假是无时间性的一种性质"和"'事件 E 将在某天发生'这个命题是无时间性的"。时态逻辑的模型 M 是有序三元组 <X，R，V>；其中 <X，R> 是一个时态结构，X 是由时刻组成的非空集合，R 是 X 上的二元关系，被称为时序（xRy 表示 x 在 y 之前即 x 是 y 的过去，y 在 x 之后即 y 是 x 的将来）；V 是赋值函数，V（x，p）＝1（命题 p 在时刻 x 为真）或 0。由这个模型可得：M ⊨ xFB 当且仅当 $x_1 \in X$ 使得 xRx_1 且 M ⊨ x_1B，这是说：Fp 在时刻 x（现在）为真，当且仅当在时刻 x_1（x 的将来）p 为真；F（p ∨¬p）在时刻 x 为真，当且仅当在时刻 x_1（x 的将来）p ∨¬p 为真。

卢卡西维茨同肖尔兹对排中律的解释完全不同，他不是从二值逻辑考虑"一场海战将于明天发生或者一场海战将于明天不发生"这样的排中律是否有效，而是从亚里士多德的非决定论的论证中得到启示，认为"一场海战将于明天发生"这个命题在现在既不真也不假，在此基础上提出了"真""假"之外的第三值"1/2"，建立了第一个三值逻辑系统。在卢卡西维茨的三值逻辑系统中，排中律是不成立的。

麦加拉—斯多阿逻辑[*]

麦加拉学派的创立者是苏格拉底的学生、麦加拉的欧几里得（Euclides of Megara，约前450—前380年）。他的学生米利都的欧布里得（Eubulides）由于发现说谎者悖论而使这个学派闻名于世。欧布里得的学生阿波罗尼·克罗纳（Apollonius Cronus）不怎么出名，但是他的学生第欧多鲁（Diodorus Cronus）以及第欧多鲁的学生斐洛（Philo）很有名，他们是该学派的重要人物。

斯多阿学派的创立者是基底恩的芝诺（Zeno of Citiurn，约前336—前264年），他是麦加拉学者斯蒂尔波（Stilpo，约前370—前290年）的学生，也师从过第欧多鲁学习逻辑。斯多阿学派的第二创立者是克吕西波（Chrysippus）。麦加拉学派和斯多阿学派都以研究命题逻辑为特征，并且两派有师承关系，因而合称麦加拉—斯多阿学派，它们的逻辑学说被称为"麦加拉—斯多阿逻辑"。麦加拉—斯多阿逻辑的原著现已佚失，主要的资料被保存在古代的文献之中。^①

---

　　* 本文选自合著《逻辑学思想史》（张家龙主编，湖南教育出版社 2004 年版）第 3 编第 4 章第 2 节。

　　① 参见 B. Mates：*Stoic Logic*，Berkeley and Los Angeles，1961；I. M. Bochenski：*A History of Formal Logic*，1961；威廉·涅尔等《逻辑学的发展》。

一　命题

（一）什么是命题

斯多阿学派的命题学说是同关于 Lekton（音译为来克顿）的学说联系在一起的。他们所说的来克顿就是"所意谓的东西"。来克顿分为完全的和不完全的。不完全的来克顿就是表达式是未完成的，例如"写"，我们要问：究竟是"谁"写呢？不完全的来克顿又可以分为主词和谓词，主词就是名词所意谓的东西，谓词就是通过动词所意谓的东西。完全的来克顿就是表达式是完成的，例如"苏格拉底写"。完全的来克顿分为命题、问题、探究、命令、宣誓、祈祷、假设、陈诉等。逻辑上最重要的是命题。斯多阿学者奥勒斯·格利乌斯（Aulus Gellius）将命题定义为：自身断定的（即真的或假的）一个完全的来克顿。

斯多阿学派认为每一个命题或者是真的，或者是假的。克吕西波非常强调这一点。

斯多阿学派把真理同真的或真的东西加以区别。真的是一个命题，而命题是一个来克顿；一个来克顿是非物质的，因此真的不是物体。但是，真理却是物体，是对一切真命题加以断定的知识。这就是说，"真理"是指一个完全的知识整体，它可以为某个人或某些人所拥有，而"真的"是一个用于命题的形容词。

（二）命题联结词

1. 蕴涵

对于蕴涵命题或条件句的性质在古希腊争论得很激烈，由麦加拉学派的第欧多鲁和斐洛开始，斯多阿学派继续加以发展。当时有人形容这场争论说："甚至连屋顶上的乌鸦也呱呱叫着有哪些条件句是真的。"

　　一个条件句是用联结词"如果……那么"所组成的，例如"如果这是白天，那么这是光亮的"。麦加拉—斯多阿学派把条件句中的第一命题称为前件，把第二个命题称为后件。"如果……那么"这个联结词断定后件是从前件导出的，或者说前件蕴涵后件。但是，关于寻找这个"导出"的正确标准问题在麦加拉—斯多阿学派中引起了很大的争论。根据对"导出"意义的不同解释，至少有以下4种不同的蕴涵。

　　（1）斐洛蕴涵

　　按照斐洛的看法，一个条件句或条件命题是真的，当且仅当它不是前件真而后件假。这就是说，一个真的条件命题可以用3种方式得到：

　　①以真的前件开始并且以真的后件结束。

　　②以假的前件开始并且以假的后件结束。

　　③以假的前件开始而以真的后件结束。

　　一个假的条件命题只有一种情形，即以真的前件开始而以假的后件结束。可见，斐洛蕴涵实际上就是现代逻辑的实质蕴涵。斐洛实质上提出了实质蕴涵的真值表，如下：

前件	后件	蕴涵命题
真	真	真
假	假	真
假	真	真
真	假	假

　　斐洛还举了这4种条件句的例子：①如果这是白天，那么这是光亮的，这是前件真、后件也真从而整个条件句为真的情况；②如果地球会飞，那么地球有翼，这是前件假、后件假而整个条件句为真的情况；③如果地球会飞，那么地球存在，这是前件假、

后件真而整个条件句为真的情况；④如果这是白天，那么这就是夜晚，这是前件真、后件假而整个条件句为假的情况。

斐洛蕴涵的提出在逻辑史上具有重大的功绩，斐洛是第一个传播了实质蕴涵的用法的人。第二次做出这个发现是在两千年之后的皮尔士（C. S. Peirce，1834—1914 年）、弗雷格（Frege，1848—1925 年）和罗素（B. Russell，1872—1970 年）。

（2）第欧多鲁蕴涵

第欧多鲁认为，一个条件命题是真的，如果现在既不可能、过去也不可能前件真而后件假。这种蕴涵显然与斐洛蕴涵是不同的。例如，当白天时，我在谈话，条件句"如果是白天，我就在谈话"，按斐洛的说法，是真的。但按第欧多鲁的说法，刚才的条件句似乎是假的，因为现在出现前件真而后件假是可能的：当现在仍是白天，而我已停止了谈话。同时过去出现前件真而后件假也是可能的，即在我开始谈话之前。这就是说，"如果是白天，我就在谈话"并非对一切时间都成立。一个条件命题在第欧多鲁的意义上是真的，当且仅当它在所有时刻在斐洛意义上是真的。这种关系可用以下公式表示（↦表示第欧多鲁蕴涵，→表示斐洛蕴涵，∀是全称号，t 表示任何时间）：

$$(F \mapsto G) \Leftrightarrow (\forall t)(F(t) \to G(t))$$

例如，"如果（第欧多鲁的）这是白天，那么这是光亮的"是真的，当且仅当"如果（斐洛的）在 t 这是白天，那么在 t 是光亮的"对 t 的每个值都是真的，这就是说，一个条件命题在第欧多鲁意义上是真的，其前后件都加上"在 t"的同一个条件命题必须在斐洛意义上对时间 t 的所有值（过去、现在和将来）都是真的。由此可见，一个第欧多鲁条件命题的前件和后件都是命题函项，隐含有一个自由的时间变项 t，而在斐洛蕴涵命题中，前后件都是命题。这样，与第欧多鲁条件命题相应，我们有无限多的斐洛条件命题，每一瞬间都有一个。如果每一个斐洛蕴涵命题都是真的，则第欧多鲁蕴涵命题是真的。如果有一个瞬间 t 使得在 t 的相应的斐洛命题是假的，则第欧多鲁命题是假的。

由以上的分析，我们可以把第欧多鲁蕴涵看成罗素提出的"形式蕴涵"的一个特殊类型。所谓形式蕴涵是指（∀x）（Sx → Px），读为：对所有 x 而言，如果 x 是 S 则 x 是 P。其实，形式蕴涵就是带量词的实质蕴涵。

（3）联结蕴涵

这种蕴涵是说，一个条件命题是真的，如果它的后件的否定与前件不相容；一个条件命题是假的，如果它的后件的否定与前件相容。例如，①"如果这是白天，那么天是亮的"是一个在联结蕴涵意义上的真命题。这一命题后件的矛盾句是"天不是亮的"，与前件"这是白天"是不相容的。②"如果这是白天，那么这是白天"，这也是一个真的联结蕴涵命题。③"如果这是白天，那么狄翁走着"是一个假的联结蕴涵命题，因为"狄翁不是走着"（后件的否定）与前件"这是白天"是相容的。

联结蕴涵可以被看成"严格蕴涵"的古代形式。严格蕴涵是说，不可能前件真而后件假。在联结蕴涵中，后件的否定与前件是不相容的。"不相容"可以理解为"不可能"。这样，联结蕴涵就是严格蕴涵。联结蕴涵是由第欧多鲁和克吕西波提出来的。

（4）包含蕴涵

所谓包含蕴涵是指，一个条件命题是真的，如果它的后件潜在地包含在它的前件之中。按照这种观点，"如果这是白天，那么这是白天"以及前后件相同的包含蕴涵命题就是假的，因为没有一个东西包含于自身。这种观点很不清楚，并不为大多数斯多阿学者所采用。

在 4 种蕴涵中，斐洛蕴涵和联结蕴涵在麦加拉—斯多阿学派中比较多地被采用。

2. 析取

麦加拉—斯多阿学派把析取命题定义为由"或者"组成的命题。他们对于析取联结词"或者"区分了两种基本类型：不相容的和相容的。

不相容析取被斯多阿学派用得最多，是斯多阿学派命题逻辑的5个基本推理模式中出现的一种类型。关于不相容析取的定义，有两种意见：一种认为，一个不相容析取是真的，当且仅当恰好一个析取支是真的；另一种认为，一个不相容析取断定其两个析取支中恰好有一个是假的。其实，这两个定义是一致的。按斯多阿学者的看法，在所有析取支中，一个应当是真的，而其余各支都是假的。如果在析取支中没有一个是真的，或者所有析取支或不止一个析取支是真的，那么这个析取命题就是假的。斯多阿学者认为，一个析取命题并不一定只有两个支命题，可以多于两支，只要是不相容就行。

斯多阿学者也认识到相容的析取。他们把这种析取称为"准析取"。一个相容的析取命题是由不互相矛盾的支命题组成的，例如"苏格拉底走路或者苏格拉底谈话"。在一个真的相容析取命题中，至少有一个支命题是真的，但也可能不止一个支命题或所有支命题是真的。仅当所有析取支都是假的，一个相容析取命题才是假的。他们已认识到不相容析取可以通过相容析取来定义，设∨表示相容析取，∨‾表示不相容析取，$p \vee^{-} q =$ def. $(p \vee q) \wedge \neg (p \wedge q)$，这是说，"p、q 不相容"等于说"p、q 相容但并非 p、q 二者都真"。

3. 合取和否定

斯多阿学派把合取命题定义为用联结词"并且"组成的命题。一个合取命题是真的，当且仅当它的两个支命题都是真的。如果一个支命题或两个支命题是假的，则整个合取命题便是假的。斯多阿学派认为，一个合取命题可以包含两个以上的合取支。

一个否定命题就是被加上否定前缀"不""非"的命题。

4. 命题联结词的可相互定义性

斯多阿学者认识到命题联结词之间可互相定义。克吕西波谈到一个斐洛蕴涵命题:"如果某人在天狼星下面诞生,那么他不会在海里被淹死",他说这一命题等值于一个被否定的合取命题:"并非:某人是在天狼星下面诞生的,又会在海里被淹死"。这种等值关系表明,蕴涵可用否定和合取来定义,用符号表示就是:$p \rightarrow q = \text{def. } \neg(p \wedge \neg q)$。

根据古代文献记载,斯多阿学派认识到不相容析取命题"或者这是白天,或者这是夜晚"与"这不是白天,当且仅当这是夜晚"是同义的,也就是说,不相容析取可用否定和等值来定义,用符号表示就是:$p \veebar q = \text{def. } \neg p \leftrightarrow q$。

二　论证

(一) 论证的定义和分类

斯多阿学派认为,论证是由前提和结论组成的系统。其中,前提是为了确立结论而假定的命题,结论则是由前提所确立的命题。

斯多阿学派对论证有以下的分类法。

1. 有效的论证和无效的论证

一个论证是有效的,当且仅当以前提的合取为前件,结论为后件的条件命题在第欧多鲁的意义上是真的,例如,"如果这是白天,那么这是光亮的;这是白天;所以,这是光亮的"。不满足上述要求的论证就是无效的,例如,"如果这是白天,那么这是光亮的;这是白天;所以,狄翁走着"。

2. 真的论证和假的论证

一个真的论证就是有效的并且有真实前提的论证。一个假的论证或者是无效的或者有一个假的前提。假定在白天提出一个论证："如果这是白天，那么这是光亮的；这是白天；所以，这是光亮的"，这就是一个真的论证；而在白天提出以下论证："如果这是夜晚，这是黑暗的；这是夜晚；所以，这是黑暗的"，这就是一个假的论证。

斯多阿学派明确地区分了论证的有效性和真实性。按他们的看法，一个有效的论证可以是真的论证，也可以是假的论证；一个假的论证可以是有效的，也可以是无效的；一个真的论证一定是有效的；一个无效的论证一定是假的。

3. 被证明的论证和非被证明的论证

被证明的论证是在一个真的论证中推出一个非明显结论的论证。例如，"如果汗水流过皮肤表面，那么存在着看不见的毛气孔；汗水流过皮肤表面；所以，存在着看不见的毛气孔"。在这个论证中，结论是不明显的。再如，"如果她的乳房里有奶，她已怀孕了；她的乳房里有奶；所以，她已怀孕了"，这个结论也是不明显的。以上两例都是被证明的论证。非被证明的论证是一种不需证明的、明显有效的论证。例如，"如果这是白天，那么这是光亮的；这是白天；所以，这是光亮的"。

（二）非被证明的论证的五个模式

克吕西波提出了五个非被证明的论证模式，称为"不可证式"：

第一个模式：如果第一，那么第二；

　　　　　　第一；

　　　　　　所以，第二。

这里的"第一"和"第二"，就是现代逻辑中所说的"命题变元"。上述模式的实例是"如果这是白天，那么这是光亮的；这是白天；所以，这是光亮的"。这个模式相当于假言推理肯定式或分离规则。

第二个模式：如果第一，那么第二；

非第二；

所以，非第一。

例子是："如果这是白天，那么这是光亮的；这不是光亮的；所以，这不是白天。"这个模式相当于假言推理否定式或假言易位律。

第三个模式：并非既是第一又是第二；

第一；

所以，非第二。

例子是："并非既是白天又是夜晚；这是白天；所以，这不是夜晚。"

第四个模式：或者第一或者第二；

第一；

所以，非第二。

例子是："或者这是白天，或者这是夜晚；这是白天；所以，这不是夜晚。"这个模式相当于不相容选言推理肯定否定式。

第五个模式：或者第一，或者第二；

非第一；

所以，第二。

例子是："或者这是白天，或者这是夜晚；这不是夜晚；所以，这是白天。"这个例子和上述模式不完全一致，它们的资料来源有所不同，这表明斯多阿学派知道析取交换律，上述例子可改为："或者这是夜晚，或者这是白天；这不是夜晚；所以，这是白天。"上述模式相当于不相容选言推理否定肯定式。

斯多阿学派的 5 个不可证式是初始推理规则，相当于公理，从 5 个不可证式借助 4 个推理规则（元逻辑规则）就可推出一系列定理。所谓元逻辑规则（元规则）就是关于 5 个不可证式的推理规则，是比 5 个不可证式（初始推理规则）高一个层次的推理规则。斯多阿学派的命题逻辑构成了一个公理化的自然演绎系统。下面我们来阐述元逻辑规则。

（三）元逻辑规则

在关于斯多阿学派的资料中，只有两个元规则是很清楚的。

第一元规则："如果由两个命题推演出第三个命题，那么由这两个命题中的一个与结论的否定一起，得出另一个命题的否定。"这一元规则实际上就是"反三段论律"。

第三元规则："如果由两个命题推演出第三个命题，并且这两个命题中有一个命题本身是由别的前提确立起来的，那么这两个命题中的另一个命题和那个前提一起就能推出原来的结论。"这条规则实际上就是亚里士多德所使用但未明确陈述的"假言三段论律"：

$$\frac{\Gamma_1，\Gamma_3}{\dfrac{\Gamma_2}{\triangle}}$$

这是说，从 Γ_2 和 Γ_3 可推出 $\triangle$，并且从 Γ_1 可推出 Γ_2，那么从 Γ_1 和 Γ_3 推出 $\triangle$。

关于第二元规则，根据现代著名逻辑史家威廉·涅尔和梅兹（B. Mates）的意见，应当是古代文献中所记载的"论辩定理"："如果我们有推出一个结论的诸前提，那么这个结论就潜在地包含在前提之中，虽然它是没有被明显地陈述出来的。"对这个论辩定理的含义可以用文献中所记载的另一个"综合定理"来解释："如果由某些前提推演出第三个，并且如果这第三个与另外的一个或更多个（第四个）一起推演出第五个，那么这第五个也由第三个所依赖的那些前提推演出来。"这就是说，由论证的诸前提推出的东西，或者由这些前提任意选出一些前提推出的东西，本身可以作为下一些推理的前提，从而最终从诸前提推出一个结论。因此，斯多阿学派的第二元规则就是以下的两个"假言三段论律"：

1. 如果 Γ_1 和 Γ_2 推出 Γ_3，从 Γ_2 和 Γ_3 推出 $\triangle$，那么 Γ_1 和 Γ_2 推出 $\triangle$；

2. 如果 Γ_1 和 Γ_2 推出 $\triangle_1$，并且 Γ_3 和 $\triangle_1$ 推出 $\triangle_2$，那么 Γ_1，Γ_2 和 Γ_3 推出 $\triangle_2$。

关于第四元规则，梅兹和威廉·涅尔认为可能是"条件化原则"。斯多阿学者提出的条件化原则如下：

一个有效的推理形式可表述成一个条件命题。例如，不可证式 1 可以条件化成为：

"如果（如果第一则第二）并且第一，那么第二。"

例如，"如果这是晚上，那么这是黑的；这是晚上；所以，这是黑的"，条件化为"如果（如果这是晚上，那么这是黑的）并且这是晚上，那么这是黑的"。

（四）　定理的推演

在斯多阿学派残存的资料中保留了 6 个定理，有两个附有详细的证明，另两个非常简单，还有两个没有证明。

我们现在把斯多阿逻辑的定理编成以下顺序。

定理 1 至定理 5 直接从 5 个不可证式导出。定理 6 和定理 7 是有详细证明的，现介绍如下。

定理 6　如果第一，那么若第一则第二；第一；所以，第二。

从两个前提按照不可证式 1 得出"如果第一，那么第二"，加上第二个前提"第一"，再按不可证式 1 得出"第二"。根据"论辩定理"（第二元规则），定理 6 得证。写得详细一点，上述证明由以下步骤构成：

1. 如果第一，那么，若第一则第二；

第一；

所以，如果第一，那么第二。（不可证式 1）

2. 如果第一，那么第二；

第一；

所以，第二。（不可证式 1）

3. 如果第一，那么，若第一则第二；

第一；

所以，第二。（由 1 和 2 根据论辩定理推出）

定理 7　如果第一和第二，那么，第三；并非第三；另外，第一；所以，并非第二。

证明：

1. 如果第一和第二，那么，第三；

并非第三；

所以，并非既第一和第二。（不可证式 2）

2. 并非既第一和第二；

第一；

所以，并非第二。（不可证式 3）

3. 如果第一和第二，那么，第三；

并非第三；

第一；

所以，并非第二。（由 1 和 2 根据论辩定理）

以上两个定理及其详细的证明过程说明了斯多阿命题逻辑已达到很高的水平。

定理 8　如果第一，那么第一；第一；所以，第一。

这里结论是按照不可证式 1 直接从前提得出来的。

定理 9　或者第一或者第二或者第三；并非第一；也非第二；所以，第三。

在所保存的资料中，这个定理的证明比较简单，结论“第三”是通过两次应用不可证式 5 得到的。威廉·涅尔说：“据说克吕西波说过他的三项析取的论证也被狗使用过。当狗来到三岔路口，在闻了两条新路之后，它就无须再闻而走上第三条路，因为它知道它的猎取物必定在那里。"① 定理 9 的详细证明实际上是同定理 7 是类似的，除应用不可证式之外，还需要用论辩定理，我们可以把这个证明加以补充如下：

1. 或者第一或者第二或者第三；

并非第一；

所以，或者第二或者第三。（不可证式 5）

2. 或者第二或者第三；

并非第二；

所以，第三。（不可证式 5）

3. 或者第一或者第二或者第三；

并非第一；

也非第二；

所以，第三。（由 1 和 2 根据论辩定理推出）

定理 10 　如果第一，那么第二；如果第一，那么并非第二；所以，并非第一。

例如："如果你知道你死了，你是死了；如果你知道你死了，你不是死了；所以，你不知道你死了。"

定理 11 　如果第一，那么第一；如果并非第一，那么第一；第一或者并非第一；所以，第一。

例如："如果一个证明存在，那么一个证明存在；如果一个证明不存在，那么一个证明存在；或者一个证明存在或者一个证明不存在；所以，一个证明存在。"

古代文献中没有证明这两个定理的资料，威廉·涅尔应用了条件化规则证明了一些定理，从而导出了这两个定理。②

---

① 《逻辑学的发展》，第 217 页。

② 同上书，第 216—225 页。

由上我们可以得出结论：斯多阿学派创建了命题逻辑，用初步形式化和公理化的自然演绎方法在逻辑史上第一次构造了一个命题逻辑系统，并且对基本推理规则和元逻辑规则做了严格的区别。斯多阿的命逻辑系统与亚里士多德的直言三段论系统是古希腊逻辑最大的两个成果。

三　悖论

麦加拉学派的学者、米利都的欧布里得发现了 4 种类型的怪论：

1. 说谎者。"某人说他在说谎。他说的话是真还是假？"

2. 戴头巾的人。"你说你认识你的兄弟，但是那个刚才进来的头上蒙着布的人是你的兄弟，你却不认识他。"这个怪论的一个变形是"伊列克特拉"："伊列克特拉认识她的兄弟，但她认不出在她面前隐藏的人——她的兄弟，因此，她不认识她的兄弟。"

3. 秃顶的人。"你会说一个人如果只有一根头发是秃顶的人吗？是的。你会说一个人只有两根头发是秃顶的人吗？是的。你会说……那么你在何处划一界限呢？"与此相类似的一个怪论是"谷堆"："多少谷粒是一堆呢？一粒谷能否成一堆？不能。再加一粒呢？还是不能。再加一粒……最后加上一粒成了一堆。哪里是堆的界限呢？"

4. 带角的人。"你没有丢失的东西，你仍旧有。你没有丢失角，所以你有角。"

在这 4 种怪论中，第一个怪论称为"说谎者悖论"：如果某人说的是真的，那么他说的是假的；如果他说的是假的，那么他说的是真的。这是现代逻辑中所说的"语义悖论"，与"真""假"这种语义概念有关。这一悖论的最初形式是公元前 6 世纪的古希腊克里特岛的爱匹门尼德提出来的。他说："所有克里特人都是说谎者。"如果他说的是真的，那么所有克里特人都是说谎者，而爱匹门尼德是克里特人，这样他就说了谎；但是，如果他说的是谎话，那么并非所有克里特人都是说谎者，即有的克里特人说真话，推不出爱匹门尼德说真话。因此，爱匹门尼德的话只是"半截子"悖论，由这句话的真可以推出它为假，但不能由它的假推出它的真。这一"半截子"悖论经欧布里得改造后才成为严格的"说谎者悖论"。

其他 3 种怪论并不是严格意义上的悖论。第二种怪论提出了关于"认识"这个词的不同用法的问题。第三种怪论揭示了某些语言表达式如"秃子""谷堆"的歧义性质。第四种怪论表明，如果一个陈述句（例如"你丢失了角"）包含一个预设（例如你从前有过角），那么这个陈述句就可以用不承认这个预设的方式加以否定，使得"你丢失了角"或"你没有丢失角"无真假可言，成为无意义的。

对于说谎者悖论，麦加拉学派没有提出解决办法。斯多阿学派的克吕西波曾提出过一种解决方案："关于说真话者的谬误和类似的谬误是……要在类似的方式上解决。每个人不会说，他们说真话又说假话；他们也不会在另一种方式上假设，相同的判断是表达真同时又表达假，否则它们就全没有意义。……我们也拒绝这样的命题：即一个人能同时既说真话又说假话的命题。"[1] 由此可见，克吕西波对说谎者悖论的解决办法是加以"拒绝"，认为说谎者悖论的命题是无真假可言的，是没有意义的。

四　模态

麦加拉—斯多阿学派没有构造出模态逻辑的系统，但是他们

---

[1]　*A History of Formal Logic*, p. 133.

对必然和可能等概念进行了探讨。

麦加拉学派的第欧多鲁认为，可能的东西就是现在是真的或者将来是真的东西，不可能的东西就是现在是假的、将来不是真的东西，必然的东西就是现在是真的、将来不是假的东西，不必然的东西就是现在是假的或者将来是假的东西。[①] 由此可以看出，第欧多鲁并不是认为事件是可能的、不可能的、必然的和不必然的，他实际上是主张模态形容词和谓词"真的"或"假的"一样都是应用到同一些陈述句上的，对必然所下的定义并不是定义普遍的必然，而是定义某一时间中的必然，对可能等概念的定义也是如此。如果一个陈述句改变了真值，它们的模态性质也要改变。例如，"中国曾发生过五四运动"，按照第欧多鲁的定义，这个陈述句现在是必然的，但是在 1919 年之前就不是必然的。但是，当一个陈述句是必然的或不可能的，它就不能再改变其真值或模态：在给定的时间内，必然的东西是在所有以后的时间内将要是真的东西，这样，在所有以后的时间内它就将是必然的；在给定的时间内，不可能的东西是在所有以后的时间内将不是真的东西，这样，在所有以后的时间内它就将是不可能的。

麦加拉学派的斐洛关于必然和可能的观点与第欧多鲁的观点不同，波爱修解释斐洛的 4 个模态的定义如下："斐洛说可能的东西是那种由于论断的内在性质容许是真的东西，例如我说我今天将再一次读德奥克利特的田园诗，如果没有外来的情况阻止的话，那么就其自身而言，这件事就可以肯定是真的。用同样的方式，这同一个斐洛把必然的东西定义为是真的，而且就其自身而言，永远不会容许是假的东西。他把不必然的东西解释为就其自身而言可以容许是假的东西，把不可能的东西解释为按照其内在性质永远不会容许是真的东西。"古代文献没有保存更多的斐洛论必然

---

① 转引自《逻辑学的发展》，第 152 页。以下资料均转引自该书。

和可能的材料，但可以肯定的是，斐洛把可能作为基本的模态概念，并把它等同于自身一致性。

斯多阿学派的观点比较复杂，现在有两种完全独立的原始资料记载了斯多阿学派的观点。一种资料来自希腊哲学传记作家第欧根尼·拉尔修（Diogenes Laertius，约前400—前325年）："可能的东西就是那种容许是真的东西，倘若外来的情况不阻止它是真的话，例如'狄奥克纳活着'。不可能的东西就是那种不容许是真的东西，例如'地球正在飞'。必然的东西就是那种是真的而且不容许是假的东西，或者容许是假的，但被外来的情况所阻止不能是假的东西，例如'美德是有益的'。不必然的东西就是那种是真的，但如果外来的情况不阻止的话也可能是假的东西，例如'狄翁正在散步'。"另一种资料来自波爱修："斯多阿学派曾经说，可能的东西就是容许真的肯定的东西，如果和它一起发生的外来东西决不会阻止它的话。不可能的东西就是永远不容许有任何真的东西，因为除了它自己的产物外，其他的东西都阻止它。必然的东西就是那种当其是真的就决不容许有假的肯定的东西。"这两种资料本质上是一致的，主要反映斯多阿学派克吕西波等人的观点。

第欧根尼所给的"必然的"定义包含两种对立的论点：绝对必然和相对必然。不过第欧根尼给出的例子"美德是有益的"，应采用第一个论点来解释，因为斯多阿学派认为"美德是有益的"绝不会在某些情况下是假的。根据文献记载，斯多阿学派的克吕西波对必然做出了这种区分。威廉·涅尔认为，必然的定义是复杂的，其他模态的定义也会有相应的复杂性。他认为，第欧根尼的记载很简略，有些话可能被传抄者去掉了，斯多阿学派的模态定义应当是：可能的东西就是那些容许是真的东西，或者是当容许是真时，不被外来情况阻止它是真的东西。不可能的东西就是那种不容许是真的东西，或者当容许是真时，被外来情况阻止它是真的东西。必然的东西就是那种是真的，并且不容许是假的东西，或者当容许是假时，被外来情况阻止它是假的东西。不必然的东西就是那种容许是假的东西，或者当容许是假时，不被外来情况阻止它是假的东西。

威廉·涅尔在《逻辑学的发展》一书中对麦加拉—斯多阿学派的模态理论总结成 3 个对当方阵。[①] 第欧多鲁的对当方阵是：

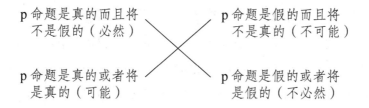

在这个方阵中，左上角、左下角、右上角和右下角分别是必然、可能、不可能和不必然的定义，对角线上的命题是矛盾关系。左上角和右上角是合取命题，左下角和右下角是析取命题。此外，如果 p 是不可能命题（即 p 是假的而且将不是真的），其矛盾命题非 p 就是必然命题（即非 p 是真的而且将不是假的），如果 p 是必然命题（即 p 是真的而且将不是假的），则其矛盾命题非 p 就是不可能命题（即非 p 是假的而且将不是真的）。斐洛的对当方阵是：

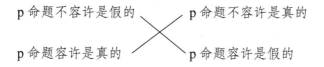

涅尔认为，在斯多阿学派那里，如果对模态词作绝对的理解，其对当方阵等同于斐洛的对当方阵，另一个对当方阵，模态词理解为相对的，应是如下形式：

---

① 《逻辑学的发展》，第 160—163 页。

p命题被外来情况阻　　　　　　　p命题被外来情况
　止它是假的　　　　　　　　　　　阻止它是真的

p命题不被外来情况　　　　　　　p命题不被外来情况
　阻止它是真的　　　　　　　　　　阻止它是假的

　　由斯多阿学派的以上两个对当方阵可以看出，必然命题的矛盾命题在相关的意义上就是不可能命题：（1）如果 p 命题是必然命题（即 p 不容许是假的），则其矛盾命题非 p 就是不可能命题（即非 p 不容许是真的）；如果非 p 是必然命题（即非 p 不容许是假的），则其矛盾命题 p 就是不可能命题（即 p 不容许是真的）。（2）如果 p 命题是必然命题（即 p 被外来情况阻止它是假的），则非 p 就是不可能命题（即非 p 被外来情况阻止它是真的）；如果非 p 是必然命题（即非 p 被外来情况阻止它是假的），则 p 就是不可能命题（即 p 被外来情况阻止它是真的）。

从现代逻辑观点看中世纪
彼得的语言逻辑理论[*]

彼得·西斯班（Petrus Hispannus, 1200—1277 年），世称西班牙的彼得（Peter of Spain），是中世纪杰出的逻辑学家。他的代表作《逻辑纲要》（或译《逻辑大全》）是欧洲中世纪逻辑的经典著作。[1] 到 17 世纪初，这部著作出了 166 版，影响极其深远。彼得在《逻辑纲要》中不但论述了亚里士多德逻辑（如用歌诀和元规则讲解三段论理论），而且提出了一些崭新的逻辑原理，其中最重要的是"指代"学说，这是一种颇具特色的自然语言逻辑理论。本文根据《逻辑纲要》的原文，用现代逻辑的工具对这一理论进行分析，总结出一些规律性的东西，为语言逻辑工作者提供一些研究资料。

一　指代和意谓

"指代"一词的拉丁名词是"suppositio"，拉丁动词是"supponere"，在字源上的意义是把某物置于某物之下，或者是替换、替代。所谓指代就是一个词项代表它所指称的东西。

---

* 原载《逻辑与语言学习》1991 年第 4 期和第 5 期。

① The *Summulae Logicales of Peter of Spain*（by J. P. Mullally），Indiana, 1945. 本文引文均引自此书。

　　指代和意谓（significatio），都是词项的特性，它们既有联系也有区别。

　　彼得说："意谓的完成要通过将一个语词排版，以表示一个事物，而指代是接受一个已经有意谓的词项，以指称某物；例如，当人们说：'人跑'，'人'这个词项用来指称苏格拉底、柏拉图和其余的人。因此，意谓先于指代。它们的不同还在于：意谓属于语词，而指代属于已经由语词及其意谓组成的词项。因此，指称和表示不是同样的，而是不同的……再者，意谓是一个指号对被表示者的关系，而指代是指称者对被指称者的关系。因此，指代不是意谓。"

　　彼得的这段话精辟地阐明了意谓和指代的关系。所谓"意谓"就是语词的涵义，在它能进入有意义的谈话和指称事物之前必须表示某物，这就是说意谓先于指代。从彼得的论述可以看出，他已认识到单个的语词可以有意谓，但是指代只有命题中的词项才具有，指代是相对于命题而言的。意谓是一个指号对被表示者的关系，这种指号相当于现在所说的"工具指号"。工具指号作为对象本身首先是已知的，然后才使另一事物是已知的，例如，如果我看见烟，那么我首先知道烟，然后知道火，而烟是其结果；语词"房子"首先必须了解成一种指号，然后可以知道由用作指号的"房子"所指示的东西。以上例子中的烟、语词"房子"都是工具指号。另一方面，指代是指称者对被指称者的关系，在一个命题中具有指代性质的词项是一种形式指号。形式指号是一种对象，借助它首先知道其他事物，然后才知道形式指号本身。例如，在"所有人是有死的"这个命题中，我们并没有谈到"人"这个指号或者它的涵义，而是谈到由"人"所指示的、具有客观规定性的事物，即具有有死性这种属性的特殊事物。只是在思考之后，我们才谈到指号"人"及其涵义。以上命题中的"人"就是一种形式指号。

综上所说，意谓是一个语词的涵义。而指代则是在命题中的词项代表它所指称的东西，因此，指代实际上就是命题中的主谓项之间的关系。在"所有人是有死的"这个命题中，词项"人"有指代的性质，它指称具有有死性这种属性的特殊事物，如苏格拉底、柏拉图等。因此，意谓和指代的关系类似词项的涵义和所指、内涵和外延之间的关系，但不是等同的，"所指""外延"不要求相对于命题，而"指代"则必须相对于命题。研究指代理论具有重要意义，它与现代量词理论有密切的联系。

二　指代的种类

西班牙的彼得详细论述了指代的种类，这些论述对于我们现在的逻辑研究仍具有重要意义。彼得首先将指代分为两种：分立的指代和共通的指代。

1. 分立的指代。例如，在"苏格拉底是一个动物"中，"苏格拉底"具有分立的指代。按照彼得的看法，当一个命题的主词仅仅表示一个个体时，就有分立的指代；也就是说，单称命题的主词具有分立的指代。以谓词 F（　）表示（　）是动物，个体常项表苏格拉底，"苏格拉底是一个动物"可表示为：F（a）或 $a \in F$（a 属于 F）。

2. 共通的指代。共通的指代只应用于普遍词项，例如"人""动物"等。共通的指代又分为本性的指代和偶性的指代。

（1）本性的指代。一个词项由于其意谓，在本性上能指代它所能述说的一切东西。所谓本性的指代就是指这种本性的指代能力。当然，本性的指代也不能离开命题。

彼得说："本性的指代是对所有这样的事物接受一个普遍词项：借助它的原版，它能够是这些事物的指号；例如，词项'人'，当它单独地采用时，指称所有的人，包括现在存在、将来存在和已经存在的人。"

这就是说，"人"在"所有人是……"这样的命题形式中有本性指代，它是从具有此形式的任一具体命题抽象出来的。

（2）偶性的指代。

彼得说："偶性的指代是对所有那些由普遍词项修饰语所确定的事物接受这个普遍词项，例如在命题'人跑'（'Man runs'）中。在这个例子中，词项'人'指称所有当时存在的人。当人们说：'人过去存在'（Man was）或'人过去跑'（'Man ran'）中，'人'指称所有过去存在的人。当人们说：'人将存在'或'人将跑'中，'人'指称所有将来存在的人。因此'人'根据加到上面的那些词项的不同而具有不同的指代值。"

简单说来，一个词项的指代由偶然加到上面的东西所决定，可以代表现在的某物，或过去的某物，或将来的某物，这样的指代称为偶性的指代。偶性的指代涉及时态。它还可以再分为：

①简单的指代。这种指代是接受一个普遍词项来代表该词项所表示的普遍事物。例如，在"人是种""动物是属"中的"人"指称一般的人而不是指称任何包含于其中的特殊的人，"动物"指称一般的动物而不指称包含于其中的特殊的动物。

简单指代又分为：

（ⅰ）当主词不是代表个体而代表某种普遍性质时，主词有简单指代。例如，人是种；动物是属；有理性是种差。在"人是种"这个命题中，主词"人"代表一般的"人"，从"人是种"不能推出"有的人是种"。这里"人"是一个小类的名称，"动物"是一个大类的名称。

（ⅱ）在一个全称肯定命题中，谓词有简单指代。例如，在"每一个人是动物"中，"动物"有简单指代，因为按照彼得的看法，"动物"在这里仅代表属的性质。彼得论证说，从"每一个人是动物"不能推出"每一个人是这个动物"。后来的一些中世纪逻辑学家并不同意彼得的看法，他们认为全称肯定命题的谓词具有人称指代（见下）。

（iii）在"除…外"这种语词之后的普遍词项，有简单指代。例如，在命题"除人之外的每一个动物是无理性的"中，"人"有简单指代，因为从上述命题不能推出"除这个人之外的每一个动物是无理性的"。

②人称的指代。当接受一个普遍词项来代表其逻辑下位东西，即代表其被指代者，这样的普遍词项称为具有人称指代。人称指代又可以再划分为：

（i）确定的指代。当一个普遍词项被不定地使用或者带有一个特殊记号而被使用，它就具有确定的指代。例如，在"一个人跑"和"有的人跑"中，"人"有确定的指代，它可以指称任何一个人，不但是跑的人而且还有不跑的人，然而上述命题只对跑的某人是真的。这就是说"有的人跑"等值于"这个人跑，或者那个人跑，或者那个人跑……"，直到对任一个体。用现代逻辑的符号来表示就是（"∃"是存在量词符号，"∧"是合取号，"↔"是等值号，"∨"是析取号，"M"代表"是人"，"R"代表"跑"，a_1、a_2 等代表个体常项）：

$$\exists x(Mx \wedge Rx) \leftrightarrow ((Ma_1 \wedge Ra_1) \vee (Ma_2 \wedge Ra_2) \vee \cdots \vee (Ma_n \wedge Ra_n))$$

读为：有一个 x（x 是 M 并且 x 是 R）等值于 [（a_1 是 M 并且 a_1 是 R）或（a_2 是 M 并且 a_2 是 R）或……]。

（ii）不定的指代（或译为模糊的指代）。当接受一个普遍词项借助全称记号来代表许多个体时，该词项就有不定的指代。例如，在"每一个人是动物"中，词项"人"借助全称记号"每一个"指称它所能指称的任一个体。不定的指代又分为：

a >由于全称记号的要求因而具有不定的指代。例如，在"每一个人是动物"中，词项"人"由于全称记号因而具有不定的和周延的指代。这种指代称为"动态的"。从"每一个人是动物"

可以推出"苏格拉底是动物"。这里明确肯定了全称肯定命题具有存在涵义,即断定了主词存在。

b>"静态的"不定指代。在"每一个人是动物"中,"动物"由于被表示物的要求因而具有"静态的"不定指代。也就是说,谓项"动物"具有不定的、不周延的指代。从"每一个人是动物"不能推出"每一个人是这个动物"。彼得曾说,上述命题中的谓项"动物"具有简单指代。这是否自相矛盾呢?确实是自相矛盾的!彼得在指出"动物"具有"静态的"不定指代之后,用了大量篇幅进行讨论,最后否定"动物"具有"静态的"不定指代,坚持认为"动物"具有简单指代。我们认为在"每一个人是动物"中,谓项"动物"不是具有简单指代,而是具有"静态的"不定指代。如果说"动物"具有简单指代,那么"每一个人是动物"就不能换位成:"有的动物是人",可是彼得在《逻辑纲要》的第一篇论文中是承认限制换位的。解决矛盾的出路就是否定"动物"具有简单指代。

对于"每一个人是动物"这类全称肯定命题,彼得似乎把它看成等值于"这个人是动物,并且那个人是动物,并且那个人是动物,并且……",直到所有的人,我们可用符号表示为("M"代表"是人","A"代表"是动物","∧"是合取号,"∀"是全称号,a_1、a_2 等是个体常项):

$$\exists x Mx \wedge \forall x\,(Mx \to Ax) \leftrightarrow \exists x Mx \wedge (Ma_1 \to Aa_1) \wedge (Ma_2 \to Aa_2) \wedge \cdots \wedge (Ma_n \to Aa_n)$$

读为:有一 x 是 M 并且对一切 x,如果 x 是 M 则 x 是 A,等值于有一个 x 是 M 并且如果 a_1 是 M 则 a_1 是 A 并且……如果 a_n 是 M 则 a_n 是 A。因此,从"每一个人是动物"可推出"苏格拉底是动物"。

三　扩大

人称指代可以按另一种标准划分为扩大的指代和限制的指代。所谓"扩大"和"限制"是相对于人称指代来说的，与普通逻辑书上所谓"概念的扩大和限制"有所不同。

彼得说："限制是一个普遍词项从比较大的指代缩减到比较小的指代"。例如，在"一个白的人在跑"中，形容词"白的"把"人"的外延只限于白的人。扩大是一个普遍词项的外延从比较小的指代到比较大的指代，例如在"一个人可能是反基督的"中，词项"人"不仅指称现在存在的人，而且指称将来存在的人，也就是说，词项"人"的外延被扩大了。彼得认为，单独词项既不能扩大也不能限制。

扩大可划分为两类：

（1）相对于被指称的事物。例如在命题"一个人可能是反基督的""一个人可能是动物"中，"人"借助于可能、"能"而被扩大，不但指称现在存在的人，而且指称将来存在的人，在命题"一个动物是白的，这是可能的"中，"动物"借助于"可能的"而被扩大，不但指称现在存在的动物，而且指称将来存在的动物。彼得认为，动词"可能"本来就具有扩大的能力，这叫作"内在的"扩大能力；相当于形容词"可能的"赋予同它们相结合的动词以扩大的能力，这叫作"外在的"扩大能力。

这种扩大的规则是：

同具有内在地或外在地扩大能力的动词一起出现的普遍词项，被扩大到在其外延中包括这样的事物：它们以指称词的形式可能存在。这就是说，这个普遍词项不但指称现在存在的被指称物，而且指称将来存在的被指称物。

彼得实际上提出了以下原理（"◇"是可能算子，"F"是将来时态算子）：

①有 A 可能是 B ↔ ◇∃x（（Ax ∨FAx）∧Bx）

这是说，有 A 可能是 B，等值于可能有一个 x 使得：（x 现在是 A 或 x 将来是 A）并且 x 是 B。

②所有 A 可能是 B ↔∃x（Ax ∨FAx）∧◇∀x（Ax ∨FAx →Bx）

这是说，所有 A 可能是 B，等值于有一个 x 使得：x 现在是 A 或 x 将来是 A，并且可能对一切 x 而言，如果 x 现在是 A 或 x 将来是 A，那么 x 是 B。

（2）相对于时间。例如，在"一个人必然是动物"中，"人"被扩大到不但指称现存的人，而且指称过去和将来存在的人，"动物"亦然。

这种扩大的规则是：同具有时间扩大能力的动词一起出现的普遍词项（作主项或谓项）指称那些现在存在、将来存在或已经存在的事物。

根据彼得的看法，我们有以下等值式（"□"是必然算子，"P"是过去时态算子）：

①有 A 必然是 B ↔ □∃x（（PAx ∨Ax ∨FAx）∧（PBx ∨Bx ∨FBx））

这是说，有 A 必然是 B，等值于必然有一个 x 使得：x 过去是 A 或 x 现在是 A 或 x 将来是 A，并且 x 过去是 B 或 x 现在是 B 或 x 将来是 B。

②所有 A 必然是 B ↔∃x（PAx ∨Ax ∨FAx）∧□∀x（（PAx ∨Ax ∨FAx）→（PBx ∨Bx ∨FBx））

这是说，所有 A 必然是 B，等值于有一个 x 使得：x 过去是 A 或 x 现在是 A 或 x 将来是 A，并且必然对一切 x 而言，如果 x 过去是 A 或 x 现在是 A 或 x 将来是 A，那么 x 过去是 B 或 x 现在是 B 或 x 将来是 B。

通过以上的分析可以看到，彼得的"扩大"理论是相当精细的，巧妙地把模态和时态概念结合起来以揭示命题的涵义，这种分析方法值得我们借鉴。

四　限制

限制可以分为：

（1）借助形容词的限制。例如，在"一个白的人在跑"中，"人"不是指称黑的人或其他颜色的人，而是限于"白的人"。种差也是一种形容词，可以限制属。

（2）借助动词。例如在"一个人在跑"中，词项"人"仅指称现时存在的人，正在跑是现在进行时的动词。

（3）借助分词。例如，在"一个跑着的人在辩论"中，"人"指称正在跑的人，"跑着的"是现在分词。

（4）借助一个附属子句。例如，在"是白色的某人在跑着"中，子句"那人是白的"把"人"限制到"白的人"。

（5）借助名词。

利用与较一般的名词同格的较特殊的名词来限制，例如在"一个动物，人，在跑"中，词项"动物"被限制，只指称是人的动物。彼得详细讨论了限制的种种规则。我们分述如下：

（1）每一个非限制的或没有扩大能力的名词或形容词，当直接加到一个较一般的词项上时就把该词项限制到限制词所表示的那些事物的外延。例如，在"一个动物，人，在跑"中，"人"把"动物"限制到是人的动物。在"一个白的人跑"中，"白的"把"人"限制到白的人。我们可以把"一个动物，人，在跑"当成一个特称命题"有的是人的动物在跑"，用公式表示就是（"M"代表"是人"，"A"代表"是动物"，"R"代表"在跑"）：

$$\exists x\ ((Mx \wedge Ax) \wedge Rx)$$

　　彼得的规则中所说"非限制的"是为了除去限制的修饰语性质的名词或形容词，如"死的""腐朽的"等。所谓"没有扩大能力"是为了除去"可能的"一类有扩大能力的语词。

　　（2）如果一个全称记号加到被限制词上，那么它就仅仅在被限制词所限制到的那些事物中周延被限制词。例如，在"每一个白的人跑"中，"人"被限制到白的人，只能在白的人中周延。也就是说，周延的是"白的人"。用公式表示就是（"W"代表"是白的"）：

$$\exists x\,(Wx \wedge Mx) \wedge \forall x\,(Wx \wedge Mx \rightarrow Rx)$$

　　（3）在一个命题中，就主项的主要意谓（简称意谓）而论，谓项不能限制主项。例如：在"一个人是白的"中，谓项"白的"不限制主项"人"到白的人。但是，就主项的共意谓（即词的性）而论，谓项是限制主项的，如"天鹅是白的"，"白的"限制"天鹅"到阳性而不是阴性，这是关于"天鹅"这个语词的性，而不是关于它的意谓。

　　（4）附属子句的限制作用像形容词，例如，在"那个是白的某人在跑"中，"人"被附属子句"那人是白的"限制到白的人。当一个全称记号和一个附属子句一起进入同一个语句中的时候，语句产生歧义。例如，"每一个人跑，这样的人是白的"和等值的"每一个白的人跑"是不同的，在前者中"人"周延，在后者中只是"白的人"周延，我们可用以下公式表示二者的区别：

　　① $\exists x Mx \wedge \forall x\,((Mx \rightarrow Rx) \wedge Wx)$

　　② $\exists x\,(Wx \wedge Mx) \wedge \forall x\,(Wx \wedge Mx \rightarrow Wx)$

　　（5）动词的各种时态（现在时，过去时和将来时）限制主项和谓项的指代。动词是从时态的共意谓方面起限制作用的。动词的时态可以变化，但其主要意谓仍是同样的。例如，在"人（现在）是动物"中，词项"人"被限制到现存的人，"动物"被限制到现存的动物。在"人（过去）是动物"中，词项"人"指称那些现在是人或过去是人的事物，"动物"指称那些现在是动物或过去是动物的东西。在"人将是动物"中，"人"指称现在存在或将来存在的人，"动物"指称现在存在或将来存在的动物。

如果把"人（现在）是动物"作为特称命题"有人（现在）是动物"处理，那么它可用公式表示为：

∃x（Mx∧Ax）。

"有人（过去）是动物"可表示为：

∃x（（Mx∨PMx）∧（Ax∨PAx））

"有人将是动物"可表示为：

∃x（（Mx∨FMx）∧（Ax∨FAx））

（6）在肯定命题和否定命题中，词项是以同样的方式被限制的，彼得用反证法证明这个原理。

如果在命题"一个人存在"中，词项"人"被限制到现存的事物，在命题"没有人存在"中，"人"被限制到不存在的事物，那么两个命题都是真的，因为"存在"真正地述说现存的事物，真正地否定不存在的事物。但两个矛盾命题同时真，这是不可能的。也就是说，在肯定命题和否定命题中词项不以同样方式被限制，这是不可能的。

从动词在时态的共意谓方面限制词项的规则也可证明上述原理。在"玫瑰花存在"和"没有玫瑰花存在"中，时间因素是同样的，也就是说，限制的原因是同样的，所以，在两个命题中，限制应用于同样的事物：

"个人存在"可表示成：∃xMx，"没有人存在"可表示成：¬∃xMx，谓词"M"（是人）在两个命题中是同样的、指称同样的东西，也就是说它们被限制的方式是一样的。唯其如此，这两个命题才互相矛盾，一真一假。如果"M"被限制的方式不同，那么上述两个命题可以同真，这是不可能的。肯定命题和否定命题的根本区别在于有没有主要否定词。这就是彼得的分析给予我们的启示。

（7）由于动词的及物性质，因而词项受到限制。例如，在"苏格拉底喂某人"中，词项"人"由于动词的及物性质而指称另一个不同于苏格拉底的人。以"F"代表"喂"的二元关系，"a"代表苏格拉底，"M"代表"是人"，"苏格拉底喂某人"可用以下公式表示：

$F (a, x) \wedge Mx$

x 是自由个体变元，一般不取 a 为值。这就是说，从"苏格拉底喂某人"推不出"苏格拉底自己吃东西"［用公式表示为 $F (a, a)$］，因为他自己不能指称不同于苏格拉底的人，而"人"却能指称不同于苏格拉底的人。另一方面，从"苏格拉底自己吃东西"和"他是一个人"不能推出"苏格拉底喂某人"，即从 $F (a, a) \wedge Ma$ 推不出 $F (a, x) \wedge Mx$。

我们还可以举"批评"这个二元关系为例。从"张三批评某人"推不出"张三做自我批评"；从"张三做自我批评"和"张三是人"推不出"张三批评某人"。

中世纪模态命题逻辑系统 S 及其与路易斯 S_3 系统的比较研究[*]

根据研究中世纪逻辑的著名学者穆迪（Moody）的总结，中世纪逻辑学家共同陈述了 60 余条关于模态命题逻辑的原理，构成一个类似路易斯的 S_3 系统。^① 穆迪列出了这个系统的概貌，但是没有对定理进行证明，也没有列出 S_3 系统并与之进行比较，本文在穆迪研究的基础上作了修改，重新构建这个系统，进行定理的证明，并与 S_3 系统进行比较研究，揭示两者的同异。我们称这个系统为 S。我们得出一个重要结论：S 与 S_3 等价。

一 初始概念

1. 命题，我们用 p，q，r 等表示，
2. 否定词¬，
3. 合取词∧，
4. 模态词可能◇。

---

* 选自合著《逻辑学思想史》（张家龙主编，湖南教育出版社 2004 年版）第 3 编第 5 章第 3 节。

① Ernest A. Moody, *Truth and Consequence in Mediaeval Logic*, Amsterdam, 1953.

二　定义

1. 析取词∨：

$p \lor q = df. \ \neg(\neg p \land \neg q)$。

这是根据奥康的威廉、萨克森的阿尔伯特和威尼斯的保罗等人所阐明的原理：由析取命题的否定推出它的析取项的否定的合取，反之亦然。

2. 简单（即严格）蕴涵词⇒：

$(p \Rightarrow q) = df. \ \neg \Diamond \ (p \land \neg q)$

这是根据布里丹、萨克森的阿尔伯特、斯特罗德、伪斯考特、威尼斯的保罗等人对形式推论和简单推论有效性的规定。布里丹说："一个命题是另一个命题的前件，如果它们是这样联系起来的，使得两个命题被陈述时，不可能发生：凡前件表示是如此的东西是如此，而后件表示是如此的东西不是如此。"[①]

3. 模态词必然□：$\Box p = df. \ \neg \Diamond \neg p$。这是由布里丹提出的，他说：必然 p 就是不可能不 p。

三　简单蕴涵系统的基本原理

1. $p \land q \Rightarrow p$

2. $p \land q \Rightarrow q$

这两个原理所根据的是奥康的威廉等人所说的"从合取命题到它的各个支总是有有效的推论"。在中世纪的命题逻辑中，我们把"有效的推论"解释成"当下有效的推论"，因此有 $p \land q \to p$ 和 $p \land q \to q$，也就是说，我们是用当下（即实质）蕴涵来解释

---

① *Consequentiae*，I，3.

"从合取命题到它的各个支总是有有效的推论"。这里，我们用简单（即严格）蕴涵来加以解释，从而有上述两个原理。以下我们把命题逻辑的当下蕴涵原理改为简单蕴涵的原理（3—7）。

3. $p \Rightarrow p \vee q$

4. $(p \Rightarrow q) \wedge p \Rightarrow q$

这是假言推理肯定式。

5. $(p \Rightarrow q) \wedge (q \Rightarrow r) \Rightarrow (p \Rightarrow r)$

6. $(p \vee q) \wedge \neg p \Rightarrow q$

7. $(p \vee q) \wedge \neg q \Rightarrow p$

8. $p \Leftrightarrow \neg(\neg p)$

9. $p \vee \neg p$

10. $\neg \Diamond (p \wedge \neg p)$

8—10 是由布里丹确立的。他指出，一个命题和它的矛盾命题是相互矛盾的，一个真，另一个就假，不可能同真或同假；一切命题或者是真的或者是假的；不可能同时既真又假。[①] 原理 8 中的 $\Leftrightarrow$ 表示双简单蕴涵，即 p 简单蕴涵非（非 p）并且非（非 p）简单蕴涵 p。原理 8 是双重否定律，原理 9 是排中律，原理 10 是矛盾律。根据定义 2，上述的原理 10 等值于 $p \Rightarrow p$（同一律）。

11. $p \Rightarrow \Diamond p$

奥康的威廉等人说，从实然命题推出可能命题。[②]

12. $(p \Rightarrow q) \Rightarrow (\neg \Diamond \neg p \Rightarrow \neg \Diamond \neg q)$。公式中的"$\neg \Diamond \neg$"根据定义，即是"$\Box$"，就是说，"不可能不"即是"必然"。上述原理是阿尔伯特、斯特罗德等人提出的，他们说，如果前件是必然的，那么后件也是必然的。这样，原理 12 也可表述为：$(p \Rightarrow q) \Rightarrow (\Box p \Rightarrow \Box q)$。

13. $\neg \Diamond p \Rightarrow \neg \Diamond (p \wedge q)$。

---

① *Consequentiae*, I, 8.

② *Summa Totius Logicae*, Ⅲ, 3, 11.

这是由萨克森的阿尔伯特提出的，他说："如果一个命题是不可能的，那么它与另一命题的合取也是不可能的。"①

以上 13 条原理相当于公理，由此推出一系列定理。在穆迪列出的基本原理中，有一些并不是中世纪逻辑学家提出的，我们把它们去掉了。

四　推演规则

上面已经指出，中世纪逻辑学家在从一个有效的推论证明另一个有效的推论时，需要使用一般的推演规则。这些规则是元规则，现代称为变形规则。现代 S_3 系统有 4 条变形规则：代入规则、严格分离规则、合取引入规则和严格等值置换规则。中世纪逻辑学家只陈述了其中一条：

简单蕴涵分离规则：如果 $A \Rightarrow B$ 和 A 是有效的，则 B 是有效的。

奥康的威廉、威尼斯的保罗、斯特罗德都陈述了这一规则，他们说，如果推论是有效的，则从前件就推出后件。

其余规则在暗中使用而没有明确陈述。

他们明确陈述了导出规则——假言易位律：如果 $A \Rightarrow B$ 是有效的，则 $\neg B \Rightarrow \neg A$ 是有效的，反之亦然。

布里丹、萨克森的阿尔伯特、奥康的威廉等都陈述了这一规则：在一个有效的推论中，从后件的否定得到前件的否定。

他们在证明过程中知道，从基本原理可以得到导出规则，他们还暗中使用了以下导出规则：

从基本原理 5 可导出假言三段论律：如果 $p \Rightarrow q$ 并且 $q \Rightarrow r$，则 $p \Rightarrow r$；从基本原理 8 可导出双重否定律：p 与 $\neg\neg p$ 可互相置

---

① *Perutilis Logica*, Ⅲ, 5.

换。最重要的是，他们使用了从分离规则导出的关于⇒的演绎定理（⇒引入律）：如果 Γ，A 推出（记为⊢）B，则 Γ⊢B⇒C。这一定理极大地简化证明，在公理系统中引进了自然演绎。

五　定理的推演

以下我们要陈述中世纪逻辑学家所提出来的一系列模态命题逻辑的定理。阿尔伯特等人对其中一些做了证明；对此我们进行了分析。但是，中世纪逻辑学家对大多数定理并未证明，这说明他们的公理化、形式化的水平尚未达到严格的程度。对这些未证明的定理，我们选证其中一些为例。

定理 1　　¬◇p ⇒（p ⇒q）

阿尔伯特说："简单推论的第一条规则是：从一个不可能命题可得每一其他命题。证明：从前件和后件的唯名定义可得。因为如果一个命题是不可能的，那么'事情是像它所指明的但不是像其他任何命题所指明的那样'，这是不可能的；因此，不可能命题是每一其他命题的前件，从而每一命题得自不可能命题。通常表达为：任何东西得自不可能。由此可得：人是驴子，所以，人在跑；由于前件是不可能的，因而如果事情不是像后件所指明的，那么'事情像前件所指明的那样'就是不可能的。"①

此证明可用公式表示如下：

①¬◇p　　　　　　　　　　假设

②¬◇p ⇒¬◇（p ∧¬q）　基本原理 6，以¬q 代 q

③¬◇（p ∧¬q）　　　　　①②，分离规则

④p ⇒q　　　　　　　　　③，定义 2

⑤¬◇p ⇒（p ⇒q）　　　①④，⇒引入律

---

① *Perutilis Logica*，Ⅲ，5；Ⅳ，2.

定理 2　□p ⇒（q ⇒p）

萨克森的阿尔伯特说："第二条规则是：一个必然命题得自任一命题。这也是用前件和后件的定义来证明的，因为以下所说是不可能的：如果事情是像任一其他命题所指明的那样，那么事情就不是像必然命题所指明的那样。因此，必然命题是任一命题的后件。由此可得以下推论是有效的：'人跑，所以，上帝存在'，或'（所以）驴子是动物。'"这个证明的形式是：

①□p　　　　　　　　　　　假设

②¬◇（¬p）　　　　　　　①，定义 3

③¬◇（¬p）⇒¬◇（q∧¬p）　基本原理 13

④¬◇（q∧¬p）　　　　　　②③，分离规则

⑤q ⇒p　　　　　　　　　④，定义 2

⑥□p ⇒（q ⇒p）　　　　　①⑤，⇒引入律

定理 1 和定理 2 就是后来路易斯模态逻辑系统中的两条"严格蕴涵的怪论"。伪斯考特、奥康的威廉、布里丹也陈述了这两个怪论。

定理 3　¬◇（p∧q）⇒（p ⇒¬q）

定理 4　◇（p∧q）⇒¬（p ⇒¬q）

阿尔伯特对上述两条规则的陈述如下：

"第三条规则是：①任一命题可得下列每一其他命题：其矛盾相反者同第一命题是不相容的；②不能从一个命题得出下列另一个命题：其矛盾相反者同第一命题是相容的。"这就是说，从"p∧q"是不可能的，可以得到：p 推出¬q；"从 p∧q"是可能的，可以得到：并非从 p 推出¬q。

阿尔伯特对定理 3 的证明是：假设命题 q 与命题 p 不相容，然后从 p 得出 q 的矛盾命题¬q。很明显，由于 p 和 q 不相容，因而或者 p 是不可能的，从而根据第一条规则（定理 1）从它得出任何命题；或者 p 是可能的，那么若 p 是这种情形，则 q 或¬q 必

然是这种情形，因为一对矛盾命题的其中一个总是真的。然而，根据先前假设，不可能如果 p 是这种情形则 q 也是这种情形。因此，必然是：如果 p 是这种情形，则¬q 也是这种情形。从而¬q 得自 p。

阿尔伯特这个证明需要解释一下。他用的是分情况证明的方法。前一种情况的证明是，从 p 是不可能的出发，根据定理 1 可得 p ⇒¬q。后一种情况的证明是，从 p 是可能的出发，得到 q 或¬q，但已假设 p 与 q 不相容，因此可得 p ⇒¬q。

其实定理 3 的证明完全可以简化，根据定义 2 得证。在定义 2 中，以¬q 代 q，得到¬◇（p ∧¬¬q）⇒（p ⇒¬q），据双重否定律即可得到定理 3。

定理 4 也可以表示为：

◇（p ∧¬q）⇒¬（p ⇒q）

阿尔伯特的证明方法是：由◇（p ∧¬q）据双重否定律得到¬¬◇（p ∧¬q），据简单蕴涵的定义，得到¬（p ⇒q），这就是阿尔伯特所说的"p 推不出 q"。

定理 5　（p ⇒q）⇒（¬q ⇒¬p）

定理 6　（¬p ⇒¬q）⇒（q ⇒p）

这是定理 5 的变形。这两个定理类似于元规则中的假言易位律。

阿尔伯特对定理 5 的证法是：设 p ⇒q，假定¬q 和 p 同真，这样，就可推出¬q 和 q，这是一个矛盾，因此，从 p ⇒q 和¬q 就可推出¬p。因此，从 p ⇒q 就可得到¬q ⇒¬p，这里使用了⇒引入律。阿尔伯特认识到，p ⇒q 和¬q ⇒¬p 是等值的。

定理 7　（p ⇒¬q）⇒¬◇（p ∧q）

阿尔伯特是这样陈述的："如果一个合取命题的两支不相容，则这个合取命题是不可能的。"

这一定理是定理 4 的逆否定理，据假言易位律立即可得。

定理 8　（p ⇒q）⇒（（q ⇒r）⇒（p ⇒r））

布里丹、阿尔伯特、奥康的威廉等都陈述了这一定理：对一切有效的推论，凡得自后件者，也得自前件。

这一定理是基本原理 5 的变形。

定理 9　（q ⇒r）⇒（（p ⇒q）⇒（p ⇒r））

布里丹说："如果前件由一个命题推出，则后件也由这一个命题推出。"① 阿尔伯特陈述这条定理时说，如果从 A 得 B，从 B 得 C，那么从得出 B 的东西中得到 C。因此，定理 9 同定理 8 一样都是与基本原理 5 等价的。

定理 10　（p ⇒q）⇒（¬（p ⇒r）⇒¬（q ⇒r））

布里丹、阿尔伯特等都陈述了这一定理：从前件不能推出的命题，从后件也不能推出。我们补证如下：由定理 8 出发，对后件根据推演规则 2 进行假言易位，再据假言三段论律可得。

定理 11　（q ⇒r）⇒（¬（p ⇒r）⇒¬（p ⇒q））

布里丹、阿尔伯特说，不能推出后件的命题，也不能推出前件。

这一定理可从定理 9 出发，对后件进行假言易位，再据假言三段论律可证。

定理 12　¬◇p ⇒¬p

奥康的威廉等说，从一个命题是不可能的，推出它的矛盾命题。

此定理由基本原理 11，根据假言易位可证。

定理 13　p ∧¬q ⇒¬（p ⇒q）

布里丹、阿尔伯特、奥康的威廉等都陈述了这一定理：从真推不出假。

阿尔伯特证明说，如果事物如前件（p）所指称的，那么它们

---

① *Consequentiae*，I, 8.

也如后件（q）所指称的。从而当前件真时，后件也是真的，而不是假的。其实，这并不是一个严格的证明，而是一种说明。他实际上把定理 13 进行了假言易位：（p $\Rightarrow$ q）$\Rightarrow \neg$（p $\wedge \neg$ q）（即 p $\rightarrow$ q），这就是说，简单蕴涵可推出当下蕴涵。

我们简略证明如下：p $\Rightarrow$ q 据定义可得 $\neg \Diamond$（p $\wedge \neg$ q），据上面的定理 12 可得 $\neg$（p $\wedge \neg$ q）。因此，定理 13 等价于以下定理：

定理 14　　（p $\Rightarrow$ q）$\Rightarrow$（p $\rightarrow$ q）

这一定理表达了中世纪逻辑学家关于简单推论和当下推论之间区别的重要思想。

定理 15　　（p $\Rightarrow$ q）$\Rightarrow$（$\Diamond$ p $\Rightarrow \Diamond$ q）

阿尔伯特等人说，当前件是可能的，则后件也是可能的。

此定理可由基本原理 12 得证：在原理 12 中进行代入（以 $\neg$ q 代 p，$\neg$ p 代 q）可得：

（$\neg$ q $\Rightarrow \neg$ p）$\Rightarrow$（$\neg \Diamond \neg \neg$ q $\Rightarrow \neg \Diamond \neg \neg$ p）。

此式再变为：（$\neg$ q $\Rightarrow \neg$ p）$\Rightarrow$（$\neg \Diamond$ q $\Rightarrow \neg \Diamond$ p）。据假言易位律变为：

（p $\Rightarrow$ q）$\Rightarrow$（$\Diamond$ p $\Rightarrow \Diamond$ q）。

从定理 15 也可以证明基本原理 12：

将定理 15 变形为（p $\Rightarrow$ q）$\Rightarrow$（$\neg \Box \neg$ p $\Rightarrow \neg \Box \neg$ q），易位得到（p $\Rightarrow$ q）$\Rightarrow$（$\Box \neg$ q $\Rightarrow \Box \neg$ p），以 $\neg$ q 代 q，$\neg$ p 代 p 得到（$\neg$ p $\Rightarrow \neg$ q）$\Rightarrow$（$\Box \neg \neg$ q $\Rightarrow \Box \neg \neg$ p），据易位律和双重否定律得到（q $\Rightarrow$ p）$\Rightarrow$（$\Box$ q $\Rightarrow \Box$ p），这就是基本原理 12。可见，基本原理 12 与定理 15 是等价的。

阿尔伯特认为，"前件是可能的，则后件也是可能的"，等于说"不可能从可能推出不可能"。因此定理 15 可以表述成：（p $\Rightarrow$ q）$\Rightarrow \neg \Diamond$（$\Diamond$ p $\wedge \neg \Diamond$ q）。由定理 15 可得：

定理 16　　（p $\Rightarrow$ q）$\Rightarrow$（$\neg \Diamond$ q $\Rightarrow \neg \Diamond$ p）

阿尔伯特等人将此定理表述为：推论的后件是不可能的，则前件也是不可能的。阿尔伯特认识到从定理 15 可以得到定理 16，认识到它们之间的等价性。

定理 16 与路易斯模态逻辑系统的特征公理是一样的。因此，中世纪的模态命题逻辑系统和 S_3 十分相似。

定理 17　$\Diamond p \wedge \neg \Diamond q \Rightarrow \neg (p \Rightarrow q)$

布里丹、奥康的威廉等将这一定理表述为：从可能推不出不可能。

将定理 17 易位，变形为：$(p \Rightarrow q) \Rightarrow \neg (\Diamond p \wedge \Diamond q)$，按当下蕴涵的定义即为：$(p \Rightarrow q) \Rightarrow (\Diamond p \rightarrow \Diamond q)$，由定理 15 和定理 14 即可得证。

定理 18　$\Box p \wedge \Diamond \neg q \Rightarrow \neg (p \Rightarrow q)$

布里丹等说，从必然推不出不必然（不必然就是可能不）。

这一定理可变形为：$(p \Rightarrow q) \Rightarrow \neg (\Box p \wedge \Diamond \neg q)$，再变形为：$(p \Rightarrow q) \Rightarrow \neg (\Box p \wedge \neg \neg \Diamond \neg q)$，因此根据当下蕴涵定义可变形为：$(p \Rightarrow q) \Rightarrow (\Box p \rightarrow \Box q)$。由基本原理 12 和定理 14，此式得证。

定理 19　$(p \Rightarrow q) \Rightarrow (\neg \Box q \Rightarrow \neg \Box p)$

阿尔伯特说，如果推论的后件不是必然的，则其前件也不是必然的。阿尔伯特指出，此定理可从基本原理 12 导出，他认识到两者的等价性。

定理 20　$\Box q \wedge (p \wedge q \Rightarrow r) \Rightarrow (p \Rightarrow r)$

定理 21　$\Box (q, s, t \cdots) \wedge (p \wedge (q, s, t \cdots) \Rightarrow r) \Rightarrow (p \Rightarrow r)$

阿尔伯特对这两条定理的表述是："如果 B 得自 A 连同一个或多个附加的必然命题，则 B 只得自 A。"[1] 他对定理 20 的证明如下：

r 或是必然的或不是必然的。据定理"从任何命题得出必然命题"，如果 r 是必然的，则单独从 p 得出来。但如果 r 不是必然的，

---

① *Perutilis Logica*，Ⅳ，2。

则 p 或是可能的或是不可能的。假设 p 是不可能的，那么根据
"从不可能命题得出任何命题"的定理，单独从 p 再次得出 r，如
同与一附加必然命题一道从 p 也得出 r。但假设 p 是可能的，那
么，若 p 是这种情形，则 r 不可能不是这种情况；或者，若 p 是这
种情形，则 r 可能不是这种情形。据前后件的性质，按第一个设
定，单独从 p 得出 r，如同与一附加必然命题一道从 p 也得出 r。
但假设若 p 是这种情形，则 r 可能不是这种情形，然后若 p 是这种
情形，则 p 和附加的必然命题一道必定是真的。可是，p 不可能不
是这种情形，因为若 p 是这种情形则 p 不是这种情形，这是不可
能的。从而，假定 p 是这种情形，即假定事物是如 p 所指示的，
事物就必然如 p 和附加的必然命题所指示的。所以，从 p 得出 p
和附加的必然命题。当从 p 和附加的必然命题得出 r 时，我们就
可以单独从 p 得出 r。

　　以上定理是阿尔伯特用定理并用分情况证明的方法进行证明
的，不过太烦琐，我们完全可以把这个证明简化为：由 □q 据定
理 2 可以得到 p ⇒ q，由 p ⇒ q 得到 p ⇒ p ∧ q，再与第二个前提 p ∧
q ⇒ r 使用假言三段论律得到 p ⇒ r。

　　定理 22　p ∧ ¬p ⇒ q

　　阿尔伯特说："从由矛盾相反部分组成的合取命题用形式推论
可推出任一其他命题。"伪斯考特说："形式上包含矛盾的任一命
题得出形式推论中的任一命题。"[①]

　　阿尔伯特是用具体例子来证明的。"苏格拉底存在，苏格拉底
不存在，所以，手杖在拐角处"，这是一个形式推论。根据形式推
论，可以得出："苏格拉底存在和苏格拉底不存在，所以，苏格拉
底存在"（从一个合取命题得出它的一部分即基本原理 1），又根
据基本原理 2 可以得出："苏格拉底存在和苏格拉底不存在，所

---

　　① 转引自《逻辑学的发展》，第 364 页。

以，苏格拉底不存在。"由此进一步得出："苏格拉底存在，所以，苏格拉底存在或者手杖在拐角处"（从每一直言命题可得出以它作为一个选言支的析取命题即基本原理3）。由"苏格拉底存在和苏格拉底不存在，所以，苏格拉底不存在"的结论"苏格拉底不存在"同"苏格拉底存在或者手杖在拐角处"一起可得出"手杖在拐角处"（根据基本原理6：从析取命题的一支，否定一支可得出另一支）。从而，"苏格拉底存在和苏格拉底不存在，所以，手杖在拐角处"是有效的形式推论。

阿尔伯特在以上的证明中使用了基本原理1、2、3和6。其实，最后一步，由"苏格拉底存在和苏格拉底不存在"得到"手杖在拐角处"，还使用了假言三段论律。阿尔伯特的证明来自伪斯考特。在伪斯考特那里，代替"手杖在拐角处"这一命题的是"某人是驴子"，证明过程是完全一样的。

实际上，进行形式证明比较简单，在定理 1 $\neg \Diamond p \Rightarrow (p \Rightarrow q)$ 中，以 $p \wedge \neg p$ 代 p，据基本原理 10 $\neg \Diamond (p \wedge \neg p)$ 和分离规则即可得到定理 22。

定理 23 $\neg (p \wedge q) \Leftrightarrow \neg p \vee \neg q$。

定理 24 $\neg (p \vee q) \Leftrightarrow \neg p \wedge \neg q$。

这两个定理是简单蕴涵系统中的德摩根律。可由 $\vee$ 的定义、代入和易位律得到。

定理 25 $p \Rightarrow q \vee \neg q$

布里丹说："由一个命题和它的否定组成的析取命题是一个必然命题，因此从任一命题可推出这样的析取命题。"[1]

此定理可由定理 22 $p \wedge \neg p \Rightarrow q$，再据德摩根律得到。

定理 26 $\neg p \Rightarrow \neg (p \wedge q)$

定理 27 $\neg q \Rightarrow \neg (p \wedge q)$

---

① *Consequentiae*，Ⅲ，1。

阿尔伯特说："合取命题的一个支为假，则合取命题为假。"

这两条定理可由基本原理1和2，根据假言易位律得到。

定理28　$(p \Rightarrow \neg p) \Rightarrow \neg p$

瓦尔特·柏力（14世纪学者，著有《纯逻辑技艺》）说："凡得到其相反者的命题推出该相反者。"①

我们在定理12 $\neg \Diamond p \Rightarrow \neg p$ 的前件中，以 $p \wedge \neg \neg p$ 替换 p 得到 $\neg \Diamond (p \wedge \neg \neg p) \Rightarrow \neg p$，据 $\Rightarrow$ 定义得到定理28 $(p \Rightarrow \neg p) \Rightarrow \neg p$。

定理29　$p \wedge (p \Rightarrow q) \wedge (q \Rightarrow r) \Rightarrow r$

奥康的威廉说："肯定一个条件命题的前件所得到的是另一个条件命题的前件，由此可得第二个条件命题的后件。"②

这一定理可两次利用分离规则得到，奥康的威廉已认识到这一点。

定理30　$((p \Rightarrow q) \wedge (q \Rightarrow r) \wedge (r \Rightarrow s) \cdots \Rightarrow u) \Rightarrow (p \Rightarrow u)$

保罗说，前一个推论的后件是后面一个推论的前件，则从第一个推论的前件到最后一个推论的后件，是一个有效的推论。③

这一定理是基本原理5的推广。

定理31　$(p \Rightarrow q) \Rightarrow ((q \Rightarrow \neg r) \Rightarrow (p \Rightarrow \neg r))$

奥康的威廉说："凡同后件不相容者，也同前件不相容。"

这一定理实际上是定理8的变形，以 $\neg r$ 代 r。

定理32　$(p \Rightarrow q) \wedge \neg q \Rightarrow \neg p$

保罗说："对肯定的条件命题，由后件的矛盾到前件的矛盾，是有效的推论。"

这一定理是"假言推理否定式"，等价于基本原理4。以下定理33—38仿照命题演算的方法很容易证明，这里不赘述。

---

① *De Puritate Artis Logicae Tractatus Longior*, p. 96.

② *Summa Totius Logicae*, Ⅲ, 1, 68.

③ *Logica Magna*, 33Ⅴ.

定理33　　（p ⇒q）⇒（p ⇒p ∧q）

奥康的威廉说："由合取命题的一支推出另一支，那么从前一个支到整个合取命题，是有效的推论。"

定理34　　（p ⇒q）⇒（p ∧r ⇒q ∧r）

奥康的威廉说："凡与前件相一致者，也与后件相一致。"

定理35　　（p ⇒q）⇒（（p ∧q ⇒r）⇒（q ⇒r））

瓦尔特·柏力说："凡由前件和后件一起推出的命题，可由后件推出。"

定理36　　（p ⇒q）⇒（（q ∧r ⇒s）⇒（p ∧r ⇒s））

瓦尔特·柏力说："凡由后件同另一个命题所推出的命题，由前件同这另一个命题推出。"

定理37　　（p ∧q ⇒r）⇒（p ∧¬r ⇒¬q）

定理38　　（p ∧q ⇒r）⇒（p ∧¬q ⇒¬r）

这两个定理是"反三段论律"。阿尔伯特说："如果三段论是有效的，则由前提之一与结论的矛盾可得另一前提的矛盾。"

定理39　　（p ∧q ⇒r）⇒（¬r ⇒¬p ∨¬q）

阿尔伯特说："从一个三段论的结论的矛盾可以推出一个析取命题，其支是由前提的矛盾所组成的。"

由这一定理可以看出，阿尔伯特使用了假言易位律和德摩根律。我们补证如下：

p ∧q ⇒r	假设
¬r ⇒¬（p ∧q）	1，假言易位律
¬（p ∧q）⇒¬p ∨¬q	定理23
¬r ⇒¬p ∨¬q	2，3，假言三段论律
（p ∧q ⇒r）⇒（¬r ⇒¬p ∨¬q）	1，4，⇒引入律

定理40　　□p ⇒p

奥康的威廉说："从必然命题推出实然命题。"

这一定理由定理12"¬◇p ⇒¬p"进行代入（以¬p 代 p）即

可得到。由此据定理 14 导出现代模态逻辑的 T 公理。

定理 41　$\Box p \Rightarrow \Diamond p$

奥康的威廉说："从必然命题推出可能命题。"

奥康的威廉从定理 40 和基本原理 11 用假言三段律得到这个定理。由此据定理 14 导出现代模态逻辑的 D 公理。

定理 42　$\Box p \Rightarrow \neg(\neg \Diamond p)$

奥康的威廉说："从必然命题推出不可能命题的矛盾。"

这一定理由定理 41 根据双重否定律即可得到，奥康的威廉知道这一点。

定理 43　$\Diamond p \wedge \Diamond \neg p \Rightarrow \Diamond p$

奥康的威廉说："从偶然命题推出可能命题。"所谓"偶然"即"既不是必然也不是不可能"，也就是"可能是并且可能不是"。"p 是偶然的"可表示为"$\Diamond p \wedge \Diamond \neg p$"。

这一定理根据基本原理 1 进行代入（以 $\Diamond p$ 代 p，以 $\Diamond \neg p$ 代 q）立即可得。奥康的威廉知道这一点。

定理 44　$\Diamond p \Rightarrow \neg(\neg \Diamond p)$

奥康的威廉说："从可能命题推出不可能命题的矛盾。"显然，他知道应用双重否定律。

定理 45　$\Diamond(p \wedge q) \Rightarrow \Diamond p$

这是路易斯的 S₂ 的特征公理。

定理 46　$\Diamond(p \wedge q) \Rightarrow \Diamond q$

定理 47　$\Diamond(p \wedge q) \Rightarrow \Diamond p \wedge \Diamond q$

奥康的威廉说："如果一个合取命题是可能的，那么它的每个支命题是可能的。"

定理 45 和 46 同阿尔伯特提出的基本原理 13 是等价的。由定理 45 和 46 可得定理 47。

定理 48　$\neg \Diamond(p \vee q) \Rightarrow \neg \Diamond p$

定理 49　$\neg \Diamond(p \vee q) \Rightarrow \neg \Diamond q$

定理 50　¬◇（p∨q）⇒¬◇p∧¬◇q

定理 51　◇p⇒◇（p∨q）

定理 52　◇q⇒◇（p∨q）

定理 53　◇p∨◇q⇒◇（p∨q）

定理 48—53 是由阿尔伯特提出来的。他指出，由一个不可能的析取命题推出每一支是不可能的；如果一个命题是可能的，则它与另一命题的析取也是可能的。

在以上定理中，定理 48 和定理 51 是基本的，它们是互相等价的。我们选证定理 51：

p⇒p∨q　　　　　　　　　　　　基本原理 3

（p⇒p∨q）⇒（◇p⇒◇（p∨q））　定理 15，以 p∨q 代 q

3.◇p⇒◇（p∨q）　　　　　　　　1，2，分离规则

阿尔伯特没有证明这些定理，它们可以得到严格的证明，这里从略。

定理 54　□q⇒□（p∨q）

定理 55　□p∨□q⇒□（p∨q）

定理 56　（¬p⇒q）⇒□（p∨q）

阿尔伯特对以上 3 条定理是这样陈述的：从析取命题的一支是必然的，可推出整个析取命题是必然的；从析取命题的支不相容可推出整个取命题是必然的。

定理 57　□（p∧q）⇒□p

定理 58　□（p∧q）⇒□q

定理 59　□（p∧q）⇒□p∧□q

这 3 条定理是由奥康的威廉提出来的。他说："从必然的合取命题推出每一支是必然的。"

在定理 54 至 59 中，我们选证定理 55：

◇（p∧q）⇒◇p∧◇q　　　　定理 47

¬(◇p∧◇q)⇒¬◇（p∧q）　　1，假言易位律

$\neg\Diamond p \vee \neg\Diamond q \Rightarrow \Box\neg(p \wedge q)$　　　　2，德摩根律，□定义

$\Box\neg p \vee \Box\neg q \Rightarrow \Box(\neg p \vee \neg q)$　　　　3，德摩根律

$\Box p \vee \Box q \Rightarrow \Box(p \vee q)$　　　　　　4，以 $\neg p$ 代 p，$\neg q$ 代 q，双

　　　　　　　　　　　　　　　　　　重否定消去

定理 60　　$(p \wedge q \Rightarrow r) \Rightarrow (\Box p \wedge \Box q \Rightarrow \Box r)$

中世纪逻辑学家吸取了亚里士多德必然模态三段论的思想，认为：如果三段论前提必然，则结论也是必然的。写成模态命题逻辑的定理就成了定理 60 的形式。

中世纪逻辑学家以及研究中世纪逻辑的专家穆迪没有注意到，系统 S 有一个重要特点，在其中可以证明 $\Box\Box p \Leftrightarrow \Box\Box\Box p$。

先证从左至右：

$\Box\Box p \Rightarrow (p \Rightarrow \Box p)$　　　　　定理 2 以 □p 代 p，以 p 代 q

$(p \Rightarrow \Box p) \Rightarrow (\Box p \Rightarrow \Box\Box p)$　　原理 12 以 □p 代 q

$\Box\Box p \Rightarrow (\Box\Box p \Rightarrow \Box\Box\Box p)$　　1，2，3，假言三段论律

$\Box\Box p \wedge \Box\Box p \Rightarrow \Box\Box\Box p$　　　3，前件合取

$\Box\Box p \Rightarrow \Box\Box\Box p$　　　　　　4，$p \wedge p$ 等值于 p

再证从右至左：

$\Box\Box\Box p \Rightarrow \Box\Box p$　　　　　　　$\Box p \Rightarrow p$，以 □□p 代 p

同样也可证明 $\Diamond\Diamond p \Leftrightarrow \Diamond\Diamond\Diamond\Box p$。

由上可见，系统 S 有模态词的归约定理。

我们在上面将中世纪逻辑学家所陈述的 70 多条关于简单蕴涵的原理作了综合分析，构成了一个简单蕴涵系统 S，由这个系统可见，中世纪逻辑学家发展了斯多阿学派的公理化、形式化的思想，特别是萨克森的阿尔伯特在证明定理的过程中使用了初步的公理化和形式化的方法，把公理方法提高到一个新的水平。

六 简单蕴涵系统 S 与路易斯 S_3 系统的比较研究

上文曾说，简单蕴涵系统 S 类似现代逻辑学家路易斯的模态命题逻辑系统 S_3。S_3 的公理有以下 7 条 ［为方便比较，我们仍用"⇒"作为路易斯的严格蕴涵符号，代替他原来的鱼钩形符号，"$p \Rightarrow q$"定义为"$\neg \Diamond (p \wedge \neg q)$"］:

1. $(p \wedge q) \Rightarrow (q \wedge p)$
2. $(p \wedge q) \Rightarrow p$
3. $p \Rightarrow p \wedge p$
4. $((p \wedge q) \wedge r) \Rightarrow (p \wedge (q \wedge r))$
5. $(p \Rightarrow q) \wedge (q \Rightarrow r) \Rightarrow (p \Rightarrow r)$
6. $(p \wedge (p \Rightarrow q)) \Rightarrow q$
7. $(p \Rightarrow q) \Rightarrow (\neg \Diamond q \Rightarrow \neg \Diamond p)$

变形规则有：代入规则、严格分离规则、合取引入规则和严格等值置换规则。

S_3 的一些定理有：

T1. $\Diamond (p \wedge q) \Rightarrow \Diamond p$

这是 S_2 的特征公理。

T2. $\neg \Diamond p \Rightarrow \neg p$

T3. $\neg \neg p \Leftrightarrow p$

T4. $(p \Rightarrow q) \Rightarrow (\neg q \Rightarrow \neg p)$

T5. $(p \wedge q \Rightarrow r) \Rightarrow (p \wedge \neg r \Rightarrow \neg q)$

T6. $(p \Rightarrow q) \Rightarrow (p \rightarrow q)$

T7. $\Box p \Rightarrow p$

T8. $\Diamond p \Rightarrow \Diamond (p \vee q)$

T9. $\Box (p \wedge q) \Rightarrow \Box p$

T10. $\Box p \Rightarrow (q \Rightarrow p)$

T11.　$\neg \diamondsuit p \Rightarrow (p \Rightarrow q)$

T12.　$(p \Rightarrow q) \Rightarrow (\square p \Rightarrow \square q)$

T13.　$(p \Rightarrow q) \Rightarrow ((q \Rightarrow r) \Rightarrow (p \Rightarrow r))$

T14.　$(q \Rightarrow r) \Rightarrow ((p \Rightarrow q) \Rightarrow (p \Rightarrow r))$

T15.　$\square \square p \Leftrightarrow \square \square \square p$

T16.　$\diamondsuit \diamondsuit p \Leftrightarrow \diamondsuit \diamondsuit \diamondsuit p$

在上页 S_3 的公理中，有 4 个与第 142 页 S 的基本原理相同：S_3 的公理 2 相应于 S 的 1 和 2；S_3 的 5 相应于 S 的 5；S_3 的 6 相应于 S 的 4；S_3 的 7 即 S_3 的特征公理相应于 S 的定理 16（等价于 S 的基本原理 12 和定理 15）。在 S 中没有 S_3 的公理 1、3 和 4。在我们列举的 S_3 的 16 条定理中，在 S 中均有相应的定理。S 具有 S_3 的主要特征：

（1）S 和 S_3 都有 S_2 的特征公理作为定理，它们都是 S_2 的扩张；

（2）S 有模态词的归约定理 $\square \square p \Leftrightarrow \square \square \square p$ 和 $\diamondsuit \diamondsuit p \Leftrightarrow \diamondsuit \diamondsuit \diamondsuit p$；

（3）S 和 S_3 虽然有 T 公理作为定理，但与 T 系统不同，没有必然化规则；

（4）没有 $\square \square p$ 和 $\diamondsuit \diamondsuit p$ 型的定理。

S 和 S_3 的不同点有：

在 S 中没有 S_3 的公理 1、3 和 4，S 的公理较多，其中有的不独立，S 的变形规则没有完全明确陈述出来，定理的证明有的没有给出，有的不全，没有完全形式化，这表明 S 类似于 S_3 但是没有现代逻辑的严格性。

现在我们提出一个重要问题：S 与 S_3 是否等价呢？我们先在 S 中证明 S_3 的公理 1、3 和 4。这需要在 S 中增加合取引入规则以及从基本原理 1 和 2 导出的合取消去规则。

1.　$(p \wedge q) \Rightarrow (q \wedge p)$

证：

(1) $p \wedge q$	假设
(2) p	(1) 合取消去
(3) q	(1) 合取消去
(4) $q \wedge p$	(3)(2) 合取引入
(5) $(p \wedge q) \Rightarrow (q \wedge p)$	(1)(4) $\Rightarrow$ 引入

3. $p \Rightarrow p \wedge p$

证：

(1) p	假设
(2) $p \Rightarrow p$	基本原理 10
(3) p	(1)(2) 分离
(4) p	重复上一步
(5) $p \wedge p$	(3)(4) 合取引入
(6) $p \Rightarrow p \wedge p$	(1)(5) $\Rightarrow$ 引入

4. $((p \wedge q) \wedge r) \Rightarrow (p \wedge (q \wedge r))$

使用合取消去规则和合取引入规则得证。

另一方面，S_3 是一个现代模态命题逻辑系统，从 S_3 推出 S 的 9 个基本原理（除去与 S_3 相同的 4 个外）是轻而易举的事情，我们选证 S 的基本原理 6 $(p \vee q) \wedge \neg p \Rightarrow q$：

$p \Rightarrow p$	S_3 定理
$p \vee q \Rightarrow p \vee q$	(1) 代入
$\neg \Diamond ((p \vee q) \wedge \neg(p \vee q))$	(2) $\Rightarrow$ 定义
$\neg \Diamond ((p \vee q) \wedge (\neg p \wedge \neg q))$	(3) $\vee$ 定义
$\neg \Diamond (((p \vee q) \wedge \neg p) \wedge \neg q)$	(4) S_3 定理
(6) $(p \vee q) \wedge \neg p \Rightarrow q$	(5) $\Rightarrow$ 定义

根据以上两个方面，S 等价于 S_3 得证。

综上所述，中世纪逻辑学家集体创建的简单蕴涵系统 S 是西方逻辑史上的一个奇观，是继古希腊的亚里士多德逻辑、麦加拉—斯多阿逻辑之后的第二个高峰，为现代逻辑的发展做出了开创性的贡献，我们要继承这份珍贵的遗产。

归纳法和古典归纳逻辑发展史[*]

归纳逻辑的发展与实验科学的发展有密切联系。在古希腊罗马时期和中世纪,以科学实验为基础的自然科学处于低下水平,自然科学研究中所应用的方法主要是简单的观察方法。在这样的情况下,只能提出一些零散的、片段的归纳学说,严格说来不能被称为归纳逻辑。自然科学的长足发展是从文艺复兴开始的。在17世纪科学实验的发展和自然科学知识的成就的基础上,"英国唯物主义和实验科学的真正始祖"弗朗西斯·培根创立了比较系统、完整的归纳法理论,他是古典归纳逻辑的真正奠基人。古希腊罗马时期和中世纪的归纳法理论在归纳逻辑发展史上属于归纳逻辑的开创和萌芽时期,我们只能根据一些代表人物的观点来论述这一时期所取得的成果。

一　亚里士多德的归纳法

亚里士多德不但是形式逻辑的奠基人,而且也是归纳法的创始人。在亚里士多德以前,德谟克利特、柏拉图和苏格拉底等人都曾提出过有关归纳法的某些思想,但都不系统、不完整。例如,苏格拉底的归纳法并不是一般的归纳推理和归纳法,而是给伦理

---

　*　选自合著《逻辑学思想史》(张家龙主编,湖南教育出版社2004年版)第3编第7章。

概念下定义的方法，或者证明和反驳关于道德规范的一般命题的方法。所以，我们不把苏格拉底看成归纳法的创始人。亚里士多德在《工具论》中提出了 4 种归纳法。

（一）归纳三段论

亚里士多德在《前分析篇》第 2 卷第 23 章阐述了"通过归纳法的三段论"，实际上就是完全归纳法。他是这样说的："归纳法，或者说源出于归纳法的三段论，在于运用三段论借另一端词以建立某一端词和中词的关系。例如，如果 B 是 A 和 C 之间的中词，它就在于通过 C 证明 A 属于 B。这就是我们作成归纳的方法。例如，假设 A 代表长寿的，B 代表无胆汁的，C 代表个别长寿的动物，如人、马、骡。于是 A 属于全部 C，因为凡是无胆汁的都是长寿的，但 B（无胆汁）也属于一切 C。如果 C 和 B 可以换位，而且中词的外延不是较大，则 A 必应属于 B。因为业已证明：如果两种事物属于同一事物，而且端词同其中之一进行换位，则其他谓词便属于被换位的那个谓词。但我们必须把 C 理解为是由所有特殊事物构成的。因为归纳法是借一切事例的枚举进行的。这就是建立第一个直接的前提的三段论：因为在凡有中词之处，三段论都借中词进行；当没有中词时，则借归纳法。从某一方面说，归纳法是和三段论相反的：因为后者借中词证明大词属于第三个词项，而前者则借第三个词项证明大词属于中词。在自然顺序中，通过中词的三段论，是在先的而且是比较熟悉的，但通过归纳法的三段论对我们来说是更清楚的。"（68b15－37）我们根据亚里士多德的论述，做一点解释。通过中词的三段论为：

所有无胆汁的动物（B）都是长寿的（A），

人、马、骡（C）是无胆汁的动物（B），

所以，人、马、骡（C）是长寿的（A）。

在这个三段论中，B 是中词，A 是大词，C 是小词，这个三段论是借中词 B，证明大词 A 属于小词 C（即所有 C 是 A）。

通过归纳法的三段论具有什么形式呢？如果我们不知道"所有无胆汁的动物（B）都是长寿的（A）"，但通过观察而得知人、马、骡（C）是长寿的（A），而且是无胆汁的（B），那么，我们就可以通过人、马、骡（小词 C）来证明大词 A 属于中词 B，即所有无胆汁的动物（B）都是长寿的（A）。由观察所得到的知识可以建立以下的一个第三格三段论：

人、马、骡（C）是长寿的（A），

人、马、骡（C）是无胆汁的（B），

所以，有的无胆汁的动物（B）是长寿的（A）。

但亚里士多德指出，小前提中，C 和 B 可以换位，中词 B 的外延不大于小词 C 的外延，

也就是说，"无胆汁的动物"（B）为"人、马、骡"（C）所穷尽，人、马、骡之外无其他无胆汁的动物。在这样的情况下，我们可以把上述第三格三段论转变为第一格的三段论：

人、马、骡（C）是长寿的（A），

所有无胆汁的动物（B）就是人、马、骡（C），

所以，所有无胆汁的动物（B）是长寿的（A）。

这就是亚里士多德所说的"通过归纳法的三段论"。

在亚里士多德的论述中，"C 和 B 可以换位""中词的外延不是较大""C 是由所有特殊事物构成的""归纳法是借一切事例的枚举进行的"等这些话表明，亚里士多德这里所说的归纳法是完全归纳法。他实际上已经列出了现今普通逻辑教科书中完全归纳法的模式：

C_1 是 A，

C_2 是 A，

C_3 是 A，

C_1、C_2、C_3 是全部的 B，

所以，所有 B 是 A。

完全归纳法的前提与结论之间的关系是必然的，实际上是一种演绎推理，正因为如此，才可用归纳三段论来处理。归纳三段论的作用是用来建立第一格三段论的大前提的，归纳三段论将前提中的若干单称命题，通过"一切事例的枚举"，综合成为一个全称命题。在这里，推理过程是从个别进到一般。因此，完全归纳法与一般的演绎推理又有区别，它是一种特殊的演绎推理。完全归纳法有很大的局限性，在一类事物所包含的分子数目很大，甚至无穷多的时候，完全归纳法是无能为力的。

（二）简单枚举归纳法

亚里士多德说："我们必须区别论辩的论证究竟有多少种类。一方面有归纳法，另一方面有推理。推理已如前述。①归纳法是从个别到普遍的一个过程。例如，假设技艺精湛的领航员是最有效能的，技艺精湛的战车驾驶员也是最有效能的，那么，一般说来，技艺精湛的人是在其特定任务中最有效能的人。归纳法是更有说服力的和清楚的：它更易于利用感官去学习，而且一般地说人民大众是可以使用的，尽管推理在反驳自相矛盾的人们时更为有力和有效。"（105a10－19）"归纳法是从个别事例进到普遍，从已知进到未知，感知的对象对于绝大多数人，虽然不总是易于认识的，却是比较易于认识的。"（156a4－7）亚里士多德在这里所说的归纳法，就是我们现在所说的简单枚举归纳法。这种归纳法是从个别事例得出普遍结论，是从已知进到未知，从感性认识进到理性认识。亚里士多德还说："归纳法揭示隐含在显然已知的特殊中的普遍。"（71a6）可见，亚里士多德对简单枚举法本性的理解，对特殊和普遍之间关系的理解，是唯物主义的，并具有素朴辩证

---

① 见100a25："推理是一种论证，其中，有些东西被设定，另外的某物则必然地由它们得出。"

法的精神。在归纳三段论中，要"枚举一切事例"，但在简单枚举归纳法中，不是如此，他说道："归纳法依据一组没有例外的特殊事例去建立一种普遍。"（92a36－92b1）他认识到，简单枚举法的推理在前提和结论之间的联系不是必然的，而是或然的。我们的根据有两点：（1）他把简单枚举归纳法与推理并列，作为论辩的论证的两种形式。按亚里士多德的定义，演绎推理是前提和结论有必然联系的推理，因此，归纳推理只能是或然性推理。（2）简单枚举法的基础是未出现反例，以此为基础的"归纳法不是证明事物的本质而是证明事物有无某种属性"（92b1）。"归纳法也许同划分一样不是证明。"（91b35）可见，简单枚举法的推理是或然性推理，不能用来证明事物的本质。综上所说，亚里士多德是把简单枚举法作为与演绎推理相并列的一种推理而提出来的，它是一种不完全的枚举，前提和结论之间的联系不是必然的，其可靠性依赖于没有反例。亚里士多德在归纳逻辑发展史上第一次阐明了简单枚举归纳法的本质，标志着归纳方法进入创始时期。根据亚里士多德所举的例子，他实际上已经提出了简单枚举归纳法的模式：

S_1 是 P，

S_2 是 P，

S_1、S_2 是 S 中的一组特殊事例，

所以，所有 S 是 P。

（三）直觉归纳法

这种归纳法不是一种推理，而是一种认识方法，是解决如何获得初始前提的问题。他说："我们必须借助归纳法去获知初始的前提；因为感性知觉借以注入普遍的方法是归纳的。现在，在我们借以掌握事物真相的思维状态中，有些总是真实的，另一些则可能是错误的——例如意见和计算，而科学知识和直觉总是真实

的；进一步说，除了直觉外，没有任何其他种类的思想比科学知识更加确切，而初始前提比证明是更为可知的，而且一切科学知识都是推论性的。根据这些考虑，可以推知：不可能有关于初始前提的科学知识，又因除了直觉外没有任何东西比科学知识更为真实，了解初始前提的将是直觉——这个结论也是从下述事实推知的：证明不可能是证明的初始根源，因而也不可能是科学知识的科学知识。因此，如果直觉是科学知识以外真实思想的唯一种类，那么它就是科学知识的初始根源。而科学的初始根源掌握着初始的基本前提。科学，作为整体，是同作为初始根源一样对全部事实发生关系的。"（100b4－19）亚里士多德在这里所说的"直觉"，指的是"理性直觉"（88b35－37）。直觉归纳法就是一种从感性知觉上升到理性直觉，从特殊到普遍的方法。"理性直觉"是"科学知识的初始根源"，通过理性直觉就可以掌握初始的基本前提，即作为证明根据的一般原理。感性知觉是直觉归纳法的基础，任何一种感官的丧失会引起知识的相当部分的丧失，感性知觉适宜于掌握特殊，直觉归纳法进一步掌握普遍，提供关于感性知觉的科学知识。"没有感性知觉，我们也就不可能用归纳法去获得科学知识。"（81a38－81b9）亚里士多德在《后分析篇》第2卷第19章中，描绘了从感性知觉获得一般原理的认识过程，即从感性知觉出发，通过记忆、经验、技艺和和科学，把归纳法上升到一般原理。他写道："当许多逻辑上不可分辨的特殊事物站住时，最初的普遍就在灵魂中存在了。因为虽然感性知觉的活动是关于特殊的，它的内容却是普遍的——例如是人，不是卡里亚这个人。在这些初步的普遍中又迈出了新的一步，而且这个进程不会停止，直到不可分的概念（真正的普遍）被确立为止；例如动物的某一个种是向动物这个属迈出的一步，而这个属又是以同样方法向进一步概括迈出的一步。"（100a15－100b5）由上可说，亚里士多德的直觉归纳法是由特殊到普遍的一种科学方法，不是狭义的归纳推理。我们不赞成单靠理性直觉就可获得初始前提。亚里士多德不懂得理论与实践的辩证关系，任何理论总要经受某种实践的检验。在逻辑学中，要构造一个系统，提出初始前提，这是不容易的。一方面要靠提出者的丰富知识，理性直觉，甚至要靠当时的灵感；另一方面，在提出初始前提、构成系统之后，要在逻辑学的实践中进行检验，所谓逻辑学的实践就是逻辑证明，在一个逻辑系统中经过逻辑证明，该系统是一致的，没有矛盾的，而且可以给出该系统的语义模型，使得该系统的初始前提是有效的，所推出的一切定理都是有效的。逻辑证明是检验逻辑真理的标准之一。逻辑真理也经受其他实践的检验，在人们两千多年的生活实践及其他科学实践中，无数次地验证了三段论 Barbara 和 Celarent 的正确性，从而使 Barbara 和 Celarent 在更广阔的范围内得到了证实，成为不可动摇的逻辑真理。

（四）例证法

亚里士多德还提出了一种"例证"法，类似现在所说的类比推理。类比推理是一种或然性推理，有的学者把它归入归纳推理。亚里士多德的例证法虽类似于类比推理，但也有差别，它在推理过程中直接应用了典型事例归纳法。我们把亚里士多德关于例证法的论述引录如下："如果借类似第三个词项的词项去证明大词属于中词，我们就有一个'例证'。这既需要知道中词属于第三个词项，又需要知道第一个词项属于那个类似第三个词项的词项。举例说，假定 A 代表罪恶，B 代表对邻国作战，C 代表雅典人对底比斯人作战，D 代表底比斯人对弗西安人作战。如果我们要证明同底比斯人作战是罪恶，我们必须先假定对邻国作战是罪恶。关于这个道理的证据，可以从类似的事例获得。例如对弗西安人作战是对底比斯人的一种罪恶。由于对邻国作战是一种罪恶，而且对底比斯人作战就是对邻国作战，显然对底比斯人作战就是罪恶。

显而易见，B 属于 C 又属于 D（因为两种情况都是对邻国作战），而且 A 属于 D（因为对弗西安人作战的结果对底比斯人并不有利）。但 A 属于 B 便通过 D 而得到证明。如果关于中词对端词的关系的信念，应由好几个同样的实例才能产生，也是一样。因此很清楚：当两种特殊事物附属同一词项，而且其中之一已经知道时，借例证去论证既不像部分到全体的推理，也不像从全体到部分的推理，而是从部分到部分的推理。它和归纳法（按：指归纳三段论）不同，因为归纳法从所有事例出发，证明（正如我们所知）大词属于中词，而且不把三段论的结论应用于小词。而借例证的论证并不如此应用，也并非从所有特殊事例中推得它的证明。"（68b38－69a19）根据这一大段论述，我们可以看到，在例证法中，有 4 个词项：大词或第一个词项 A（罪恶），中词 B（对邻国作战），小词或第三个词项 C（雅典人对底比斯人作战），类似小词的一个词项 D（底比斯人对弗西安人作战）。例证法包含以下两个推理：

1. 底比斯人对弗西安人作战（D）是罪恶（A），

底比斯人对弗西安人作战（D）是对邻国作战（B），

（即 D 是 B 的一个特殊事例，这是通过一个典型事例的列举）

所以，凡对邻国作战（B）是罪恶（A）。

这里使用了典型事例归纳法，只举了一个特殊事件，通过 D 证明 A 属于 B（凡 B 是 A）。如果特殊事例有好几个，推理是一样的。

2. 凡对邻国作战（B）是罪恶（A），

雅典人对底比斯人作战（C）是对邻国作战（B），

所以，雅典人对底比斯人作战（C）是罪恶（A）。

这里用了三段论第一格。把以上两个推理合起来就得到以下的简化形式：

D 具有属性 B、A，

（凡 B 是 A）

C 具有属性 B，

所以 C 具有属性 A。

这正是类比法的模式。应当注意的是，亚里士多德的例证法经过简化以后才成为我们现在的类比法模式，它的原来形式不是把某个属性（A）从一种情况（D）直接转移到另一种情况（C）上去，而是要先用典型事例归纳法形成一个全称命题（凡 B 是 A），然后用三段论第一格得出"C 是 A"的结论。因此，例证法是由典型事例归纳法和直言三段论第一格所构成的复合推理。这种推理是从部分到部分。它与归纳三段论有所不同，归纳三段论是从所有特殊事例出发，证明大词属于中词（所有 B 是 A），并不是对小词（C）做出结论；例证法是在证明大词属于中词后立即对小词（C）做出结论（C 是 A），在证明时并不是根据所有特殊事例，也就是说，使用的是典型事例归纳法。

二　伊壁鸠鲁及其学派的归纳法

在亚里士多德之后，古希腊对归纳方法做出贡献的代表人物是哲学家伊壁鸠鲁（Epicurus，前 341—前 270 年）。伊壁鸠鲁是唯物主义的原子论哲学家，他的归纳法理论是在他的哲学观点的指导下建立的。他认为，一切感觉都是真理的报道。他的"准则学"是关于真理标准的学说，他在"准则"中断言，感觉和知觉是真理的标准，没有什么东西能驳倒它们。他提出了原子脱离直线而偏离的理论，反对只承认必然性、不承认偶然性的宿命论。他在讨论天体的学说时，提出了一些值得重视的归纳法理论。

（一）观察

伊壁鸠鲁从唯物主义的立场出发，十分重视观察。他说："我们必须观察每一个［天体的］现象，像它呈现在我们前面那样，并且考虑到和它相联系的一切现象，而把它从它们分离出来，以见得这一现象之发生与我们周围的其他各种发生（在地上）的许多现象的证据不相矛盾。……那结论无条件地是可以接受的；因为它是和任何其他的现象不相矛盾的。"[1] 他认为："只要我们适当地观察显明的现象，从这些显明可见的现象中去作出推论以说明看不见的东西，神话就可以被排除掉。"[2] 伊壁鸠鲁在这里提出了进行观察的方法论原则，即：（1）观察某一现象应考虑到和它相联系的一切现象，并把它同它们分离。（2）观察所得的结论与任何其他的现象不相矛盾。（3）观察要从显明的现象出发，做出推论以说明看不见的东西。这实际上就是一个归纳推理的过程，"显明的现象"是特殊，"看不见的东西"是普遍，从显明的现象推出看不见的东西，就是从特殊上升到普遍。这些原则可称为观察的整体性原则、不矛盾原则和推论性原则，它们在今天的科学方法中仍有重要意义。

（二）类比

伊壁鸠鲁提出，应该从地上的现象用类比的方法寻求天体现象（如轨道的规律性）和一切隐秘的一般现象的原因。他说："由于有类似的现象以许多不同的方式在地上发生，我们必须注意用类比的方法从这些现象中去寻求天体现象和一切隐秘的（一般）现象的原因。"[3] "轨道的规律性也应该按照在地上产生的某些现象的类比去加以说明；但是神性却不应该用来说明这些（地上的）现象。"[4] 由此可见，类比法是从特殊的地上现象到特殊的天体现

---

[1]　转引自马克思《博士论文》，人民出版社 1961 年版，第 62 页。

[2]　同上书，第 88—89 页。

[3]　同上书，第 62 页。

[4]　同上书，第 88—89 页。

象、从已知到未知的一种寻求原因的方法。

在伊壁鸠鲁看来，观察和类比不是孤立的方法，它们的目的都是为了对天体现象做出解释。伊壁鸠鲁所说的"解释"就是假说。观察和类比是为假说服务的。下面论述伊壁鸠鲁的假说方法。

（三）假说方法

伊壁鸠鲁认为，自然科学的任务是研究最重要现象的原因。天体现象的产生没有一个简单的原因，对天体现象的解释并不是单一的、绝对的，而是多种多样的。他说："不要勉强去达到那不可能的东西，不要企求对于一切东西了解得同等地好，也不要应用一种方法去研究一切东西，像研究正常生活的问题或者像建立规则解决一般物理学那样，例如，像这样的规则：宇宙是物体和不可捉摸的自然所构成，或者基本的元素是不可分的等等，这种原则对于同一类的一切现象只有一个相同的解释。""与此相反，这些现象至少可以容许很多不同的解释——对于它们发生的原因以及它们的本质——，而这些解释是和感觉知觉相符合的。因为在对自然的研究中，并不是依据一般的公理和任意建立的规则，而一切必须听从现象自身的提示。"① 他提出，在作解释时"要应用多原因的方法"。"伊壁鸠鲁断言，所有的原因都可能存在，并且他还试图提出一系列别的原因；同时他斥责那些坚持在这些原因中只有某一个原因的人：须知在那些按照必然性必须仅仅建立一个假设的事物中，是很难保证任何可靠性的。"②

我们把伊壁鸠鲁关于假说的一般原则总结于下：（1）对自然的研究不能依据一般的公理和任意建立的规则，一切必须听从现象自身的提示。这是伊壁鸠鲁归纳理论的基础。（2）对天体的研

---

① 马克思：《博士论文》，第87—88页。

② 塞内卡：《自然史问题》，转引自马克思《博士论文》，人民出版社1961年版，第62页。

究同对一般物理学的研究有区别。（3）应用多原因的方法提出各种假说。（4）对天体现象不能仅仅建立一个假说，只建立一个假说就是只承认必然性而排斥偶然性。（5）假说不应与感性知觉相矛盾。

伊壁鸠鲁提出的假说方法并不是以实验为基础的，而是一些方法论原则。这些原则，特别是提出多种假说的原则，丰富了科学方法论，至今仍有重要意义。伊壁鸠鲁不但制定了假说的一般原则，而且在科学实践中具体应用了假说方法，提出了原子有重量和体积的假说，原子以同等速度下落的假说，等等。近代法国著名哲学家伽桑狄（Gassemdi，1592—1655 年）高度评价了伊壁鸠鲁的假说："伊壁鸠鲁也许从来没有想到过这种实验，但是于研究原子时，他却得出了同样的结论，这结论是我们不久以前通过实验的方法才达到的。即与现实的事实完全相符，物体从上往下落时不论它们在重量和体积方面有多大差别，是以同等的速度运动的，伊壁鸠鲁指出，一切原子，虽然它们在体积和重量方面有重大的差异，而在运动时，两者比较起来，却具有同样的速度。"[①]

综上所说，伊壁鸠鲁关于归纳方法的论述，比亚里士多德有所前进的地方在于他提出了若干方法论原则。

伊壁鸠鲁的归纳理论为他的学生们所继承，在他的学生中对归纳理论做出贡献的最著名的代表是菲洛德谟（Philodemus，约前110—前39 年）。伊壁鸠鲁学派认为，经验是对属性进行断定的基础，根据在经验中出现的现象，可以做出概括，从已知的东西到未知的东西，从明显的事物到隐秘的事物。各种现象的多样性同它们固有的不变属性是共存的，经验的方法能从现象的多样性中找出作为现象基础的本质属性。菲洛德谟以火为例说明了这个问题。火的起因、燃烧时间长短和快慢等都是火这种现象的多样性，

---

① 转引自马克思《博士论文》，人民出版社 1961 年版，第 79 页。

是经验中的对象，实际上是一些特殊事例，归纳法就是要从经验中感知到的火的多样性，推出经验上未知的其他任何地方的火的结论，确定火的普遍本质。菲洛德谟说："作出正确的归纳结论的人，将不去考虑各种现象的差别、它们具有什么特点，而是要抓住那没有它们就不能想象的、具有火的特性这一现象的一般性质。而这一论证对其他事物也是有效的。"①

伊壁鸠鲁学派所提出的归纳法的基本类型是"类似法"。菲洛德谟说："我们应当这样来考查一些同类的现象和不同类的现象，以便从我们关于它们的经验和它们的历史材料出发，得以区分出它们每一个不可缺少的属性，并从此推论一切其他现象。例如，人似乎在一切其他方面都是相互区别的，但在一个方面是没有差别的……因此我们说，人人都会死和人人都会患病……因此下面这一说法总是假的：似乎从前有个时候人是不害病的，——他们好像不会害病似的。"② "类似法"实质上是简单枚举归纳法，它从一些特殊事例出发，找出它们共同具有的属性，据此得出一个普遍结论。为提高类似法的可靠性，伊壁鸠鲁学派要求类似点是本质的，不是以偶然的和例外的情况为基础的。

伊壁鸠鲁学派明确提出了契合法的思想，这是他们在归纳法方面最重要的贡献。他们举例说，假设疫病猖獗，不分年龄，不分男女，不分贫富，不管喝酒不喝酒，也不管从事什么职业和过着什么样的生活的人，都患了病。他们认为，得病的原因是所有患者共同具有的唯一情况——共同呼吸同一种空气。这种归纳法已不是简单枚举法，而是一种"排除归纳法"。

通过归纳推理得到的结论不一定可靠，需要进行检验。伊壁鸠鲁学派提出了两种检验方法：（1）对于能用经验加以检验的归纳结论，要看它们是否和现实相符合；（2）对于不能用经验加以

---

① 转引自波波夫《逻辑思想发展史》，上海译文出版社 1984 年版，第 157 页。

② 同上书，第 59 页。

检验的归纳结论，要看有无反例，即可否被证伪。例如，要确证"运动总是在空间中进行的"这一结论，就是要说明不存在运动在空间之外进行的反例。

综上所说，伊壁鸠鲁及其学派的归纳理论是有创见的，比亚里士多德的归纳法的内容要丰富。他们提出了假说方法、排除归纳法等崭新的归纳方法，同时提出了一种归纳理论，其中包括一些方法论原则，提高归纳法的可靠性问题，归纳结论的检验方法等。伊壁鸠鲁和他的学派在归纳逻辑发展史上应当占有一定的地位。

三　罗吉尔·培根的归纳法

归纳方法在古罗马时期直至 13 世纪末之前，几乎没有什么发展。古罗马时期的逻辑主要是注释亚里士多德的《工具论》。在中世纪的"旧逻辑"时期（12 世纪以前），主要是学习亚里士多德的《范畴篇》和《解释篇》；"新逻辑"时期（12 世纪），《工具论》中其余 4 篇的拉丁文译本出版，成为主要的逻辑教材。在一千几百年的长时期内，归纳方法的研究没有超过亚里士多德在《工具论》中所达到的水平。其根本原因是实验的自然科学尚未发展；另一个原因是，亚里士多德逻辑的统治地位限制了人们的眼界。13 世纪末，中世纪的自然科学有所发展，简单的实验方法进入自然科学，在这样的情况下，一些哲学家和逻辑学家才提出了归纳法，其中最著名的代表是罗吉尔·培根（Roger Bacon，约1214—1294 年）。

罗吉尔·培根的老师罗伯特·格罗塞特（Robert Grosseteste）对培根有很大影响，培根认为只有罗伯特·格罗塞特才知道科学。这里我们先简略叙述格罗塞特在归纳方法方面的贡献。

格罗塞特提出了一种"分解—组合法"。他在研究光谱颜色问题时发现，虹、水轮飞沫、船桨水花所显示的光谱与日光穿过玻璃球所产生的光谱相似。他从这组现象中分解出 3 个共同因素：（1）光谱与透明球有关；（2）不同颜色对应不同折射角；（3）产生的颜色取决于圆周的弧长。然后，他把这 3 个共同因素组合成这类现象的一般特点。① 这种方法实际上是一种消去归纳法，类似于契合差异并用法。格罗塞特还运用假言推理否定式来否证错误的假说。例如，他曾论证关于太阳产生热是通过其他热物体的传导这种假说是错误的：如果太阳因传导而生热，那么临近的天空中的物质是热的，并经历质的变化；但是，临近的天空中的物质是永恒不变的，并不经历质的变化；所以，太阳并非因传导而生热。② 他的论证并不正确，并未驳倒太阳传导生热的假说。但是他所用的否证假说的方法是合理的，是假说—演绎法所用的方法。

综上所说，格罗塞特是中世纪实验科学的先驱者，表现了发展自然科学和用实验等归纳方法来认识自然的倾向。这对罗吉尔·培根有很大影响。

罗吉尔·培根是中世纪具有唯物主义倾向的经院哲学家和自然科学家。他认为愚昧有 4 种原因：（1）脆弱而不适当的权威所树立的范例；（2）习惯的影响；（3）无识群众的见解；（4）于炫耀外表的智慧之中掩饰自己的愚昧。以上这 4 种灾害产生了人间所有的罪恶，其中第 4 项尤为恶劣。③ 罗吉尔·培根要人们扫除这 4 种障碍，这样才能认识真理。

罗吉尔·培根在自己的科学研究中坚决扫除这 4 种障碍。他从唯物主义的立场出发，重视经验在认识中的作用，认为经验能够认识现象的原因，经验知识有极大的意义。因此，他十分重视科学中的实验方法。他说道："聪明人通过实验来认识理智和物的

---

① 参见张巨青主编《科学逻辑》，吉林人民出版社 1984 年版，第 209 页。
② 参见洛西《科学哲学历史导论》，华中工学院出版社 1982 年版，第 38 页。
③ 参见罗素《西方哲学史》（上卷），商务印书馆 1976 年版，第 564 页。

原因，没有实验什么东西也不能令人满意地得到了解。"① 只有实验科学才能有效地和彻底地解决自然之谜。这门科学"犹如支配自己的奴仆似地支配着一切其他的科学"。实验科学高于一切思辨知识和方法，是科学之王。他很重视仪器的作用，认为科学家不应该是消极的，应当"用艺术帮助自然"，特别是用适当的工具。他认为，实验的重要性还在于实验具有检验的作用。实验不仅应该检验一些个别的、单一的事实，还应该检验自然界的客观规律性；只有实验科学才能决定自然可以造成什么效果、人工可以造成什么效果、欺骗可以造成什么效果，只有它才能告诉我们怎样去判断魔术家的愚妄。罗吉尔·培根的这些思想具有方法论意义。他不但从理论上阐明了实验的重要性，而且在自己的科学研究中做过很多次实验。例如，他在研究虹的问题时，进行过实验，观察过光在结晶体内和水的飞沫等物中的折射，认为虹是阳光通过小水珠发生折射的结果。这里所用的方法就是后来密尔的契合法。他在总结前人的光学成果和实验的基础上，叙述了光的反射定律和一般的折射现象。他懂得反射镜、透镜并且谈到望远镜。他还专门做过很多次磁铁的实验。

在罗吉尔·培根的方法中，还有一个十分重要的方法——科学幻想。他叙述了一些技术"奇迹"："可以制成没有桨航行的机械，只有一个人操纵的江河的和海洋的船，比用很多的人划的船要快。同样也可以制成一种不用马拉的速度惊人的战车……可以制成一些飞行机器：其中坐着的人开动某些机器，便可像鸟一样用翅膀飞动。还有体积很小的、但能举起很大重量的工具……可以制成一种在海底和河底安全行走的机械。"他从认识方法的角度写道："我没有看见飞行的机器，我也不知道有谁看见过它，但是

---

① 转引自特拉赫坦贝尔《西欧中世纪哲学史纲》，上海人民出版社 1960 年版，第170 页。

我相信一个聪明人会发明这个东西的原理。"① 科学幻想，列宁称为"推动工作的有益的幻想"，与"空洞的幻想"根本不同。我们认为，在一定条件下，某些科学幻想应当属于归纳方法，它类似于假说方法。科学幻想是在实践的基础上，通过观察、类比等方法所提出来的一种设想。例如罗吉尔·培根关于飞行机器的设想，是通过与鸟进行类比而提出来的。科学幻想并不是毫无根据的胡思乱想。如果它反映了客观的规律性，那么它就会转化为现实。罗吉尔·培根关于科学幻想的方法论原则是正确的，这表明罗吉尔·培根相信理性的能动作用，正如他所说："理性是正确意志的指南。"

现在我们把罗吉尔·培根在归纳逻辑方面的贡献小结如下：（1）强调实验方法在认识自然中的重要作用，认为只有实验方法才能给科学以确实性。这是他高于同时代哲学家和整个中世纪哲学家的地方。（2）把实验与归纳过程有机地结合起来。实验是从个别事实上升到事物原因、一般原理的基础，也是检验一般原理的方法。他实际上把实验与假说—演绎法结合在一起。（3）在具体实验中应用了契合法。（4）重视科学幻想在认识现实中的重要作用，把科学幻想作为一种认识方法。

四　古典归纳逻辑的建立

（一）古典归纳逻辑建立的自然科学基础

古代和中世纪的归纳理论虽然取得了一定的进展，但是由于古代和中世纪的科学水平低下，它不能得到长足的发展。到了近代，欧洲首先由封建社会进入资本主义社会，社会生产力得到了大发展，在此基础上，近代的自然科学诞生了，并得到了发展。

---

① 转引自特拉赫坦贝尔《西欧中世纪哲学史纲》，上海人民出版社 1960 年版，第 186—187 页。

波兰天文学家哥白尼（Copernicus，1473—1543 年）在科学中发动了一场革命。1543 年出版了他的震惊世界的《天体运行论》，提出了"太阳中心说"，向统治欧洲 1000 多年的"地球中心说"挑战。他提出了地球自转和公转的概念，用太阳取代地球作为宇宙的中心，认为所有的行星包括地球都以太阳为中心转动。哥白尼的学说从根本上动摇了基督教宇宙观的基础，使自然科学借以宣布其独立，从此自然科学便开始从神学中解放出来。

在哥白尼之后，把行星运动的详细情况更精确地记录下来的第一位天文学家是丹麦的第谷·布拉埃（Tycho Brahe，1546—1601 年）。他没有采取哥白尼的全部体系，认为太阳绕地球运动，而行星则绕太阳运行。但是，第谷的天文观测工作却为哥白尼的太阳中心说的发展开辟了道路。第谷于 1577 年仔细观测了当时出现的一个巨大的彗星，证明它比月亮遥远，这表明天界并不是完善的。第谷还发现，彗星的轨道不可能是正圆的。第谷的观测材料，为历法的改革奠定了基础，还直接导致了当时最先进的星表的出现。他于 1597 年定居德属的布拉格。在那里，第谷认识了开普勒（Johannes Kepler，1571—1630 年），让开普勒做助手。后来他把自己极其珍贵的观测资料全部遗留给开普勒并让他依此着手编制行星运行表。

开普勒于 1609 年和 1619 年先后发现行星按椭圆形轨道绕日运行的规律，提出了著名的三大定律：（1）火星画出一个以太阳为焦点的椭圆（开普勒第一定律）；（2）由太阳到火星的矢径在相等的时间内画出相等的面积（开普勒第二定律）。以上两条定律是在 1609 年提出的，1619 年他将这两条定律推广到所有行星，并提出了第三定律：（3）行星公转周期的平方与它同太阳距离的立方成正比。这样，所有行星的运动就与太阳紧密地联系在一起。开普勒发展了哥白尼的太阳中心说，确立了太阳系的概念，并以椭圆轨道代替了正圆轨道。

　　与天文学中的革命差不多同步，其他科学也获得了突飞猛进的发展。1610 年，意大利科学家伽利略（G. Galilei，1564—1642 年）用自制的望远镜观察天体，发现了许多新的天文现象：月亮并不是像历来认为的那样是完全平滑而无瑕疵的，现在看出它布满了斑点，说明月亮表面有崎岖的山脉和荒凉的山谷；从前看不见的星星，现在也闪烁在眼前了，自古以来不可解的银河问题，现在得到了解答；木星在它的轨道上伴随有 4 个卫星，并有其可度量的周期。这些发现对于支持哥白尼的学说有重大意义。

　　伽利略在物理学中也取得了重要的成果，主要有 3 个：（1）落体运动定律。即物体下落的距离与所用时间的平方成正比。这个定律表明，物体下落的时间与物体重量无关，打破了自亚里士多德以来认为重物先落地的传统观念。（2）摆的等时性。即当一个自由摆动的摆沿弧线运动所经过的弧的长度越来越短时，它的运动速度也会减慢，但它完成每次摆动的全程所需要的时间却保持不变。（3）抛物体运动，伽利略由于引进了"匀速"和"匀加速"的概念，因而对抛物体的运动做出了科学的解释；他引进了合成速度的概念，将抛物体运动分解为水平的匀速运动和垂直方向的匀加速运动，指出当大炮的炮筒与地平线成 45 度倾角时，大炮的射程最远。伽利略在建立落体运动和摆的等时性定律时做了著名的斜面实验，发现了铜球滚过斜面全程 1/4 所花的时间正是滚过全程所花时间的一半。

　　英国伊丽莎白女王的御医吉尔伯特（W. Gilbert，1540—1603 年）使用实验方法，发现了磁倾角。当一个小磁针放在地球上除南北极之外的地方时，它有一个朝向地面的小小倾斜，这是因为地磁极吸引的结果。吉尔伯特由此推测，地球是一块大磁石。他用一个球形的磁石做了一个模拟实验，证明了磁倾角确实来源于球状大磁石。吉尔伯特还提出了质量、力等新概念。

　　与物理学的进展相呼应，生物学、医学方面也有很多突破。

比利时的维萨留斯（A. Vesalius，1515—1564 年）在 1543 年出版了《论人体构造》，这是近代史上的第一部人体解剖学。这是他在系统地研究古代医学家盖伦的著作的基础上，经过自己动手进行人体解剖之后写出来的。盖伦的人体学说主要是根据对动物的解剖，因此有不少错误。维萨留斯继承了盖伦的正确观点，指出了盖伦的错误，否定了盖伦关于血液通过心脏左心室和右心室中间的隔膜上的微孔流动的观点，为后来发现血液循环奠定了基础。西班牙的医生塞尔维特（M. Servetus，1509—1553 年）发现血通过肺循环，但这种循环的机制以及心脏在维护血流方面的功能直到英国医生哈维（W. Harvey，1578—1657 年）才揭示出来。哈维指出，如果我们拿每一次心脏跳动所送出的血液数量与半小时内心脏跳动的次数相乘，我们就可以发现在这个时间内心脏所输送的血量，与全身所有的血一样多。他由此推断说，血液一定是从动脉流到静脉里，然后再回到心脏。于是，他提出了"循环"的概念。他发现血液循环不是靠思辨，而是利用解剖的方法对心脏进行观察，正如他自己所说，是靠"反复的活体解剖"。

以上就是弗兰西斯·培根建立新的归纳法之时自然科学的一些主要成果。这些科学成果有一个共同特点，就是以观察和实验为基础。培根在《新工具》一书中提到了吉尔伯特的工作，认为这是他所宣扬的实验方法的一个例子。此外，培根还做过哈维的病人，我们完全可以断言，他受过哈维的科学实验方法的影响。我们在上面所列举的科学成就，培根并不都认识到，有些还被他忽视，但是这些科学成就的革命精神，以观察和实验为基础的全新的方法论，对培根以及对归纳法的倡导者都有着积极的启发作用。

（二）弗兰西斯·培根的排除归纳法

弗兰西斯·培根是在近代科学得到长足发展的情况下，首先提出归纳方法的哲学家和逻辑学家。他的代表作是《新工具》，这是针对亚里士多德的《工具论》而起的书名，表明他的逻辑与亚里士多德的逻辑有根本不同。下面我们根据《新工具》来阐述他的归纳理论。

培根的归纳法有一套完整的程序，包括以下 3 个步骤。

1. 收集材料

培根把这一步称为"服役于感官"。他说："首先，我们必须备妥一部自然和实验的历史，要充分还要好。这是一切的基础；因为我们不是要去想像或假定，而是要去发现，自然在做什么或我们可以叫它去做什么。"① 培根是一位唯物主义的经验论者，十分重视感性材料在"指导人们怎样从经验来抽出和形成原理"中的作用，认为这是一切的基础。收集经验材料的方法就是观察和实验。他强调要"收集起一堆在数量上、种类上和确实性上，足够的、关于个别事物的观察"，认为所谓卑贱的甚或污秽的事物并不亚于那些最华美最贵重的事物，指出："凡把那类事物认为琐细可鄙而不屑加以注意的人是既不能赢得更不能统治自然这个王国的。"② 当然，靠感官得来的观察材料有一定的局限性，培根认为其原因是来自感官的迟钝性、不称职以及欺骗性，有些不重要的但能打动感官的事物竟压倒那些重要的但不直接打动感官的事物。培根认为，这样一来，思考一般地总是随视觉所止而告停止，竟至对看不见的事物就很少有观察或完全无所观察。因此，培根认为单有观察是不够的，还必须进行实验，他说："感官本身就是一种虚弱而多误的东西；那些放大或加锐感官的工具也不能多所施为；一种真正的对自然的解释只有靠恰当而适用的事例和实验才能做到，因为在那里，感官的裁断只触及实验，而实验则是触及

---

① 培根:《新工具》，许宝骙译，商务印书馆 1984 年版，第 117 页。
② 同上书，第 95 页。

自然中的要点和事物本身的。"① 他提倡一种完全不同的、足以促进和提高经验的方法、秩序和过程。培根坚决反对像蚂蚁那样只会采集和使用的实验家；也反对像蜘蛛那样只凭自己的材料来织成丝网的推论家；他主张要像蜜蜂那样，在庭园里和田野里从花朵中采集材料，而用自己的能力加以变化和消化。蜜蜂采蜜法，这就是培根所主张的收集材料的方法。

2. 整理和排列材料——三表法

培根把这第二步称为"服役于记忆"。他说："但自然和实验的历史是如此纷纭繁杂，除非我们按适当的秩序加以整列再提到人们面前，它会反而淆乱和分散理解力。因此我们第二步又必须按某种方法和秩序把事例制成表式和排成行列，以使理解力能够对付它们。"② 为此，培根提出了著名的三表法：

（1）本质和具有表

给定了一个性质，首先要把已知的在一些极不相像的质体中而一致具有这同一性质的各种事例聚集并列示在理解力之前。培根以研究热的性质为例，他列出了有 27 项的"本质和具有表"（其中有些事例并不正确）。下面举表中的几个例子：

①太阳的光线，特别是夏天的并当中午的。

②太阳的光线，反射的和经过缩聚的，例如在两山之间，在墙壁之上，最主要的是在取火镜和镜子之下。

③带火的流星。

④燎烧性的雷电。

⑤山口里喷射出的火焰。

培根列出三表，其目的是探究"形式"。所谓形式，就是它随所给与的性质之在而在；随所给与的性质之不在而不在；它以那附着于较多性质之内的，在事物自然秩序中比形式较为易明的某

---

① 培根：《新工具》，许宝骙译，商务印书馆 1984 年版，第 26 页。

② 同上书，第 117 页。

种存在为本源，而从其中绎出所给与的性质。[①]　因此，我们可以把形式看成性质的内在根据，是产生和形成性质的一般规律和原因。

（2）近似物中的缺乏表（差异表）

为了探寻形式，还必须把缺乏所给与性质的事例也列示在理解力之前。由于要记录所有这些事例将是无穷无尽的，因而培根提出如下要求："反面事例只应附缀于正面事例来举，这就是说，缺乏所与性质的事例只应限于和具有或会有所与性质的事物最相近似的事物。"[②]　他列出了32项，其中有的不是反面事例，有的是错误的。下面我们举几个缺乏表中的事例：

①（对照前表第一例）月亮、星和彗星的光线在触觉上不觉到热。

②（对照前表第二例）在所谓空气的中界中，太阳光线并不发出热。

③（对照前表第二例）在接近两极圈的地带，太阳光线的反射很微弱，缺乏生热的效果。

④（对照前表第二例）拿一块与普通取火镜式样正相反的玻璃镜，放在你的手和太阳光线之间，看它是否减少太阳的热，正如取火镜增加和加强太阳的热一样。

⑤（对照前表第四例）有某种闪光，发光但不燎烧。它们来时，没有雷声相随。

（3）程度表（比较表）

培根说："我们还必须把探究中的性质所表现为或多或少程度不同的一些事例列示在理解力之前，这就必须把这个性质在同一东西中的增减或在不同东西中的多少加以一番比较。因为既然说一个事物的形式就是这事物自身，既然说事物之别于形式不外为

---

① 培根：《新工具》，许宝骙译，商务印书馆1984年版，第109页。译者将"形式"译为"法式"。

② 同上书，第121页。

表现之别于实在，外表之别于内里，也不外为就人来说的东西之别于就宇宙来说的东西，那么，接下来就必然要说，一个性质若非永远随着讨论中的性质之增减而增减，就不能把它当作一个真正的形式。因此，我把这个表叫作各种程度表，或叫作比较表。"① 他列举了热出现的程度不同的例证41种，下面举几例：

"动物在运动，体操，饮酒，断食，性爱，发高烧和疼痛时，热都会增加起来。"

"动物在患间歇性的热症时，开头是一阵发冷和发抖，但随后就变成极热；若在发高烧的和疠疫性的热症，则这种高热的情况是开头就来的。"

"太阳愈近于地平垂直线即愈行近中天时，所给的热就愈大。其他行星，依其热的比例，或许也是这样。"

"太阳和其他行星当其在近地点时，由于距地球较近之故，比它们在远地点时所给的热要多一些。"

"靠近于一个热的物体，这也能够增热，其程度与靠近的程度成正比。这在光也有同样的情形：一个东西摆得离光愈近，就愈清楚可见。"②

培根认为他的三表仍然是为"真正的归纳法"做准备，他说："上面那三个表的工作和任务，我说是对理解力列示事例。这项列示事例的工作一经做过，就必须使归纳法自身动作起来了。"③

3. 排除法

就发现形式来说，三表法是不够的，必须在三表法的基础上，排除那些非本质的性质。培根说："对于发现和论证科学方术真能得用的归纳法，必须以正当的排拒法和排除法来分析自然，有了

---

① 《新工具》，第133页。
② 同上书，第2页。
③ 同上书，第144页。

足够数量的反面事例，然后再得出根据正面事例的结论。"① 他认为，排除法与简单枚举归纳法大不一样。简单枚举归纳法是幼稚的，其结论是不稳定的，大有从相反事例遭到攻击的危险；其论断一般是建立在为数过少的事实上面，而且是建立在仅仅近在手边的事实上面。可是，排除法"服役于心和理性"。他说："因此我们必须对性质作一个完全的了解和分剖，可不是用火来做，而是用心来做，心正可说是一种神圣的火。"② 排除法所要排除的是哪些性质呢？有以下 4 种性质：

①在给定的性质存在的例证中，它不存在；

②在给定的性质不存在的例证中，它却存在；

③在某个事例中，给定的性质减少，而它却增加；

④在某个事例中，给定的性质增加，而它却减少。

培根列举了 14 项排除在热的形式之外的性质，例如：

①由于太阳光线是热的，因而在热这一性质的形式中排除 4 大元素的性质。

②由于一般的火，主要是由于地下的火是热的，因而在热的形式中排除天体的性质。

③由于一切种类的物体（矿物、植物、动物的皮、水、油、空气等）只要一靠近火或其他热的物体就都获得暖热，因而排除物体的特异的或更加精微的组织。

④由于燃着的铁或其他金属传热于其他物体而不损失自身的重量或质体，因而排除其他热物体的质体之传送或混合。

⑤由于沸水和空气以及金属和其他固体皆可受热而不至燃着或烧红，因而排除光和亮。

在排除法中，被排除的性质都不在热的形式之内，因此，人们在对于热有所动作时，可以把它们完全置之不顾。按培根的论

---

① 《新工具》，第 82 页。

② 同上书，第 145 页。

述，排除法（排拒法）是一个完整的方法，一方面排除不在热的形式中的性质，另一方面要根据正面事例得出结论。他把排除法看成真正的归纳法，并说："正是这种归纳法才是我们的主要希望之所寄托。"①

在排除法中，排除的工作只是第一步，下一步就是要得到一个正面形式。培根说："真的，当这项排拒或排除工作恰当地做过之后，在一切轻浮意见都化烟散净之余，到底就将剩下一个坚实的、真确的、界定得当的正面形式。"但是，培根认为要达到正面形式并不是轻而易举的，"行到那里的道路却是纡曲错综的"。培根还说："我们在进行排除的过程中已经为真正的归纳法打下基础，但真正的归纳法不到取得一个正面的东西时是还不算完成的。排除部分本身也绝对不是完全的，它在开头时也根本不可能这样。"② 他接着指出，要在排除工作的基础上，"要更进一步为理解力的使用设计并供给一些更有力的帮助"，"要在准确性质的适当阶段和程度上已经站定脚步而停歇下来的时候（特别是在开始的阶段），还能同时记住当前所有的东西是在很大程度上依赖于尚留在后头的东西的。"③ 这种得到"正面形式"的工作，就是"作一回正面地解释自然的尝试"。培根把这种尝试称为"理解力的放纵"，或"解释的开端"，或"初步的收获"。培根以热的形式的初步收获为例，说明了这个问题。

培根认为，在列示三表和排除工作之后，要达到"形式"必须遵循以下原则：一物的形式要在该物的每一和全部事例当中去寻找，不能有任何矛盾的事例存在，因为"任何一个矛盾的事例都足以推翻一个有关形式的揣测"。

在这样的原则指导下，培根从他所列的热性的全部和每一事

---

① 《新工具》，第 82 页。
② 同上书，第 145—150 页。
③ 同上书，第 82 页。

例得到一个初步的结论："有一个性质为热之所属而成为其特定情节，这就是运动。""热能够在一个物体内部的分子之中引起一种骚动、混乱和猛烈的运动。"[1] 接着，培根对"热是运动"的初步结论又进一步论述了那些给予运动以规限而使运动构成热的形式的真正的属种区别性，他考察了 4 点区别性：热是扩张的运动；热是扩张的、朝向圆周的运动；热的扩张运动并不是整个物体平匀一致，而是只在其一些较小的分子之间进行的；热是由若干诚然微小但非最后最细而是较大到一种程度的分子来进行的。当然，以上的说法有的是错误的，如认为热不是最后最细的分子的运动。但是，培根的探索还是有意义的。培根将以上所得的结果称为"关于热的形式的初步收获"。他在"初步收获"的基础上，对热下了一个定义："热是一种扩张的、受到抑制的、在其斗争中作用于物体的较小分子的运动。"[2] 培根在 1620 年得到这一结论，是值得称道的。恩格斯曾评价说："最初的、素朴的观点，照例要比后来的形而上学的观点正确些。例如，培根（在他之后有波义耳、牛顿和差不多所有的英国人）早就说，热是运动（波义耳甚至说是分子运动）。"[3]

有的学者把排除法和初步收获割裂开来，认为排除法就是排除的工作，将初步收获列为第四步。笔者认为，这是不符合培根的原意的。我们在上面根据培根的原文已经说明，排除法是包括排除和初步收获两项在内的完整的归纳法，这里不赘述。

培根在《新工具》中论述了排除归纳法之后，接着提出了 9 个项目作为掌握真正的和完整的归纳法方面的辅助方法。这 9 项是：①优先权的事例；②归纳法的一些支柱；③归纳法的订正；④论研究随题目的性质而变化；⑤研究对象的先后程序；⑥研究

---

①　《新工具》，第 145 页。

②　同上书，第 150—157 页。

③　《马克思恩格斯全集》第 20 卷，人民出版社 1971 年版，第 623 页。

的界限；⑦实践中的应用；⑧研究的准备；⑨公理的升降阶梯。培根只论述了第一项，其余8项没有论述。所谓优先权的事例，就是一些具有特征的现象，它们具有一种享受着优先权的尊严，有权要求人们在进行物理探讨时首先特别予以注意。"优先权"一词借自古罗马选举法。古罗马人在平民大会的选举中，采用百人团投票法；首先投票的一团由抽签决定，称为享有优先权的团；此团首先投票示范，其他团的投票受这个享有优先权的团的很大影响。在优先权的事例中，培根列举了27种，详加说明，这里我们仅举两例。

第一个事例叫作"单独的事例"。一些东西与另一些东西除共同具有所要查究的性质外即别无共同之点，凡表现这种情形的事例就叫作单独的事例；还有一些东西除不具有所要查究的性质外便与另一些东西在一切方面都很相似，凡表现这种情形的事例也叫作单独的事例。培根所说的这两种"单独的事例"，分别相应于本质和具有表、差异表中的事例。培根把单独的事例作为优先权的事例，其原因是这种事例能把排除法的路程缩短，能加速和加强排除法的过程。

培根所举的在相似性方面的单独事例是：在探究颜色这个性质时，三棱镜和水晶便是单独事例。它们不仅在自身中现出颜色，而且还把颜色映照到墙壁、露珠等上面。另外，花、彩石、金属、木头等也现出颜色。三棱镜和水晶除颜色外，同花、彩石、金属、木头等根本不同。培根得出结论：所谓颜色不外是投在物体上的光的一个变种，在三棱镜和水晶的情况下是出于不同的投射角度，在花、彩石、金属和木头等情况下是出于物体的不同的组织结构。

培根所举的差别性方面的单独事例是：在对颜色的探究中，云母石中清楚的黑白纹理，以及石竹花中的红白斑点，都是除颜色外几乎在一切方面尽相一致的。培根据此得出结论：颜色和一个物体的真正性质并无多少关系，而只是依赖于其分子的机械排列。

在培根所列的 27 项优先权事例中，最著名的一个是"路标的事例"。[①] 培根说这是借用路标置于歧路指示方向的意思，他又称其为"判定性的和裁决性的事例"（判决性事例）。在进行研究某一性质时，由于往往有两个或两个以上的其他性质同时出现，就使得理解力不能确定其中哪一个性质是所研究的性质的原因。路标事例的作用是表明这些性质当中之一与所研究的性质的联系是稳固的和不可分的，而其他性质与所研究性质的联系则是变异的和可分的；这样就认定前一性质为原因，而把后者排除。培根举了很多例子来说明路标事例。这里我们举他的一个例子。假定所要研究的性质为海水的来潮与退潮。它们各是一日两次，每次需 6 小时，随月亮的运动而相应地有一点不同。造成这个运动的原因必定不外两个：或者是由于水的前进和后退，像一盆水摇荡起来时漫到一边就离开另一边那样；或者是把水兜底提起然后重又落下，像沸水的起落那样。首先，假定原因是前者，则势必是海的一边有来潮时其另一边就要同时有退潮。培根用了一个路标事例，否定了这个假定。如果我们确知大西洋上佛罗里达那边和西班牙这边两岸发生来潮时，在南美洲秘鲁那边和中国背面这边也发生来潮，那么，在这一判定性事例的权威之下我们就必须拒绝上述那一假定。这样，所探究的海上来潮与退潮绝不是由前进运动发生的，因为事实上并没有什么海留着余地来容纳退水，容许在那里同时发生退潮。这样，培根用判定性的事例否定了海水的前进运动这一原因。接着，他把后一运动即升降运动作为有待研究的性质来看路标事例：我们看到在退潮中水面比较拱起作圆状，水在海心正升起而从周边也即海岸低降，而在来潮中同一水面则比较平匀，水在恢复其原先的态势。根据这个判定事例的权威，我

[①] 《新工具》，第 36 页。

们必须认定海水的上升是由磁力所引起；反之，如果没有这种情况，就要完全拒绝这一说法。

由上可见，培根的"路标事例"或"判决性的事例"这种辅助方法实质上就是排除法，在所研究现象的几个原因中，排除不相干的"原因"，找出真正的原因。培根之所以强调"路标事例"，是因为"这种事例给人们以很大的光亮，也具有高度的权威，解释自然的行程有时竟就把它结束并告完成"。①

培根的"判决性事例"这一概念对 17 世纪科学思想有很大影响。物理学家胡克（R. Hooke，1635—1703 年）在《显微术》一书中将培根的"判决性事例"改为"判决性实验"，牛顿（I. Newton，1642—1727 年）在对他 1672 年的实验的描述中，在有关日光的分析与合成理论及颜色本质的理论中，十分有效地使用了"判决性实验"这一概念。罗素说："弗兰西斯·培根是近代归纳法的创始人，又是给科学研究程序进行逻辑组织化的先驱，所以，尽管他的哲学有许多地方欠圆满，他仍占有永久不倒的重要地位。"② 罗素的这一评价是十分公允的。培根的归纳法奠定了古典归纳逻辑的基础，在培根之后对古典归纳逻辑的发展做出最大贡献的学者是密尔（J. S. Mill，1806—1873 年；又译"穆勒"）。

（三）密尔的求因果联系的方法

在培根之后、密尔之前，我们要简略地提一提其他两位学者对归纳法的贡献。一位是英国天文学家约翰·赫舍尔（John Herschel，1792—1871 年），他是天王星的发现者威廉·赫舍尔之子。约翰·赫舍尔于 1830 年出版《自然哲学论》，大力宣传培根的归纳法，对培根的《新工具》中的方法做了科学的解释，并且从自然科学中举了许多例子以证明培根归纳法的正确性。赫舍尔非常

① 《新工具》，第 198 页。
② 罗素：《西方哲学史》（下），商务印书馆 1976 年版，第 61 页。

重视实验方法，他吸取了培根方法的成果，提出了求因果联系以取得归纳结论的 9 条规则，其中的 4 条（一致法、差异法、剩余法和共变法）后来演变成为密尔的归纳方法。因此，我们应当说，赫舍尔是密尔的直接先驱者。

我们还应当提到另一位学者——英国科学史著作家威廉·休厄尔（William Whewell，1794—1866 年）。他于 1837 年出版了 3 卷本著作《归纳科学史》，1840 年出版《归纳科学的哲学》。他对培根做了很高的评价，认为培根"宣告了一种新方法，这种新方法不仅仅是对特别流行的谬误的一个修正；因此，他把这个反叛转变成了一个革命，并且确立起一个新的哲学时代"。休厄尔说："在科学的大部分真正的开拓者中，一场革命不只是即将到来的，而是果真已经发生了的。现在需要的是，应当正式地承认这场革命；——新的智能应被赋予各种形式的政体；——应当把新的哲学的共和国认作一个与亚里士多德和柏拉图的古代王朝同类的国家。从经验哲学方面说，需要某个伟大的理论改革家；向世界提出一个它的权利的宣言和它的法律大纲。因此，我们的视线转向弗兰西斯·培根以及像他一样尝试这个伟大使命的其他人。"[1]

休厄尔对归纳法十分重视，他提出了自己的一些方法和理论。他指出，单凭经验可以证明一般性（generality），但不能证明普遍性（universality），但如果再加上运用必然的真理，如算术原则、几何公理及几何演绎，则普遍性也可求得。他认为，归纳的成功，在于出发时须有正确的观念。休厄尔提出了两种归纳：第一种是强调假说—演绎法能够给假说提供证明；第二种是提出检验假说的经验和理论的标准，强调协调性和简单性是接受假说的两个最重要的标准。

---

[1]　转引自科恩《科学中的革命》，商务印书馆 1998 年版，第 655—657 页。

密尔的归纳方法继承并发展了培根、赫舍尔和休厄尔的归纳方法，特别是赫舍尔的 4 种方法，提出了著名的"实验四法"。[①]他的代表作是 1843 年出版的《逻辑体系》。密尔在《逻辑体系》中明确地说，他的归纳方法是求现象之间的因果联系。因此，他首先提出了一条"普遍因果原则"，即任何现象必有产生它的原因，也必有产生它的结果；现象相承，原因在先，结果在后。在此普遍原则下，他提出了以下五种方法：

1. 契合法

如果在被研究现象出现的两个或两个以上的场合，其中仅有一个共同的情况，那么这个共同情况就是被研究现象的原因（或结果）。

密尔在阐述契合法的规定时，已经列出了推理的模式：

A，B，C ＿＿＿＿＿ a，b，c
A，D，E ＿＿＿＿＿ a，d，e
所以，A 和 a 有因果联系。

密尔对由原因求结果的论证如下：我们杂 A 于 B、C 进行试验，得结果 a，b，c；又杂 A 于 D、E 进行试验，得结果 a，d，e。由此可得：b 和 c 不是 A 的结果，因在第二试验中，A 存在，b 和 c 却不见了；d 和 e 也不是 A 的结果，因第一试验无 d 和 e。如果 A 有结果，一定出现在两个试验中，而在两个试验中都出现的只是 a。已知 a 不是 B 和 C 的结果，因无 B 和 C 而出现 a；a 也不是 D 和 E 的结果，因无 D 和 E 而 a 出现。因此，a 的原因一定是 A。密尔举的例子是由碱和脂肪在各种不同场合合成都成肥皂。这就是用契合法见因知果。

密尔对由结果求原因的论证如下：设 a 为所见之现象，以此为果，欲求其因。在此情况下只能观察，无从试验。a 出现在两种

---

① *A System of Logic*, Ⅲ. ⅷ. 1—7. 密尔只说"四法"，其中也包括"并用法"，应为"五法"。

场合：abc 和 ade，其前面的现象为 ABC 和 ADE。由于第二场合有 a 无 BC，因而 BC 不是 a 的原因；由于第一场合有 a 无 DE，因而 DE 不是 a 的原因。由此可得结论：ABCDE 五种先行情况之中只有 A 能为 a 的原因。

2. 差异法

如果被研究的现象在第一场合出现，但在第二场合不出现，这两个场合之间只有一个情况不同，而这一情况仅在第一场合出现，此外的每个情况是共同的，那么，这两个场合不同的唯一情况就是被研究的现象的结果或原因，或原因的一个必要部分。其模式如下：

A，B，C _____a，b，c
B，C _____无（a）b，c
所以，A 和 a 有因果联系。

密尔以某人服毒为例说明差异法。服毒之前与服毒之后是两个场合，唯一不同的情况是服毒后生命死亡了。可见，死亡是服毒所致。

3. 契合差异并用法（间接差异法）

如果被研究的现象出现的两个或两个以上的场合，只有一个共同的情况，而在这个现象不出现的两个或两个以上的场合除没有那个情况外并无任何共同之处，那么，这个唯一的使两组场合有差异的情况就是该现象的结果或原因，或原因的一个必要部分。

根据密尔的论述，并用法的模式如下：

正面场合 $\begin{cases} A，B，C _____a，b，c \\ A，D，E _____a，d，e \\ A，F，G _____a，f，g \end{cases}$

反面场合 $\begin{cases} B，M，N _____（无 a）b，m，n \\ D，Q，P _____（无 a）d，q，p \\ F，Q，R _____（无 a）f，q，r \end{cases}$

所以，A 和 a 之间有因果联系。

密尔举的例子是关于光线的双折射现象。光线通过冰晶石，一条入射光产生了两条折射光。考察发生双折射现象的物体，可以发现有一共同情况即结晶一事。结合反面场合，可得一初步结论：结晶与双折射现象有因果联系。

4. 剩余法

从任何现象减去那种由于以前的归纳而得知为某些先行条件的结果的部分，于是，现象的剩余部分就是其余先行条件的结果。

模式是：

A，B，C＿＿＿a，b，c

B＿＿＿＿b

C＿＿＿＿c

所以，剩余部分 a 的原因是 A。

密尔认为，剩余法是差异法的变种。他的理由是，上述剩余法的模式可以变形为：

A，B，C＿＿＿＿＿ a，b，c

B，C＿＿＿＿＿ （无 a）b，c

因此，可用差异法的模式得到结论：A 是 a 的原因。

5. 共变法

凡是每当另一现象以某种特殊方法发生变化时，以任一方式发生变化的现象，就是另一现象的一个原因或结果，或者是由于某种因果事实而与之相关。

密尔认为，要确定何者为因，何者为果，往往要进行实验。例如，对物体加热，则其体积膨胀，可是体积膨胀，并不能增热。由此可知，加热是因，膨胀是果，两现象之间不容倒置。

按密尔的论述，共变法的模式是（A_1，A_2，A_3 是 A 的几种状态，a_1，a_2，a_3 是 a 的几种状态）：

A_1，B，C＿＿＿＿＿＿a_1，b，c

A_2，B，C _____ a_2，b，c
A_3，B，C _____ a_3，b，c
……

所以，A 和 a 有因果联系。

密尔在论述了以上五法之后，专门以一章的篇幅列举了很多科学实例，说明五法的应用。

综上所述，密尔的求因果联系的五法是自培根以来归纳法发展的总结。密尔的五法在实质上就是排除法，即排除因果上不相干的联系，得到相干的因果联系。契合法是培根的本质和具有表方法、相似性的单独事例的发展，差异法是差异表方法、差异性的单独事例和判决性事例的发展，共变法是程度表方法的发展。此外，约翰·赫舍尔在密尔之前已经初步表述了契合法、差异法、共变法和剩余法，为密尔的五法奠定了基础。密尔的历史功绩在于，将培根和赫舍尔的方法融会贯通，做了科学的综合，并进行了严格的表述，特别是用符号语言列出了五法的模式，使原来的归纳方法具有初步的归纳推理的形式。因此，我们说，密尔是古典归纳逻辑的奠基人。

数理逻辑史论

公理学的历程*

　　所谓公理学是指关于公理方法或公理系统的理论。实质公理学也称具体公理学，它所研究的对象、性质和关系（简称"对象域"或"论域"）先于公理而具体给定，并且是唯一的，然后引入初始概念以表示该对象域中的东西，建立公理以刻画这些东西的根本特点，用演绎推理来证明这个对象域中的真理。这种公理学是对经验知识的系统化整理，公理是从已知的事实中选出的少数基本原理，一般是自明的。欧几里得几何和牛顿力学都是实质公理学。与实质公理学不同，形式公理学（或称抽象公理学）不预先给定任何对象域，不和任何实际的知识相结合；初始概念在引入公理之前是不加定义的，公理可以看成初始概念的定义（称为"隐定义"）；它不涉及任何意义而展开形式的推演；对初始概念经过不同的解释，一个公理系统可以有许多对象域（模型）。例如，命题演算系统就是形式系统，它的对象域在一种解释下是命题，在另一种解释下是电路上的接点。

　　从公元前3世纪欧几里得的《几何原本》到1899年希尔伯特的《几何基础》，经历了大约两千三百年。这是一个从实质公理学发展成为形式公理学的过程。这一过程由以下三个阶段组成。

---

* 选自专著《数理逻辑发展史——从莱布尼茨到哥德尔》（社会科学文献出版社1993年版）第13章第1节。

一　第一阶段——实质公理学:《几何原本》

在第一个实质公理系统——欧几里得的《几何原本》之前的一段时期,即从公元前 600 年直到公元前 300 年的希腊古典时期,希腊人在社会实践（例如建筑、土地测量和航海等）的推动下,数学已取得了重要成果。《几何原本》就是这些成果的结晶。下面我们仅以几何学为例说明这一时期的成就。

爱奥尼亚学派的创始人泰勒斯（Thales,约前 640—约前 546 年）曾一度在埃及进行商务活动,据说在埃及学了不少数学知识。相传他曾用一根已知长度的竿子,通过同时测量竿影和金字塔影之长,求出了金字塔的高度,并利用关于相似三角形的这一类知识计算过航船到海岸的距离。

毕达哥拉斯（Pythagoras）曾就学于泰勒斯,其后到埃及和巴比伦游历,在那里学到一些数学知识。他所创立的学派活动于公元前 580 年左右至公元前 400 年左右。这一学派开创了把几何学作为证明的演绎科学来进行研究的方向。毕达哥拉斯学派的学者用归谬法证明了正方形的对角线同它的一边,即 $\sqrt{2}$ 与 1 的不可公度,这个证明和现今对 $\sqrt{2}$ 为无理数的证明相同。他们的最出名的成果是毕达哥拉斯定理本身,这是欧几里得几何的一个关键定理。毕达哥拉斯学派发现了关于三角形、平行线、多边形、圆、球和正多面体的一些定理。特别是他们知道三角形三内角之和是 180 度。关于相似形的一套理论,以及平面可为等边三角形、正方形和正六边形填满这一事实,都属于毕达哥拉斯学派的研究成果。

著名的原子论哲学家德谟克利特（Democritus,约前 460—前 370 年）,考察了许多数学问题。他写出了关于几何、数、连续的直线和立体的书。他的几何著作很可能是《几何原本》问世以前的重要著作。他发现了圆锥和棱锥的体积等于同底同高的圆柱和棱柱体积的 1/3，后来这一发现成为阿基米得（Archimedes，前287—前212 年）拟定无穷小方法的出发点。

在古典时期，有好些数学结果是为解决 3 个著名的作图问题而得出的副产品。这 3 个作图题是：作一正方形使其与给定的圆等面积；给定立方体的一边，求作另一立方体之边，使后者体积两倍于前者体积；以及用尺规三等分任意角。智者派的希比阿（Hippias，生于前 460 年左右）借助于一种特殊的超越曲线（割圆曲线）找到了求解三等分角的问题，只是这种曲线本身也不能用尺规作出。据注释家普罗克洛（Proclus，5 世纪）说，第一个编写《几何原本》的是公元前 5 世纪的开奥斯人希波克拉底（Hippocrates of Chios），这个本子现已失传。希波克拉底在研究圆求方问题时发现，一个以曲线弧为边的月牙形面积等于一个直边图形的面积；或者说把曲边图形化成了直边图形。希波克拉底还搞出了另外 3 个月牙形的等积直边形。他还指出倍立方问题可化为在一线段与另一双倍长的线段之间求两个比例中项的问题。智者派学者安蒂丰（Antiphon，前 5 世纪）在解决化圆为方问题时想起用边数不断增加的内接多边形来接近圆面积。另一个智者派学者布里逊（Bryson，约前 450 年）又用外切多边形来丰富这一思想。

著名哲学家柏拉图（Plato，前 427—前 347 年）于公元前 387年左右在雅典成立学园，它在好多方面像现代的大学。在柏拉图学园中，数学这门学科占有重要地位。柏拉图学派把数学当作进入哲学的阶梯，非常重视演绎证明。

柏拉图学派研究了棱柱、棱锥、圆柱和圆锥；并且他们知道正多面体最多只有 5 种。他们最重要的发现是圆锥曲线。此外，他们还对不可公度量进行了研究，指出怎样用希比阿的割圆曲线化圆为方。

古典时期最大的数学家欧多克斯（Eudoxus，约前 408—前

355 年），曾加入过柏拉图学派。他在数学上的第一个大贡献是关于比例的新理论，他在处理不可公度比时，建立了以公理为依据的演绎法。他首先应用了穷竭法，这是确定曲边形面积和曲面体体积的有力方法，是微积分的第一步。欧多克斯用这种方法证明了两个圆面积之比等于其半径平方之比，两球体积之比等于其半径立方之比，棱锥体积是同底同高棱柱体积的 1/3，以及圆锥体积是其相应的圆柱体积的 1/3。

古典时期的最后一位数学家奥托尼克（Autolycus，生活于前 310 年前后），在《论运动的球》一书中研究了球面几何。这本书的形式很有意义，图上的点是用字母来代表的，命题是按逻辑次序排列的，每个命题先作一般性的陈述，然后再重复，但重复陈述时明确参照附图，到最后给出证明。

在希腊几何学发展的同时，希腊哲学家们为了辩论的实际需要，发展了论辩术。据记载，埃利亚学派的芝诺（Zeno of Elea，前 5 世纪）是论辩术的发明者，他使用了归谬法，通过假定存在多推出荒谬结论来为巴门尼德的一元论做辩护。苏格拉底（Socrates，前 469—前 399 年）的问答法也使用了类似芝诺的方法，所不同的是，苏格拉底从假设出发所推出的结论并不一定是自相矛盾的，有时可以单纯是假的。柏拉图的《对话录》详细论述了论辩的方法，诸如归谬法、包含有反驳的论证方法、寻找定义的方法，等等。他在对话的过程中阐明了许多逻辑原理，如矛盾律等。

伟大的学者亚里士多德在《分析篇》中总结、概括了几何学与逻辑学的丰富资料，在历史上第一次对公理方法作了论述。《前分析篇》的核心是论述如何进行演绎证明的问题。亚里士多德在这里系统地研究了三段论，研究了通过这种推理形式从前提推出结论的逻辑规则，把整个三段论体系构成为一个自然演绎系统。这是公理方法的一种应用，自然演绎系统的初始规则相当于公理。《后分析篇》主要研究了科学逻辑，特别是公理方法。他首先从科学的性质来讨论科学的前提所必须满足的条件。他认为，研究者需要先有知识，"所需的在先的知识有两种。在某些情况下必须假定对事实的承认，在其他情况下要了解所用名词的意义，而且有时两种假定都是必要的"（71a10－15）①。第一种知识，例如，我们假定每一谓词，或者能真实地肯定于任何主体，或者能真实地否定于任何主体；第二种知识，如"三角形"，我们要知道它的意义。另有一些知识，如"单位"，我们必须做出这个词的意义以及事物存在的假定。亚里士多德认为，证明是能产生科学知识的三段论。证明的前提必须满足以下条件：（1）真实的；（2）初始的；（3）直接的，比结论被知道得更清楚、先于结论而存在；（4）结论的原因。假如我们不具有初始的、直接的和无法证明的命题，那么证明就是无法实现的，就会出现无穷倒退和循环论证。在亚里士多德时代，有两派人。一派人主张，由于必须知道初始的前提，就不可能有科学知识；另一派人以为有科学知识，但认为一切真理都是可论证的。亚里士多德指出："这两种学说，都既不是真实的，也不是从前提得来的必然的演绎。第一个学派，它假定除证明外没有任何其他认识方法，认为要涉及无穷倒退。理由是：如果在先有知识之后不存在初始前提，我们便不能通过在先的去知道在后的（在这方面他们是对的，因为人们不能通过一个无限系列）；另一方面，他们说，如果那个系列终止，而且有初始前提，它们由于不可论证而是不可知的。据他们认为，这就是知识的仅有形式。由于人们不可能知道初始前提，关于从它们推得的结论的知识就不可能是纯粹的科学知识，也完全不是恰当地得知的，而是仅仅建立在前提为真实这样的假定上面。另一派同意他们关于知识的观点，认为只有靠证明才可能得到知识，主张一切真理都要经过证明，认为这没有任何困难，根据是证明可以

①　这是亚里士多德《工具论》的希腊标准页码，引文见 *The Works of Aristotle translated into English* under the Editorship of W. D. Ross, Vol. 1, Oxford, 1955。

是循环的和相互交替的。"（72b5 - 20）

亚里士多德在指出这两派的错误后说："我们自己的学说是，并非一切知识都是证明的知识；相反，直接前提的知识是独立于证明的，这一点的必然性是明显的，因为由于我们必须知道证明所由推定的先有前提，又由于倒退必须终止于直接的前提，那些真理是不能证明的。这就是我们的学说。另外，我们还主张，除科学知识外，还有它的使我们能识别定义的创造性的根源。"（72b20 - 25）

亚里士多德认为，满足以上条件的科学的出发点就是初始前提，也就是基本真理。证明中的基本真理就是直接的命题。它们有以下几种：

1. 公理。这是认识任何事物必须首先知道的命题，是无法证明的、具有普遍性的命题，是"证明的初始前提"（76b10 - 15）。"公理是学生要学习到任何知识必须知道的基本真理。"（72a15 - 20）亚里士多德举出了排中律、"等量减等量其差相等"等原理。

2. 论题。这也是直接的基本真理，但不是每个研究者事先必须知道的命题。"我把三段论的某一基本真理叫做论题，虽然它不受教师的证明的影响，但是在学生方面，对它的无知并不构成前进的全部障碍。"（72a15 - 20）

论题又分为：

（1）假设，断定某一主体存在或不存在；

（2）定义，不断定某一主体存在或不存在，它是对某事物的规定。例如，数学家规定在数量方面不可分的东西是单位。定义与假设不同，定义一个单位不等于肯定它的存在。

亚里士多德的定义理论有一个发展过程，最先在《论辩篇》第1卷的四谓词理论中提出了定义理论，并在第6卷中作了详细讨论。他所说的"定义"实际上是指"定义项"："定义乃是揭示事物本质的短语。"（101b35）怎样才能揭示事物的本质呢？他采取了"属加种差"的定义方法。他说："必须把被定义者置于属中，然后再加上种差；因为在定义的若干构成要素中，属最被认为是揭示被定义者本质的。"（139a28）属是比种要大的类，对于一个种来说，它的属有邻近的，也有更高层次的，称某物为植物并没有说明它就是树，因此亚里士多德提出用划分方法找出最邻近的属，他认为划分是避免遗漏任何本质因素的唯一方法。

3. 除公理、论题（假设和定义）外，还有"公设"。公设是与学者意见相反的，不是普遍接受的，是可以证明的，但不加证明地被假定和使用的命题（76b32 – 34）。

在这些出发命题的基础上，就可以进行定理的推演了。亚里士多德所阐明的证明原理奠定了公理方法的基础。

欧几里得继承了希腊古典时期丰富的数学遗产和亚里士多德的公理方法理论，在数学发展史上写出了流芳百世的《几何原本》。

《几何原本》中材料的主要来源一般都能查到。欧几里得曾在柏拉图学园学习，他的大部分材料无疑得自柏拉图学派。据注释家普罗克洛说，欧几里得把欧多克斯的许多定理收入《几何原本》中，完善了柏拉图派学者关于正多面体最多只有 5 种的定理，并对前人只有不严格证明的结果做出无懈可击的论证。欧几里得所陈述的证明形式，在上述奥托尼克的《论运动的球》一书里已可看出。欧几里得采用了亚里士多德把公理和公设区别开来的说法，采纳了亚里士多德的一些定义、公理和定理，等等。尽管欧几里得从前人书里采用了许多材料，但他不失为大数学家，从《几何原本》的逻辑次序来看，对公理的选择，把定理排列起来以及一些定理的证明，都是欧几里得做出的，著名的平行公设也是他提出的。总之，《几何原本》一书把亚里士多德初步总结出来的公理方法应用于数学，特别是几何学，整理、总结和发展了希腊古典时期的大量数学知识，在数学发展史上树立了一座不朽的丰碑。

这本书标志着公理学的产生，是实质公理学的典范。

《几何原本》共 13 卷，内容包括直边形和圆的性质、比例论、相似形、数论、不可公度量的分类、立体几何和穷竭法等。以下是《几何原本》的定义和公理。[①]

第 1 卷开始就列出了书中第 1 部分所用概念的 23 个定义，其中最重要的有：

（1）点是没有部分的那种东西。

（2）线是没有宽度的长度。

线这个字指曲线。

（3）一线的两端是点。

这定义明确指出一线或一曲线总是有限长度的。《几何原本》里没有伸展到无穷远的一根曲线。

（4）直线是同其中各点看齐的线。

与定义 3 的精神一致，欧几里得的直线是我们所说的线段。

（5）面是只有长度和宽度的那种东西。

（6）面的边缘是线。

所以面也是有界的图形。

（7）平面是与其上直线看齐的那种面。

（15）圆是包含在一（曲）线里的那种平面图形，使其从其内某一点连到该线的所有直线都彼此相等。

（16）于是那个点便叫圆的中心（简称圆心）。

（17）圆的一直径是通过圆心且两端终于圆周的任一直线，而且这样的直线也把圆平分。

（23）平行直线是这样的一些直线，它们在同一平面内，而且往两个方向无限延长后在两个方向上都不会相交。

公设（只应用于几何）如下：

---

① 参见克莱因《古今数学思想》第一册第四章，上海科学技术出版社 1979 年版。

（1）从任一点到任一点作直线［是可能的］。

（2）把有限直线不断循直线延长［是可能的］。

（3）以任一点为中心和任一距离［为半径］作一圆［是可能的］。

（4）所有直角彼此相等。

（5）（平行公设）若一直线与两直线相交，且若同侧所交两内角之和小于两直角，则两直线无限延长后必相交于该侧的一点。

普通观念（即公理）有：

（1）跟同一件东西相等的一些东西，它们彼此也是相等的。

（2）等量加等量，总量仍相等。

（3）等量减等量，余量仍相等。

（4）彼此重合的东西是相等的。

（5）整体大于部分。

下面我们看《几何原本》中几个定理的推演。

命题 1. 在给定直线上作一等边三角形。

以 A 为中心，以 AB 为半径作圆。以 B 为中心，以 BA 为半径作圆。设 C 是一个交点，△ABC 便是所求的三角形。

命题 4. 若两个三角形的两边和夹角对应相等，它们就全等。

证法是把一个三角形放到另一个三角形上，指明它们必然重合。

命题 47. 直角三角形斜边上的正方形等于两直角边上的两个正方形之和。

这就是毕达哥拉斯定理。证明是用面积来做的。

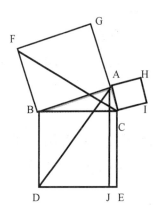

我们可证出 △ABD ≅ △FBC，矩形 BJ = 2△ABD，正方形GB =
2△FBC。于是矩形 BJ = 正方形 GB。同理可证：矩形 CJ = 正方
形 AI。

这个定理还告诉我们怎样作一正方形，使其面积为所给两正
方形面积之和，即求 x 使 $x^2 = a^2 + b^2$。这是几何代数方法的一个
实例。

《几何原本》共推导出 467 个定理，这里不一一赘述。《几何
原本》是一部内容丰富的数学书，千百年来为人们所使用，对人
们掌握数学知识，了解公理方法，起了巨大的作用。但是，《几何
原本》还很不成熟，其中存在许多严重缺点。第一是用了重合法
（这是根据公理 4 的一个方法）来证全等（例如命题 4）。这个方
法有两点值得怀疑：一是用了运动的概念，而这是没有逻辑根据
的；二是默认图形从一处移动到另一处时所有性质保持不变，要
假定移动图形而不致改变其性质，那就要对物理空间假定很多的
条件。《几何原本》的第二个缺点是定义不够恰当。开头关于点、
线、面的定义没有明确的数学含义，其实这些概念应当是不定义
的初始概念。有些定义，例如定义 17 应用了没有加以定义的概念
"圆周"。有些概念的定义含糊不清，如第 5 卷比例论中的一些定
义。第三个缺点是引用了从未提出而且并未发觉的假定。例如，

在命题 1 的证明里假定了两圆有一公共点；每个圆是一个点集，很可能两圆彼此相交而在假定的点或所谓交点（一个或两个）处没有两圆的公共点。第四个缺点是证明不够严格。有些证明搞错了，需要纠正；有些地方需要给出新的证明。有些证明只用特例或所给数据（图形）的特定位置证明一般性的定理，这也需要重新证明。

《几何原本》的缺点集中到一点，就是没有能够区分感性直观与科学抽象，对感性直观过分依赖，因而缺乏数学的严格性。这里，我们可以举一个例子：

[例题] 每一个三角形都是等腰的。

[证明] 设 △ABC 是任一个三角形。作角 BAC 的平分角线，并作 BC 边的垂直平分线。如果这两条线平行，则角 BAC 的平分角线垂直于 BC，因此这个三角形是等腰三角形。

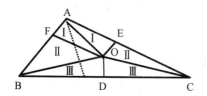

如果这两条线不平行，交于 O 点，则由 O 分别作 AB 和 AC 的垂线，垂足分别为 F 和 E。由此可得：标号为 I 的两个三角形全等，OF = OE；标号为 Ⅲ 的两个三角形全等，OB = OC。因此，标号为 Ⅱ 的两个三角形全等，FB = EC。又标号为 I 的两个三角形全等，可得 AF = AE。故 AB = AC，即 △ABC 是等腰三角形。

根据《几何原本》，是不能发现这个证明的错误的。它的错误在哪里呢？这只有经过一番仔细的、严密的逻辑分析才能发现。问题产生于 O 点的位置一般说来总是在 △ABC 的外面而不是它的里面。由此就揭露出《几何原本》对顺序关系的处理是不严格的，它没有严格的顺序公理，没有严格规定"…在…中间"这个概念。顺序公理的提出是经过许多数学家努力的结果，特别是希尔伯特

1899 年的《几何基础》加以概括和总结的一个成果。

在实质公理学向形式公理学的发展过程中，有一个过渡阶段，下面我们就来考察这一阶段。

二　第二阶段——从实质公理学向形式公理学的过渡（概括公理学）：非欧几何和射影几何

如果把欧氏几何中的其他公设和公理保持不变，只把第五公设（平行公设）改换为与其相反对的公设，那么所得到的几何系统就称为非欧几何。

非欧几何的建立经过了一个曲折而漫长的过程，它产生于对平行公设的研究。在《几何原本》中，平行公设缺乏像其他公理和公设那样的说服力，并不自明。它要求直线无限延长因而引起了人们的怀疑：第一，一条直线是否能无限延长？第二，如果两条直线无限延长，可否既不平行又不相交，而是无穷地接近？因此，平行公设是否正确地反映了空间形式的性质，这是需要进一步研究的课题。

从希腊时代到 18 世纪有两种研究途径。一种是用更为自明的命题来代替平行公设。有些数学家提出了一些公理，在直观上似乎比平行公设更为自明。但是，通过进一步的检查可以看出，这些代替的公理并不真正令人满意。有些人作的论断，是关于发生在空间无限远之外的事。例如，要求作一圆通过不在一直线上的三点，当这三个点趋于共线时圆愈来愈大。另一方面，那些并不直接包含"无限远"的代替公理（例如，存在两个相似而不相等的三角形这样的公理），看来是更复杂的假设，并不比欧几里得的平行公设更好。

解决平行公设的第二种办法是，试图从欧几里得的其他公理和公设推导出平行公设来，如果能做到这一点，那么平行公设就将成为定理，它也就无可怀疑了。推导可用直接证法或间接证法。有的数学家曾试过直接证明，当然没有成功。间接证法是从平行公设相反对的假设出发，如果这些假设都导致矛盾，即根据归谬法这些假设都不能成立，那么平行公设就是唯一可以接受的了。

1733 年，意大利数学家萨克里（Saccheri，1667—1733 年）出版了《欧几里得无懈可击》一书。萨克里在书中讨论了 3 种假设，试图证出平行公设。为了证明的方便，他考虑的不是欧几里得对平行公设的陈述，而是它的等价形式。他从一个四边形开始。从直线 BC 的两个端点，在同一侧作两条等长的垂直线 AB 和 CD，连接 AD，结果得到四边形 ABCD：

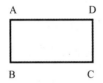

其中角 B 和角 C 必定相等。可以证明，平行公设等价于"角 B 和角 C 是直角"，这又等价于"平面上通过不在已知直线上的一点，只能有一条直线与已知直线平行"。萨克里考虑了其他两个可能的与平行公设相反对的假设：（1）角 B 和角 C 都是锐角，这等价于"通过已知直线外一点，不只有一条直线与已知直线平行"；（2）角 B 和角 C 都是钝角，这等价于"通过直线外一点，不存在与已知直线平行的直线"。这两个假设分别相应于后来的双曲线式非欧几何（罗巴切夫斯基几何）和椭圆式非欧几何（黎曼几何）。① 萨克里在研究的过程中实际上已证明了这两种几何的特有的定理。例如，他根据锐角假设，证明了三角形三内角之和小于二直角，根据钝角假设，证明了三角形三内角之和大于二直角。

---

① 双曲线有两个无穷远点，椭圆没有无穷远点。罗氏几何的直线有两个无穷远点，黎氏几何的直线没有无穷远点，此种情形恰与双曲线、椭圆相似。

但是，萨克里在证明钝角假设和锐角假设不能成立时，所用的推理是有漏洞的，因此他的证明计划也归于失败。萨克里的工作实际上告诉了我们：平行公设是不可证的，他已实际上引出了两种非欧几何的平行公理和一些定理，这就说明欧氏几何不是唯一的几何，非欧几何是可能的。

萨克里的著作引起了德国著名数学家高斯（Gauss）的注意，他在 1820 年左右已经得到许多非欧几何的定理；他相信非欧几何不矛盾并且可以有应用；现在所用的非欧几何这个名称就是他定的；但他生前没有发展这方面的工作。第一次公开发表的非欧几何的文献是 19 世纪 20 年代俄国数学家罗巴切夫斯基（Lobachevsky，1793—1856 年）的论文，其后匈牙利数学家波里埃（Bolyai，1802—1860 年）于 1832 年发表了他的关于非欧几何的见解。高斯、罗巴切夫斯基和波里埃所研究的是锐角假设的双曲线式几何，因罗巴切夫斯基的著作发表最早，因此这种几何现在通称为罗氏几何。

罗巴切夫斯基是喀山大学数学和物理学教授。他研究平行线是从 1815 年开始的，从 1823 年以后就研究他的新几何学了。1826 年，他在喀山大学数理学会发表演讲，题为"几何学原理大纲"；这个大纲提出了一种新几何学，他称之为"虚几何学"。他在演讲中说，虚几何学要比欧氏几何来得广博，其主要原理是：通过已知直线外一点可作两条直线与已知直线平行；三角形内角之和小于两直角。1829—1830 年，罗巴切夫斯基发表了论文《几何原理》，对以前的大纲作了增补。

到了 1854 年，德国数学家黎曼（Riemann，1826—1866 年）提出了另一种非欧几何，即钝角假设的椭圆式几何，其平行公理换为："通过已知直线外一点，不能作一直线与已知直线平行"，即"同在一平面上的两直线，至少有一点是公共的"。同时，在黎曼几何中，对欧氏几何的"直线可以无限延长"的规定改为"直线的长是有限的，但是无止境的"，这就是说，黎曼几何中的直线就好像球面上的大圆一样，它的长是有限的，如果要沿着它向前进，就可向前走而永无止境。

非欧几何建立之后，一个亟待解决的问题是它们的一致性。罗氏几何和黎曼几何中，大量的推演没有产生矛盾，不过要是再继续推演下去，是否仍不发生矛盾呢？

罗巴切夫斯基和波里埃曾经证明双曲线式几何学的平面三角公式，同欧氏几何里虚球面的三角公式是一样的；所以，如果欧氏几何的球面三角公式，无论如何推演，始终是一致的话，那么欧氏几何的虚球面三角公式也应当是一致的，因而双曲线式几何是一致的。他们二人奠定了用模型方法进行相对一致性证明的基础。

意大利数学家贝特拉米（Beltrami，1835—1990 年）在 1868年发现了可以用伪球面作为罗氏几何的平面有限部分的模型，伪球面是欧几里得空间的一个曲面，由一条特殊的曲线绕渐进线旋转而成，在伪球面上的一个图形可以移动并适当弯曲使之与曲面吻合，正如一个平面图形可以弯曲使之与圆柱面吻合一样。贝特拉米的这一成果第一次在欧几里得空间用具体的面来表示非欧几何，证明了：如果欧氏几何是一致的，那么伪球面上的几何就是一致的；如果伪球面上的几何是一致的，那么罗氏平面几何就是一致的；所以，如果欧氏几何是一致的，那么罗氏平面几何就是一致的。这就是说，罗氏平面几何相对于欧氏几何是一致的。贝特拉米于 1868—1869 年又提出用球面作为黎曼的二重椭圆几何（在这种几何中两个点并不总是确定唯一的直线）的模型，球面相当于二重椭圆几何的平面，球面上的大圆相当于二重椭圆几何的直线，两个大圆平面间夹角相当于二重椭圆几何的两条直线间夹角。若在二重椭圆几何内有矛盾，则在球面几何内也必然有矛盾。现因球是欧氏几何的一部分，故若欧氏几何是一致的，则二重椭圆几何也必然如此。德国数学家克莱茵（Klein，1849—1925 年）在 1871 年对黎曼的单重椭圆几何（在这种几何中两个点永远确定唯一的一条直线）给出了一个曲面模型，这是个半球面，包括其边界。贝特拉米和克莱茵还为罗氏几何建立了新的模型，这个模型是不包括圆周的圆内部（称为罗氏平面），圆内部的点、弦、角与其他图形满足罗氏几何的公理，罗氏几何的定理也可应用于圆内部的图形。在这个模型中，罗氏几何的公理和定理实际就是欧氏几何中对于一些特殊图形与概念（例如，由罗氏几何方式定义的距离）的论断。因为所说的这些公理与定理能应用于当作属于欧氏几何的图形与概念，所以所有罗氏几何的论断都是欧氏几何的定理。于是，如果在罗氏几何中有矛盾的话，则这个矛盾将是欧氏几何之内的矛盾；因而如果欧氏几何是无矛盾的（一致的），则罗氏几何也一定是无矛盾的（一致的）。这样，罗氏几何的一致性就归结为欧氏几何的一致性。彭加勒（Poincaré）后来在 1882 年独立地给出另外一个模型，也建立了罗氏几何的相对一致性。

非欧几何的建立在数学发展史上具有划时代的意义，它迫使数学家们从根本上改变对数学的性质的理解，以及数学和物质世界的关系的理解，并引出关于数学基础的许多问题。非欧几何彻底推翻了两千年来流行的一种形而上学观念，即认为欧氏几何是唯一的与必然的。非欧几何的建立标志着人们对空间形式的认识发生了飞跃，从直观的空间上升到抽象的空间，使得人们认识到区分感性直观与科学抽象的重要性，从根本上动摇了认为几何公理凭其表面的自明性而成立的传统观念。虽然从表面上看，非欧几何的平行公理及有关定理是违反人们的直观的，但是数学家们在欧氏几何中找到了非欧几何的模型，这就表明，非欧几何同欧氏几何一样，都是现实的空间形式的科学抽象，只不过它们反映现实空间的不同范围和方面，正因为如此，非欧几何在科学中，例如在爱因斯坦的相对论中，得到了广泛的应用。

非欧几何的建立，使公理方法得到了重大发展，突破了实质公理学的局限性，这表现在以下几方面。

（1）非欧几何诞生的第一步就在于认识到：平行公设不能在其他9条公理和公设的基础上加以证明。这就是说，它是独立的命题，所以可以采用一个与它相反对的公理并发展成为全新的几何。推而广之，在一个公理系统中，我们可以把一个具有独立性的公理换成另外的公理而得到一个新的公理系统。这是现代的一种重要公理方法。

（2）非欧几何的建立深刻地启示人们，可以证明"在一个给定的公理系统中某些命题不可能证明"。哥德尔不完全性定理就是证明"在形式算术系统中某些命题不可能证明"。

（3）用模型方法建立了非欧几何相对于欧氏几何的一致性。

（4）非欧几何已经不是像《几何原本》那样的依赖于感性直观的实质公理系统。非欧几何的建立标志着从实质公理学向形式公理学的过渡，表明人们的认识已从直观空间上升到抽象空间。用模型方法证明非欧几何的相对一致性，破除了"一个公理系统只有一个论域（模型）"的传统观念。从证明非欧几何相对一致性的过程中，我们可以得到这样的启迪：只要容许对一个公理系做不同的解释，找不同的模型，那就实际上把它看成一个不与任何特定对象域相结合的形式公理系统了。为了表明非欧几何在公理学发展中的这种过渡性质，我们把它们叫作概括的公理学。下面讲的射影几何也具有这样的性质。

经过射影而不变的空间性质叫作射影性质，研究射影性质的几何叫作射影几何。经过射影而改变的空间性质叫作度量性质，研究度量性质的几何叫作度量几何。欧氏几何和非欧几何都是度量几何。

17世纪以来，许多数学家对建立和发展射影几何做了许多工作。19世纪50年代至70年代，一些数学家已经在射影性质的基础上来陈述和定义度量性质——角度和长度。这就说明射影性质在逻辑上是更基本的。这里值得一提的是克莱茵的研究工作，他证明了如何能从射影几何导出度量几何来。他的工作表明，欧氏几何和非欧几何可以看成射影几何的特例或子几何。他的工作弄清了射影几何的基本地位，铺平了公理化发展的道路，使得后来的研究能从射影几何出发并由它推出几种度量几何。

　　对射影几何公理化基础的纯逻辑的探讨及对射影几何与子几何关系的研究，后来是由德国数学家帕什（Pasch）进行的。帕什在 1882 年的《新几何讲义》中给出了第一个严格的射影几何系统，而欧氏几何和非欧几何都是特例。他把点、线、面和线段的全等作为不定义概念，这已是形式公理学的做法。他第一次提出了关于"在…之间"关系的一组顺序公理。另外，帕什从理论上提出了形式公理学的思想。他说："如果几何学要成为一门真正演绎的科学，那么必不可少的是：作出推论的方式既要与几何概念的意义无关，又要与图形无关；需要考虑的全部东西只是由命题和定义所断言的几何概念之间的关系。"① 他明确提出，一个公理系统必然要有在本系统里不定义的概念，通过这些概念就可给其他概念下定义；不定义概念的全部特征必须由公理表达出来。这实际上就是说，公理是不定义概念的隐定义。帕什认为，有些公理虽然是由经验所提出来的，但当选出一组公理以后必须不再涉及经验和概念的物理意义而有可能完成证明，公理绝不是自明的真理，而是用以产生任一特殊几何的假定。概念和公理虽然涉及经验，但这一点在逻辑上是不相干的。除了公理之外，如果还有与推导有关的性质，这就等于说，公理还不完全，还没有完全公理化。帕什的这些看法精确地表述了形式公理系统的特征。

　　由上可见，随着两种几何之间关系的深入研究和射影几何公

------

① 转引自克莱因《古今数学思想》（第四册），上海科学技术出版社 1981 年版，第 78 页。

理系统的建立，形式公理学的概念已逐渐成熟，为希尔伯特写出《几何基础》创造了条件。

三　第三阶段——形式公理学：《几何基础》

希尔伯特 1899 年的《几何基础》是形式公理学的奠基著作，它不但给出了欧氏几何的一个形式公理系统，而且具体地解决了公理方法的一些逻辑理论问题。

1898—1899 年冬，希尔伯特在哥廷根大学讲授几何，其讲稿就是后来出版的《几何基础》。他对几何研究的兴趣是受了数学家魏纳（H. Wiener）的影响。1891 年，在希尔伯特还是做讲师的时候，曾在哈勒听过魏纳的一个讲演，内容是关于几何基础与结构的。魏纳提出要建立关于点和线的联结和切割的一种抽象科学，要从包括有这些元素和关系的前提推导出定理。魏纳对几何学性质的抽象观点深深地启发了希尔伯特，他在返回哥尼斯堡的路上，在柏林车站对另外两位数学家说：在一切几何命题中，"我们必定可以用桌子、椅子和啤酒杯来代替点、线、面"①。这句话朴素地表达了希尔伯特的形式公理思想。他采用了帕什关于不定义概念以及这些概念由公理隐定义等思想，认为不需要赋予不定义概念以明确涵义，所谓"用桌子、椅子和啤酒杯来代替点、线、面"也就是这个意思。他认为，如果几何是研究"事物"的，那么公理确实不是自明的真理，而必须看成任意的，尽管事实上它们是由经验所提出的。这就是说，公理应当脱离直观，要从经验进行科学的抽象，公理所表述的关系，对"点、线、面"，或"桌子、椅子和啤酒杯"，都可以成立。

为了揭示几何学的实质，为了使人们理解形式公理学的精神，

---

① 瑞德：《希尔伯特》，袁向东等译，上海科学技术出版社 1982 年版，第 72 页。

希尔伯特的《几何基础》采用了独特的方法——把形式公理学的抽象观点与具体的传统几何语言创造性结合起来的方法。他用旧瓶装新酒，在欧氏几何的框架内，提出了崭新的形式公理学观点。对这种方法，他后来的一位学生说道："只有少数目光敏锐的人在朦胧中探路前进，透过这灰暗的背景，忽然出现一片光明。"对于以《几何原本》为入门书的成名数学家来说，希尔伯特的著作更富有吸引力，"人们仿佛看到了一副非常熟悉但却变得更加崇高的面孔"。①

希尔伯特首先列出不定义概念。它们是点、线、面，在…之上（点和线之间的关系），在…上（点和平面之间的关系），在…之间，点偶的叠合，角的叠合。

公理分为五组。第一组公理包含关于存在的公理。

I. 联结公理

I_1. 给定两点 A 和 B，总有一条线 a 在 A 和 B 之上。

I_2. 给定两点 A 和 B，至多有一条线在 A 和 B 之上。

I_3. 每一条线至少有两个点。至少存在三个点不在一条线上。

I_4. 对不在一条线上的任意三个点 A、B 和 C，有一个平面 α 在这三个点上［包含这三个点］。每一个平面［至少］有一个点。

I_5. 对不在一条线上的任意三个点 A、B 和 C，至多有一个平面包含这三个点。

I_6. 如果一条线上的两个点在平面 α 上，则线上的每一个点在 α 上。

I_7. 如果两个平面 α 和 β 有一个公共点 A，则它们至少还有一个点 B 是公共的。

I_8. 至少有四个点不在同一平面上。

---

① 瑞德：《希尔伯特》，第 77 页。

Ⅱ. 顺序公理

Ⅱ₁. 如果点 B 在点 A 和点 C 之间，则 A，B，C 为一条线上三个不同的点，且 B 也在 C 和 A 之间。

Ⅱ₂. 对任意两点 A 和 C，至少有一个点 B 在 AC 上，使得 C 在 A 和 B 之间。

Ⅱ₃. 一条线上的任意三个点之中至多有一个点在其他两点之间。

公理Ⅱ₂和Ⅱ₃等于说线是无穷长的。

定义。令 A 和 B 是一条线 a 上的两点。点偶 A，B 或 B，A 称为线段 AB。在 A 和 B 之间的点称为线段的点或线段内部的点。A 和 B 称为线段的端点。线 a 上的其他所有点称为线段的外部。

Ⅱ₄. （帕什公理）令 A，B 和 C 是不在一条线上的三点，并令 a 是平面 ABC［由公理 I₄通过 A，B，C 可作一个平面］上的任一线，但不通过 A，B 或 C。如果 a 通过线段 AB 的一个点，它也通过线段 AC 的一个点或线段 BC 的一个点。

第二组公理是《几何原本》所没有的。

Ⅲ. 叠合公理

Ⅲ₁. 如果 A，B 是一条线 a 的两点，A′是 a 或另一条线 a′的点，则在线 a 或 a′上 A′的一侧可找到一个点 B′，使得线段 AB 叠合于 A′B′。记为 AB ≡ A′B′。

Ⅲ₂. 如果 A′B′和 A″B″叠合于 AB，则 A′B′ ≡ A″B″。

这条公理把欧几里得的"与同一件东西相等的一些东西彼此也是相等的"限于线段。

Ⅲ₃. 令 AB 和 BC 是在一条线 a 上的两线段，它们除 B 点外无其他公共点，令 A′B′和 B′C′是在一条线 a′上的两线段，它们除 B′外无其他公共点。如果 AB ≡ A′B′和 BC ≡ B′C′，则 AC ≡ A′C′。

这条公理把欧几里得的"等量加等量，总量仍相等"应用于线段。

Ⅲ₄. 令∠（h，k）为平面α上的一个角，线a′在平面α′内并且给定α′内a′的某一侧。令h′是由O′引的a′的射线。于是在平面α′内有一条并且仅仅有一条射线k′使得∠（h，k）叠合于∠（h′，k′），并且∠（h′，k′）的所有的内部点都在a′的给定一侧。每一角叠合于自身。

Ⅲ₅. 如果对两个三角形 ABC 和 A′B′C′，我们有 AB≡A′B′，AC≡A′C′和∠BAC≡∠B′A′C′，则∠ABC≡∠A′B′C′。

Ⅳ. 平行公理（欧几里得公理）

在一个平面上设a是一条线，A是不在a上的点。于是过A点至多有一条线不与a相交（过A点至少存在一条线不与a相交，这是可以证明的，因此在这条公理中就不需要了）。

Ⅴ. 连续公理

Ⅴ₁. （阿基米德公理）如果 AB 和 CD 是任意两线段，则在线AB 上存在一些点 A_1，A_2，…，A_n，使得线段 AA_1，A_1A_2，A_2A_3，…，$A_{n-1}A_n$叠合于 CD，并使得 B 在 A 和 A_n之间。

Ⅴ₂. （线性完全性公理）一线上的点形成一个点集，满足公理 I_1，I_2，Ⅱ，Ⅲ和V_1，这个点集就不能再扩展为更大的点集继续满足这些公理。

这条线性完全性公理等于说，要求线上的点集和实数有一一对应。

第五组公理也是《几何原本》所没有的。

根据以上的 5 组公理就可严格推演出欧氏几何的一切定理。下面我们看一个关于顺序的定理，这个定理的证明若没有顺序公理是不行的。

例（定理）。假设 A，B，C，D 是直线上任意的四点，于是：（1）若 C 在 A、D 之间，B 在 A、C 之间，则 C 在 B、D 之间，B 在 A、D 之间；（2）若 C 在 B、D 之间，B 在 A、C 之间，则 C 在 A、D 之间。

证明：

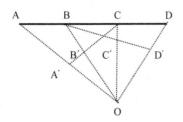

由公理 I_3，在 AD 直线外至少有一点存在，现在命此点为 O，联结 OA，OB，OC，OD。由公理 II_2，在 O、A 之间至少有一点存在，现在命此点为 A′。同理，O、D 之间至少有一点 D′，联结（CA′）和（BD′）[加上圆括号表示线段]。

假设（CA′）通过 A 点，则由公理 I_1 和 I_2，CA′ 与 CA 成为一条直线，而 A′ 在直线 CA 上面。若 A′ 在直线 CA 上面，于是 AA′ 与 CA 也成为一条直线，而 O 点也在直线 CA 上面，但是原设 O 点不在直线 CA 上面，所以 CA′ 不能通过 A 点。同理，CA′ 也不能通过 B 点或 D 点，更不能通过 O 点。再依同样理由，可知（BD′）不能通过 A，C，D 或 O 点。

原设 B 点在 A、C 之间，并由上面证明，（CA′）不能通过 A，B，O 各点，也不能再与（AB）相交；所以，由公理 II_4 可知（CA′）必与（BO）相交，设此交点为 B′。现在把公理 II_4 应用于 O，A，D 三点以及直线 CA′；可知（CA′）已经通过（OA）和（AD），不能再通过（OD）。再把公理 II_4 应用于 O，B，D 三点以及直线 CA′，于是因为 CA′ 不能通过 O，B，D 各点，也不能通过（OD），所以 CA′ 必与（BD）相交于一点 C，即原设的一点 C，所以 C 点在 B、D 之间。

由上面的证明，可知 C 点在 B、D 之间；所以由公理 II_4，B 点不能再在 C、D 之间，即 BD′ 不与（CD）相交。现在把公理 II_4 应用于 O，C，D 三点及直线 BD′；则直线 BD′ 必定通过（OC），设通过（OC）之点为 C'。于是再把公理 II₄ 应用于 O，A，C 三点及直线 BD'，可知 BD' 不通过（OA）；又应用于 O，A，D 三点及直线 BD'，可知（BD'）与（AD）相交，但是（BD'）与（AD）相交只能有一点，所以这个交点就是原设的 B 点，所以 B 点在 A、D 之间。如此，本定理第一部分证毕。同理可证第二部分。

上述定理在原来的欧氏几何中是无法严格证明的。由此也可看出，希尔伯特的几何系统克服了原先欧氏几何的缺陷。

希尔伯特的《几何基础》在严格地构成了欧氏几何的系统之后，立即对系统的性质进行了研究。他首先证明了欧氏几何的相对一致性，使用的是模型方法。第一步取一个数域 Ω，它是由以下的一切代数数组成：这样的代数数是从数 1 开始，有穷多次应用加、减、乘、除 4 种有理数运算和第五种运算 $|\sqrt{1+\omega^2}|$（ω 是用 5 种运算已获得的任一数）所得到的。点是在 Ω 中数的有序对（x，y），线是一组比例 u∶v∶w（其中 u 和 v 不是同时为 0），如果 ux + vy + w = 0 则点在线上，叠合用解析几何中的平移和旋转的表达式加以代数的解释，如此等等。在此基础上，希尔伯特构造了一个模型，使应用于平面几何的除 V_2 外的一切公理皆是真的，同样的方法也可推广到立体几何。在构造了这个模型之后，他又构造了另一个模型，用实数域代替有限制的数域 Ω，这样这个模型同通常的笛卡儿解析几何是一致的。在这个模型中，所有的公理（包括 V_2）都是真的。如果从几何公理可推出矛盾，那么在实数算术中用纯算术推理也要推出矛盾。这就证明了：如果实数算术是一致的，则欧氏几何也是一致的。

从希尔伯特的相对一致性证明中，我们可以清楚地看到，他所构造的欧氏几何系统是一个形式公理系统。初始概念点、线、面、在…上、叠合等是不加定义的，没有被赋予明确涵义，公理是这些初始概念的隐定义，表达了这些初始概念之间的关系结构，正因为如此，这个公理系统才可以有各种不同的模型。因此，希尔伯特的《几何基础》不是把欧氏几何看成仅仅是有关几何题材构成的系统，而是把它看成关于关系结构的条件所构成的系统。关系结构完全是抽象的东西，是形式公理学的直接对象。

希尔伯特在证明了欧氏几何的相对一致性之后，接着证明了公理的独立性。他仍然使用了模型方法。他用克莱茵的一个非欧几何模型证明了平行公理的独立性。在这个模型中，平行公理为假，而其他 4 组公理为真。这就是说，平行公理不能由其他 4 组公理推出，即平行公理是独立的。因为如果平行公理可从其他 4 组公理推出，那么作为欧氏几何一部分的模型就会有矛盾的性质：平行公理是真的，又是假的。其他 4 组公理的独立性证明是通过构造其他的模型。例如，为了证明叠合公理 III_5 的独立性，他修改了立体解析几何的"距离"定义，不用毕达哥拉斯定理所导出的公式，而用以下公式：

$$\sqrt{\left[(x_1-x_2+y_1-y_2)^2+(y_1-y_2)^2+(z_1-z_2)^2\right]}$$

在这样的"几何"（模型）中，III_5 为假，而其余公理皆为真。

综上所说，希尔伯特《几何基础》的出版是公理方法发展史上的里程碑，它吸收了非欧几何和射影几何的优秀成果，扬弃了欧几里得几何的缺陷，在公理学史上发生了一个质的飞跃，产生了全新的形式公理方法。

希尔伯特的著作一经出版，立刻得到国际数学界的注意，引起巨大反响。彭加勒认为这是一部经典著作："当代有些几何学家觉得：在承认以否定平行公设为基础的可能的非欧几何方面，他们已经达到了极限。如果他们读一读希尔伯特教授的这部著作，那么这种错觉就会消除，在这部著作中，他们将会发现：他们作茧自缚的屏障，已经被彻底冲垮了。"一位美国评论家说："希尔伯特著作所涉及的原理，这方面知识的广为传播，对于一切科学的逻辑处理，并且一般地说对于清楚的思维与写作，都将产生更巨大的效果。"根据麦克斯·戴恩（一位听过希尔伯特原讲演的学生）的看法，在希尔伯特这部著作所产生的影响中，最有决定意义的是"那种特殊的希尔伯特精神：把逻辑力量与创造活力结合起来；藐视一切陈规旧俗；用一种几乎是康德哲学的意向将本质的东西转化成它的反题；最充分地运用数学思想的自由等"。①

《几何基础》一书出版之后，形式公理方法得到进一步发展。《几何基础》虽然建立了一个形式公理系统，发展了非欧几何的模型方法，证明了系统的相对一致性和独立性，但是它还不是一个完全形式化的公理系统（形式语言系统或形式系统）：在形式公理系统中，概念没有完全符号化，逻辑概念（例如，联结词"如果…那么"）还有意义；公理和定理还不是符号公式，而具有某种关系结构；从公理到定理的推演，例如上面所举的关于顺序关系的一个定理，还是按照逻辑规则（例如，假言推理规则）进行的逻辑推理，而不是公式的变形。完全形式化的公理系统就是形式语言系统（简称形式系统），在其中，概念都成了符号，命题都成了公式，推演都成了公式的变形，一切意义全都抽象掉了，只有在语义解释以后才能获得意义。

由上所说，形式公理学还需要进一步发展，还需要建立关于形式系统的理论。这一伟大的历史性任务还是由希尔伯特完成的，他奠定了以形式系统为研究对象的元数学或证明论的基础。

---

① 引自瑞德《希尔伯特》，第79—80页。

逻辑演算简史[*]

逻辑演算是数理逻辑的基础，包括命题演算和一阶谓词演算，它们都是形式系统。本文试图简明地勾画逻辑演算的建立和发展历程，分以下几个问题论述。

一　数理逻辑产生的历史背景

17世纪是资产阶级革命的初期，资本主义正处在上升阶段，生产力获得了突飞猛进的发展。当时，工场手工业生产十分发达，行会关系瓦解，地主土地占有制发生危机，商业贸易发展，各国人民之间的经济和文化联系日益密切，这一切使得刚刚由封建社会脱胎而来的资本主义社会迅速发展。马克思在评述英国和法国革命时，特别强调它们对整个欧洲的意义："1648年的革命和1789年的革命，并不是英国的革命和法国的革命；这是欧洲范围的革命。它们不是社会中某一阶级对旧政治制度的胜利；它们宣告了欧洲新社会的政治制度。资产阶级在这两次革命中获得了胜利；然而，当时资产阶级的胜利意味着新社会制度的胜利，资产阶级所有制对封建所有制的胜利，民族对地方主义的胜利，竞争对行会制度的胜利，财产分配制对长子继承制的胜利，土地所有

---

[*]　选自合著《逻辑学思想史》（张家龙主编，湖南教育出版社2004年版）第3编第8章。

者支配土地制对土地所有者隶属于土地制的胜利，教育对迷信的
胜利，家庭对宗教的胜利，进取精神对游侠怠惰的胜利，资产阶
级法权对中世纪特权的胜利。1648 年的革命是 17 世纪对 16 世纪
的革命，1789 年的革命是 18 世纪对 17 世纪的胜利。这两次革命
不仅反映了它们本身发生的地区即英法两国的要求，而且在更大
得多的程度上反映了当时整个世界的要求。"①

　　随着生产力的发展，自然科学得到了长足的进步。由于机器
工业、水利、商业和航海的需要，天文学和力学得到迅速的发展。
在当时的自然科学中，力学占据首位。主要原因有二：一是由于
技术的发展，在手工工场时期因生产的需要而提出了许多力学问
题，主要能源是力（自然力、牲畜和人的体力）；二是由于认识上
的因素，在当时已知的物质运动形式中，机械运动形式是最简单
的一种。力学的发展又与数学密不可分。数学的成就提供了表达
机械运动的形式及其计算的方法，力学的需要又推动了对数学做
进一步的研究。当时科学家们用准确的数学形式确立了地球上物
体和天体的机械运动规律。数学的发展是数理逻辑产生的科学
前提。

　　由于数学方法对认识自然、发展技术方面起了十分重要的作
用，因而当时的一些思想家提出了把数学方法推广到其他科学领
域的设想，试图用数学方法来研究思维，把思维过程转换为数学
的计算。法国哲学家笛卡儿（Descartes，1596—1650 年）认为数
学是最重要的学科。他想把几何学、代数学和逻辑学三门学科的
优点统一于一种方法。为此，就要扩大数学符号的狭窄范围，必
须把那些迄今尚未取得数学名称的学科归入数学。笛卡儿认为，
数学不仅是关于数的科学，而且是一门无所不包的科学，它包括
了一切有次序和度量的东西，包括数目、图形、星体、声音等。

---

① 《马克思恩格斯选集》第 1 卷，人民出版社 1972 年版，第 321 页。

天文学、光学和声学都属于数学范围。数学方法也可应用到哲学中。笛卡儿根据这些想法，提出了建立"普遍数学"的思想。

英国哲学家霍布斯（Hobbes，1588—1679 年）把思维解释为一些特殊的数学推演的总和。他认为，不仅数目可以进行运算，而且线、图形和角也可以作加减运算。逻辑学所研究的就是名词、名称和三段论的运算，推理就是计算。

笛卡儿和霍布斯的这些想法为莱布尼茨创立数理逻辑提供了思想前提。

数理逻辑产生的另一个重要前提是由古典形式逻辑这门学科的性质所决定的。一方面，古典形式逻辑是研究思维的形式及其规律的科学，从亚里士多德至 17 世纪，古典形式逻辑在逻辑形式化方面取得了许多成就。这为用数学方法处理古典形式逻辑创造了前提。另一方面，古典形式逻辑有局限性，这种局限性随着科学的发展日益明显。它没有将亚里士多德逻辑中包含的关系理论发扬光大，把一个简单命题只分析成主词和谓词，这样做的后果就是取消了关系命题和关系推理。例如，北京人口多于天津人口，被分析为：北京人口是多于天津人口的，"北京人口"是主词，"多于天津人口的"是谓词。这种分析方法也取消了对量词的研究。古典形式逻辑虽然按"量"把命题分为全称和特称，但由于把命题限于主谓式，更由于没有引入"个体变元"的概念，因而全称量词"所有"和特称量词"有"的作用受到很大限制，我们可以说，古典形式逻辑几乎没有抓住量词的实质，只能得出量词的一些次要性质。古典形式逻辑不区分单称命题和全称命题，把单称命题当作全称命题来处理。用古典形式逻辑无法表示出科学和日常生活中大量含有量词的词句的形式结构，如"任给一个自然数，都有一个自然数比它大"。古典形式逻辑的主要内容是三段论、假言推理和选言推理等，比较简单，不能适应日益发展的科学的需要。有些逻辑学家对古典形式逻辑做了一些推广工作，例如，琼金·雍吉厄斯的《汉堡逻辑》就提出了关系推理。

综上所说，数理逻辑不是从天上掉下来的，它有深刻的社会历史基础、自然科学基础和逻辑学本身发展的基础。具体地说，资本主义上升时期生产力突飞猛进的发展，自然科学的长足进步，数学方法的广泛应用，古典形式逻辑在逻辑形式化方面的初步成果以及克服其局限性的要求，这些就是数理逻辑在 17 世纪产生的前提。

二　莱布尼茨创建数理逻辑的指导思想

（一）思维演算

莱布尼茨继承了思维可以计算的思想，提出了建立思维演算的设想，他把这种思维演算也称为"通用代数""一般数理""逻辑斯蒂"，或"数理逻辑"。这就是莱布尼茨所要建立的新逻辑。他认为，演算就是用符号作运算，在数量方面、思维方面都起作用。他说："确实存在着某种演算同普遍习惯的演算完全不同，在这里符号不代表量，也不代表数（确定的和不确定的），而完全是其他一些东西，例如点、性质、关系。"① 他指出，在这样的演算中，一切推理的正确性将化归于计算，除了事实的错误之外，所有错误将只由于计算失误而来。莱布尼茨要求演算能使人们的推理不依赖于对推理过程中命题的含义内容的思考，这就是说，要把一般推理的规则改变为演算规则。肖尔兹在评述莱布尼茨的这一设想时深刻地指出："我们必须把这种对演算规则的真正作用的见解，看做是莱布尼茨的最伟大的发现之一，并看做是一般人类精神的最精彩发现之一。"②

莱布尼茨想象到一个新时代即将来临。在这个时期，根据新

---

① 转引自肖尔兹《简明逻辑史》，张家龙译，商务印书馆 1977 年版，第 100 页。
② 同上书，第 51 页。

逻辑，一切问题包括哲学问题将用"思维演算"来解决。他说："我们要造成这样的一个结果，使所有推理的错误都只成为计算的错误，这样，当争论发生的时候，两个哲学家同两个计算家一样，用不着辩论，只要把笔拿在手里，并且在计算器面前坐下，两个人面面相觑地说：让我们来计算一下吧！"①

（二）普遍语言

为了能获得思维演算，就必须用一种人工语言代替自然语言，莱布尼茨把这种人工语言叫作"普遍语言"。这种语言的符号是表意的，是拼音的，每一符号表达一个概念，如同数学的符号一样。他有时说这种普遍语言好像是代数，有时他又说它是中国表意文字系统的改进说法。可见，中国表意文字的特点对莱布尼茨提出"普遍语言"起了重要的推动作用。

莱布尼茨说："关于符号的科学是这样的一种科学，它能这样地形成和排列符号，使得它们能够表达一些思想，或者说使得它们之间具有和这些思想之间的关系相同的关系。一个表达式是一些符号的组合，这些符号能表象被表示的事物。表达式的规律如下：如果被表示的那个事物的观念是由一些事物的一些观念组成的，那么那个事物的表达式也是由这些事物的符号组成的。"②

肖尔兹把莱布尼茨的这段话解释成对普遍语言的 3 条要求：

"1. 在系统的符号（就它们不是空位的符号而言）和所思考（在这个字的最可能广的意义下）的东西之间，必有一种——对应的关系。这就是说，对每一个所思考的东西而言，必有一个而且仅仅有一个符号（即所思考的东西的'映象'）；反之亦然，对每一个符号必有一个而且仅仅有一个所思考的东西，我们把它叫做符号的'意义'。

---

① 《简明逻辑史》，第 54 页。
② 同上书，第 52 页。

"2. 符号必须这样地创造出来：如果所思考的东西可以分解为组成部分，那么这些组成部分的'映象'必须是所思考的东西的映象（就是用系统中的符号构成的）的组成部分。

"3. 附属于这些符号的运算规则的系统必须这样地创造出来，使得无论在何处，如果所思考的东西 T_1 对所思考的东西 T_2 有前件和后件的关系，那么 T_2 的'映象'可以解释为 T_1 的'映象'的后件。"①

从莱布尼茨对普遍语言的这 3 条要求可以看出，他为形式语言的语形学（语法学）开了先河。

莱布尼茨关于建立数理逻辑的两点设想恰恰抓住了数理逻辑的本质，这两点也正是数理逻辑的特点。从现有的资料来看，莱布尼茨关于逻辑的论述足以表明，他是当之无愧的数理逻辑创始人。正如肖尔兹所说："人们提起莱布尼茨的名字就好像是谈到日出一样。他使亚里士多德逻辑开始了'新生'，这种新生的逻辑在今天的最完美的表现就是采用逻辑斯蒂形式的现代精确逻辑……这种新东西是什么呢？它就是把逻辑加以数学化的伟大思想。"②

三　逻辑演算建立前逻辑学和数学的成果

在莱布尼茨提出创建数理逻辑的指导思想之后，直到逻辑演算建立之前，是数理逻辑的初创时期，其主要成果是逻辑代数和关系逻辑。

（一）逻辑代数

布尔认为，逻辑关系与某些数学运算很相似，代数系统可以有不同解释，把解释推广到逻辑领域，就可以构成一种思维演算。

---

① 《简明逻辑史》，第 52 页。
② 同上书，第 48 页。

他在《逻辑的数学分析》的开头写道：

"熟悉符号代数理论现状的人们都知道，分析过程的有效性不依赖于对被使用符号所做的解释，而只依赖于它们的组合规律。对所假定的关系的真假没有影响的每一个解释系统，都是同样可允许的，这样一来，同一个过程在一种解释方式之下可以表示关于数的性质问题的解法，在另一种解释方式之下，表示几何问题的解法，而在第三种解释方式之下，则表示力学或光学问题的解法。……我们可以正当地规定一个真演算的下述确定性质，即它是一种依赖于使用符号的方法，它的组合规律是已知的和一般的，它的结果就是承认一致性的解释。对分析的现有形式规定一种量的解释是那些形式由以被决定的情况造成的结果，而不是分析的普遍条件。就是在这种一般原理的基础上，我的目的是要建立逻辑演算，我要为它在众所公认的数学分析的形式中取得一个位置，而不去考虑它目前在目的和手段方面是否一定是无与伦比的。"[1]

下面根据布尔的《逻辑的数学分析》和《思维规律的研究》来论述布尔代数的主要内容。

1. 逻辑代数的基本原理及类的解释

布尔对他的代数作了 3 种解释，最主要的是类解释。他使用大写字母 X，Y，Z 表示类和类的个别分子，比如说，类 X 的分子是所有 X。小写字母 x，y，z 表示从某个范围选择所有 X、所有 Y、所有 Z 的结果，被称为选择符号，实际上就是类 X，Y 和 Z 的符号。基本运算有：

（1）加，用符号 + 表示。

x + y 的意思是表示一个类，其分子或属于 x 所表示的类或属于 y 所表示的类，但 x 所表示的类和 y 所表示的类是相互排斥的。以下为方便起见，我们将"x 所表示的类"简单说成"x 类"等

---

[1]　G. Boole, *The Mathematical Analysis of Logic*, Oxford, 1951, pp. 3 - 4.

等。"+"相当于无共同部分的并运算和不相容析取。

（2）乘，用符号·表示，也可省去。

xy 的意思是其分子既属于 x 类又属于 y 类的事物类，·相当于交运算和合取。

（3）补，这个运算是相对于全类 1 而言的。

所谓全类就是每一事物都是其分子的类，与其相对的是空类，用 0 表示，即没有事物是其分子的类。x 相对于 1 的补用 1 − x 表示，意为 x 的补就是其分子属于全类但不属于 x 的事物类。布尔利用补运算定义了减法：

x − y = df. x（1 − y）

布尔代数中的基本关系是相等关系，用 = 表示。布尔提出了以下基本原理：

（1）xy = yx，

（2）x + y = y + z，

（3）x（y + z）= xy + xz，

（4）x（y − z）= xy − xz，

（5）如果 x = y，则 xz = yz，

（6）如果 x = y，则 x + z = y + z，

（7）如果 x = y，则 x − z = y − z，

（8）x（1 − x）= 0，

（9）xx = x 或 x^2 = x，一般 x^n = x。

前 7 个公式相似于普通数字代数的规则，公式（8）和公式（9）是逻辑代数特有的。布尔有时从公式（9）x^2 = x（他称之为指数律）推出公式（8）x（1 − x）= 0（矛盾律）：

x^2 = x，

∴ x − x^2 = 0，

∴ x（1 − x）= 0。

以上代数系统是类解释的系统，但这一系统并未假定任何一

个类必须取全类或空类为值，所以它并不是二值系统，但是布尔对这个系统做了二值解释，他加上了一条限制：x，y 等仅取 1 或 0 为值，公式（1）—（9）对这种数字解释成立，也就是说，他增加了一个公式，即：

（10）x = 1 或 x = 0。

这时，他的代数变为二值代数系统，但包括公式（10）的系统不允许作类解释。布尔并没有明确区分这两个系统。

2. 逻辑代数的命题解释和概率解释

逻辑代数是一种可以做各种解释的抽象演算。布尔对逻辑代数除了做类的解释和二值代数的解释外，他还做了命题的和概率的解释。

布尔在《逻辑的数学分析》一书中奠定了命题解释的基础。他认为，仅仅有两种条件三段论。第一种是构造性的：

如果 A 是 B，则 C 是 D。

但 A 是 B，

所以 C 是 D。

第二种是破坏性的：

如果 A 是 B，则 C 是 D，

但 C 不是 D，

所以 A 不是 B。

布尔指出，这些论证的有效性不依赖 A、B、C、D 的解释，它们可以解释成个体或类。他把命题"A 是 B""C 是 D"分别用符号 X 和 Y 来表示，上述的第一个条件三段论可表示成：

如果 X 是真的，则 Y 是真的，

但 X 是真的，

所以 Y 是真的。

因此，我们必须考虑的不是对象和对象类，而是命题的真值。布尔说："我们可在下述意义上使选择符号 x、y、z 适用于表示命题的符号 X、Y、Z。假设的全域 1，将包含一切可想象的情况和情况组合。选择符号 x（属于表示这种情况的任一主词）将选出那些在其中命题 X 是真的，Y 和 Z 同样是真的那些情况。如果我们限于考察一个给定的命题 X，暂且不考虑其他命题，那么就只有两个情况是可想象的，即第一，给定的命题是真的，第二，它是假的。这两个情况结合起来就构成命题的全域，前者由选择符号 x 决定，后者由选择符号 1 - x 决定。但是如果允许考虑其他情况，那么这些情况中的每一个将分解为其他各个范围更小的情况，它们的数目将依赖于所允许的外加考虑的情况之数目。因此，如果我们把命题 X 和 Y 结合起来，那么可想象的情况的总数可从表示在以下的图式中看出来：

情况	选择表达式
①X 真，Y 真	xy
②X 真，Y 假	$x(1-y)$
③X 假，Y 真	$(1-x)y$
④X 假，Y 假	$(1-x)(1-y)$

……我们要注意的是，不管那些情况有多少，表示每个可想象情况的选择表达式的数目将是唯一的。"[1]

如果我们考虑有 3 个成分的命题：X 表示下雨，Y 表示下冰雹，Z 表示结冰，那么可能的真假组合情况以及相应的选择表达式如下：

情况	选择表达式
①下雨，下冰雹，结冰	xyz
②下雨，下冰雹，不结冰	$xy(1-z)$
③下雨，结冰，不下冰雹	$xz(1-y)$
④结冰，下冰雹，不下雨	$zy(1-x)$

[1] *The Mathematical Analysis of Logic*, Oxford, 1951, pp. 49 - 50.

⑤下雨，不下冰雹，不结冰　　　　x（1 - y）（1 - z）

⑥下冰雹，不下雨，不结冰　　　　y（1 - x）（1 - z）

⑦结冰，不下冰雹，不下雨　　　　z（1 - x）（1 - y）

⑧不下雨，不下冰雹，不结冰　　　（1 - x）（1 - y）（1 - z）

在命题解释中，命题 X 和 Y 的合取用 xy 表示，X 和 Y 的不相容析取用 x + y 来表示，x = 1 表示命题 X 是真的，x = 0 表示命题 X 是假的，命题 X 的否定表示为 1 - x。在命题解释中，没有蕴涵符号，这可以用 x（1 - y）= 0 表示。由上可见，布尔的命题解释满足原理 x = 1 或 x = 0。

布尔除了对逻辑代数作了第二种解释——命题的解释以外，还提出了第三种解释。他在《逻辑的数学分析》一书的结尾，不明确地说，假言命题的理论可作为概率论的一部分来处理，在《思维规律》一书中有些部分探讨了把逻辑代数应用于概率的问题。我们用字母 X 表示相对于一切有效的信息 K 的概率，对布尔的符号体系进行简化，布尔的概率解释可表示如下：

如果 X 和 Y 是独立的，并给定 K，则 P_k（X 和 Y）= xy；

如果 X 和 Y 是互相排斥的，则 P_k（X 或 Y）= x + y。

显然布尔的概率解释不满足原理 x = 1 或 x = 0，因为每一个概率并非或等于 1，或等于 0。

布尔的命题代数能处理许多传统逻辑不能解决的问题，例如，设有 4 种性质 a，b，c，d，经实验知道，其间的关系有下列情况：

①如果 a，b 同时出现，则 c，d 必有一个并且只有一个出现；

②如果 b，c 同时出现，则 a，d 或同时出现或同时不出现；

③如果 a，b 均不出现，则 c，d 也均不出现；

④如果 c，d 均不出现，则 a，b 也均不出现。

现在问如何由 b，c 来决定 a。

按照布尔的解法，我们用现代的符号表示如下：

先把 4 个条件写成 A = t（真）。在 A 中将 d 代以 f（假）得

A_1，又将 d 代以 t 得 A_2，因此上式可写为 $A_1 \vee A_2 = t$，这里消去了 d，将此式记为 $B = t$。再在 B 中将 a 代以 f 得 B_1，又将 a 代以 t 得 B_2，因此 $B = t$ 可写成 $(B_1 \vee a) \wedge (B_2 \vee \neg a) = t$。由此可得，如果 B_1 不出现则 a 出现，如果 a 出现则 B_2 出现。B_1 出现，经计算就是 $b \vee \neg c$，B_1 不出现相当于 $\neg b \wedge c$ 出现；B_2 出现，经计算就是 $\neg b \vee \neg c$。所以，当 b 不出现而 c 出现时，a 必出现；反之当 a 出现时，b 和 c 中必有一个不出现。（"$\vee$"表示"或"，"$\wedge$"表示"和"，"$\neg$"表示"非"）。

布尔当时所提出的演算还很不成熟。例如，演算的许多公式没有逻辑解释；逻辑加法要求两类不相交；对命题之间的析取，他强调不相容的析取；用一个不确定的类表示特称命题，等等。尽管有这些缺点，布尔的贡献还是伟大的，他在逻辑史上首先提出了一个逻辑演算，成为继莱布尼茨之后的数理逻辑的又一个创始人。以他命名的布尔代数现已发展为结构极为丰富的代数理论，并且无论在理论方面还是在实际应用方面都显示出它的重要价值。

（二）关系逻辑

德摩根是一位杰出的数学家，他在研究代数的过程中深感传统形式逻辑的局限性和研究关系的重要性。他认为，以前所讨论的三段论理论只是关系理论的特殊情形，三段论推理的规则实际上表述了同一关系的可逆的和传递的性质。当一个关系和它的逆关系是同样的时候（例如相似关系），这个关系就是可逆的。若就某个关系而言，如果关系者甲和乙有这个关系，关系者乙和丙有这个关系，那么关系者甲和丙也有这个关系（例如祖先关系），在这样的情况下，这个关系就是传递的。德摩根所说的"可逆的关系"就是后来逻辑学家所说的"对称关系"，"关系者"就是"相对名词"或"关系名词"。

德摩根的基本关系命题形式是 X..LY，他说："令 X..LY 表示 X 是某个思想对象，它与 Y 有关系 L，或 X 是 Y 的 L 中之一。令 X. LY 表示 X 不是 Y 的 L 中的任何一个。这里 X 和 Y 是主词和谓词：这些词指的是进入关系中的方式，而不是指所提到的次序。因此 Y 在 LY. X 中正如同在 X. LY 中一样，是谓词。"①

德摩根提出了以下几种关系逻辑的基本运算：

1. 关系积

这是德摩根提出的一种最重要的运算。德摩根说："当谓词本身是一个关系的主词时，就可有一种组合：这样如果 X.. L (MY)，如果 X 是 Y 的一个 M 的一个 L，那么我们就可把 X 看成是 Y 的一个 'M 的 L'（'L of M' of Y），用 X.. (LM) Y 或简单些用 X.. LMY 来表示。"② LM 就是关系积，德摩根称它为组合。x.. LMy 可表示成∃z（xLz ∧zMy），这是说，有一个 z 使得 x 和 z 有 L 关系并且 z 和 y 有 M 关系。例如 L 代表兄弟关系，M 代表父亲关系，LM 就是伯叔关系。z 在 xLz 中是谓词，但在 zMy 中是主词，所以德摩根说："谓词本身是另一个关系的主词。"除关系积之外，德摩根还提出了 LM′，表示"每一个 M 的一个 L"；L′M，表示"仅仅 M 的一个 L"，"除 M 外没有任何东西的一个 L"。

2. 逆关系

德摩根说："L 的逆关系通常定义为：如果 X.. LY，那么 Y.. L⁻¹X；如果 X 是 Y 的一个 L，则 Y 是 X 的一个 L⁻¹。L⁻¹可以读成 'X 的 L 逆'。"③ 这就是说，X.. LY 等价于 Y.. L⁻¹X。L⁻¹是 L 的逆关系。

3. 补关系

德摩根说："假定在任意两个词项之间存在着关系。如果 X 不

---

① Bochenski, *A History of Formal Logic*, University of Notre Dame Press, p. 375. 以下缩写为 H. F. L. 。

② Ibid. , pp. 375 – 376. 我们在下面的解释中，把 X，Y 改为小写的 x，y。

③ Ibid. .

是 Y 的任何 L，那么 X 对 Y 有某种非 L 关系：令这个相反关系用 l 表示；因比给出 X. LY，就有 X. . lY。相反关系可以复合尽管相反词项不行：对 X 来说，X 并且非 X 是不可能的；但 LlX，即 X 的一个非 L 的 L，是可想象的。因此，一个人可以是 X 的一个非同党的同党。"① 德摩根的补关系定义可以表示成：x $\overline{L}$y 等价于$\overline{xLy}$，即 x 和 y 之间有非 L 关系，等于说并非在 x 和 y 之间有 L 关系。

在德摩根的关系逻辑中还有关系的逻辑和与逻辑积，这是类的逻辑和与逻辑积的推广。如 X. . （L + M）Y 表示 X 或是 Y 的 L，或是 Y 的 M（德摩根原来用"，"表示逻辑和）。这两种运算在德摩根的关系逻辑中不占重要地位。

德摩根提出了关系逻辑的一些主要原理：

1. "互逆关系的相反者是互逆关系：因此非 L 和非 L^{-1} 是互逆的关系。因为 X. . LY 和 Y. L^{-1}X 是同一的；由此 X. . 非 LY 和 Y. . （非 L^{-1}）X （前述两式的简单否定）也是同一的；所以非 L 和非 L^{-1} 是互逆的。"② 这条原理是说，逆关系的补关系是逆关系。

2. "相反关系的逆关系是相反关系：因此，L^{-1} 和 （非 L）$^{-1}$ 是相反关系。因为 X. . LY 和 X. . 非 LY 彼此是简单否定的，所以它们的逆关系 Y. . L^{-1}X 和 Y. . （非 L）$^{-1}$X 也是彼此简单否定的。由上可得，L^{-1} 和 （非 L）$^{-1}$ 是相反关系。"③ 这条原理是说，补关系的逆关系是补关系。

3. "逆关系的相反者是相反者的逆关系：因此，非 L^{-1} 是 （非 L）$^{-1}$。因为 X. . LY 等同于 Y. 非 L^{-1}X，也等同于 X. （非 L）Y，后者又等同于 Y. （非 L）$^{-1}$X。"④ 这条原理是说，逆关系的补关系是补关系的逆关系。

---

① H. F. L. , pp. 375 – 376.

② Ibid. , p. 376.

③ Ibid. .

④ Ibid. .

4. "如果第一个关系包含于第二个关系，那么第一个关系的逆包含于第二个关系的逆；第二个关系的相反者包含于第一个关系的相反者。"[①]

这里有两条原理：（1）如果 $X . . L_1 Y$ 包含于 $X . . L_2 Y$，则 $Y . . L_1 X$ 包含于 $Y . . L_2 X$，这一原理是根据逆关系的定义得出的。（2）如果 $X . . L_1 Y$ 包含于 $X . . L_2 Y$，那么 $X . .$ 非 $L_2 Y$ 包含于 $X . .$ 非 $L_1 Y$，这里德摩根把类包含关系的换质位原理（如果 A 包含于 B，则非 B 包含于非 A），推广到关系逻辑中，再应用补关系的定义就可得到上述原理。

5. "一个复合关系的逆使两个组成部分变为可逆关系并且交换其次序。"[②] 这一原理实际上是说，关系积的逆关系是其组成部分逆关系的关系积，但其次序要交换一下，可用德摩根的符号表示为：

$X . . (LM)^{-1} Y$ 等同于 $X . . (M^{-1} L^{-1}) Y$。

根据德摩根的思想，我们可以证明如下：

$X . . (LM)^{-1} Y$ 等同于 $Y . . (LM) X$，等同于有一 Z 使得 $Y . . LZ$ 并且 $Z . . MX$，等同于有一 Z 使得 $Z . . L^{-1} Y$ 并且 $X . . M^{-1} Z$，这个式子就是 $X . . (M^{-1} L^{-1}) Y$。

我们可举一个例子。设 L 为兄弟关系，M 为父子关系，则 LM 为伯叔关系，$(LM)^{-1}$ 为侄子关系。L^{-1} 亦为兄弟关系，M^{-1} 为儿子对父亲的关系，$M^{-1} L^{-1}$ 表示"兄弟的儿子"关系即侄子关系。也就是说，$(LM)^{-1}$ 等于 $M^{-1} L^{-1}$。

德摩根十分重视传递关系。他给传递关系下了一个严格的定义："一个关系是传递的，如果一个关系者的关系者是同样的一个关系者；用符号表示为 LL）） L，由此也可表示为 LLL）） LL））

① H. F. L. , pp. 376 - 377.
② Ibid. .

L；等等。"① 这实际上是说，如果 xLy，yLz，则 xLz，这时 L 就是传递关系，这里 y 是 x 的关系者，z 是 y 的关系者，z 是 x 的关系者的关系者，也是 x 的关系者。

他提出了关于传递关系的如下原理：

6. "一个传递关系有一个传递的逆关系，但不必然有传递的相反关系；因为 $L^{-1}L^{-1}$ 是 LL 的逆，所以由 LL）） L 得出 L^{-1} L^{-1}）） L^{-1}。"②

设 L 是传递关系，因此有：如果 xLy 并且 yLz 则 xLz，根据逆关系的定义，由上可得：如果 $yL^{-1}x$ 并且 $zL^{-1}y$ 则 $zL^{-1}x$。根据传递关系的定义，L^{-1} 是传递的。

例如"大于"关系是传递的，其逆关系"小于"也是传递的。"祖先"关系是传递的，但其补关系"非祖先"就不是传递的，由"x 不是 y 的祖先"和"y 不是 z 的祖先"不能得出"x 不是 z 的祖先"。

从德摩根所阐述的关系理论，我们可以看到，他在逻辑史上第一次突出了"关系"的概念，并且把关系的概念和关系的关系概念第一次符号化了，创建了关系逻辑，是当之无愧的"关系逻辑之父"。他使关系从性质的附庸中解放出来，突破了古典的主谓逻辑的局限性，为后来关系逻辑的发展开辟了道路。

皮尔士（C. S. Peirce，1839—1914 年）发展了德摩根的思想，使用了逻辑代数的方法，建立了关系代数，并在关系代数中引入量词理论，提出了逻辑演算的一些重要原理，对逻辑演算的建立作出了重要贡献。③ 但是，他没有能建立起一个完整的逻辑演算，这是由弗雷格来完成的。

---

① H. F. L.，p. 377.

② Ibid. .

③ 参见拙著《数理逻辑发展史——从莱布尼茨到哥德尔》，社会科学文献出版社 1993 年版，第 8 章第 2 节。

（三）分析的算术化

逻辑演算在 19 世纪末期建立绝不是偶然的。首先，从莱布尼茨以来 200 多年的逻辑学研究成果，特别是布尔的逻辑代数及其扩充如命题代数、关系代数等，从逻辑上为逻辑演算提供了资料；另一方面，这些代数的不足，即缺乏严格性，在论证中往往诉诸感性直观，也从反面为新的逻辑演算指明了走向严格性的方向。其次，19 世纪的数学发展对逻辑提出了很高的要求。这时数学分析的基础得以初步确立，法国数学家柯西（A. Cauchy）提出了极限理论，德国数学家魏尔斯特拉斯（Weierstrass）提出了 $\varepsilon - \delta$ 定义。但是极限理论有一定的缺陷，其中有一条定理"有界单调的数列必有极限"，这是其他一切性质的基础，别的性质都可由它推出。长期以来，人们把上述定理化归为几何，依赖直观。但是几何公理中根本没有讨论到连续的性质，更没有讨论到极限。所以单凭几何直观并不能推出上述定理，看来必须另谋出路。魏尔斯特拉斯在 1872 年宣布了一个重要结果——存在着处处没有导数的连续函数，或者等价地说，存在着在任何点上都没有切线的连续函数，这与人们的直观发生冲突。人们通常认为，一条连续曲线除了可能在某些孤立的点没有切线外，在其他点必定处处有切线。这就充分说明，在数学推理中不能依靠直观，必须要使用严格的推理。极限理论，连续性、可微性与实数系的性质有关，因此魏尔斯特拉斯提出一个设想：实数理论本身首先应该严格化，然后数学分析的所有概念应由实数理论导出。这就是所谓分析的算术化。19 世纪末期，魏尔斯特拉斯及其后继者们使这个设想得到实现，整个数学分析可从表明实数系特征的形式公理系统中逻辑地推导出来。分析的算术化不但推动了数学的发展，确立了分析的实数理论基础，继而又把实数理论化归为自然数理论，而且推动了逻辑形式化的发展。弗雷格正是在这样的时代背景下去建立新的逻辑的。他比分析的算术化方向走得更远，提出了算术与逻辑同一的纲领，试图从新的逻辑演算推出算术。下面我们首先介绍弗雷格的逻辑演算系统。

四　逻辑演算的建立

（一）弗雷格的逻辑演算

弗雷格为了实现从逻辑推出算术的目标，创建了严格的逻辑演算。弗雷格认为，逻辑演算必须要使用严格的形式语言，他称这种语言为概念语言或表意语言。他明确地表示，他想要创造一种语言来分析数学推理，所以谨慎地避免用布尔改成的代数符号体系。他在对"序列"进行逻辑分析时面临一些困难，主要就是普通语言的不精确性和歧义性，所以他要创立一种新的工具。概念语言是以算术的公式语言为模型的，它与普通语言的关系就好像显微镜和肉眼的关系。弗雷格认为用这种语言进行推理可以觉察隐含的前提和有漏洞的推理步骤，可以使我们最可靠地检验一串推理的有效性。弗雷格还要求他的概念语言具有莱布尼茨在17世纪对思维演算或理性演算所说的那些优点。弗雷格对概念语言作用的分析，对概念语言同普通语言关系的分析，大大发展了莱布尼茨创立"普遍语言"的思想，克服了布尔的代数语言的局限性，为现代逻辑的形式语言理论奠定了基础。下面我们来看一看弗雷格逻辑演算系统的要素及其全貌。

1. 断定记号

弗雷格严格区分了对于命题的表达与断定。命题表达思想，指示其真值。我们先要能够表达一个思想，然后才能对它加以断定。他用一条垂直短线加上一条水平短线，表示右方的记号或记号组合（代表命题）是被断定了的（即判断）：

├A

　　垂直短线"｜"被称为判断短线,水平短线"—"被称为内容短线。"⊢"是一个断定符号,如果去掉判断短线,那么"—"表示内容短线右方的记号所表达的内容是本人没有加以断定的。"— A"是一个整体,断定是对这个整体的断定。凡在内容短线后面的记号必定表达可断定的内容。例如"⊢A"代表"相反的两个磁极互相吸引"这个判断,但"— A"不表达这个判断,只在读者心中产生相反磁极互相吸引的观念。

　　2. 真值蕴涵和初始联结词

　　弗雷格对条件联结词作了直值蕴涵的解释。如果 A 和 B 代表可断定的内容,那么就有以下4种可能性:

　　①A 是肯定的并且 B 是肯定的;

　　②A 是肯定的并且 B 是否定的;

　　③A 是否定的并且 B 是肯定的;

　　④A 是否定的并且 B 是否定的。

$$\vdash\!\!\!\begin{array}{l}\rule{1cm}{0.4pt}\!\text{A}\\[2pt]\rule{1.4cm}{0.4pt}\!\text{B}\end{array}$$

　　这个符号表示以下判断:第3个可能性不发生,而其余3个可能性中的每一个实现。他把联结两条水平短线的垂直线称为条件短线。显然,以上公式就是现在的"⊢B→A"(即 B 蕴涵 A)。这里,弗雷格明确地引进了实质蕴涵的真值表,并把实质蕴涵符号作为一个初始联结词。

$$\vdash\!\!-\!\!\top\!\!-\!\!\text{A}$$

　　这个符号表示:"A 不出现",这就是 A 的否定,即⊢¬A。断定符号下面的垂直短线称为否定短线。否定词是另一个初始联结词。把内容短线、条件短线和否定短线以各种方式组合起来,就可以表达其他联结词。例如,

　　意为"B 肯定而 A 的否定被否定这种情况不发生",即"既

肯定 A 又肯定 B 的可能性不存在"。上述公式用现代符号可写成：⊢B →¬A（如果 B 那么非 A），这个公式只有在以下 3 种情况中是真的：

A 是肯定的并且 B 是否定的；

A 是否定的并且 B 是肯定的；

A 是否定的并且 B 是否定的。

$$\vdash\!\!\raisebox{0.5ex}{\rule{1.5em}{0.4pt}}\!\!\begin{array}{l} \rule{1em}{0.4pt}\,A \\ \rule{1em}{0.4pt}\,B \end{array}$$

这个公式表示"$\begin{array}{l}\rule{1em}{0.4pt}\,A \\ \rule{1em}{0.4pt}\,B\end{array}$被否定"，即"既肯定 A 又肯定 B 的情况出现"。这个公式写成现在的形式就是 ⊢¬（B →¬A） 即 ⊢B ∧A （B 并且 A）。它在上述 3 种情况下是假的。

$$\vdash\!\!\raisebox{0.5ex}{\rule{1.5em}{0.4pt}}\!\!\begin{array}{l} \rule{1em}{0.4pt}\,A \\ \rule{1em}{0.4pt}\,B \end{array}$$

表示"A 否定而 B 的否定被肯定的情况不出现"，或"A 和 B 不能都被否定"，它在以下 3 种情况下为真：

A 是肯定的并且 B 是肯定的；

A 是肯定的并且 B 是否定的；

A 是否定的并且 B 是肯定的。

由上可见，这个公式写成现在的形式就是 ⊢¬B →A （如果非 B 则 A），即 ⊢B ∨A （B 或 A），这是相容性析取。

3. 符号≡的涵义

弗雷格在《概念语言》中，把"≡"看成两个名称之间的关系，它是表达内容同一的符号。弗雷格说："⊢（A ≡B）意为：记号 A 和记号 B 具有同样的概念内容，使得我们总能用 B 替换 A，反之亦然。"[①] 弗雷格的这种说法很不精确，后来，他把"概念内容"这一概念分成"涵义"和"所指"，把符号≡改为 =。= 不

---

① 《概念语言》§8。《概念语言》英文本载 J. van Heijenoort 编的 *Frorn Frege to Gödel*（Harvard University Press，1977），以下引用此书简写为 F. G.。

被看成两个名称之间的关系，而是看成名称的所指之间的关系。＝用于专名的所指，相当于等词；用于命题的所指（真值），相当于等值符号↔。

4. 函项和量词

引进函项和变目的概念来代替传统的主项和谓项的概念，这是弗雷格的一大贡献。他说："如果在一个表达式中（表达式的内容不一定可变成一个判断），一个简单的记号或复合的记号有一个或多个出现，并且如果我们把那个记号看成是可用某个其他记号替换那个记号的所有出现或有的出现（但每一个地方是用同样记号替换），那么我们把在表达式中保持不变的部分叫做函项，把可替换的部分中做函项的变目。"① 他后来在《函项和概念》中说："函项本身必须称之为不完全的，需要加以补充，或者说，它是'未饱和的'。"② 弗雷格所说的"函项"实际上是函项关系或函项运算，他的用词不太精确。严格说来，函项运算是指 φ 或 φ（　），具有空位，意义不完整，用弗雷格的话来说，函项运算具有"未饱和性"，但它是确定的；函项是指 φ（x）含有变元 x，是不确定的。弗雷格的用词虽不太精确，但他的论述还是清楚的。他在《函项和概念》（1891）、《算术的基本规律》（第一卷，1893）和《什么是函项》（1904）等著作中对函项和函项运算又作了进一步的论述，他引进了变目空位的概念，并用小写希腊字母 ξ 等表示变目空位。他说："这种对完整性的需要可用空括号来表明，例如'sin（　）'或'（　）² + 3 · （　）'。这也许是最适当的记法，最适宜避免把变目记号当做函项记号的一部分所产生的混乱；但很可能它不被接受。一个字母也可用于这个目的。如果我们选用'ξ'那么'sinξ'和'ξ² + 3 · ξ'就是函项记号。但是在这样

---

① F. G., p. 22.

② *Translations from the Philosophical Writings of Gottlob Frege*（New York, 1952）p. 24. 以下引证此书缩写为 P. W. F.。

的情况下必须规定：'ξ'在这里所做的唯一事情就是表明所要填入的记号必须插进的空位。"①

弗雷格在这里所说的"函项记号"就是函项运算，这比用"函项"这个词来表示函项运算要精确。由上可见，弗雷格明确地定义了"函项记号"（即函项运算），他没有把 φ（）和 φ（A）当成一个东西。弗雷格在《概念语言》中把 φ（A）称为变目 A 的不定函项，同样 φ（A，B）是变目 A 和 B 的不定函项。②总之，我们有充分根据可以断言，弗雷格在数理逻辑发展史上，也是在数学发展史上，第一次对函项运算的本质做了科学的规定。近代数学严格区分函项运算和函项，把函项运算从函项中独立出来，并独立地进行研究，形成了算法理论或可计算性理论。我们应该说，可计算性理论的鼻祖是弗雷格。

弗雷格定义的函项运算是广义的，但他在研究逻辑时的函项限于命题函项。他在《概念语言》中把函项的值限于命题，或者说，"可能变为判断的内容"。他这时还没有提出"命题的所指即真值"的理论，因此上述命题函项是内涵命题函项。他在 1892 年发表《论涵义和所指》以后，才明确指出函项的值取命题真值的思想，这就是后来所说的外延命题函项。在外延命题函项中，他注重一元的和二元的两种。他把一元函项运算叫作概念，取值是真值："一个概念是一个其值总为真值的函数。"③例如，"1 的平方根"是一个概念，与它相对应的函项是 $x^2 = 1$，实际上应是函项运算 $(\ )^2 = 1$。一元函项 φ（A）读为："A 有特性 φ"，φ（）是一元函项运算，表示"（）有特性 φ"，含有一个空位，弗雷格称它为"概念"，也就是现在所说的一元谓词。二元函项 ψ（A，B）读为："B 对 A 有关系 ψ"或"B 是把程序 ψ 应用于对象 A 的结

---

① P. W. F. , p. 114.

② F. G. , p. 23.

③ P. W. F. , p. 30.

果。"弗雷格把ψ即带两个空位的ψ（,）叫作关系或程序，可见他把ψ或ψ（,）同不定函项ψ（A，B）做了区分，关系ψ或ψ（,）是二元谓词。弗雷格提出函项理论的一个主要目的就是把它应用于量词理论，他实际上把现在所说的"谓词"看成带有空位的函项运算。

在函项理论的基础上，弗雷格在数理逻辑发展史上第一次引进了全称量词和存在量词。

$$\overset{x}{\rule{1.5cm}{0.4pt}}\varphi(x)$$

它代表以下判断：不管我们对函项的变目取何种东西，函项是一个事实。这就是说，对所有x而言，x是φ，即（∀x）φ（x）（弗雷格原来用德文字母表示变目）。在他的系统中，全称量词是基本的，存在量词由全称量词加以定义。

$$\overset{x}{\rule{1.5cm}{0.4pt}}\varphi(x)$$

这个公式是说：并非所有x都不是φ，即有x是φ，用现代符号表示就是：

¬（∀x）¬（x）即（∃x）φ（x）

5. 一阶谓词演算的公理和规则

公理有9条。在《概念语言》一书中，这9条公理的编号分别为（1），（2），（8），（28），（31），（41），（52），（54）和（58）。为方便起见，我们用现在通行的符号把他的9条公理改写如下（公理前省去了断定符号，为了同他的编号相区别，我们的编号用方括号）：

［1］p→（q→p），

p蕴涵（q蕴涵p），即任何命题蕴涵真命题，这是一个怪论。

［2］（p→（q→r））→（（p→q）→（p→r）），

这是蕴涵词的分配律，从p→（q→r）可得（p→q）→（p→r）。

[3] (p→ (q→r)) → (q→ (p→r)),

这是前件交换律,从 p→ (q→r) 可得 q→ (p→r)。

[4] (p→q) → (¬q→¬p),

这是易位律,从 p→q 可得¬q→¬p。

[5] ¬¬p→p,

[6] p→¬¬p,

[5] 和 [6] 是两条双重否定律。

[7] (a=b) → (F (a) →F (b)),

这是同一的东西不可分辨性原理,从 a=b 可得 F (a) →F (b)。

[8] a=a,

这是等词的同一律。

[9] (∀x) F (x) →F (a),

这是全称消去律,从所有 x 是 F 可得 a 是 F。

除公理外有 4 条变形规则。

第一条是分离规则。弗雷格说:"从 ⊢A 和⊢B 得到新判断⊢A。"[1] 即从 B→A 和 B 可得 A。

第二条是代入规则。弗雷格在推演中使用了,但没有加以严格陈述。

第三条是后件概括规则:从 A→φ (a) 可推出 A→ (∀x) φ (x),如果 a 不在表达式 A 中出现并且 a 仅在变目位置上。[2]

第四条是后件限制规则:从 B→ (A→φ (a)) 可推出 B→ (A→ (∀x) φ (x)),假定 a 不在 A 或 B 中出现,φ (a) 中的 a 仅处于变目位置上。这是第三条规则的推广,弗雷格认为,这条规则可化归为第三条规则,因而原则上可以省略。化归的方法是,

① F. G. , pp. 15 – 16.

② Ibid. .

将 B→（A→φ（a））变形为（B∧A）→φ（a），然后用第三条原则得到（B∧A）→（∀x）φ（x），再变形为 B→（A→（∀x）φ（x））。

弗雷格在这个公理系统的基础上，进行了大量推导，得出了许多定理。公理［1］—［6］，推理规则 1 和 2 构成命题演算系统，它是一阶谓词演算的子系统。

弗雷格的推导是严格的，我们看一个从公理［1］a→（b→a）和［2］（c→（b→a））→（（c→b）→（c→a））推导的例子：

①a→（b→a）　　　　　　　　　　　　　　　　公理［1］

②（c→（b→a））→（（c→b）→（c→a））　　　公理［2］

③（c→（b→a）→（（c→b）→（c→a）））→（（b→a）→（c→（b→a）→（（c→b）→（c→a））））［在①中以②代 a，以 b→a 代 b］

④（b→a）→（c→（b→a）→（（c→b）→（c→a）））［②③分离］

弗雷格的系统是完全的，但不具有独立性。波兰著名逻辑学家卢卡西维茨在 1936 年证明：弗雷格原来的公式（8）（第三条公理）可从前两条公理推出。实际上，两条双重否定律和第四条公理［原公式（28）］也可从前两条公理和公式（¬p→¬q）→（q→p）推出。因此，弗雷格的命题演算可简化成 3 条公理，在现代的一些数理逻辑教科书中，如哈密尔顿的《数学家的逻辑》，① 就采用了弗雷格的第一、二两条公理和上述的一条新公理（¬p→¬q）→（q→p）作为命题演算公理。

弗雷格在陈述他的公理系统时，还区别了对象语言和元语言。他把公理和定理称为"纯思维的判断"，把推理规则称为"运用

---

① 哈密尔顿：《数学家的逻辑》，骆如枫等译，商务印书馆 1989 年版，第 37—38 页。

我们符号的规则","这些规则……不能在概念语言中表达，因为它们是这语言的基础"。[①] 他在讨论对象语言而不是使用对象语言时，用大写希腊字母 A、B、Γ 等，这些字母实际上就是语形变元。

总之，弗雷格在数理逻辑发展史上第一次构造了命题演算和谓词演算的形式公理系统；对形式语言的本质、对象语言和元语言的区别，以及函项的本质，都做了科学的规定。弗雷格逻辑演算系统的建立标志着数理逻辑的基础已经奠定，他的功绩是前无古人的。

意大利数学家皮亚诺（G. Peano，1858—1932 年）独立于弗雷格，在数理逻辑和数学基础方面取得了一些新成果，特别是他创建的符号体系对罗素有很大的影响。[②]

（二） 罗素的逻辑演算

1. 命题演算

罗素建立了一个完备的逻辑演算，是逻辑演算的完成者。从此，数理逻辑有了一个稳固的基础，可以向各个方面发展了。

罗素把命题演算称为演绎理论，也就是完全公理化的理论。这一理论是由初始概念、初始命题（公理）、推演规则和定理构成的体系。

命题演算的初始概念有：

①初等命题。一个初等命题就是一个不包含任何变元的命题。如 "这是红的"，就是一个初等命题。用否定词、合取词和析取词等联结起来的命题也是初等命题。字母 p、q、r、s 等表示初等命题。以上是对 "初等命题" 这个初始概念的描述，不是定义。

---

① F. G. ，p. 38.

② 参见拙著《数理逻辑发展史——从莱布尼茨到哥德尔》，社会科学文献出版社1993 年版，第 9 章第 2 节。

②初等命题函项。这是一个表达式，其中含有变元，当变元取值后所得的表达式的值是初等命题。例如，如果 p 是一个不确定的初等命题，"非 p" 就是一个初等命题函项，即真值函项。

③断定。这一概念来自弗雷格，罗素用"├"表示断定记号，用于对一个确定的命题的断定。

④对命题函项的断定。这是对初等命题函项所做的断定。

⑤否定。如果 p 是一个命题，其否定"非 p"或"p 是假的"用"~p"表示。

⑥析取。p 和 q 的析取用"p ∨q"表示，相当于语言中的相容性的"或"。

罗素用的初始命题联结词是 ~ 和∨，其他联结词可由此定义出来。在初始符号中，罗素还用了点号（.），这来自皮亚诺。罗素用点号表示括号，或用于表示定义，或用在断定之后。

* 1.01. p→q. = . ~ p ∨q Df*

"Df"代表定义。这是说，如果 p 则 q，定义为非 p 或 q。这是一种实质蕴涵。

命题演算的初始命题（公理）有：

* 1.1. 一个真的初等命题所蕴涵的任何命题是真的。Pp（"Pp"表示初始命题，这一表示方法来自皮亚诺）。

* 1.2. ├: p ∨p. ⊃. p　Pp

这一命题说："如果 p 是真的或者 p 是真的，则 p 是真的。"它被称为"重言原理"（简写为 Taut）。

* 1.3. ├: q. ⊃. p ∨q　Pp

这一命题是说，如果 q 是真的，则"p 或 q"是真的。它被称为"附加原理"（简写为 Add）。

* 1.4. ├: p ∨q. ⊃. q ∨p　Pp

---

*　1.01. 是 P. M.（《数学原理》）中的编号，后文所引用的公式编号也是如此。

这一命题是说，"p 或 q"蕴涵"q 或 p"。它被称为"交换原理"（简写为 Perm）。

∗1.5.　⊢：p ∨ (q ∨r) . ⊃. q ∨ (p ∨r)　　　Pp

这一命题是说，如果 p 是真的，或者"q 或 r"是真的，那么 q 是真的，或者"p 或 r"是真的。它被称为"结合原理"（简写为 Assoc）。

∗1.6.　⊢：q ∨r. ⊃：p ∨q. ⊃. p ∨r　　Pp

这一命题是说，如果 q 蕴涵 r，那么"p 或 q"蕴涵"p 或 r"。它被称为"叠加原理"（简写为 Sum）。

命题演算的推理规则有两条，即分离规则和代入规则。罗素当时没有明确区别对象语言和语法（语形）语言，因而没有明确陈述上述两条语法（语形）规则。在这一点上，罗素不如弗雷格那样精确。罗素的 ∗1.1 实际上是分离规则。他说："我们不能用符号语言表达这原理，部分是因为变元 p 在其中的任何符号语言仅给出这样的假定：p 是真的，而不是给出事实：它是真的。"①分离规则不能用对象语言（形式语言）来陈述，但可用语法语言（元语言）来除述。罗素没有这样做，没有把 ∗1.1 作为语法规则提出，而是把它与对象语言中的重言式 1.2—1.6 并列。他在证明过程中应用了命题代入规则，但他认为："承认某个命题是先前已证的或假定的一个命题的实例，这对从一般规则进行的推演过程是重要的，但本身不能被建立为一个一般规则，因为所需的应用是特殊的，没有一个一般规则能明确地包括特殊的应用。"② 罗素的这种说法是不对的，因为用语法语言完全可以陈述这种从一般到特殊的代入规则。罗素关于分离规则和代入规则的不当说明，并不妨碍命题演算中的推演。

另外要说明一点，贝尔纳斯（Bernays）证明，∗1.5（结合

---

① P. M. Vol. 1, Cambridge, second edition, 1925, p. 94.

② Ibid. , p. 98.

原理）可由＊1.2至＊1.4和＊1.6等4条公理推出来，因此，＊1.5在这个系统中不是独立的。

在 P. M. 中，命题演算的证明方法是比较严格的，下面看两个例子：

＊2.02. ├: q. ⊃. p ⊃q

证明：

[Add ~p/p] ├: q. ⊃. ~p ∨q　　　　（1）

（1）.（＊1.01）├: q. ⊃. p ⊃q

在上述证明中，[Add ~p/p] 是代入符号，表示在 Add（附加原理的缩写）q. ⊃. p ∨q 中以 ~p 代 p，得到 q. ⊃. ~p ∨q，然后根据（1）和＊1.01即⊃的定义得到＊2.02。严格说来，在罗素的命题演算系统中，还应增加一条语法规则——定义置换规则。在上述证明中，如果加上这条规则就比较完美了。

＊2.3. ├: p ∨(q ∨r). ⊃.（p ∨q）∨r

证明：

[Pemp q, r/p, q] ├: q ∨r. ⊃. r ∨q

[Sum q ∨r, r ∨q/q, r] ├: p ∨(q ∨r). ⊃. p ∨(r ∨q)

2. 谓词演算

由上可见，罗素的命题演算系统同现在通行的系统比起来已经不差上下了。下面我们再看一看罗素的谓词演算。谓词演算与命题函项和量词有关。罗素称 φx 是一个命题函项，如果 φx 包含一个变元 x，当 x 被给定任一固定的意义时，它变为一个命题。罗素觉得这种说法不太准确，他又说，命题函项是 φx̂ [即 φ（），这里 x 是一个空位记号]，φx 是命题函项 φx̂ 的不定值。"单单一个命题函项可以看成是一个模式，一个空壳，一个可以容纳意义的空架子，而不是已经具有意义的东西。"[①] 这就是说，命题函项

_____

① 罗素：《数理哲学导论》，晏成书译，商务印书馆1982年版，第148页。

带有空位，填以变元 x，成为命题函项不定值，当 x 被给定一种确定的意义时，就变成一个命题。

罗素用（x）表示全称量词，（∃x）表示存在量词，接着引入了全称式（x）.φx（读为："φx 常真"或"对所有 x 而言，φx"），存在式（∃x）.φx（读为："φx 有时真"或"有一个 x 使得 φx"），以及形式蕴涵（x）：φx. ⊃. ψx（读为："φx 常蕴涵 ψx"或"一切具有性质 φ 的对象有性质 ψ"）。在（x）.φx 和（∃x）.φx 中，x 被称为表面变元。不包含表面变元的命题被称为"初等命题"，所取的一切值均为初等命题的函项称为初等函项。如果 φ$\hat{x}$ 是一个初等函项，则（x）.φx 和（∃x）.φx 被称为"一阶命题"。

在 P. M. 中，谓词演算是广义的，不限于一阶谓词演算。量词所约束的表面变元可以是个体，也可以是代表命题函项、类、关系等的字母。我们应特别注意一阶谓词演算，也就是量词所约束的表面变元是个体的那种演算。

以下字母 p、q 等代表初等命题，也代表"φx""ψx"等。这样，命题演算就可推广为一阶谓词演算的子系统。原来的命题演算只应用于初等命题，一阶谓词演算应用于一阶命题。同样，我们也可得到二阶谓词演算等。罗素的谓词演算是以类型论为基础的。罗素说："一个'类型'被定义为某一函项的意义域。"[1] 例如，φx 的意义域就是使 φx 有值的那些变目。

罗素首先给出~和∨的定义：

*9.01. ~{（x）.φx} . =. （∃x）. ~φx　　　　　　　　　　Df

*9.02. ~(∃x).φx. =. （x）. ~ φx　　　　　　　　　　　Df

以上定义中的花括号可以省掉。

当有关命题的一个或两个是一阶的，在定义析取时有 6 种

─────────

[1]　P. M.，Vol. 1，p. 11.

情况：

　　* 9. 03.　（x）. φx. ∨. p：=.（x）. φx ∨p　　　　　　　　Df

　　这一定义是说，对所有 x 而言 φx 或者 p，就是对所有 x 而言（φx 或 p）。这里，全称量词的辖域改变了，p 是任一命题。

　　* 9. 04. p. ∨（x）. φx：=.（x）. p ∨φx　　　　　　　　Df

　　* 9. 05.　（∃x）. φx. ∨. p：=.（∃x）. φx ∨p　　　　　Df

　　* 9. 06. p. ∨（∃x）. φx：=.（∃x）. p ∨φx　　　　　　Df

　　* 9. 07.　（x）. φx. ∨.（∃y）. φy：=：（x）:（∃y）. φx ∨φy

　　　　　　　　　　　　　　　　　　　　　　　　　　　　　Df

　　这一定义是说，（x）. φx. ∨.（∃y）. φy 可以变形为（x）:（∃y）. φx ∨φy。

　　* 9. 08.　（∃y）. φy. ∨.（x）. φx：=：（x）:（∃y）. φy ∨φx

　　　　　　　　　　　　　　　　　　　　　　　　　　　　　Df

　　这 6 个定义的作用是为了使量词的辖域包括整个被断定的公式。

　　蕴涵、合取和等值的定义可从命题演算中不加改变地应用于（x）. φx 和（∃x）. φx。

　　所有以上的定义是关于一阶命题的。对于相继的类型，我们可重复这些定义，因此我们就达到任一类型的命题。

　　谓词演算的初始命题（公理）有 6 条，每两条为一组。

　　* 9. 1.　├：φx. ⊃.（∃z）. φz　　　　　　　　　　　　Pp

　　* 9. 11.　├：φx ∨φy. ⊃.（∃z）. φz　　　　　　　　　Pp

　　这两条公理的作用是从初等命题到一阶命题。* 9. 1 是说，如果 φx 是真的，那么 φẑ就有一个值是真的。

　　* 9. 12.　被一个真前提所蕴涵的东西是真的。　　　　　　　Pp

　　* 9. 13.　在含有一个真实变元的任一断定中，这样的变元可以转变为表面变元，其所有可能值被断定为满足该函项。　　　Pp

　　* 9. 12.　是分离规则，罗素在这里克服了以前的缺陷，他明确

地把 ＊9.12 解释为："给定'├.p'和'├.p⊃q'，我们可以得
到'├.q'，即使 p 和 q 不是初等的。"① 他原来在命题演算部分
列出了一条"类型同一的公理"（＊1.11），实际上也是分离规
则，他解释说："我们可以从'├φx'和'├.φx⊃ψx'得到
'├.ψx'，这里 x 是一个真实变元，φ 和 ψ 不一定是初等函项。
我们常常需要这种形式的公理。对一个变元的函项可以采用，对
几个变元的函项也适用。"② 罗素虽然陈述了分离规则，但未陈述
代入规则，这是一个缺陷。＊9.13. 现在被称为概括规则。它是
说，不管 y 怎样选择，如果 φy 是真的，则（x）.φx 是真的。这
是"变真实变元为表面变元"的规则。罗素明确地说，这一初始
命题仅用于推理，也就是说，是一条推理规则。

　　＊9.14. 如果"φx"是有意义的，那么，若 x 与 a 同类型，
则"φa"是有意义的；反之亦然。　　　　　　　　　　　　　Pp

　　＊9.15. 如果对某个 a，有一个命题 φa，那么就有一个函项 φ
ẑ；反之亦然。　　　　　　　　　　　　　　　　　　　　　　Pp

　　上文说过，罗素的谓词演算是以类型论为基础的。＊9.14 和
＊9.15 体现了这个特点。为了解释什么是"同类型"，罗素引进
一个初始概念：个体。如果 z 既不是一个命题也不是一个函项，
那么 z 就是"个体"。"u 和 v 有同一个类型"的定义是：（1）两
者是个体；（2）两者是取同类型变目的初等函项；（3）u 是一个
函项，v 是它的否定；（4）u 是 φx̂或 ψx̂，v 是 φx̂∨ψx̂，这里 φx̂
和 ψx̂是初等函项；（5）u 是（y）.φ（x̂，y），v 是（z）.ψ（x̂，
z），这里 φ（x̂，ŷ），ψ（x̂，ŷ）具有同样的类型；（6）两者是初
等命题；（7）u 是一个命题，v 是 ~u；（8）u 是（x）.φx，v 是
（y）.ψy，这里 φx̂和 ψx̂同样的类型。

　　以上就是罗素的谓词演算的出发点，在此基础上就可进行定

---

①　P. M. , Vol. 1, p. 11.
②　Ibid. , p. 132.

理的推演了。

以上我们扼要地评述了罗素的命题演算和谓词演算。虽然它在有的地方还不够严格，但总的讲来，罗素的命题演算和谓词演算比起弗雷格的演算进了一步，无论是从符号体系方面，还是从内容方面，都很接近我们今天所使用的逻辑演算读本。正因为有逻辑演算做基础，罗素还建立了类和关系的理论、摹状词理论，进行了从逻辑推导数学的伟大工作。

五　逻辑演算的发展

（一）命题演算和谓词演算的不同系统

弗雷格和罗素的逻辑演算系统现已成为一阶逻辑的基础。在后来的发展中，它们得到了改进和完善。

上面说过，卢卡西维茨证明了弗雷格命题演算的第三条公理可从前两条公理推出，弗雷格的命题演算可简化成 3 条公理：

①$p \rightarrow (q \rightarrow p)$，

②$[p \rightarrow (q \rightarrow r)] \rightarrow [(p \rightarrow q) \rightarrow (p \rightarrow r)]$，

③$(\neg p \rightarrow \neg q) \rightarrow (q \rightarrow p)$。

令人感兴趣的是，卢卡西维茨提出了由三条公理组成的命题演算系统来取代弗雷格的系统，这 3 条公理是：

①$(p \rightarrow q) \rightarrow [(q \rightarrow r) \rightarrow (p \rightarrow r)]$，

②$(\neg p \rightarrow p) \rightarrow p$，

③$p \rightarrow (\neg p \rightarrow q)$。

第一条公理是假言三段论定律。第二条公理是一种怪论：如果"非 p 蕴涵 p"那么 p，这是首先由斯多阿学派表述的。第三条公理也是一种怪论，它实际上是说，从 p 和 ¬p（非 p）这对矛盾命题可得任何命题，中世纪逻辑学家已做了论述。

皮尔士和舍弗（Sheffer）认识到有可能用一个初始概念来定

义命题演算的一切联结词。法国逻辑学家尼考（J. Nicod）在 1917 年取舍弗的竖函项（"非…或者非…"）作为初始概念，他证明命题演算只用以下单独的一条公理：

$$[p \mid (q \mid r)] \mid ([t \mid (t \mid t)] \mid \{(s \mid q) \mid [(p \mid s) \mid (p \mid s)]\}),$$

以及以下的一条推理规则：

由两公式 A 和 A ｜ （B ｜ C）可得新公式 C，这条规则实际上是分离规则。

罗素在 1925 年的《数学原理》第二版导论中提出，应该用尼考的命题演算系统来代替第一版的系统。

《数学原理》第一版的系统在 1926 年经过贝尔纳斯的改进，去掉了不独立的结合公理，因此由以下 4 条公理组成：

① $(p \lor p) \to p$，

② $q \to (p \lor q)$，

③ $(p \lor q) \to (q \lor p)$，

④ $(q \to r) \to [(p \lor q) \to (p \lor r)]$。

这一公理系统比较流行，1928 年希尔伯特（D. Hilbert, 1862—1943 年）和阿克曼（Ackermann）合著的《理论逻辑基础》一书采用了这个系统，只把公理（2）稍微改动了一下，变为 $p \to p \lor q$。我国王宪钧教授写的《数理逻辑引论》（北京大学出版社 1982 年版）也采用了这个系统。

有时命题演算的公理系统，一开始便把 5 个基本联结词都引进来，这样的系统也有优点。希尔伯特和贝尔纳斯在 1934 年为此构造了以下的系统：

Ⅰ. ① $p \to (q \to p)$

　② $[p \to (p \to q)] \to (p \to q)$

　③ $(p \to q) \to [(q \to r) \to (p \to r)]$

Ⅱ. ① $p \land q \to p$

②p ∧q→q

③（p→q）→ [（p→r）→（p→q ∧r）]

Ⅲ.①p→p ∨q

②q→p ∨q

③（p→r）→ [（q→r）（p ∨q→r）]

Ⅳ.①（p ↔q）→（p→q）

②（p ↔q）→（q→p）

③（p→q）→ [（q→p）→（p ↔q）]

Ⅴ.①（p→q）→（¬q→¬p）

②p→¬¬p

③¬¬p→p

Ⅰ组只包含蕴涵词"→"（如果…那么…），Ⅱ组包含合取词"∧"（并且）和蕴涵词，Ⅲ组包含析取词"∨"（或者）和蕴涵词，Ⅳ组包含等值词"↔"和蕴涵词，Ⅴ组包含否定词"¬"和蕴涵词。

为了在命题演算中省去代入规则，冯·诺依曼（J. von Neumann，1903—1957 年）在 1927 年提出用公理模式代替公理的方案。公理模式是用语法（语形）变元而不是用形式变元陈述的，一个公理模式可以代表无穷多公理。弗雷格的命题演算系统可用以下三个公理模式来表示：

①P→（Q→P），

② [P→（Q→R）]→ [（P→Q）→（P→R）]，

③（¬P→¬Q）→（Q→P）。

现在的数理逻辑教科书中所采用的一阶谓词演算系统，主要有两种：弗雷格式的和罗素式的。

弗雷格式的一阶谓词演算系统一般用公理模式表示，除 3 个命题演算公理模式外，有以下两个量化的模式：

④（∀α）（P→Q）→ [P→（∀α）Q]，如果 α 在 P 中没有

自由出现：

⑤（∀α）P（α）→P（β），如果 β 对 P（α）中的 α 是自由的［即在 P（α）中 α 的自由出现不在量词（∀α）的辖域中］。例如，哈密尔顿的《数学家的逻辑》就采用了这种系统。

罗素式的一阶谓词演算系统，首先由希尔伯特和阿克曼在 1928 年的《理论逻辑基础》一书中采用，除 4 条命题演算公理外，还有以下两条关于量词的公理：

⑤（∀x）F（x）→F（z），

⑥F（z）→（∃x）F（x）。

希尔伯特和阿克曼在 1938 年出版了该书的第 2 版，主要对谓词演算代入规则做了精确的表述。我国王宪钧教授的《数理逻辑引论》也采用了这个系统。

1934 年，德国逻辑学家甘岑（G. Gentzen）提出了自然推理的一个规则系统。甘岑试图使公式间的形式推理更接近于数学中所常用的那种证明程序。甘岑的系统不用逻辑公理，而只用推理模式，现列举如下：

UE

$$\frac{A \quad B}{A \wedge B}$$

UB

$$\frac{A \wedge B}{A} \qquad \frac{A \wedge B}{B}$$

OE

$$\frac{A}{A \vee B} \qquad \frac{B}{A \vee B}$$

OB

$$\frac{A \vee B \quad \overset{[A]}{C} \quad \overset{[B]}{C}}{C}$$

AE

$$\frac{F（a）}{（\forall x）\ F（x）}$$

AB

$$\frac{（\forall x）\ F（x）}{F（a）}$$

EE

$$\frac{F（a）}{（\exists x）\ F（x）}$$

EB

$$\frac{（\exists x）\ F（x）\qquad \begin{array}{c}[F（a）]\\ C\end{array}}{C}$$

FE

$$[A]$$
$$\frac{B}{A\rightarrow B}$$

FB

$$\frac{A\quad A\rightarrow B}{B}$$

NE

$$[A]$$
$$\frac{\perp}{A}$$

NB

$$\frac{A\quad \neg A}{\perp}\qquad \frac{\perp}{D}\qquad \frac{\neg\neg A}{A}$$

　　在以上模式中，［A］、［B］等代表假定，OB（析取消去规则）是说，从 A∨B，假定 A 得到 C 和假定 B 得到 C，可以推出 C。"⊥"代表"假"。字母 a 表示一个变元。甘岑对 AE（全称引入）和 EB（存在消去）做了特殊的规定，其中的变元 a 被称为模式的特有变元，AE 的特有变元不可以出现在由（∀x）F（x）所表示的公式中，不可以出现在这个公式所依赖的任意一个假定公式中；EB 中的特有变元不可以出现在由（∃x）F（x）所表示的公式中，不可以出现在 C 所表示的公式中，也不可以出现在这个公式所依赖的任何一个假定公式中，除非假定公式属于这个模式，

并且是用 F（a）所表示的。在自然推理演算中，推导呈树枝形，
例如：

$$
\begin{array}{c}
2 \\
F（a）\qquad\qquad\quad 1 \\
（\exists x）\,F（x）\ \ EE\qquad \neg（\exists x）\,F（x） \\
\hline
\underline{\quad\bot\quad}\qquad\qquad\qquad NB \\
\neg F（a）\qquad NE\ 2 \\
\hline
（\forall y）\,\neg F（y）\qquad AE \\
\hline
\neg（\exists x）\,F（x）\ \rightarrow\ （\forall y）\,\neg F（y）\qquad FE\ 1
\end{array}
$$

在这个推导中，编号 1 和 2 下面的公式是假定公式。由 F（a）
通过 EE（存在引入）得（$\exists x$）F（x），由（$\exists x$）F（x）和假定
公式 $\neg$（$\exists x$）F（x）据 NB（否定消去）得到$\bot$（假），再据 NE（否
定引入）可得 $\neg$F（a），这就除去了假定公式 F（a），它的编号是
2，因此，所使用的模式 NE，写成"NE2"。由 $\neg$F（a）据 AE
（全称引入）可得（$\forall y$）$\neg$F（y），由此据 FE（蕴涵引入）得到
$\neg$（$\exists x$）F（x）$\rightarrow$（$\forall y$）$\neg$F（y），这就除去了假定公式 1，即
$\neg$（$\exists x$）F（x）。这表明，公式 $\neg$（$\exists x$）F（x）$\rightarrow$（$\forall y$）$\neg$F（y）
是与假定无关的恒真公式。

甘岑的自然推理演算等价于一阶谓词演算。在甘岑的系统中，
可推出命题演算 4 条公理。

（1）（$p \vee p$）$\rightarrow p$

$$
\begin{array}{c}
2\qquad\ \ 1\qquad\ \ 1 \\
\underline{p \vee p \qquad p \qquad\ \ p} \\
\underline{\qquad\quad p \qquad\qquad\quad} OB\ 1 \\
（p \vee p）\rightarrow p \qquad FE\ 2
\end{array}
$$

（2）p→（p∨q）

$$\frac{\begin{array}{c}1\\ p\end{array}}{（p∨q）\ \ OE}$$

p→（p∨q）　　FE 1

（3）（p∨q）→（q∨p）

$$\frac{\begin{array}{ccc}&1&1\\ 2&p&q\\ （p∨q）&q∨p\ OE&q∨p\ OE\end{array}}{q∨p\ \ \ \ \ OB\ 1}$$

　　（p∨q）→（q∨p）FE 2

（4）（p→q）→〔（r∨p）→（r∨q）〕

可用 FB，OF 和 FE 而得到。

关于量词的公理：（5）（∀x）F（x）→F（y），可用 AB 和 FE 得到；（6）F（y）→（∃x）F（x），可用 EE 和 FE 得到。

另一方面，自然推理演算中的推理规则在一阶谓词演算中也是可证的，这里从略。由此可得，一个公式是在自然推理演算中可证的，当且仅当它在一阶谓词演算中可证。

我国逻辑学家胡世华和陆钟万合著的《数理逻辑基础》（科学出版社 1981 年版）也构造了一种自然推理系统。

皮亚诺、弗雷格、罗素，以及后来一些逻辑学家采用了不同的符号体系来表述命题演算和谓词演算。为便于查阅，今列表如下：

	皮亚诺，罗素	希尔伯特	其他变形	卢卡西维茨	本书
否定	~A	$\overline{A}$	−A，¬A	Np	¬A
合取	A. B	A&B	AB，A∧B	Kpq	A∧B
析取	A∨B	A∨B		Apq	A∨B
蕴涵	A⊃B	A→B		Cpq	A→B
等值	A≡B	A∼B	A↔B	Epq	A↔B
全称量词	(x) F (x)	(x) F (x)	∀xF (x)，∧xF (x)	∏xφx	∀(x) F (x)
存在量词	(∃x) F (x)	(Ex) F (x)	∃xF (x)，∨xF (x)	∑xφx	(∃x) F (x)

（二）逻辑演算的元理论

从总体上对命题演算和谓词演算系统的性质进行研究，称为元逻辑理论。命题演算和谓词演算系统的性质有 3 个：一致性（无矛盾性）、独立性和完全性。下面我们对两个系统分别加以考察。

1. 命题演算的元理论

我们先讨论命题演算的无矛盾性。

命题演算是一致的（或无矛盾的），当且仅当在系统之内没有任何公式 A 使得 A 与 ¬A 均可证。这一定义也等于说，并不是每个公式都是可证的。

命题演算的一致性证明首先由美国逻辑学家波斯特（E. L. Post，1897—1954 年）在 1921 年发表的论文《初等命题的一般理论导论》中给出。[1] 卢卡西维茨在 1925 年，希尔伯特和阿克曼在 1928 年也给出了命题演算的一致性证明。这里我们给出希尔伯特和阿克曼的证明，其基本方法是做出一种算术解释。

命题变元 p，q，r，…当作算术变元，只取值 0 和 1。p∨q 理解为算术积，¬p 定义为：¬0 等于 1，¬1 等于 0。每一复合命题都是基本命题的一个算术函数，并且也只取 0 与 1 两个值。公理

---

① F. G. ，pp. 264 – 283.

（1）—（4）是等于 0 的。首先，¬p ∨p 永取值 0。由此可得¬（p ∨p）∨p［即公理（1）］也为 0。其次，公理（2）可变形为¬p ∨（p ∨q），再变形为（¬p ∨p）∨q，¬p ∨p 为 0，0 ∨q 也等于 0，因此公理（2）等于 0。仿此，公理（3）和（4）也等于 0。

从公理应用代入规则和分离规则后，得出的新公式仍为 0。就代入来说，当把一个变元代以一个表达式后，变元所取得的值域绝对不会扩大。就分离来说，其规则可写成由 A 与¬A ∨B 可得 B。既然 A 永取值 0，故¬A 永取值 1，因而¬A ∨B 与 B 同值：¬A ∨B 永取值 0，因此 B 也永取值 0。

由上可得，如果对 p 与¬p 中的 p 代入以同样的复合命题时所得的两个公式不可能都具有永等于 0 的性质；事实上，当其中一个取值为 0 时，另一个必取值为 1。

如前所述，贝尔纳斯在 1926 年的论文《〈数学原理〉的命题演算的公理探讨》中，证明了罗素的结合公理是不独立的。贝尔纳斯在这篇论文中首先用算术解释的方法证明了由 4 条公理组成的命题演算系统具有独立性。下面我们采用希尔伯特改进了的表述方法。

首先证明公理（1）的独立性。命题变元可取剩余类 0、1 和 2（mod4）。析取号∨表示算术乘法，¬p 可如下定义：¬0 为 1，¬1 为 0，¬2 为 2。根据这种解释，公理（2）、（3）、（4）的值永等于 0，¬p ∨p 也等于 0。应用两条规则后，这个性质也遗传给由这 4 个公式所推出的公式。但公理（1）不是永等于 0，取 p 为 2，则¬（2 ∨2）∨2 = ¬0 ∨2 = 1 ∨2 = 2。因此，公理（1）不能从（2）、（3）、（4）推出，也不能换成¬p ∨p。证明其余 3 条公理的独立性，每次给出一种算术解释，证明方法与以上类似，这里从略。[①]

---

① 参见希尔伯特和阿克曼《数理逻辑基础》，莫绍揆译，科学出版社 1958 年版，第 38—40 页。

命题演算的完全性有两种定义。一种是语义完全性：命题演算是语义完全的，当且仅当命题演算的永真公式（重言式）都是可证的。另一种是语法完全性（或波斯特意义下的完全性）：命题演算是语法完全的，当且仅当把一个不可证的公式加入公理中去，其结果是不一致的，即永远产生一个矛盾。波斯特在 1921 年证明了命题演算具有这两种意义的完全性。希尔伯特和阿克曼在 1928年对波斯特的证明做了改进。证明语义完全性的方法是使用合取范式。设 A 为任一重言式，它有一个与之等值的合取范式 B，每一合取项 B_i 也是重言式，因此必含有一命题变元及其否定。由于 $\neg p \vee p$, $\neg p \vee p \vee q$ 等是可证的，因而每一个 B_i 也可证。从而，B可证。由此可得，A 可证。证明语法完全性也应用合取范式。设A 为一个不可证的公式。B 为它的合取范式。B 也不可证，因此在B 的合取项中必有一个项 C（即一个析取式），其中没有彼此否定的两个析取支。在 C 中对每个非否定的命题变元代以 p，对于每个否定的命题变元代以$\neg p$，我们便得到$\neg p \vee p \cdots \vee p$，这与 p 等值。如果 A 为公理，则可推出 B，从而推出 C。因此，p 可证。但 p 也可代以$\neg p$，所以得到一个逻辑矛盾。这就证明了命题演算具有语法完全性。

2. 谓词演算的一致性和独立性

谓词演算的一致性首先由希尔伯特和阿克曼在 1928 年加以证明。他们把谓词变元和命题变元都当成算术变元，取值为 0 和 1。对谓词变元的空位填以什么个体变元不予考虑，量词全都删去。$\vee$当作乘法，$\neg 0$ 为 1，$\neg 1$ 为 0。在这种算术解释之下，所有的公理都取值为 0。如果从取值为 0 的公式根据变形规则推出一个公式，那么该公式也取值为 0。但是，互相否定的两个公式不可能同时为0。由此可得，由公理所推出的公式，没有两个是互相否定的。

谓词演算公理系统的独立性，由希尔伯特和阿克曼在《理论逻辑基础》第 2 版（1938 年）中加以证明，这种证明方法是贝尔纳斯首先提出的并告诉了希尔伯特。希尔伯特和阿克曼在脚注中指出："本书所发表的便是按照贝尔纳斯的思想而作的。"[1] 首先，证明公理（1）—（4）的独立性。方法是：将全称量词和存在量词删除，每一个谓词变元及其变目全都用命题变元代替。这样，公理（5）和（6）变为公式 p→p，也就是¬p ∨p。对命题演算公理独立性的证明稍作修改，我们就可以证明，谓词演算的前 4 条公理之一不能从公理（5）和（6）的变形 p→p 以及其他 3 条公理推出。

公理（5）（∀x）F（x）→F（y）的独立性证明如下。将（∀x）A（x），（∀y）A（y）等形状的公式都换为（∀x）A（x）∨p ∨¬p，（∀y）A（y）∨p ∨¬p 等。这样，凡是不用公理（5）能推出的每一个公式都仍然变成一个在谓词演算中可以推出的公式。这是因为在经过这种变换后，公理（1）—（4）及（6）都不受影响。代入规则、分离规则、前件存在规则及改名规则对各公式之间的联系仍然有效。通过后件概括规则所得的公式 A→（∀x）B（x）变为 A′→（∀x）B′（x）∨p ∨¬p，而这是一个可证公式。但是，公理（5）却变为：

（∀x）F（x）∨p ∨¬p→F（y），

显然这是推不出来的，因为由这个蕴涵式的前件的真可得 F（y），再据代入规则可得¬F（y），这就导致一个逻辑矛盾。

将公式（∃x）A（x）变换为（∃x）A（x）∧p ∧¬p 就可证明公理（6）的独立性。

希尔伯特和阿克曼不但证明了各公理的独立性，而且也证明了变形规则的独立性。

用以上的类似方法可以证明后件概括规则和前件存在规则的独立性。

---

① 《数理逻辑基础》，第86页。

将公式 （∀x） A （x） 换成 （∀x） A （x） ∧p ∧¬p，这样凡不用后件概括规则而能推出的公式都变成一个可推出的公式。但在谓词演算中可推出的公式 （∀x） （F （x） ∨¬F （x）） 变为一个推不出的公式 （∀x） （F （x） ∨¬F （x）） ∧p ∧¬p。这就证明了后件概括规则的独立性。将 （∃x） A （x） 换为 （∃x） A （x） ∨p ∨¬p，就可证明前件存在规则的独立性，因为根据这个变换，¬（∃x） （F （x） ∧¬F （x）） 变为一个推不出的公式。

命题变元代入规则的独立性可如下得出，如果没有这条规则，则含有个体变元的可证公式只能是以下形式的公式：

（∀x） A （x） →A （y）；A （y） → （∃x） A （x）；

（∀x） A （x） → （∀x） A （x）； （∃x） A （x） → （∃x） A （x）；

（∃z） （ （∀x） A （x） →A （z））； （∃z） （A （z） → （∃x） A （x））；

或者由这些公式用个体变元代入规则或约束变元改名规则而得出的公式。因为公理 （5） 和 （6） 具有这些形式，而通过其余的变形规则也永远只得到这一类的公式。因此，如果没有命题变元代入规则，那么我们就不能推出公式 （∀x） A （x） → （∃x） A （x）。

自由个体变元代入规则的独立性可如下证明。如果谓词变元某些空位处所填的个体变元是 z，则把该空位 （连同变元 z） 删除。例如把 F （x，z） 变成 F （x），G （z） 变成 G。在这种变换后，凡是未用到个体变元代入规则所做出的证明都仍然变成一个证明。公理不受这个变换的影响，因此，所有不用上述规则的可证公式仍然变为可证公式。但可证公式 （∀x） F （x） →F （z） （使用了个体变元代入规则） 却变换为 （∀x） F （x） →F，这里第二个 F 是一个命题变元，这个公式是不可证的。

用同样的方法可以证明约束变元改名规则的独立性。删除量

词（∀x）和（∃x），以及约束变元 z（连同 z 所填的空位）。经过
这个变换，凡不用改名规则所推出的公式也变成一个可推出的公
式。但是，使用改名规则的可证公式（∀z）F（z）→F（x）却变
为一个推不出的公式 F→F（x）。

现在证明谓词变元代入规则的独立性。我们把凡是具有（∀
x）A（x），（∀y）A（y）等形状的部分公式，只要它含有谓词变
元 G，便都换为（∀x）A（x）∨p ∨¬p，（∀y）A（y）∨p ∨¬p
等。经过这些变换，凡不用谓词变元代入规则而可推出的公式仍
变为一个可推出的公式。但是，使用上述代入所推出的公式（∀
x）G（x）→G（y）却变为（∀x）G（x）∨p ∨¬p→G（y），前
件含 p ∨¬p，因此前件是真的，由此推出 G（y），再代入可得¬G
（y），从而得到一个矛盾。

分离规则的独立性可证明如下。如果没有这个规则，那就只
能得到¬A ∨B（即 A→B）形的公式。因为所有公理都是这种形状
的，除分离规则外的各规则也都给出这样的公式。因此，若无分
离规则便不能推出 p ∨¬p。

以上便是希尔伯特和阿克曼对谓词演算公理系统各公理和推
理规则的独立性所给出的证明。

一阶谓词演算不具有像命题演算那样的语法完全性或较强意
义的完全性，也就是说，对一阶谓词演算来说，把某一个以前推
不出的公式加到公理去以后，得不到一个矛盾。例如，我们可以
找到一个公式（∃x）F（x）→（∀x）F（x），按照上述证明一致
性的算术解释，它取值为 0，但它不是可证公式。从直观上说，这
个公式是说："如果有一个 x 使 F（x）成立，则对于一切 x，F
（x）成立"，显然这不是普遍有效的。对这一点，可给出严格
证明。

但是，一阶谓词演算在弱的意义上，即对证明所有普遍有效
公式是充分的这个意义上，是完全的。这种完全性称为语义完全

性。哥德尔（K. Gödel，1906—1978 年）在 1930 年发表的论文《逻辑的函项演算公理的完全性》中第一次证明了这个定理。

3. 哥德尔完全性定理

哥德尔完全性定理是说：狭义函项演算（即一阶谓词演算）的每一有效公式是可证的。

哥德尔证明了与此相等价的一个定理：

狭义函项演算的每一公式，或是可否证的，或是可满足的。

这等于说：

一阶谓词演算的任一公式 A，或者 A 是可证的，或者 ¬A 是可满足的（或 A 不是普遍有效的）。

在证明过程中，要使用挪威数学家斯科伦（T. Skolem）在 1920 年发表的论文《对数学命题的可满足性或可证性的逻辑组合的研究：累文汉定理的简化证明及推广》中的一个结果：一阶谓词演算中的每一合式公式都有一个斯科伦前束范式，它们可以互推。由此可得，一个公式是普遍有效的，当且仅当它的斯科伦范式是普遍有效的。因此，我们只限于证明，所有具有斯科伦范式的普遍有效公式是可证的。

设任一普遍有效公式 A 的斯科伦范式 A_0 为：

$(\exists x_1) \cdots (\exists x_k)$　$(\forall y_1) \cdots (\forall y_l)$ B $(x_1, \cdots x_k; y_1, \cdots, y_l)$。

我们先构造一些公式。由个体变元的无穷序列 x_0，x_1，x_2，$\cdots$ 所组成的 k 元组（x_{i1}，x_{i2}，$\cdots$，x_{ik}）是可数的，我们可按照熟知的方式来数，即先依照足标的和（$i_1 + i_2 + \cdots + i_k$）的大小而排列，其次，如果足标的和相等，则按辞典次序排列，因此可排成下面的一列：（x_0，x_0，$\cdots$，x_0）；（x_0，x_0，$\cdots$，x_1）；（x_0，x_0，$\cdots$，x_1，x_0）；$\cdots$我们把第 n 个 k 元组记为（x_{n1}，x_{n2}，$\cdots$，x_{nk}）。此外再以 B_n 表示以下公式：

B $(x_{n1}, x_{n2}, \cdots, x_{nk}; x_{(n-1)l+1}, x_{(n-2)l+2}, \cdots, x_{nl})$

在这个公式中，分号以后的个体变元与分号以前的个体变元是绝不相同的，同时与在以前的公式 B_m（$m<n$）中所曾出现过的一切变元不相同。另一方面，当 $n>1$ 时，变元 x_{n1}，x_{n2}，$\cdots$，x_{nk} 却已经在 B_m（$m<n$）中出现过了。

令 C_n 为 $B_1 \vee B_2 \vee \cdots \vee B_n$。

我们可以看出 C_n 中无量词，C_n 可看成一个命题公式，方法是把不同的谓词变元看成不同的命题变元，把带有不同变目的相同谓词变元也看成不同的命题变元。因此我们可以考虑，C_n 是不是重言式的问题。

C_n 的全称闭包记为 D_n。

例如，给定了一个斯科伦范式：

$(\exists x_1)(\forall y_1)(F(x_1) \rightarrow F(y_1))$，

B_1 为 $F(x_0) \rightarrow F(x_1)$，

B_2 为 $F(x_1) \rightarrow F(x_2)$，

C_2 为 $(F(x_0) \rightarrow F(x_1) \vee F(x_1) \rightarrow F(x_2))$，

D2 为 $(\forall x_0)(\forall x_1)(\forall x_2)[(F(x_0) \rightarrow F(x_1) \vee F(x_1) \rightarrow F(x_2))]$

C_n 有两种情况：

（1）有一 n 使 C_n 是重言式。从而 C_n 可证，据后件概括规则，D_n 也可证。用数学归纳法可以证明：$D_n \rightarrow A_0$，这样斯科伦范式就是可证的。

（2）没有一个 n 使 C_n 是重言式。这样，斯科伦范式 A_0 不是普遍有效的，我们可以给出一些以自然数为个体域的数论谓词，把它们代入 A_0 的谓词变元之后，得到一个假命题。简要证明如下。由于对每一 n，C_n 都不是重言式，因而我们给 C_n 中的命题变元赋值时，使 C_n 为假。每个 C_n 有一使之为假的满足系。对任一给定的 n，这种假的满足系只能是有穷的，但整个说来必有无穷多个，因为由 C_1，C_2，C_3，$\cdots$ 组成的序列是无穷的。我们可以假定所有出

现在 C_1，C_2，C_3 等任何一个公式中的命题变元可以照它们第一次出现的顺序加以列举，对它们做出以下的主要满足系。如果第一个命题变元在上述无穷多的假满足系中有值"真"，那么它得到值"真"；否则便得到值"假"。以后，我们只考虑那些满足系，其中第一个命题变元代入了它所对应的值。这时如果第二个命题变元出现无穷多次的"真"值，那么它取为"真"，否则为"假"。同样，当确定后一个命题变元的值时，我们只考虑那些满足系，其中前一个命题变元取得了它所对应的值。显然，这个主要满足系同时使所有公式 C_1，C_2，C_3 等变假。哥德尔在证明主要满足系存在时说，要"用熟悉的论证"，这实际上是指葛尼希（Konig）无穷引理，这是关于无穷集合的一条定理。

其次，我们定义一些数论谓词，用以代入斯科伦范式 A_0 中的谓词变元。我们规定在填有个体变元的谓词表达式中，个体变元 z_0，z_1，z_2 等代之以自己的数标，结果可得到 F（0），G（1，2），H（1，2，3）等一类表达式。这些数论谓词的真值与在主要满足系中原来的谓词表达式（实际上已作命题变元看待）的真值相同。因此，这些数论谓词就是对 A_0 中的谓词变元的解释。现在，我们在 A_0 中，把自然数作为个体域，把其中的谓词变元代入上述定义的数论谓词，这就使 A_0 变为一个假命题，也就是使下式（即 ¬ A_0）：

（∀x_1）…（∀x_k）（∃y_1）…（∃y_l）¬B（x_1，…x_k；y_1，…，y_l），

变成一个真命题。这可简要论证如下：

取第 n 个 k 元组相应的自然数组（n_1，…，n_k），经过代入后，以下公式

¬B（n_1，…，n_k；（$n-1$）$l+1$，…，nl）

的真假值同对 C_n 的最后一个析取项 B_n（该项为假）

B（x_{n1}，x_{n2}，…，x_{nk}；$x_{(n-1)l+1}$，$x_{(n-2)l+2}$，…，x_{nl}）

中的命题变元作相应真假值代入后的值相反，即

$\neg B$ $(n_1, \cdots, n_k; (n-1) l+1, \cdots, nl)$ 是一个真命题。

因为这对每个 k 元组自然数都真，所以，以下公式

$(\forall x_1) \cdots (\forall x_k) (\exists y_1) \cdots (\exists y_l) \neg B$ $(x_1, \cdots x_k; y_1, \cdots, y_l)$

对于所给的自然数域是真的。由此证明了 $\neg A_0$ 是可满足的。

由以上的（1）和（2），我们证明了：A 的斯科伦范式 A_0 是可证的，或者 $\neg A_0$ 是可满足的（而且是在自然数域可满足的）。由于 A 与 A_0 可以互推，我们得到：对任一谓词演算公式 A，或者 A 是可证的，或者 $\neg A$ 是可满足的。这就得出完全性定理：如果 $\neg A$ 不可满足则 A 可证，即如果 A 是普遍有效的，那么 A 是可证的。

哥德尔完全性定理的建立标志着从弗雷格以来所创建的一阶谓词演算达到了完善的地步。这个定理圆满地解决了希尔伯特在 1928 年所提出的未解决的一阶逻辑完全性问题。它具有以下形式（$\Rightarrow$ 表示"推出"）：

普遍有效 $\Rightarrow$ 在自然数域（可数无穷域）有效 $\Rightarrow$ 可证。

哥德尔说："现在所证的等价式：'有效的 = 可证的'，对判定问题来说，包含着把不可数的东西化归为可数的东西，因为'有效的'指的是函项的不可数总体，而'可证的'预设的只是形式证明的可数总体。"[1]

因此，我们可以说，哥德尔完全性定理在不可数的东西与可数的东西之间架起了一道联系的桥梁。

在哥德尔完全性定理的证明过程中，使用了排中律，这在假定有一个数 n 或没有一个数 n 使 C_n 为重言式时必须使用的，此外，还要用葛尼希无穷引理。在这里必须要有超穷思维。哥德尔正是对"超穷思维"具有"客观主义"的态度，才做出了完全性定理

---

[1] F. G. ，p. 589.

的证明，建立了"不可数"与"可数"之间的联系。哥德尔在给王浩教授的信中指出："在数学上，完全性定理确实是斯科伦1922年文章的一个几乎不值一提的推论。然而事实是，在那个时候，没有人（包括斯科伦本人）得出这个结论（既没有从斯科伦的 1922 年文章得出，也没有像我所做的那样从自己的类似的考虑中得出）。"① 斯科伦 1922 年的文章是《对公理集合论的一些说明》，其中有一部分给出累文汉定理（亦称累文汉—斯科伦定理）的一个新证明。德国逻辑学家累文汉（L. Lowenheim）在 1915 年证明了一条定理：如果一阶谓词演算的一个公式是可满足的，那么在自然数域（或可数无穷个体域）内它也可满足。斯科伦在 1920 年使用存在量词全部在全称量词前的前束范式，对累文汉定理做了新的证明，在证明过程中还使用了选择公理和戴德金的"链"的一些结果。斯科伦还把累文汉定理推广到一阶谓词演算的可数无穷公式集。斯科伦在 1922 年对累文汉定理做出了新的证明，没有使用选择公理和戴德金的结果。在这个新的证明中，实际上包含着得出完全性定理所需要的引理，他已经隐含地证明了"或者 A 是可证的，或者¬A 是可满足的"（"可证的"是在非形式的意义上）。然而，斯科伦没有能表述这个结果，显然他自己也不清楚，看来他并不知道这个结果。所以，希尔伯特和阿克曼在 1928 年《理论逻辑基础》中陈述未解决的完全性问题时，根本没有提斯科伦 1922 年的文章。哥德尔总结斯科伦的失误时指出："逻辑学家的这种盲目性（或偏见，或不管你叫它什么）实在令人吃惊。但我认为不难找到解释。其原因就是由于当时所普遍缺少的、对元数学和非有穷思维所需要的认识论态度。……数学中的非有穷思维被广泛地认为只是在它能用有穷的元数学'解释'或'证明为正当'的范围内才有意义。……这个观点几乎不可避

---

① Wang Hao, *From Mathematics to Philosophy*, London & New York, 1974, p. 8.

免地导致在元数学中拒绝非有穷的思维。……但是前面提到的从斯科伦1922年得出的显而易见的推论确实是非有穷的，并且对于谓词演算的任何其他的完全性证明都是非有穷的。因此这些东西没有为人们注意或者被忽略了。"① 反对在元数学中使用非有穷思维及其论证，这是在哥德尔之前斯科伦及其他人没有能做出完全性定理证明的基本原因。哥德尔得到了这个结论之后还说："我的客观主义的数学和元数学一般概念，特别是关于超穷思维的客观主义的观念，对于我的其他逻辑工作也是根本的。"② 哥德尔在这里表达了他的朴素唯物论和辩证法的思想。辩证唯物主义认为，世界是无限的，无限是由有限组成的。为了认识世界和改造世界，我们的思维必须把握无限，根本的手段就是要通过科学抽象。哥德尔所说的"超穷思维"就是对无限进行科学抽象的思维，这是科学研究取得成功的一个重要条件。哥德尔完全性定理的建立生动地说明了这一点。斯科伦的失误在于把无限与有限加以割裂，固守有穷思维，从而不能把握无穷，当完全性定理已碰到自己的鼻尖时仍然不能认识它。这对科学家来说，实为憾事，我们应当引以为戒。

---

① Wang Hao, *From Mathenmatics to Philosophy*, London & New York, 1974, pp. 8 – 9.

② Ibid., p. 9.

从素朴集合论到公理集合论[*]

一　无穷集合的怪论

无穷集合同有穷集合有本质区别。有穷集合不能与其真子集（即不等于这个集合自身的子集）一一对应，而无穷集合却能与真子集一一对应。这就是说，在无穷集合的情况下，不是"全体大于部分"，而是"全体等于部分"。发现并解决这一怪论在数学和数学发展史上具有重要意义，成为一门崭新的学科——集合论的出发点。

中世纪已有一些逻辑学家提出无穷集合的怪论。但在数学和数理逻辑发展史上第一次全面地详尽地论述这个怪论的文献是伟大科学家伽利略（G. Galileo，1564—1642 年）于 1636 年出版的《关于新科学的对话》。对话的参与者共 3 人，其中，萨格列多（Sagredo）代表实用主义者，辛普利契奥（Simplicio）受过经院方法的训练，而萨尔维阿蒂（Salviati）是伽利略本人。这段著名的对话如下：②

　　萨尔维阿蒂：当我们试图用有限的心智来讨论无限时，

---

　　* 本文选自专著《数理逻辑发展史——从莱布尼茨到哥德尔》第 3 编第 10 章，社会科学文献出版社 1993 年版。

　　② 转引自丹齐克《数，科学的语言》，苏仲湘译，商务印书馆 1985 年版，第 174—175 页。

所发生的困难之一，就是假定它有我们给予有限的和有穷的那些性质；我以为这样做是错误的，因为对于无限的数量，我们不能说两个中孰大孰小或相等。要证实这一点，我心中已有了一个论证，为了简明起见，我将用问答的形式和辛普利契奥讨论，困难是由他提出来的。

我假定你们都知道了什么数是平方数，什么数不是。

辛普利契奥：我很知道平方数就是由一个数自己相乘而得出的数；所以，由 2、3 等各自自乘而得出的 4、9 等就是平方数。

萨尔维阿蒂：对了。你们也知道，就因为这种乘积叫作平方数，所以其因数就叫作边或根了；反过来，若乘积没有相等的因数，它们就不会是平方数了。因此，假如我说所有平方数、非平方数总括起来要比上举的平方数为多，我说的乃是真理，对吗？

辛普利契奥：那是一定的。

萨尔维阿蒂：如果我问有多少平方数？人家就可以确确实实地回答说，和相对应的根的数目是一样多的，因为每一个平方数都有它自己的根，而且每个根也有其自己的平方数，而且没有一个平方数有一个以上之根，也没有一个根有一个以上之平方数。

辛普利契奥：当然是这样的了。

萨尔维阿蒂：但是如果我问有多少个根呢？你不能否认它的数目和数一样多，因为每一个数都是某平方数之根。承认了这个之后，我们必须说，有多少数就有多少平方数，因为有多少根就有多少平方数，一切的数都是根。然而，我们先头说过，数是比平方数多的，因为数的大部分都不是平方数。不但如此，平方数和数的比例是越到大数则较小的。例如到一百，我们有十个平方数，即全数的十分之一；到一万，只有一百分之一是平方数；到一百万，只有千分之一；然而从另一方面来看，在无限数中——如果我们能够想象这样一个东西的话——就只好承认平方数跟全部总括起来的数是同样多的了。

萨格列多：那么在这种情形之下，我们只能得出甚么结论呢？

萨尔维阿蒂：就我所知道的，我们只能说平方数是无限的，其根数也是无限的；我们不能说平方数比一切的数少，也不能说后者比前者多；说到底，"等于""大于"和"小于"诸性质不能用于无限，而只能用于有限的数量。

于是，当辛普利契奥拿出几段长短不同的线，并且问怎么能够说长的不比短的有更多的点时，我就告诉他说，一段线不比另一段线有更多的，或较少的，或同样多的点，而是每一段线都含有无限个点。

这就是伽利略关于无穷集合的怪论。伽利略已经发现了两种奇怪的现象：

第一，在正整数集合 $S_1 = \{1, 2, 3, \cdots, n, \cdots\}$ 与正整数的平方数集合 $S_2 = \{1, 4, 9, \cdots, n^2, \cdots\}$ 中，一方面，由于 S_1 的大部分都不是平方数，即 S_2 是 S_1 的真子集，因而 S_1 的元素比 S_2 的元素多；另一方面，由于每一个数都是某平方数之根，也就是说，每一个数都和一个唯一的平方数对应（把 S_1 中的 n 对应于 S_2 中的 n^2），因而 S_1 的元素与 S_2 的元素是同样多的。

第二，长线段上的点有无限多个，短线段上的点也有无限多个，因而前者不比后者有更多的点。这实际是说，长线段上的实数与短线段上的实数一样多。

伽利略碰到了正整数集合和实数集合这两种集合的本性，即"部分等于全体"，但是他感到困惑，避开了这个本性，宣布说：

"大于、等于、小于诸性质不能用于无限，而只能用于有限数量"。

伽利略的怪论在当时并未产生什么影响。在他之后二百年，关于无穷集合的研究没有什么进展。莱布尼茨认为，"部分等于全体""所有自然数的总数与偶数的自然数的数目相同"是自相矛盾的，无穷数是不可能的。1851 年，捷克逻辑学家鲍尔查诺（B. Bolzano，1781—1848 年）生前写的德文小册子《关于无穷的怪论》出版。鲍尔查诺提出了"实无穷"的概念，看到了无穷集合的本性——"部分等于全体"，特别是提出了集合的"势"（即基数）的概念。但总的说来，鲍尔查诺的进展不大，也没有引起人们的注意。

集合论的创始者是德国数学家和逻辑学家康托尔，他在伽利略的后退之处大踏步地前进了，下面我们论述康托尔的集合论。

二　康托尔的集合论

康托尔（G. Cantor，1845—1918 年）生于俄国圣彼得堡（苏联列宁格勒），1856 年随父母移居德国。他在中学时期就对数学感兴趣，渴望成为一名数学家。1862 年，他到苏黎世上大学，1863 年转入柏林大学，在柏林大学学习期间受到著名数学家魏尔斯特拉斯的影响。1867 年在柏林大学的博士论文论述了数论问题。1869 年康托尔取得在哈勒大学任教的资格，1872 年任副教授，1879 年提为教授。从 1884 年起，他患了精神病，不时发作，常住院治疗。其根本原因有两个：（1）以他的老师克朗尼克（L. Kronecher，1823—1891 年）为首的一些数学家根本否定集合论，对康托尔进行批评和攻击。克朗尼克是一个构造论者，他认为整数是算术的基础，因而借有限多个整数而进行的构造过程是判别数学存在性的唯一标准，他也不承认无理数。克朗尼克在当时是柏林数学界的重要人物，他的观点和对集合论的攻击，不但对集合论的传播和发展起了严重的阻碍作用，而且损害了康托尔的身体。康托尔希望能到柏林大学任教，但克朗尼克坚决反对，致使康托尔的希望化为泡影。（2）在 19 世纪 80 年代初期，康托尔为解决连续统问题用脑过度。康托尔在健康恶化的情况下，还做了不少工作，他在 1890 年创立德国数学家联合会，任第一任主席。他还努力筹备召开国际数学家代表大会，第一届大会于 1897年在苏黎世召开，康托尔得到了巨大成功。从 1897 年以后，康托尔的集合论得到广泛承认。但从 1913 年起，康托尔的身体迅速恶化，于 1918 年在哈勒逝世。

康托尔的主要论文有《论一切实代数数的一个性质》（1874），1879—1884 年发表的《论无穷的线性点集》的 6 篇论文。1932 年，《康托尔全集》出版。

（一）康托尔的指导思想——实无穷的理论

在康托尔创立集合论之前的一段相当长的时间内，潜无穷的思想在数学界占统治地位。潜无穷论者坚决否认无穷是完成的、固定的实体，认为无穷是潜在的，就发展说是无穷的。我们可以引证著名数学家高斯（Gauss，1777—1855 年）在 1831 年给数学家舒马赫（Schumacher）的信中一段话："至于你的证明，我不得不极力反对你把无限当作一种完成的东西来使用，因为这在数学上是决不能承认的。无限只不过是言语上的一个比喻；是一句陈述语的简略形式，就是说，有极限存在使得某些比例数能够任意地接近它，而其它量则可能增长到超越一切界限。……只要有限的人不误把无限当作某种固定的东西，只要他不凭借心灵中后天的习惯而把无限看作某种有限制的东西，那末就不会出现什么矛盾。"[1] 高斯的这段话代表了在集合论创立之前数学家们的传统

---

[1]　转引自丹齐克《数，科学的语言》，第 176 页。

观点。

要创立集合论这一新的数学分支，就必须首先与这种传统决裂。康托尔提出了实无穷的观点，给了当时的统治思想以致命的打击。他在1883年的一篇论文中，把实无穷当作确定的数学实体来处理。实无穷论者主张无穷是一个实际存在的、完成了的整体，是可以认识的。康托尔说："我们传统上把无限看作有限制地增加或是与之密切关联的一个收敛序列的形式，这是十七世纪所取得的。与此相反，我把无限理解为具有某种完成了的东西的确定形式，是某种不但能有数学表示而且可用数来定义的东西。这种无限的概念是和我所珍视的传统相违背的，和我自己的愿望更相违背，我是被迫接受这种观点的。可是多年的思考和尝试，指明这种结论是逻辑上的必然，由于这个原故，我自信，没有什么持之有据的反对意见是我所无法对付的。"①

1885年，康托尔在给埃斯特姆（G. Enestrom）的信中指出，一切关于"实无穷不可能"的证明都是错误的，他说："这些证明一开始就期望那些数要具有有穷数的一切性质，或者甚至于把有穷数的性质强加于无穷。可是相反，这些无穷数，如果它们能够以任何形式被理解的话，倒是由于它们和有穷数的对应，它们必须具有完全新的数量特征，这些性质完全依赖于事物的本性……而并非来自我们的主观任意性或我们的偏见。"②

康托尔关于实无穷的理论具有朴素的唯物论和辩证法的精神。正是在实无穷的理论指引下，批判了传统的观念，把无穷集合看成实际存在的、完成的数学实体，与有穷集合具有不同的本性，从而创建了一门崭新的学科——集合论，在数学和数理逻辑发展史上引起了革命性的变革。

康托尔所创立的集合论称为古典集合论或素朴集合论。这种

---

① 转引自丹齐克《数，科学的语言》，第176页。
② 转引自王宪钧《数理逻辑引论》，北京大学出版社1982年版，第279页。

集合论是把抽象的集合看成常识思维的对象，用直观的逻辑进行处理，没有采用公理化和形式化的方法。康托尔把集合描述为"我们的直观或我们的思维中确定的并可区分的对象所概括成的一个总体"。这就是说，一个集合具有两个重要特征，一是集合中的元素是确定的，二是集合的元素之间是可区分的。康托尔对集合的规定成为素朴集合论中两条重要原则——外延原则和概括原则——的基础。外延原则是说，一个集合由它的元素唯一地确定；概括原则是说，每一性质（或谓词）产生一个集合。由下我们可以看出，如果对概括原则不加限制，就要产生悖论，

（二）可数集和不可数集

康托尔是从研究"函数展开为三角级数的唯一性"开始研究无穷集合的。在 1870 年、1871 年和 1872 年的 3 篇论文中取得了重要结果。他在 1870 年指出，如果两个三角级数对任一 x 收敛并且其和相等，肯定了函数展开为三角级数的唯一性。他在 1871 年将此结果推广到存在着有穷个例外点，1872 年又推广到存在着无穷个例外点。由于研究这种不影响唯一性的无穷例外点集的需要，康托尔引入了直线上的点集概念，在数学史上第一次探讨了实数点集。1873 年 11 月，康托尔在给戴德金的信中提出，有理数集合是可数的，也就是说，可与正整数集合一一对应；他这时猜想实数集合不能与正整数集有一一对应。1873 年 12 月，康托尔告诉戴德金，说他已经证明实数集合是不可数的。1874 年，康托尔第一篇关于集合论的论文《论一切代数实数的一个性质》发表。这篇论文证明了存在两种不等价的无穷集合：可数集与不可数集。这篇论文的发表标志着集合论正式诞生。

康托尔第一次科学地应用了"一一对应"的概念来把握无穷集合的本质。如果一个集合能与自己的真子集一一对应，那么它就是无穷集合。康托尔轻而易举地解决了伽利略的怪论。在此基

础上，他又前进了一大步。他引进了"可数集"的概念，所谓可数集就是能与正整数一一对应的集合。康托尔认为，这是最小的无穷集合。康托尔证明了以下几点：

1. 有理数集是可数的；

2. 一切代数数（即作为一切代数方程式的解的所有数）的集合也是可数的；

3. 实数集不可数；

4. 由2和3可以推出，必定存在着超越无理数，它们是不可数的。康托尔在证明4的时候使用了一种非构造性的存在证明。

现在我们来分析康托尔对前3个结论所做的具有伟大历史意义的证明。

第一，关于有理数集可数性的证明。康托尔在1874年给出了一个证明；1895年又给出了一个广为使用的证明，他实际上是针对正有理数集进行证明，但其基本方法可推广到整个有理数集。

正有理数可按照以下方式排列：

$$\frac{1}{1}, \frac{2}{1}, \frac{3}{1}, \frac{4}{1}, \cdots\cdots$$

$$\frac{1}{2}, \frac{2}{2}, \frac{3}{2}, \cdots\cdots\cdots\cdots$$

$$\frac{1}{3}, \frac{2}{3}, \cdots\cdots\cdots\cdots\cdots$$

$$\frac{1}{4}, \cdots\cdots\cdots\cdots\cdots\cdots\cdots$$

在每一个小方块中，对角线上的有理数的分子之和同分母之和是相等的。例如在第一个小方块中，$\frac{1}{1}$和$\frac{2}{2}$，同$\frac{2}{1}$和$\frac{1}{2}$，其分子之和等于分母之和。我们从$\frac{1}{1}$开始，按箭头方向把数 1 对应于$\frac{1}{1}$，数 2 对应于$\frac{2}{1}$，数 3 对应于$\frac{1}{2}$，数 4 对应于$\frac{1}{3}$，数 5 对应于$\frac{2}{2}$，如此等等。按这种对应方式，在某一阶段上每一有理数将被达到并对应于一个正整数。在以上排列中，有的有理数重复出现，这是无妨的。由以上的对应，我们可见，有理数集（其中有的有理数出现多次）同正整数是一一对应的。如果去掉重复，有理数集仍是无穷集合，并且必须是可数的，因为这是最小的无穷集合。

从表面上看，正整数集是有理数集的真子集，有理数集比正整数集要大得多，但实际上，它们是一一对应的，也就是说，一个无穷集合的真子集可以等于这个无穷集合。

康托尔用"一一对应"的概念解决了伽利略的"部分等于全体"的怪论，揭示了无穷集合的本质以及无穷与有穷的本质差别。康托尔的成果是人们对无穷集合认识道路上的第一块里程碑。

恩格斯说："无限性是一个矛盾，而且充满种种矛盾。无限纯粹是由有限组成的，这已经是矛盾，可是事情就是这样。"[①] 无穷集合与其真子集相等，这是一个辩证的矛盾。康托尔的理论从数学上充实、丰富了马克思主义关于无限的观点。

第二，关于代数数可数的证明。康托尔在 1874 年给出如下的证明：

设一般的代数方程为：

$$a_0 x^n + a_1 x^{n-1} + \cdots + a_n = 0 \quad (a_i 是整数)$$

对 n 次的任一代数方程，令它对应于以下规定的数 N：

$$N = n - 1 + |a_0| + |a_1| + \cdots + |a_n|$$

---

① 《马克思恩格斯选集》第 3 卷，人民出版社 1972 年版，第 90 页。

其中 a_i 是系数。由此可见，N 是一个整数。对每一 N，只有有穷数的代数方程与之对应，因此也只有有穷数的代数数与之对应。当 N＝1，所对应的代数数为从 1 到 n_1；当 N＝2，从 $n_1＋1$ 到 n_2，如此等等。因为每一代数数都可被达到，并且只对应于一个整数，所以，代数数的集合是可数的。

第三，关于实数集不可数的证明。康托尔在 1874 年和 1890 年分别给出了证明，后一证明较简单，简介如下：

假定在 0 和 1 之间的实数是可数的。我们把每一实数写成小数，并规定数 $\frac{1}{2}$ 写成 $0.499\cdots$，如此等等。如果这些实数是可数的，我们可把每一实数对应于一个整数 n：

$1 \leftrightarrow 0.a_{11}a_{12}a_{13}\cdots$

$2 \leftrightarrow 0.a_{21}a_{22}a_{23}\cdots$

$3 \leftrightarrow 0.a_{31}a_{32}a_{33}\cdots$

$\cdots\cdots$

现定义 0 和 1 之间的一个实数 $b＝0.b_1b_2b_3\cdots$，如果 $a_{kk}＝1$ 则 $b_k＝9$，如果 $a_{kk}\neq1$ 则 $b＝1$。这个实数与以上对应中的任何实数都不相同。可是，以上的对应应该包括 0 和 1 之间的所有实数。因此，产生矛盾。这就证明了 0 和 1 之间的实数是不可数的。

在康托尔的证明中，第一次使用了名扬数学史的对角线方法。在以上所构造的实数 b 即 $0.b_1b_2b_3\cdots$ 中，它在第一个小数位置上与 a_{11} 不同，在第二个小数位置上与 a_{22} 不同，在第三个小数位置上与 a_{33} 不同，等等。a_{11}，a_{22}，$a_{33}\cdots$ 是对角线上的数。由此可见，康托尔的对角线方法十分绝妙，它是研究无穷集合的重要工具，具有非常重要的方法论意义。

实数集也就是一条线段上的点集（线性连续统），这一集合是否与 n 维空间的点集一一对应呢？康托尔在 1874 年开始研究这个问题，他当时认为这两种集合之间不可能有一一对应。康托尔的想法似乎是符合直观的，因为人们的直观总是认为，在三维空间，在无限的宇宙中，当然比一条线段有更多的点。不过，单靠直观并不能得到真理。康托尔经过3年的潜心研究，于1877年得出结果：线性连续统和 n 维空间有一一对应，他在写给戴德金的信中说："我见到了，但我不相信。"康托尔在1878年的论文中宣布了他的发现。他证明的是长度为1的线段 OC 与边长为1的正方形 ADBO 之间能够一一对应。

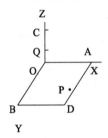

设在正方形 ADBO 中有一点 P，它可用坐标 x，y 标出。这两个数都是实数，而且不大于1，所以都可写成小数。这两个小数都可表示为无穷小数，因为若是有穷小数，例如0.8，可变为无穷小数 0.7999…。设 x，y 可写成以下形式：

$x = 0. a_1 a_2 a_3 \cdots$

$y = 0. b_1 b_2 b_3 \cdots$

由 x 和 y 做出第三个数 z：

$z = 0. a_1 b_1 a_2 b_2 a_3 b_3 \cdots$

这个小数也是一个实数，可在线段 OC 上用一点 Q 标出。因此，对于正方形内的每一个点（x，y）就有线段 OC 上唯一的一个点 Z 与之对应。反之亦然。

康托尔的结果同我们的直观十分矛盾，以致当时有些数学家认为它破坏了维度的概念，违背了常识，是唯心主义的虚构。但是，康托尔应用了"一一对应"这个强有力的工具，揭示了线性连续统与 n 维空间具有同样的无穷集合的本质，推进了对维度概念的研究。1879年，数学家吕洛特（J. Luroth）证明了线性连续统同单位正方形（即平面）的一一对应不是连续的，这就是说，相邻的 z 点不必然同相邻的（x，y）点对应，相邻的（x，y）点也不必然同相邻的 z 点对应。后来，著名的直觉主义代表人物布劳维尔（Brouwer）在 20 世纪初证明了维数的拓扑不变性，这一重要结果表明，不存在 m 维空间和 n 维空间的连续的一一对应（m≠n）。

（三）超穷基数和超穷序数

康托尔在 1878 年提出了等价和势（即基数）的概念。两个集合是等势的（康托尔记为 M∽N）当且仅当在它们之间有一一对应。康托尔在这里用"一一对应"的概念定义了"等势"的概念。显然，等势是一种等价关系（即自返的、对称的和传递的关系）。与一个给定的集合 M 等势的一切集合有一共同性质，这一共同性质就是 M 的基数，康托尔把它记为 $\overline{\overline{M}}$。根据康托尔的说法，一个给定集合 M 的势或基数是一般概念，是借助于我们的积极的思维能力，当我们从一个集合 M 的各种元素 m 的性质进行抽象并从它们所给定的次序进行抽象的时候，从集合 M 所得到的结果。在 M 中的两道水平短线表示双重抽象。根据康托尔的定义，M∽N 与 $\overline{\overline{M}} = \overline{\overline{N}}$ 是等价的。

如果 M 是有穷的，那么 $\overline{\overline{M}}$ 就是一些自然数。如果 M 是无穷的，那么它的基数就不是自然数了。康托尔用 $\aleph_0$ 表示自然数或正整数集合的基数，与自然数集合等势的一切集合，其基数都是 $\aleph_0$，这就是说，凡具有基数 $\aleph_0$ 的无穷集合是可数的。康托尔认为，无穷集合的基数可以比较，比较的方法就是通过"一一对应"。如果一个集合 M 与另一集合 N 的子集一一对应，但与 N 本身不一一对应，那么 $\overline{\overline{M}} < \overline{\overline{N}}$。康托尔所提出的基数可比性的思想实际是选择公理的一种等价形式。[①] 由此可得，实数集合（连续统）的基数 c

---

① 　见 H. Rubin and J. Rubiu, *Equivalents of the Axiom of Choice*, Amsterdam, 1963。

（连续统 continuum 的第一个字母）大于自然数集合的基数，即 $c > \aleph_0$。

康托尔集合论的最主要结果是在 1879 年以后取得的。首先，我们介绍著名的"康托尔定理"。这一定理是说，给定一个集合，它的幂集（即一切子集合所构成的集合）的基数大于原集合的基数。设给定的集合为 M，其幂集记为 AM。显然，M 与幂集中的一部分即 M 的所有单元集的集合是一一对应的。但 M 与 AM 不能一一对应。康托尔用反证法加以证明。假定它们一一对应。AM 的元素是 M 的一切子集，因此我们可以问：M 的任一个元素是不是它的对应者的一个元素？现考虑一个集合 α，其元素仅仅是 M 的那些元素：这些元素不是其对应者（AM 中的元素）的元素。这个集合本身一定是 AM 中的一个元素，据假设，它必与 M 的一个元素 β 相对应。现在我们问：β 是不是 α 的元素？如果我们说"是"，那么据定义，α 只包含那些 M 的元素：这些元素不是其对应者的元素，即 β 不是 α 的元素。如果我们说 β 不是 α 的元素，那么据定义，不包含在 α 中的 M 的任一元素一定是其对应者的一个元素，即 β 是 α 的元素。总之，导致矛盾。因此，我们必须否定原来 M 与 AM 一一对应的假定。这样，我们就得到 $AM > \overline{M}$。康托尔对这一定理的证明技巧类似于实数集不可数的证明，证明的关键在于如果承认 M 与 AM 的一一对应关系，那么就要承认这种对应关系所不能包括的元素 α 的定义。集合 α 类似于实数不可数证明中所构造出来的对角小数。因此，我们可以把康托尔定理的证明看成是对角线方法的一种变形。若 M 为有穷集合，例如 $M = \{0, 1\}$，则 AM 的元素恰好有 2^2 个［即 ∅（空集），$\{0\}$，$\{1\}$ 和 $\{0, 1\}$］，一般说来，M 有 n 个元素，则 AM 的元素为 2^n 个。推广到无穷集合，若 M 的超穷基数为 α，则 AM 的基数为 2^α 个。由此可得 $2^\alpha > \alpha$，这里 α 为任一无穷集合的基数。这是康托尔定理的直接系定理。

　　根据康托尔定理，给定一个集合，可以通过幂集来构成一个更大的集合；给定一个基数，可以得到一个更大的基数。这就是说，我们可以构造以下一个比一个大的集合序列：M，AM，AAM，…；也可以构造以下相应的一个比一个大的基数序列：α，2^{α}，$2^{2^{\alpha}}$，…，因此，从康托尔定理可得以下结论：没有最大的集合，也没有最大的基数。

　　基数的概念是双重抽象的结果。如果我们只从集合的元素的性质进行抽象，而保留次序的概念，那么就可得到"序数"。根据康托尔的说法，一个集合是简单有序的，当且仅当有一个不自返的、传递的关系 $\prec$ 使得对该集合的任意两个元素 a 和 b，或 a $\prec$ b 或 b $\prec$ a。两个简单有序的集合（序集）M 和 N 是相似的，当且仅当在它们之间存在一一对应并且在对应时保持一切次序关系，这就是说，如果 M 的元素 m_1 对应于 N 的元素 n_1，m_2 对应于行 n_2，并且 $m_1 \prec m_2$，那么 $n_1 \prec n_2$。两个序集相似记为 M $\simeq$ N。给定一个序集 M，凡与 M 相似的一切序集有一个共同性质，这个共同性质称为 M 的序型 $\overline{M}$。一个序集称为良序的，当且仅当它的每一不空子集有首元素（所谓首元素或首元就是在给定的次序中位于其他一切元素之前的元素）。任一良序集的序型称为一个序数。康托尔在引进了良序集和序数的概念之后指出，对于有穷集合，不论其中元素的次序如何排列，所得的序数相同，也就是说有唯一的序数。上面说过，一个有穷集合的基数是自然数 1，2，…，因此在有穷集合的情况下，我们既可把 1，2，…看成是基数，也可看成是序数。康托尔强调说，对于无穷集合，情况迥异，从一个无穷集可以形成无穷多个不同的良序集，因而有不同的序数。

　　按自然的次序排列的正整数集 {1，2，…} 的序数是最小的超穷序数，康托尔把它记为 ω。按逐渐减小的次序排列的正整数集 {…，4，3，2，1} 的序数记为 $^{*}\omega$。正整数、负整数和零的集合按通常次序排列的序数为 $^{*}\omega + \omega$。按康托尔的定义，两个序数的和是按规定次序的第一个序集的序数加第二个序集的序数。例如正整数后有前 5 个整数的集合 $\{1, 2, 3, \cdots, 1, 2, 3, 4, 5\}$，它有序数 $\omega + 5$。类似地，可定义乘法。

康托尔把序数加以分层，引进了"数类"这一重要概念。第一数类是一切有穷序数，用 Z_1 表示。第二数类是以下的超穷序数：

超穷序数	相应的良序集
ω	$\{1, 2, 3, \cdots\}$
$\omega + 1$	$\{1, 2, 3, \cdots, 1\}$
$\omega + 2$	$\{1, 2, 3, \cdots, 1, 2\}$
…	
$\omega + \omega$（即 $\omega \cdot 2$）[①]	$\{1, 3, 5, \cdots, 2, 4, 6\cdots\}$
$\omega \cdot 2 + 1$	$\{1, 3, 5, \cdots, 2, 4, 6, \cdots, 1\}$
…	
$\omega \cdot 3$	$\{1,4,7,\cdots,2,5,8,\cdots,3,6,9,\cdots\}$
$\omega \cdot 3 + 1$	$\{1,4,7,\cdots,2,5,8,\cdots,3,6,9,\cdots,1\}$
…	
ω^2（即 $\omega \cdot \omega$）	$\{1,2,3,\cdots,2,4,6,\cdots,3,6,9,\cdots,k,2k,3k,\cdots\}$
ω^3	…
…	
ω^{ω}	…

与第二数类中的超穷序数相应的良序集虽然不同，但它们有共同的基数 $\aleph_0$。第二数类用 Z_2 表示，在第二数类中超穷序数的集合有一个超穷基数，这个集合是不可数的，康托尔用 $\aleph_1$ 表示这个新的超穷基数。$\aleph_1$ 是 $\aleph_0$ 的后继基数。然后我们把基数为 $\aleph_1$ 的一切良序集的序数按以下次序排列：

[①] $2\omega = \omega \neq \omega 2$，同样，$5 + \omega = \omega \neq \omega + 5$。交换律不成立。

Ω，$\Omega+1$，$\Omega+2$，$\cdots$，$\Omega+\Omega$，$\cdots$

这些序数构成的集合就是第三数类，用 Z_3 表示，其基数为 $\aleph_1$。仿此，可构成第四数类，第五数类，等等。因此，这种序数和基数的分层可以无穷地继续下去。

康托尔在构造这种无限分层的过程中提出了良序定理，这一定理是说，任一集合都可良序。康托尔认为这一定理对于集合论是根本性的思维规律，他在上述过程中应用了这一定理，在构造数类时只考虑良序集。他提出的任意两个集合或任意两个基数可比较大小的原则可由良序定理导出。康托尔本来打算证明良序定理，但后来他并未做这一工作。德国逻辑学家、公理集合论的奠基人策梅罗（E. Zermelo，1871—1953 年）在 1904 年和 1908 年两次证明了良序定理，在证明中使用了选择公理。现代的研究表明，康托尔所提出的基数可比性、良序定理和策梅罗提出的选择公理三者是等价的。[①]

（四）连续统假设

根据康托尔的数类分层，我们有以下的超穷基数序列：

$\aleph_0$，$\aleph_1$，$\aleph_2$，$\cdots$

根据康托尔定理，我们有以下序列：

$\aleph_0$，$2^{\aleph_0}$，$2^{2^{\aleph_0}}$，$\cdots$

我们已经知道 $2^{\aleph_0} > \aleph_0$，而 $\aleph_1$ 是大于 $\aleph_0$ 的下一个超穷基数，因此，$2^{\aleph_0} \geqslant \aleph_1$。康托尔猜想：$2^{\aleph_0} = \aleph_1$。

康托尔证明了 $2^{\aleph_0}$ 等于连续统的基数 c，这就是说，$2^{\aleph_0}$ 是否等于 $\aleph_1$ 的问题就是连续统（实数集）的基数是否就是紧接 $2^{\aleph_0}$ 的最小超穷基数的问题，即在 $\aleph_0$ 和 c 之间是否还有一个超穷基数的问题。康托尔认为在 $\aleph_0$ 和 c 之间没有其他基数，或者说，c 就是紧

① H. Rubin and J. Rubiu, *Equivalents of the Axiom of Choice*, Amsterdam, 1963.

接$\aleph_0$的下一个超穷基数。在数理逻辑发展史上，康托尔的这一猜想称为"连续统假设"。

康托尔在 1878 年首先提出这一假设，1883 年他表示希望能严格证明这一问题，他在 1884 年说，连续统假设是可证的。但是，他并未能解决连续统假设。

1900 年，希尔伯特在巴黎第二届国际数学家大会上做了《数学问题》的著名讲演，对康托尔的连续统假设给予了高度评价，并把它列为 23 个未解决问题的第一个。1925 年，希尔伯特在《论无穷》一文中曾提出证明连续统假设的一个大纲，但后来发现他的大纲有错误。迄今为止，关于连续统假设所取得的两个重大结果是：

（1）哥德尔在 1938 年证明了连续统假设与集合论的公理是一致的，即如果集合论的公理是一致的，则推不出连续统假设的否定；

（2）科恩（P. J. Cohen）在 1963 年证明了连续统假设与集合论公理的独立性，即如果集合论的公理是一致的，则推不出连续统假设。

由此可得，连续统假设对现有的集合论公理系统是不可判定的。

最后，我们要指出，康托尔关于数类的无限分层即超穷基数的可比性思想具有重要的哲学意义。最先提出无限可以比较大小的人是伟大的哲学家黑格尔，他在 1812 年的《逻辑学》一书中说："人们还说过：无限是什么，并不能以较大或较小来比较，所以按照无限的行列或品级，并不能够发生有限和无限的比率，像出现在数学科学中的无限差分的区别那样。以上所说的非难，是以如下的观念为基础，即这里所谈的是定量，它们是作为定量而被比较的；假如那些规定不再是定量，那末，它们彼此间也就不再有比率了。但是，那个仅仅在比率中的东西，倒不如说并非定量；定量是一个这样的规定，即它在比率之外，有一个完全漠不相关的实有，它与一个他物的区别应该是漠不相关的；与此相反，质的东西恰恰只是在它与一个他物相区别那样的东西。因此，那些无限的大小不仅是可以比较的，而且只有作为比较或比率的环节。"[①] 康托尔在集合论中不谋而合地提出了无限可以比较大小的思想，可谓英雄所见略同。笔者认为，马克思主义哲学应当总结黑格尔和康托尔的思想，应当提出这样一条原理：无限并不是单一的，它由于能比较大小因而具有无限的层次。

三　集合论悖论的出现——第三次数学危机

康托尔创立的集合论是数学和数理逻辑发展史上惊天动地的伟业，开辟了崭新的数学领域，为数学奠定了初步基础。但是，康托尔的集合论毕竟是素朴的、直观的，它本身还存在一些不严格、不精确的地方，正是这些不严格之处导致了"悖论"。所谓悖论是指其中有一命题，由它的肯定可以推出它的否定，而由它的否定又可以推出它的肯定。用公式表示就是：

$p \rightarrow \neg p,$

$\neg p \rightarrow p$

由此可得：

$p \leftrightarrow \neg p.$

简单说来，悖论就是一种逻辑矛盾。

最古老的悖论是公元前 6 世纪希腊哲学家发现的"说谎者悖论"。中世纪逻辑学家也发现了一批"说谎者悖论"的变形。这些都是语义悖论，与认识和语言有关。集合论悖论涉及集合、类、关系、数等一类逻辑和数学的概念，它们是出现于逻辑系统或数

---

① 黑格尔：《逻辑学》（上卷），杨一之译，商务印书馆 1991 年版，第 276 页。

学系统之中的悖论。下面我们来陈述一些主要的集合论悖论。

(一) 布拉里－福蒂悖论

这一悖论是关于最大序数的悖论。1895 年，康托尔已发现了这个悖论，并且在 1896 年告诉了希尔伯特。但是首先正式发表这一悖论的是意大利数学家布拉里－福蒂(Burali－Forti)，他于 1897 年 3 月 28 日在巴拉摩数学会上宣读了一篇论文《关于超穷数的一个问题》，发表了最大序数的悖论。① 他论证如下：

(1) 每一良序集皆有一序数。根据康托尔集合论，序数是可以比较大小的。

(2) 把小于并且包括某一已知序数 β 的一切序数排成一个良序集 {0，1，2，…，β}，此良序集也有一序数，应为 β + 1。

(3) 设由所有序数组成一个良序集 W，其序数为 Ω。这样，Ω 也应包括在所有序数的良序集 W 之中，并且是最大序数。

(4) 由以上的 (2) 可得：包括 Ω 的所有序数的良序集，其序数应为 Ω + 1，它比 Ω 大。但据 (3)，Ω + 1 应小于或等于 Ω。由此，产生了逻辑矛盾。

1899 年 7 月 28 日，康托尔在给戴德金的信中，重新考察了最大序数的悖论，康德尔的陈述同布拉里－福蒂的陈述是类似的。② 康托尔根据这一个悖论提出了一种解决办法，认为由所有序数组成的多数体是良序的，但不是一集合。康托尔把多数体分为两种：一种是不一致的多数体或绝对无穷的多数体，假定了所有它的元素的总体就导致矛盾，因此我们不能把这种多数体看成一种单一体或"一个已完成了的东西"，例如，"每一可思维的东西的总体"就是这样的多数体；另一种是一致的多数体即集合，这种多

---

① J. van Heijenoort (ed.), *Frorn Frege to Gödel*, Harvard University Press, 1977, pp. 104 – 112. 以下引证此书缩写为 F. G. 。

② F. G. , pp. 113 – 117.

数体的元素的总体可以无矛盾地看成是"结合在一起"的，因而它们能聚合成"一个东西"。这种区分后来在 1925 年由冯·诺依曼（von Neuman）所发展，不一致的多数体成为真类，一致的多数体仍称为集合。不过，冯·诺依曼的区分比康托尔的区分要精确，主要思想是：如果一个多数体是另一个多数体的一个元素，那么它就是一个集合；否则就是一个真类。

康托尔在给戴德金的信中还提出"两个等价的多数体或者两者是集合，或者两者是不一致的"，这一原理可以看成替换公理的最早表述。

（二）康托尔悖论

这是关于最大基数的悖论，由康托尔本人在 1899 年发现。康托尔在 1899 年 7 月 28 日和 8 月 31 日给戴德金的信中两次讨论了这一悖论。康德尔指出，所有基数的系统不是一个集合，而是不一致的，绝对无穷的多数体，同所有序数构成的多数体是类似的。然后，康托尔又更明确地表述了最大基数的悖论。设 S 是一切集合的集合。根据康托尔的幂集定理，$\overline{\overline{\mathfrak{A}S}} > \overline{\overline{S}}$。但 $\mathfrak{A}S$ 是 S 的一切子集的集合，它必定是一切集合的集合 S 的一部分，即 $\mathfrak{A}S$ 包含于 S，由此可得：$\overline{\overline{\mathfrak{A}S}} \leq \overline{\overline{S}}$。因此产生矛盾。

最大序数的悖论和最大基数的悖论牵涉的概念较多，没有引起数学家们的注意。在 1900 年巴黎国际数学家大会上，著名数学家彭加勒（H. Poincaré）高兴地宣布："现在我们可以说，完全的严格性已经达到了。"但是，在 1901 年 6 月，罗素考察了上述两个悖论，并且分析了它们的结构以后，发现了一个新的悖论。

（三）罗素悖论

令 w 是所有那些不是自身分子的类所构成的类。这样，不管类 x 是什么，"x 是一个 w"等价于"x 不是一个 x"。以 w 代 x，可得："w 是一个 w" 等价于 "w 不是一个 w"。

罗素在 1902 年把这一悖论通知了弗雷格，首次发表于 1903 年出版的《数学的原则》一书。策梅罗独立于罗素，在 1903 年之前也发现了这一悖论，并通知了希尔伯特。

罗素悖论十分清楚明晰，所牵涉的概念只是素朴集合论中的基本概念——类和分子即集合和元素，所使用的方法类似对角线方法，因而罗素悖论出现之后，震动了西方整个数学界和逻辑学界。以下是罗素悖论的一种变形。

（四）关系悖论

令 Q 是存在于两个关系 R 和 S 之间的一种关系，而 R 对 S 没有关系 R。这样，不论关系 R 和 S 是什么，"R 对 S 有关系 Q" 当且仅当 "R 对 S 没有关系 R"。因此，以 Q 代 R 和 S 得：

"Q 对 Q 有关系 Q" 当且仅当 "Q 对 Q 没有关系 Q"。

集合论悖论的出现引起了第三次数学危机。我们知道，第一次数学危机是古希腊时代无理数的发现，第二次是 17、18 世纪关于无穷小量的争论。数学史表明，产生危机是不足怪的，克服了危机恰恰促进了数学的发展。第一次危机之后，古希腊人为了解释无理数的存在，建立了比例论，最后由欧几里得集古希腊数学之大成，写出了数学史上的第一本经典著作《几何原本》。欧氏几何建立之后，又引起了平行公设的争论，经过两千年的漫长过程，导致了非欧几何的建立。非欧几何可以在欧氏几何中找到解释，因此，非欧几何相对于欧氏几何是一致的。借助于解析几何，一切几何命题都可表示为实数代数的命题。因此，欧氏几何相对于实数理论是一致的。这样，实数理论就成了几何的基础。第二次数学危机的结果是分析的算术化，把极限理论建立在实数理论之上。在这之后，戴德金把实数定义为有理数的分划，每一个实数都能划分所有有理数为两组，两组没有公共的元素，而合起来则包括有理数域的一切数。这实质上是把实数定义为有理数的无穷集合，也可化归为自然数的无穷集合。康托尔把实数定义为一个收敛的有理数序列，实质上也可化归为自然数的无穷集合。经过戴德金和康托尔的工作，实数理论的相对一致性，即相对于自然数理论和集合论的一致性便确立起来了。由于戴德金和弗雷格的研究，自然数理论被建立在集合论基础之上。也就是说，自然数理论相对于集合论是一致的。因此，集合论的一致性成为整个数学一致性的基础。

然而，正当数学家们还没有来得及证明集合论一致性的时候，却在集合论中接二连三地出现了悖论。这确实是一场大危机，动摇了整个数学的基础。弗雷格在得知罗素悖论后惊呼"知识大厦的一块基石突然动摇了"，提出"算术是否完全可能有一个逻辑基础"的问题。有的数学家认为，悖论的出现使数学的最后基础和终极意义的问题没有解决。

悖论的出现表明，在康托尔的素朴集合论中有问题。最主要的弊病就是康托尔对集合的描述："我们的直观或我们的思维中确定的并可区分的对象所概括成的一个总体。"康托尔把它作为定义，但实际上这根本不是一个数学定义，它不能应用于逻辑推导过程。由康托尔的描述所决定的概括原则——任何一个性质决定一个集合——是很不精确、很不严格的，它没有对集合的存在性、集合的限制条件做出科学的规定，由此就不能阻止人们去考虑所有集合的集合、所有序数的集合、不包含自身为元素的所有集合的集合，等等。

集合论悖论的出现引起了第三次数学危机，有力地推动了数学家和逻辑学家对数学基础与数理逻辑的研究，出现了一些崭新的理论，我们将在以下加以论述。

（五）与集合论悖论不同的一些语义悖论

与集合论悖论出现的同时，也出现了一些语义悖论，它们涉

及真假、意义、名称、定义等语义的概念。这些语义悖论对数理
逻辑的发展，特别是对逻辑语义学的发展，起了有益的推动作用。
以下是几个著名的语义悖论。

1. 理查德悖论

这是关于定义可数性的悖论，由法国笛戎中学数学教师理查
德（J. Richard）在 1905 年的文章《数学原理与集合问题》中
发表。[①]

理查德研究了用法语语句所定义的一些实数。这对一般语言
也是实用的。用语句所能表达的实数定义，其数目是无穷的。但
每一个由语句所组成的定义总是按一定的文法规则写出的有穷个
字，这些字又是由字母组成的，因此我们可以按照每句话字母多
少和字顺序来排列这些定义。令 u_1 是第一个定义的实数，u_2 是
第二个，u_3 是第三个，等等。因此，我们有按照确定的次序所写
出的用有穷多的字所定义的一切实数，由这些无穷多的定义所组
成的集合是可数的，记为 E。

理查德构造了一个不属于这个集合 E 的一个实数 N："令 p 是
集合 E 中第 n 个实数的第 n 个小数位的数字；现构造一个实数：
其整数部分为 0；如果 p 不是 8 或 9，则其第 n 位小数为 p+1，否
则为 1。"如果 N 是集合 E 的第 n 个实数，那么它的第 n 位小数就
与那个实数的第 n 位小数一样，但情况并非如此。另一方面，设
引号内的所有字母（引号内的话原为一句法语语句）的汇集用 G
表示。实数 N 是用汇集 G 的字所定义的，也就是用有穷多的字所
定义的；因此，它应当属于集合 E。但据定义，它不属于 E。由此
产生悖论。

理查德在构造实数 N 时使用了康托尔的对角线方法。

理查德的文章原是写给法国《纯粹科学与应用科学一般评论》

---

① F. G.，pp. 142 – 144.

杂志编者的一封信，发表于 1905 年 6 月 30 日出版的一期《评论》上，编者加了按语。理查德在信的一开头说："在《评论》1905年 3 月 30 日一期上，它吸引人们注意在一般集合论中所碰到的某些矛盾。就序数理论而言，没有必要去找到这些矛盾。"[①] 这是指 1905 年 3 月 30 日《评论》的编者按。按语说：在海德堡举行的第三届国际数学家大会上（1904 年 8 月 8—15 日），德国数学家葛尼希（J. König）证明连续统不能良序，可是不久在 1904 年 9 月 24 日，策梅罗证明任何集合皆可良序。按语没有给出葛尼希的论证，理查德从按语中所知道的信息是简单的，但他受到在集合论中存在"某些矛盾"这种思想的启发，随即着手构造了实数定义可数性的悖论，并说"某些其他矛盾可化归于它"。

理查德在文章中还提出了解决悖论的方案。他说："字母的汇集 G 是这些排列中的一个；它将出现在我的表中。但在它出现的地方，它是毫无意义的。它提及集合 E，而 E 还未被定义。因此，我必须取消它。汇集 G 有意义仅当集合 E 从总体上被定义，但这是不行的，除非用无穷多的字。所以，不存在矛盾。"[②] 简单说来，理查德试图通过根本否定 G（即 N 的定义）来解决悖论。彭加勒在 1906 年的一篇文章中承认这种解决办法，提出了禁止恶性循环的问题，这一思想由罗素加以发展。皮亚诺在 1906 年的一篇文章中，提出了自己的看法："理查德的例子不属于数学，而是属于语言学；在 N 的定义中，某个基本元素不能用精确方法（根据数学规则）来定义。"[③] 皮亚诺的这一思想后来被罗素的学生拉姆赛（Ramsey）在 1925 年加以发展，拉姆赛将悖论分为两大类：一是集合论悖论或逻辑悖论；二是语义悖论。

古老的说谎者悖论和理查德悖论对于哥德尔证明不完全性定

---

① 　F. G. ，p. 143.

② 　Ibid. .

③ 　转引自 F. G. ，p. 142。

理时构造不可判定的命题有重大的启发作用。我们应当充分肯定理查德悖论的历史意义。

葛尼希不久放弃了他在国际数学家大会上所提出的有漏洞的论证,为连续统不能良序提出了一个新的论证,这个新的论证类似理查德悖论。葛尼希在 1905 年 6 月 20 日把他的悖论通知了匈牙利科学院,他的论文的题目为"论集合论基础和连续统问题"。[1]

理查德悖论和葛尼希悖论差不多是在同时彼此独立地发现的。下面我们根据葛尼希的原文来陈述这一悖论。

2. 葛尼希悖论

像理查德一样,葛尼希也研究了可用有穷多个字定义的实数的集合,但他没有使用对角线方法,而是考察上述集合的补集——非有穷可定义的实数集。

如果实数集可被良序,那么非有穷可定义的实数集也可被良序,而且具有一个首元,因此,这个元素是有穷可定义的。由此,这个补集的首元既是有穷可定义的,又是非有穷可定义的。这样,我们可得结论:实数集不能被良序。这个悖论的产生也与可定义性这个概念有关。

葛尼希悖论也可用另一种方式来陈述:

在序数中,有的可用有穷方式定义,有的不能用有穷方式定义。有穷可定义的序数集是可数的,从第一个定义所确定的序数开始。现构造一个序数:"在量上大于所有这些序数的第一个序数",引号内的话的字数是有穷多个,因此,所构造的序数是有穷可定义的,但根据假定,它又不能是有穷可定义的(引号内的话等于说"不是有穷可定义的最小序数")。

---

[1] F. G. , pp. 145 - 149.

3. 伯尔利悖论

这一悖论是由英国包德莱安图书馆的伯尔利（G. Berry）告诉罗素的。罗素将它发表于 1908 年的《以类型论为基础的数理逻辑》。

我们改用汉语来陈述这个悖论：

"用少于十八个汉字不能命名的最小整数。"这个名称必定指称某一确定的整数，但它是用 17 个汉字组成的，因此这个整数可用 17 个汉字来命名。

这个悖论实质上同上述两个悖论是类似的，只不过这里用了"用少于十八个汉字可命名的"代替了"用有穷方式可定义的"。

4. 格里林悖论

这一悖论是德国哲学家格里林（K. Grelling）在 1908 年发表的。

在语言中，形容词可分为两类。第一类，如"中文的"，这个形容词本身也是中文的；"短的"也是短的；这类适用于自身的形容词称为自谓的。第二类，如"法国的"，这个形容词并不是法国的，"红的"不是红的，"圆的"不是圆的；这些不适用于自身的形容词称为它谓的。

现在问："它谓的"这一形容词是不是它谓的呢？

如果说"它谓的"是它谓的，那么它就应当是自谓的，即不是它谓的；如果"它谓的"不是它谓的，那么它就应当是它谓的。也就是说，"它谓的"是它谓的当且仅当"它谓的"不是它谓的。

我们可用符号表示这一悖论：

设 Pd（ ）表示____是自谓的，则 ¬Pd（ ）表示____是它谓的。或者 ¬Pd（¬Pd）（"它谓的"是它谓的）是真的，即 ¬Pd 是自谓的，因而 Pd（¬Pd）也是真的；或者 ¬Pd（¬Pd）是假的，这时 ¬Pd 不适用于自身，即 ¬Pd 是它谓的，¬Pd（¬Pd）是真的。因此得出：

Pd（¬Pd）↔¬Pd（¬Pd）。

如果我们按照字典次序来排列形容词的话，那么格里林悖论也可看成是理查德悖论的变形。

在第三次数学危机期间，区分集合论悖论和语义悖论的任务还没有来得及提到日程上来，在这样的情况下，理查德悖论、葛尼希悖论等语义悖论的出现，立即加入到集合论悖论的行列中去，大大增强了第三次数学危机的强度，也迫使数学家和逻辑学家们提出各种方案，来对付已经出现的形形色色的悖论。

四　公理集合论的建立

为了解决由集合论悖论所引起的第三次数学危机，不少数学家和逻辑学家致力于创建一些足以能避免悖论的新理论。公理集合论是其中的一种，其中心思想是用集合论公理对集合的存在性做出规定和限制，也就是说，用集合论公理给出集合的隐定义，这就克服了康托尔集合论的素朴性和不严格性，避免了已发现的集合论悖论。下面我们来论述这一新学科的建立过程。

（一）　策梅罗—弗兰克尔的公理集合论

策梅罗在 1908 年发表论文《集合论基础研究》，[①] 这标志着公理集合论的建立。策梅罗在论文一开头说："集合论是数学的一个分支，其任务是数学地研究'数'、'次序'和'函数'这些基本观念，研究时要按照这些观念的原始的简单形式；并由此而发展全部算术和分析的逻辑基础；因此，它构成了数学科学的一个不可缺少的成分。然而，现在正是这门学科的存在似乎受到某些矛盾或'悖论'的威胁，这些悖论可从它的原理（看来是必然支配我们思维的原理）导出来，对这些悖论尚未找到任何一个令人

---

① F. G. , pp. 199 - 215.

满意的解决办法。特别是由于不包含自身作为元素的所有集合的集合这个'罗素悖论'的出现，今天看来这一学科不允许对一个任意的逻辑可定义的观念指派一个集合或类作为它的外延。康托尔原来把集合定义为'把我们的感觉或思维的确定的不同对象聚为一个总体的汇合'，所以这一定义确实需要某种限制；然而这一定义尚未成功地被一个简单而又不引起这些怀疑的定义所代替。在这些情况下，关于这一点，没有什么东西供我们使用，我们只能反其道而行之，从历史上给定的集合论出发，寻求为确立这门数学学科的基础所需要的原理。另一方面，在解决问题时，我们必须使这些原理充分地限于排除一切悖论，同时使它们足够广泛，以保留在这一理论中的一切有价值的东西。"①

策梅罗的这段话极其重要，深刻地阐明了他创建公理集合论的背景和目的。他告诉我们，罗素悖论的出现使得康托尔的集合定义成了问题，必须加以限制。他的基本思想就是要提出一些原理来规定、限制集合，其目的有两个：一是排除一切悖论；二是保留康托尔集合论中一切有价值的东西。策梅罗用公理集合论达到了目的。

我们先陈述一些初始概念和基本定义。在策梅罗的系统中，"集合"是初始概念即不定义的概念，其性质由一组公理来规定。另外，要假定一对象域（用 B 表示），其中有集合。如果两个符号 a 和 b 指称同样的对象，我们就记为 $a = b$，否则记为 $a \neq b$。如果一个对象 a 属于域 B，那么我们就说它"存在"。还要假定一个基本关系 $a \in b$，这是在域 B 的对象之间的关系。如果 $a \in b$ 对两个对象 a 和 b 成立，我们就说 b 是一个集合，a 是这个集合的元素。（公理 II 假定有一集合，没有任何元素，即空集）。

如果一个集合 M 的每一元素 x 也是集合 N 的一个元素，使得

---

① F. G. , p. 200.

从 x ∈ M 总得到 x ∈ N，那么我们就说 M 是 N 的一个子集，记为 M ⊆ N。① 两个集合 M 和 N 如果没有公共元素，那么它们称为全异的。

策梅罗还引进了"确定性"这个重要概念。一个问题或断定被称为确定的，如果借助公理和普遍有效的逻辑规律，域的基本关系不是任意地决定它是否成立。这就是说，如果一个问题或断定由域的基本关系根据公理和逻辑规律来决定是否成立，那么它就是确定的。命题函项 A（x）是确定的，如果它对某类中的每一个体 x 是确定的。因此，a ∈ b 是否成立的问题总是确定的，同样 M ⊆ N 是否成立的问题也是确定的。

策梅罗系统关于集合的公理有以下 7 条：

公理 I （外延性公理）。如果一个集合 M 的每一元素也是 N 的一个元素，并且反之亦然，即如果 M ⊆ N 并且 N ⊆ M，那么 M = N。

简言之，每一集合由它的元素确定。

公理 II （初等集合公理）。存在一个（想象的）集合，即空集 0，它不包含任何元素。如果 a 是域的任一对象，那么存在一个集合 {a}，它包含 a 并且仅仅是 a 作为元素；如果 a 和 b 是域的任意两个对象，那么总存在一个集合 {a，b}，它包含 a 和 b 作为元素并且没有一个对象 x 不同于两者。

根据公理 I ，初等集合 {a} 和 {a，b} 总是唯一确定的，空集仅仅有一个。

公理 III （分离公理）。如果命题函项 A（x）对集合 M 的所有元素是确定的，那么 M 就有一个子集 M_1，使得它的元素恰恰是 M 中使 A（x）成立的那些元素 x。

公理 IV （幂集公理）。对每一集合 T，相应有第二个集合 AT

---

① 策梅罗原来使用的是施罗德的"包含于"符号，现已不用，今改为现在通用的符号"⊆"。

（T 的幂集），它恰好包含 T 的一切子集作为元素。

公理 V （并集公理）。对每一集合 T，相应有一个集合 UT（T 的并集），它恰好包含 T 的元素的元素作为元素。

公理 Ⅵ （选择公理）。如果 T 是一个集合，其元素全都是不同于空集 0 并互相全异的集合，那么它的并集 AT 至少包含一个子集 S_1，它与 T 的每一元素有一个并且仅仅一个共同元素。

策梅罗还提出了选择公理的另一种表述方式：从 T 的每一个元素 M，N，R，…总可能选出一个单个元素并且把所有被选出的元素 m，n，r，…组合为一个集合 S_1。

选择公理有许多等价形式。上文说过，康托尔提出了"任何两个不等的基数必有一个较大"和良序定理"任何集合皆可良序"等两种形式。但在数理逻辑发展史上，第一次明确表述选择公理的学者是策梅罗。他在 1904 年的论文《每一集合皆能被良序地证明》中提出了选择公理的两种表述，并证明了从选择公理可导出良序定理。第一种表述是："对一个无穷的集合的总体，总存在一个映射，使得它的一个元素在映射之下同每一集合相联，或者形式地表达为：一个无穷的集合的总体之积（每一集合至少包含一个元素）本身不是空集。"① 这种表述方式现在常简化为：如果 s 是非空集合的一个集合，那么有一函数 f，使得对每一 $x \in s$，$f(x) \in x$。

罗素在 1906 年的《超穷数和序型理论中的一些困难》和 1908 年的论文《以类型论为基础的数理逻辑》中提出了选择公理的另一种形式：给定互相排斥的集合的一个集合，其中无一集合是空的，那么至少存在一个集合，它由给定集合中的每一集合的一个元素组成。② 罗素把选择公理称为"乘法公理"。

策梅罗 1904 年的表述与罗素的表述是等价的形式，他们两人

---

① 　F. G. ，p. 141.

② 　Ibid. ，p. 180.

都做了证明。因此，策梅罗在 1908 年表述选择公理时实际上采用了罗素的形式。

公理Ⅶ（无穷公理）。在域中至少存在一个集合 Z，它包含空集作为一个元素，并且对它的每一元素 a 相应有 {a} 这种形式的另一元素，换句话说，对它的每一元素 a，它也包含相应的集合 {a} 作为一个元素。

策梅罗用以上 7 条公理推导出集合论的一切主要定理。他的基本思想同罗素在 1906 年提出的"限制大小理论"相仿，即认为所有"事物"的汇合，所有序数的汇合等太"大"的汇合不是集合。康托尔和葛尼希在发现悖论时也提出了这一思想。罗素后来放弃了"限制大小理论"，采用了著名的逻辑类型论。策梅罗发挥了这种限制集合大小的思想，认为集合不仅仅是汇合，它们是满足一些公理条件的对象。在 7 条公理中，外延性公理是对集合做一种限制，由给定的一组元素只能决定一个集合，而不是多个。其他 6 条公理都是对概括原则的具体规定，都是关于集合存在性的公理。公理Ⅲ（分离公理）比概括原则要弱，它只断定任一适当定义的性质从必须先给出的一个集合 M 分离出一个子集。这一公理（实际是公理模式）现在常常被称为子集公理模式。它表明，不是任一性质都能决定一个集合，而是满足性质 A 的元素必须同时是给定集合 M 的元素，也就是说，一个性质只能决定从给定的集合分离出一个子集，反过来说，并非任一集合的一部分都是一个集合，要能从给定的集合分离出一个子集必须满足一个性质。分离公理不允许通过集合自身加以定义的元素所构成的这种悖论"集合"，因此，布拉里－福蒂悖论中的所有序数的"集合"，康托尔悖论中的所有基数的"集合"和罗素悖论中的所有不是自身元素的集合组成的"集合"等，统统都不是集合，因为根据分离公理，我们找不到某种集合，使它能包含上述悖论中的所谓"集合"。分离公理解决集合论悖论可以说是"釜底抽薪"，根本不承认悖论中的"集合"是集合，当然也就消除了悖论。此外，由于确定的性质是用域 B 的基本关系可决定的性质，因而在定义集合时就不存在使用像"用有穷多个字可定义的"这样性质的问题，这样，理查德悖论之类的语义悖论也可排除。

无穷公理保证了在 B 中有元素 0，$\{0\}$，$\{\{0\}\}$，…等元素的一个集合 Z_0 的存在，这个集合用于表示自然数集合。

策梅罗在建立了公理系统之后，详细讨论了集合的等价（等势）理论，证明了许多重要定理。策梅罗所建立的系统为公理集合论的发展奠定了坚实的基础。在策梅罗的系统中还存在一些缺点，这对于刚刚建立的新学科来说是不可避免的。最主要的缺点是"确定性"和"确定的性质"这个概念的模糊性。分离公理断定一个确定的性质从一个已给的集合分离出一个子集。策梅罗在定义"确定的性质"时诉诸"普遍有效的逻辑规律"；由于他完全没有注意集合论所需要的基础逻辑，因而这些逻辑规律没有被列举出来。

1922 年 8 月，著名的挪威数学家斯科伦（T. Skolem）在第五届斯堪的纳维亚数学家大会上发表了题为"对公理集合论的一些评论"的讲演。[①] 他指出，确定性概念实际上可用很自然的方式加以精确表述。他首先提到数理逻辑的 5 种运算：

（1 ×）合取，用一个点或用并置法表示；

（1 +）析取，用记号 + 表示；

（2）否定，用在被否定的表达式上加一横的办法表示；

（3 ×）全称量词，用记号 Π 表示；

（3 +）存在量词，用记号 Σ 表示。

然后，斯科伦把"确定的命题"定义为"从 $a \in b$ 或 $a = b$ 这些形式的初等命题使用所说的 5 种运算所构成的一个有穷的表达

---

① 　F. G. , pp. 290 – 301.

式"。[①] 他认为，这是一个十分明确的概念，并且也是充分广泛的概念，使得我们可以进行一切集合论证明。

斯科伦的方法实际上是把策梅罗的公理集合论嵌入带谓词常项 $\in$ 和 $=$ 的一阶逻辑演算之中。这是对策梅罗的公理集合论所做的重大改进。此外，斯科伦在讲演中指出了策梅罗集合论的局限性：它不能保证某些"大"集合的存在，例如集合 $\{Z_0, Z_1, Z_2, \cdots\}$，这里 Z_0 是自然数集合，Z_i 是 Z_{i-1} 的幂集。他的论证要点如下：集合 $0, \{0\}, \{\{0\}\}, \{0, \{0\}\}, \cdots$ 称为第一层集合。所谓第一层集合就是有一非负正整数 n 使得第 n 个并集为 0（集合 M 的第一个并集由其元素的元素汇集而成，余类推）。Z_0 是第二层集合。第二层集合本身不是第一层集合，但有 n 使得第 n 个并集的所有元素是第一层集合。由此还有第三层集合，等等。给定域 B，在其中策梅罗的公理成立。在 B 中第一层和第二层集合形成一个子域 B'。集合 Z_0 属于 B'；然而如果无穷序列 $Z_0, Z_1, Z_2, \cdots$ 在 B' 中构成一个集合即 $\{Z_0, Z_1, Z_2, \cdots\}$，那么很显然它不是第二层集合而是第三层集合，因此这样的集合不能出现在 $Z_0, Z_1, Z_2, \cdots$ 中（因为这个集合的第 n 个并集包含集合 Z_0 作为元素）。所以，集合 $Z_0, Z_1, Z_2, \cdots$ 不能构成在 B' 中的一个集合的元素；这就是说，这样一个集合 $\{Z_0, Z_1, Z_2, \cdots\}$ 的存在性在策梅罗的系统中是不可证的。

为此，斯科伦引入以下公理（替换公理）：

令 u 是在域 B 中对某些对子 (a, b) 成立的一个确定命题；再假定对每一 a，至多存在一个 b 使得 u 是真的。当 a 的变程是一个集合 Ma 的元素时，b 的变程是一个集合 Mb 的所有元素。

由这条公理可导出集合 $\{Z_0, Z_1, Z_2, \cdots\}$ 的存在。[②] 这就克服了策梅罗系统的缺点。

---

① F. G. , p. 292.

② Ibid. , p. 297.

在斯科伦改进策梅罗公理系统的同时，耶路撒冷希伯来大学数学教授弗兰克尔（Abraham A. Fraenkel，1891—1965 年）也在从事改进策梅罗系统的工作。他在 1922 年发表的论文《"确定的"观念与选择公理的独立性》中，[①] 对分离公理做了修改，并用来证明选择公理的独立性。弗兰克尔说："公理Ⅲ（分离公理）是策梅罗在 1908 年表述的，包含有不精确的观念'确定的'，为达到精确陈述公理Ⅲ的目的，我们将把函项理解为以下的一种规则：一个对象 φ（x）可以从对象（变元）x（变程是一集合的元素）并可从另外给定的对象（常项）通过公理Ⅱ—Ⅵ所规定的应用（当然只重复有穷多次，并用 φ 表示）来构成。例如，φ（x）＝｛｛｛x｝，｛0｝｝，Ax＋｛｛0｝｝｝。显然，这不包含函项或对应的一般概念，或任何新的基本概念。"[②] 这实际是说，x 的幂集，x 的并集，依赖 x 的无序对集合以及常集合都称为 x 的函项，x 的函项的函项也是 x 的函项。

弗兰克尔借助函项这个概念，重新表述了策梅罗的公理Ⅲ即分离公理：

如果给定一个集合 M 以及按一定次序给定两个函项 φ 和 Ψ，那么 M 就有一个子集 M′，它的元素是 M 的所有元素 x，对这些元素而言，φ（x）是 Ψ（x）的一个元素［或 φ（x）不是 Ψ（x）的一个元素］，此外别无其他元素。

弗兰克尔表述的分离公理去掉了策梅罗原来公理中"确定的性质"的模糊性，代之以两个明确的函项，由它们来决定从一个集合分离出一个子集。这就使分离公理的表述具有了精确性。

弗兰克尔并不以此改进为满足，就在同时，他继续深入探讨了策梅罗系统的局限性。也许是"英雄所见略同"的缘故吧，他在 1922 年发表的另一篇文章《康托尔—策梅罗集合论基础》中提

---

① 　F. G. , pp. 284 – 289.

② 　Ibid. , p. 286.

出了同斯科伦的观点几乎一样的观点，以及替换公理。弗兰克尔指出，策梅罗的公理Ⅶ肯定了无穷集 Z_0（其元素为 0，$\{0\}$，$\{\{0\}\}$，…）的存在，公理Ⅳ又产生了集合 $Z_1 = AZ_0$（Z_0 的幂集），$Z_2 = AZ_1$，…，其基数越来越大；但在策梅罗原来的公理中没有一条能保证存在着 Z_0，Z_1，Z_2 等所有这些集合的一个集合。为此，弗兰克尔提出了替换公理：

如果 M 是一个集合，并且如果 M 的每一元素被"域 B 中的事物"所替换，那么 M 也变为一个集合。[①]

弗兰克尔在 1921 年已提出这一公理。我们把他的表述同斯科伦的表述对比一下可以看出，虽然它们的用语不同，但其精神实质是一致的。冯·诺依曼（von Neuman，1903—1957 年）在 1925 年对替换公理作了新的更严格的表述：

令 A 是一个集合，$f(x)$ 是在 A 中定义的函数；那么存在一个集合 B，它对 A 的每一元素 x，含有 $f(x)$ 的值，并且不包含其他东西。[②]

我们可把 $f()$ 称为替换函数，替换公理是说，函数 $f(x)$ 的定义域在 A 中时，那么它的值域在 B 中。

上文说过，替换公理的最早表述应当归功于康托尔。他说："两个等价的多数体或者都是集合，或者都是不一致的。"

替换公理是一条很强的公理，由它可推出分离公理和其他一些重要性质。这样，在策梅罗的系统中，分离公理就让位于替换公理。

但是，问题还未完全解决。1917 年，法国数学家梅里马诺夫（D. Mirimanoff）提出了一个"悖论"，这是关于在策梅罗系统中允许存在"异常集"的"悖论"。所谓"异常集"是指 $a = \{a\}$

---

① 参见 Kneebone, *Mathematical Logic and the Foundations of Mathematics*, London, 1963, p. 291。

② F. G., p. 398.

或一个下降的集合序列：$a_1 = \{a_2\}$，$a_2 = \{a_3\}$，…。这种异常集在集合论中必须被排除。弗兰克尔提出用"限制公理"加以排除，他没有精确表述，大致是说：

除了其存在性是公理绝对需要的集合之外，没有其他集合。

冯·诺依曼用他所创立的集合论语言严格表述了这个限制公理。在现在的集合论中，这一公理称为"正则公理"或"基础公理"，表述为：

每一非空集合 s 包含一个元素 t，使得 s 和 t 没有共同元素。

根据正则公理，排除了 $s \in s$ 即 $s = \{s\}$ 这样的异常集。

综上所说，策梅罗的公理集合论经过斯科伦、弗兰克尔等人的改进，变为一个严格的形式化的公理系统，其语言是一阶逻辑语言，其非逻辑公理有：

（1）外延性公理。

（2）无序对公理。

（3）空集公理。

（2）和（3）两条公理是从公理 II（初等集合公理）分化出来的。

（4）替换公理模式。

（5）分离公理模式。这条公理可从公理 4 推出，但由于它使用起来比较方便，因而被保留了。

（6）幂集公理。

（7）并集公理。

（8）无穷公理。

（9）正则公理（基础公理）。

（10）选择公理。

在数理逻辑文献中，把公理（1）—（9）称为策梅罗—弗兰克尔系统，记为 ZF 系统，把包括公理（10）（选择公理）的系统记为 ZFC 系统 [C 是选择（Choice）的第一个字母]。

ZF 系统是公理集合论的一种，此外，冯·诺依曼、贝尔纳斯等人对公理集合论的发展都做出了重要贡献。[①]

（二）冯·诺依曼的公理集合论

冯·诺依曼是著名的美国科学家，出生在匈牙利。他的研究领域十分广泛，涉及量子论、集合论、连续几何、算符环、理论流体力学、计算技术、自动机理论以及博弈论等。

冯·诺依曼在 1923—1929 年连续发表了 6 篇集合论论文。这些论文在公理集合论的发展史上具有重要意义。冯·诺依曼在这些论文中，提出了一种新的序数理论，与此相关为超穷归纳法的定义作了论证，推广了策梅罗和弗兰克尔的集合论，构造了一个新的公理集合论系统，并讨论了相对一致性的问题。

首先，我们谈谈冯·诺依曼对序数理论的改进。上面说过，康托尔把序数定义为良序集的序型，而序型就是相似于一个给定序集的所有序集的共同性质。罗素在 1903 年引进"等价类"的概念。因此，序型可定义为在相似关系之下的等价类，而序数就成了良序集的等价类，即与一个给定的良序集等价的一切良序集的类。这种定义在素朴集合论中潜伏有悖论的危险，因为这里涉及了一切集合的集合。冯·诺依曼在 1923 年发表的论文《论超穷数的引进》中，提出了一种新的序数理论。[②] 他使用素朴集合论的语言加以表达，假定了良序集和相似性的概念。按照冯·诺依曼的看法，序数是一种特殊的良序集，是良序集的等价类中选出的"代表"，任何一个良序集都相似于一个序数。任何一个序数是位于它之前的序数的集合。○是空集，序数有：

---

① 1988 年，阿克采尔（P. Aczel）创立了非良基集合论，引入允许"异常集"的反基础公理，替换 ZF 中的基础公理，从而得到非良基集合论。现在，非良基集合论得到广泛的研究和应用。

② F. G., pp. 346 – 354.

$0 = ○,$

$1 = \{○\},$

$2 = \{○, \{○\}\},$

$3 = \{○, \{○\}, \{○, \{○\}\}\},$

……

$\omega = \{○, \{○\}, \{○, \{○\}\}, \{○, \{○\}, \{○, \{○\}\}\}, \cdots\},$

$\omega + 1 = \{○, \{○\}, \{○, \{○\}\}, \cdots, \{○, \{○\}, \{○, \{○\}\}, \cdots\}\}$

……

这还不能算是序数的定义，只是对序数产生过程的描述，如果建立在序数之上的超穷归纳法的定义原理确立之后，上述描述可成为定义。冯·诺依曼在 1923 年文章的结尾给出了超穷归纳法定义原理的证明大纲。冯·诺依曼的这种序数理论可以用于通常的公理集合论中。他在 1925 年构造的系统中就用了这种理论。1928 年，他详细证明了超穷归纳法定义原理，并对他的序数理论作了改进，严格证明了对每一良序集，存在唯一的一个序数。

冯·诺依曼把序数看成是在前序数的集合，这种看法有两大优点：（1）它不但可应用于有穷序数，也可应用于无穷序数；（2）序数的次序关系只由关系 $\in$（属于）确定，具有 $\in$ 关系的传递性。但冯·诺依曼对序数的处理不是直接的，没有脱离良序集和相似性的概念 1937 年美国逻辑学家罗宾逊（R. M. Robinson）直接给出了一个新的序数定义:[①]

一个序数 u 是一个集合使得

（1）如果 $x \in u$ 并且 $y \in u$，那么 $x \in y$，或 $x = y$，或 $y \in x$。

（2）如果 $x \in y$ 并且 $y \in u$，那么 $x \in u$。

这就是说，一个序数是一个集合，具有 $\in$ 连接性和传递性。

---

① 转引自 F. G. ，pp. 346 – 347。

冯·诺依曼和罗宾逊的序数定义在现在的集合论著作中都有广泛应用。

冯·诺依曼在 1925 年发表著名论文《集合论的一种公理化》,[①] 建立了公理集合论的另一个系统,并在 1928 年的文章《集合论的公理化》中做了详细的展开。

在冯·诺依曼的系统中,策梅罗的理论实质上被保留下来,但所用的语言完全不同。策梅罗用的是关于集合和元素的表述,而冯·诺依曼采用的是关于函项和变目的语言。所用语言的差别并不是主要的,因为这两种语言是等价的,任何函项可解释为有序对的一个集合,而任何集合也可用特征函项来描述。冯·诺依曼所用的语言完全可以翻译成集合的语言。策梅罗系统与冯·诺依曼系统的主要差别在于两者排除悖论的方式不同。上文说过,策梅罗对集合的存在性做了种种严格的限制。冯·诺依曼做了推广,引进了两种汇合体,一种是策梅罗意义下的集合,另一种是类。所有的集合都是类,但不能做元素的类不是集合,这种类后来称为真类。冯·诺依曼严格确定了"集合"和"类"这两个概念,通俗地说,集合"是一种不太大"的总体,而"类"是不问其"大小"的所有总体。冯·诺依曼用公理刻画集合和类的特征,并可排除集合论悖论。因为所有集合的类,所有序数的类等都不是集合,而是真类,所以,罗素悖论、康托尔悖论、布拉里 - 福蒂悖论等都不能产生。冯·诺依曼引进"类"概念,这就使得通常与类概念有关的数学论证得以保留,能够使用概括原则,同时又能避免悖论。冯·诺依曼关于集合和类的区分的思想并不是从天上掉下来的,也不是他头脑里固有的,而是有历史的原因。一方面,这是对策梅罗的思想的推广;另一方面也是对康托尔和葛尼希的思想的发展。上文说过,康托尔在 1899 年就提出要区分

---

① F. G. , pp. 393 - 413.

"集合"（"一致的多数体"）和"不一致的多数体"，葛尼希在1905 年提出要区分"完成了的集合"即"集合"和"产生过程中的集合"即"类"。冯·诺依曼的历史功绩在于他构造了包含"集合"和"类"这两个概念的公理系统。下面，我们概括一下这个系统的结构。

首先有两个对象域，一是变目域，二是函项域；两者相交，构成变目–函项域。函项 x 对变目 y 的值记为 [x，y]，第一个变元 x 总是"函项"，第二个变元 y 总是"变目"。[x，y] 也可作为变目。在公理中，"变目"改称Ⅰ–对象，"函项"为Ⅱ–对象（实际上是类的特征函项），"变目–函项"为Ⅰ–Ⅱ–对象（实际上是集合的特征函项）。另外，有两个常"变目"A 和 B，它们实际上是表示集合的那些函项的两个值。有序对（x，y），其变元 x 和 y 两者一定是"变目"，本身又产生一个变目（x，y）。有序对的最重要性质是从 $x_1 = x_2$ 和 $y_1 = y_2$ 推出（x_1，y_1）=（x_2，y_2）。

公理主要分为 5 组。

Ⅰ. 预备公理

1. A 和 B 是Ⅰ–对象。

2. [x，y] 有意义当且仅当 x 是一个Ⅱ–对象，y 是一个Ⅰ–对象；它本身总是Ⅰ–对象。

3.（x，y）有意义当且仅当 x 和 y 是Ⅰ–对象；它本身总是一个Ⅰ–对象。

4. 令 a 和 b 是Ⅱ–对象；如果对所有Ⅰ–对象 x，[a，x] = [b，x]，那么 a = b。

公理Ⅰ4 就是外延性公理。

Ⅱ. 算术构成公理

1. 存在一个Ⅱ–对象 a 使得总有 [a，x] = x。

2. 令 u 是一个Ⅰ–对象；那么存在一个Ⅱ–对象 a 使得总有 [a，x] = u。

3. 存在一个Ⅱ-对象 a 使得总有 [a, (x, y)] = x。

4. 存在一个Ⅱ-对象 a 使得总有 [a, (x, y)] = y。

5. 存在一个Ⅱ-对象 a 使得（如果 x 是一个Ⅰ-Ⅱ-对象）总有 [a, (x, y)] = [x, y]。

6. 令 a 和 b 是Ⅱ-对象；那么存在一个Ⅱ-对象 c 使得总有 [c, x] = ([a, x], [b, x])。

7. 令 a 和 b 是Ⅱ-对象；那么存在一个Ⅱ-对象 c 使得总有 [c, x] = [a, [b, x]]。

这组公理都是关于产生函项方式的公理。

Ⅲ. 逻辑构成公理

1. 存在具有以下性质的Ⅱ-对象 a：x = y 当且仅当 [a, (x, y)] ≠ A。

2. 令 a 是一个Ⅱ-对象，那么存在具有以下性质的Ⅱ-对象 b：[b, x] ≠ A 当且仅当对所有 y，[a, (x, y)] = A。

3. 令 a 是一个Ⅱ-对象，那么存在一个Ⅱ-对象 b 使得当对一个唯一的 y，[a, (x, y)] ≠ A 成立时，[b, x] 等于那个 y。

以上公理也是关于产生函项的方式。

Ⅳ. Ⅰ-Ⅱ-对象的公理

1. 存在一个具有以下性质的Ⅱ-对象 a：一个Ⅰ-对象 x 是一个Ⅰ-Ⅱ-对象当且仅当 [a, x] ≠ A。

2. 一个Ⅱ-对象 a 不是一个Ⅰ-Ⅱ-对象当且仅当存在一个Ⅱ-对象 b 使得对每一个Ⅰ-对象 x，有一 y 使 [a, y] ≠ A 而 [b, y] = x。

公理Ⅳ1 规定了Ⅰ-对象是Ⅰ-Ⅱ-对象的条件。

公理Ⅳ2 是一条极其重要的公理，它是说，对一个具有 [a, y] ≠ A 性质的Ⅱ-对象 a，有一个映射 b 使它的变目映射到所有变目的总体上，这样的一个Ⅱ-对象 a 就不能成为Ⅰ-Ⅱ对象。这实际上是说，确定了一个过大总体的函项不能做变目。这条公理也保证我们可把具有下列性质的任一函项 a（≠A）作为变目：使 [a，x] ≠A 的所有 x 的总体都是使 [b，x] ≠A 的所有的 x 总体（或一部分）的映像，这里 b 是已知的一个变目的函项。冯·诺依曼给出了如下定义："一个 II - 对象 a 称为一个类如果 [a，x] 总等于 A 或 B。一个 I - II - 对象如果满足上述条件则称为一个集合。"① 根据这个定义，集合是"不太大"的总体，类包括一切总体（包括过大的总体）。能成为变目即 I - II - 对象的类就是集合，不能成为变目的类不是集合，而是真类。根据定义，公理 IV2 是说，真类不能做其他类的元素；集合可做其他类的元素。公理 IV2 是一条很强的公理，从它可以推出策梅罗的分离公理，弗兰克尔的替换公理以及良序定理（不用选择公理）。

V. 无穷公理

为陈述无穷公理，冯·诺依曼引进以下一些记法：

令 a 是一个 II - 对象。我们把 [a，x] ≠A 记为 x∈a。"∈"实际上是"属于"。

令 a 和 b 是 II - 对象。如果 x∈a 得出 x∈b，则 a≲b。a≲b 可写成 b≳a。如果 a≲b 并且 a≳b，则 a~b。如果 a≲b 但并非 a≳b 则 a<b；如果 a≳b 但并非 a≲b 则 a>b。在以上记法中，"≲"相当于"包含于"，"<"相当于"真包含于"，"~"相当于"相等"。

冯·诺依曼的无穷公理有 3 条：

1. 存在一个有下列性质的 I - II - 对象 a：有 I - II - 对象 x，使 x∈a；如果对一个 I - II - 对象 x，x∈a，那么就有 I - II - 对象 y∈a 而 x<y。

这条公理相当于 ZF 系统中的"无穷公理"，意为有一个无穷集合 a，它不是太大的。

2. 令 a 是一个 I - II - 对象；那么存在一个 I - II - 对象 b，

---

① F. G. , p. 403.

使得 x ∈ y 和 y ∈ a（因而 y 是 Ⅰ－Ⅱ－对象）可得 x ∈ b。

这条公理相当于 ZF 中的并集公理。它是说，如果 a 是本身不太大的集合的一个不太大的集合，那么 a 的元素的元素的集合 b 也不是太大的。

3. 令 a 是一个 Ⅰ－Ⅱ－对象；那么存在一个有下列性质的 Ⅰ－Ⅱ－对象 b：如果 x ≲ a（x 是 Ⅰ－Ⅱ－对象），那么就有一个 Ⅰ－Ⅱ－对象 y，使 x ~ y 并且 y ∈ b。

这条公理相当于 ZF 系统中的幂集公理。它是说，如果 a 是一个不太大的集合，那么 a 的所有子集的集合 b 也不是太大的。

冯·诺依曼的 3 条无穷公理是关于产生 Ⅰ－Ⅱ－对象的方法的公理。

在这 5 组公理的基础上，就可以进行集合论的推导，这些推导包括：直接从公理导出的并集、交集和幂集存在的一般定理，等等；在公理系统中引进次序和良序的定义并证明有关定理，例如，如果两个序集相似于第三个序集则它们彼此相似，如果两个序集之一是良序集则另一个也是良序集，等等；给出序数的严格定义，展开序数的重要性质，特别是良序集的可比较性和超穷归纳法的合理性；借助序数理论和公理Ⅳ2证明良序定理；在序数理论和良序定理的基础上发展超穷基数的理论；给出有穷集合和无穷集合的定义，展开它们的性质，证明无穷集合的存在并定义最小的无穷序数 ω；等等。

冯·诺依曼为使他的系统严格，还增加了以下第 6 组公理：

Ⅵ.1. 所有 Ⅰ－对象是 Ⅰ－Ⅱ－对象（有了这条公理可去掉Ⅳ1）。

2. A = ○，B = {○}（○是没有元素的集合即空集，{○} 是包含一元素○的单元集，○和 {○} 是不同的）。这条公理是对两个常变目 A 和 B 的规定。

3. (u，v) = {{u，v}，{u}}。这是关于有序对的定义，这

个定义原是波兰逻辑学家库拉托斯基（K. Kuratowski）在 1921 年给出的。根据这个定义，从（u, v）=（x, y）即 { {u, v}, {u} } = { {x, y}, {x} } 可以得出 u = x 并且 v = y。

4. 不存在任一个 Ⅱ - 对象 α，使得对每一个有穷序数（即整数）n，[α, n + 1] ∈ [α, n]。

冯·诺依曼提出的公理 Ⅵ 4 就是"基础公理"或"正则公理"，它可排除"异常集"。公理 Ⅵ 4 的表述与我们在上面的表述是一致的，它实际上是说，在 α 中有一个最小元素，它不再含有 α 的元素了。

冯·诺依曼的系统推广了策梅罗—弗兰克尔的系统，但是比较复杂。后来，罗宾逊（R. M. Robinson）在 1937 年，贝尔纳斯在 1937—1954 年和 1958 年，哥德尔在 1940 年，对冯·诺依曼的系统都作了简化、修改和扩充，形成了著名的冯·诺依曼—贝尔纳斯—哥德尔集合论系统，记为 NBG 或 BG 系统。下面我们论述贝尔纳斯对 BG 系统的奠基工作。

（三）贝尔纳斯对冯·诺依曼系统的改进

贝尔纳斯是瑞士著名数学家和逻辑学家，他长期是希尔伯特的合作者，在数理逻辑本身有很多建树，如证明了罗素的逻辑演算的第 4 条公理不是独立的，协助希尔伯特构造了一个新的逻辑演算，等等。在集合论方面，他在 1937—1954 年在《符号逻辑杂志》发表 7 篇公理集合论的文章《公理集合论的一个系统，Ⅰ—Ⅶ》，① 在 1958 年出版了专著《公理集合论》，② 进一步完善了他的系统，对冯·诺依曼的系统做了重大改进，奠定了 BG 系统的基础。

---

① P. Bernays, "A System of Axiomatic Set Theory, Ⅰ - Ⅶ", *J. Symb. Logic*, 2 (1937), 65 - 77; 6 (1941), 1 - 17; 7 (1942), 65 - 89; 7 (1942), 133 - 145; 8 (1943), 89 - 106; 13 (1948), 65 - 79; 19 (1954), 81 - 96.

② Bernays. P. &Fraenkel, A. *Axiomatic Set Theory* (Amsterdam, 1958).

贝尔纳斯发展了斯科伦的思想，明确地把一阶谓词演算作为公理集合论的逻辑基础。在贝尔纳斯的系统中，有"集合"和"类"两种初始对象，分别用小写拉丁字母和大写拉丁字母表示，这对冯·诺依曼的做法做了改进。对任何两个集合 a 和 b，或 $a \in b$ 或 $a \notin b$；对任一集合 a 和任一类 B，或 $a \in B$，或 $a \notin B$，按照 a 是否具有 B 的定义谓词所表达的性质（贝尔纳斯原来对集合属于类的关系用另一种符号，后来哥德尔仍用 $\in$，贝尔纳斯也采用了）。一个类不能作为集合或类的元素，也就是说，$A \in b$ 或 $A \in B$ 不是合式公式。一个集合和一个类可以有同样的元素，这时这个类被说成用集合表示（哥德尔对此做了改进：把集合和集合所表示的类等同起来，把不能用集合表示的类称为真类，它不能做集合或类的元素）。贝尔纳斯的"集合""类"和"一个类和表示它的集合"大致相当于冯·诺依曼的 Ⅰ-对象、Ⅱ-对象和 Ⅰ-Ⅱ-对象。"相等"是初始关系，联结两个集合词项。两个类词项 A 和 B 之间的等价关系 $A \equiv B$ 可定义为：

$$(A \equiv B) \leftrightarrow (\forall x)(x \in A \leftrightarrow x \in B)。$$

概括原则加以形式化以后适用于类词项。

初始公式有以下 3 种形式：$a = b$，$a \in b$，$a \in B$。

为便于同冯·诺依曼的系统相比较，我们现将贝尔纳斯的非逻辑公理陈述如下：

关于相等性和外延性的公理有：

E_1 $a = b \rightarrow (a \in A \rightarrow b \in A)$，

E_2 $(\forall x)(x \in a \leftrightarrow x \in b) \rightarrow a = b$。

一般集合论公理有：

A_1 $a \notin 0$（O 是一个空集）。

A_2 $a \in b;c \leftrightarrow a \in b \lor a = c$（b;c 是一个集合，其元素是 b 的元素和集合 c）。

A₃　$a \in \sum (m, t (\xi)) \leftrightarrow (\exists \xi) (\xi \in m \wedge t (\xi)$【$\sum (m, t (\xi))$ 是一个集合，其元素是那些集合，它们至少是在一个集合 t (c) 中（c 在 m 中）；简单地说，它是一个使 $c \in m$ 的集合 t (c) 的并集】。

策梅罗的分离公理和弗兰克尔的替换公理均可推出来。

贝尔纳斯在陈述了一般集合论公理之后，就引进序数理论，而不是首先展开次序理论，这是他的系统的一个特点。他考察这样一些集合的总体：这个总体同康托尔所处理的序数系有同样的结构，而这些集合就等同于序数。有穷序数 0，1，2，3，…等同于集合 0，{0}，{0, {0}}，{0, {0}, {0, {0}}}，…；序数 ω 等同于所有这些集合的并，如此等等。对于任何一对不同的序数，两者之一是另一个的元素，因此我们有序数的自然次序，每一序数都是在自然次序中位于它之前的所有序数的并。贝尔纳斯把上述处理在系统中加以形式化，给出了序数的严格定义。他把序数定义为：d 是一个序数当且仅当 d 具有 $\in$ 传递性、连接性和良基性；所谓 d 有良基性是指 d 中总有一个关于 $\in$ 的最小元素 y，y 中没有 d 的元素了。这与罗宾逊的定义是等价的。

贝尔纳斯还推导出超穷归纳法原理，并把算术的递归定义的程序推广到所有序数。

贝尔纳斯的系统还有以下几条公理：

A₄（幂集公理），

A₅（选择公理），

A₆（无穷公理），

A₇（基础公理）。

贝尔纳斯的系统经过哥德尔在 1940 年的改进，非逻辑公理分为以下 5 组：

A. 1. 类的外延性公理：

$(\forall u) (u \in X \leftrightarrow u \in Y) \rightarrow X = Y$。

这是说，两个类有同样元素则它们相等。

2. 每一集合是一个类。

3. 如果 $X \in Y$，则 X 是一个集合。

4. 无序对公理：

对任何集合 x 和 y，存在一个集合 $\{x, y\}$。

B. 概括公理：

$(\forall X_1) \cdots (\forall X_n) (\exists Y) (Y = \{x: \varphi (x, X_1, \cdots, X_n)\})$。

这实际上就是类的概括原则的形式表示。它是说，如果 φ (x, X_1, $\cdots$, X_n) 是一个公式，则 $Y = \{x: \varphi (x, X_1, \cdots, X_n)\}$ 是一个类。类 Y 的元素是所有的满足 $\varphi (x, X_1, \cdots, X_n)$ 的集合 x：

$x \in Y$ 当且仅当 $\varphi (x, X_1, \cdots, X_n)$。

C. 1. 无穷公理。

2. 并集公理。

3. 幂集公理。

4. 替换公理（模式）。

D. 正则公理（基础公理或限制公理）。

E. 选择公理。

数理逻辑文献上常把 A—D 构成的系统记为 BG，BG 加选择公理记为 BGC。

冯·诺依曼—贝尔纳斯—哥德尔的公理集合论系统有不少优点。最主要的优点是同时引进"集合"和"类"两个初始对象，因此可以使用概括公理，这对于数学推导极为方便。另一个优点是可以较早地引进序数理论。在冯·诺依曼和贝尔纳斯的原系统中，没有公理模式，替换公理模式和分离公理模式可作为定理导出来，因此是有穷可公理化的系统。这些都是与 ZF（或 ZFC）系统不同的地方。但是它们也有共同之处。BG 系统虽然引进了"类"和类的公理，但是系统本身可以排除集合论悖论，它禁止不是集合的类（真类）作为其他类的元素，如所有集合的类，所有序数的类等都是真类，不能再作为元素，从而从根本上铲除了悖论的根源。现在关于两个系统之间的关系已取得以下一些结果：

1. 如果 ZF 系统是一致的，那么 BG 系统也是一致的。

2. BG 系统中只涉及集合变元的每一定理也是 ZF 的定理。

从素朴集合论到公理集合论的发展过程深刻地说明了以下几个问题。

1. 集合论的创立绝不是一蹴而就的，而是有深厚基础的。在数学这门科学的实践中，长期以来存在着无穷集合的客观本性以及人们对它的认识之间的矛盾，认识并解决这个矛盾是建立集合论的主要基础。分析算术化的结果要求为自然数理论奠定一个数学基础，这是建立集合论的另一个前提。

2. 集合论悖论的出现——第三次数学危机是素朴集合论不精确的结果，这一危机是推动建立公理集合论的内在动力。

3. 公理集合论有不同的系统，但它们绝不是孤立的，而是相互联系、相互制约、相互影响、相互补充的，它们在排除悖论、为数学提供基础的总目标下是统一的。

第三次数学危机是在数理逻辑发展史上的奠基时期产生的，是数理逻辑的一些重要分支得以创建的最伟大的动力。围绕着解决数学危机，在数理逻辑中产生了三大学派——逻辑主义学派、形式主义学派和直觉主义学派。在三大学派的一些代表人物中，有的是唯心主义哲学家，有的提倡唯心主义的哲学观点，但我们决不能因此就把这三大学派称为唯心主义的三大流派。三大学派的基本论点是关于数理逻辑和数学基础问题的，是具体的科学理论；在它们的具体科学理论指导下，它们还创建了数理逻辑中的崭新的学科。对它们在数理逻辑和数学基础问题上的一些唯心主义观点必须进行科学的、实事求是的批判。但是，瑕不掩瑜，它们的功绩将永远彪炳于数理逻辑的史册。

罗素的逻辑主义及其在
数理逻辑史上的地位[*]

一　数学概念和数学定理的推导

逻辑主义论题分成两个部分：（1）数学概念可以通过显定义从逻辑概念推导出来；（2）数学定理可以通过纯逻辑推演从逻辑公理推导出来。罗素在推导数学概念时所使用的逻辑概念有：命题联结词（否定、析取、合取、蕴涵）；函项和量词（全称量词和存在量词）；等词。

弗雷格成功地用逻辑概念定义了自然数，罗素独立于弗雷格也获得了相同的结果。这种方法的关键在于，自然数不是属于事物而是属于概念的逻辑属性（按罗素的定义，数是某一个类的数，而一个类的数是所有与之相似的类的类）。其他种类的数——正数、负数、分数、实数和复数，不是用通常增加自然数的定义域的方法来完成的而是通过构造一种全新的定义域来实现的。罗素在将数的概念向前推广时，认为自然数并不构成分数的子集，自然数 3 与分数 3/1 不是等同的，同样分数 1/2 同与它相联系的实数也不是等同的。关于正负整数，罗素认为，+1 与 -1 是关系，并且互为逆关系。+1 是 n+1 对 n 的关系，-1 是 n 对 n+1 的关系。一般地，如果 m 是任何归纳数，对任何 n 而言，+m 是 n+m

* 原载《哲学研究》2007 年第 9 期。

对 n 的关系，－m 是 n 对 n+m 的关系。+m 与 m 不同，因为 m 不是一个关系，而是许多类的一个类。m/n 定义为，当 xn＝ym 时，二归纳数 x 和 y 之间的一个关系。m/1 是 x，y 在 x＝my 情形下所具有的关系。这个关系如同关系+m 一样绝不能和 m 等同，因为关系和一个类的类是完全不同的两个东西。罗素说，在实用上，只要我们了解分数 1/1 和基数 1 并不相同，就不必常常拘泥于这个区别。正负分数可以用类似于正负整数的方法而定义。实数的定义比较复杂一点。罗素发展了戴德金的实数论，做出了实数的定义。首先定义分数之间的大于或小于关系。给定两个分数 m/n 和 p/q，如果 mq 小于 pn，则 m/n 小于 p/q。这样定义的小于关系是序列关系，因而分数形成以大小为序的序列。戴德金证明了，有理数以明显的方式与分数相对应，无理数对应于分数序列的"间隙"。例如，把正分数分成两类：所有平方小于 2 的分数组成一类；其余分数组成另一类。这种分法就形成分数序列的一个"分割"，它对应于无理数√2。因为不存在其平方等于 2 的分数，所以第一类（"下类"即较小的一类）不包含最大的元素，第二类（"上类"即较大的一类）不包含最小的元素。因此，每一个实数都对应于分数序列的一个分割，分割中的间隙对应于无理数。

这样，罗素把实数定义为：分数序列中相应分割的下类。例如，√2 是其平方小于 2 的那些分数的类；1/3 是所有小于 1/3 的分数的类。由这些定义，整个实数算术都可以导出。这里，实数的定义是"构造的"。一个复数可以简单地看成是有先后次序的一对实数。

构造主义的方法是逻辑主义的一个重要部分。逻辑主义者用类似于定义实数的方法引进其余的数学概念。例如，分析中的收敛、极限、连续性、微分、微商和积分等概念，集合论中的超穷基数、序数等概念。

罗素在推导数学的过程中发现，除逻辑公理外，还需要逻辑公理之外的一些特殊公理，即无穷公理和乘法公理（选择公理）。无穷公理是说，若 n 是一个归纳基数，则至少有一个类有 n 个个体。由此得到：如果 n 是一个归纳基数，并且至少有一个类有 n 个分子，那么 n 不等于 n＋1。无穷公理保证了确有一些类有 n 个分子，于是我们才能断定 n 不等于 n＋1。没有这个公理，可能 n 和 n＋1 都是空类。乘法公理是说，对于不相交的非空集合所组成的每个集合至少存在一个选择集合，也就是说这个集合与每一个集合恰好有一个共同元素。

在推导数学的过程中，罗素人为地假定了一条可化归性公理，这与逻辑类型论有关。

二　逻辑类型论

为了解决悖论，实现逻辑主义论题，罗素提出了逻辑类型论。罗素最早提出类型论是在 1903 年出版的《数学的原则》（*The Principles of Mathematics*）一书中，在 1908 年的论文《以类型论为基础的数理逻辑》和 1910—1913 年与怀特海合著的《数学原理》中全面系统地论述了逻辑类型论。逻辑类型论分两部分：简单类型论和分支类型论。简单类型论同分支类型论是结合在一起的，但又具有独立性并与下面将要说到的恶性循环原则无关。

简单类型论的中心思想是，把类或谓词分为不同的层。

第 0 层谓词：包括一切个体（个体常项和变项），这些实体的类型记为 0。

第 1 层谓词：这是取个体为变目的谓词，包括个体的属性，个体之间的关系。前者的类型记为（0），后者的类型记为（0，0），（0，0，0）等等。

第 2 层谓词：其空位被个体或第 1 层谓词填补，并且至少出现一个第 1 层谓词作为变目。第 2 层谓词也根据它的空位的个数及种类而分成不同的类型。个体属性的属性，其类型记为（（0）），二元谓词（关系）的一个属性，其类型记为（（0，0）），等等。

　　第 3 层谓词、第 4 层谓词等可类推。一个谓词如果其变目属于≤n 层并且至少有一个变目是第 n 层的，它便属于第 n + 1 层。第 i 层谓词能够有意义地述说第 j 层谓词，当且仅当 i = j + 1。第 j 层谓词不能有意义地述说同层的谓词。在逻辑系统中引入简单类型论以后，罗素悖论等逻辑悖论就可以消除，因为这些悖论的发生是由于混淆了不同层的谓词所致。例如，在罗素悖论中，定义类的谓词记为 $\varphi \hat{y}$（这里"$\hat{y}$"是一个空位记号），由它所定义的类记为"$\hat{y}(\varphi y)$"。根据简单类型论，"$\varphi\{\hat{y}(\varphi y)\}$"一定是无意义的，因为 $\hat{y}(\varphi y)$ 是一个类，其层数高于它的定义谓词 $\varphi \hat{y}$ 的变目的层数。因此，我们不能说："一个类是自身的元素"或"一个类不是自身的元素"，从而"由所有不是自身元素的类组成的类"是无意义的。

　　简单类型论不能消除说谎者悖论等语义悖论，罗素为了处理这些悖论，引进了分支类型论。分支类型论是以恶性循环原则为基础的。罗素说："使我们能够避免不合法总体的那个原则，可以陈述如下：'凡牵涉到一个汇集的全体者，它本身不能是该汇集的一分子'；或者，反过来说，'如果假定某一汇集有一个总体，它便将含有一些只能用这个总体来定义的分子，那么这个汇集就没有总体'。我们把上述原则叫做'恶性循环原则'，因为它能使我们避免那些由假定不合法的总体而产生的恶性循环。"[1] 恶性循环原则强调的是，总体不能包含只有通过这个总体来定义的分子。分支类型论就是在恶性循环原则的基础上对命题函项（广义的谓词）所作的一种分类，其核心是在类型中再区分出阶。为简化起

---

　　[1]　P. M. ，Vol. 1，pp. 37 – 38.

见，下面我们只考察个体的谓词这一类型。

个体是零阶函项。给定一个固定的论域（由个体 x，y，…组成的个体域）以及其中的一些函项（谓词）。φx，ψ（x，y），χ（x，y，z，…）这些公式称为母式，即不包含约束变元的公式，除个体外没有其他变目。由这些母式可以得到 x 的其他函项，例如：（y）.ψ（x，y），（∃y）.ψ（x，y）等。所有这些函项都没有预设除个体的总体之外的总体。母式和这类函项称为"一阶函项"。

在一阶函项的基础上便可构造二阶函项。把一阶函项当作一个新的域，加到原有的个体域上去，得到一个扩大的论域。"φ! ŷ"［"ŷ"是空位符号，φ! ŷ即 φ!（）］代表一个一阶函项变元，"φ! y"代表这样一个函项的任一个值。"φ! x"是包含两个变元的函项，其一是 φ! ŷ，另一个是 x。"（x）.φ! x"是包含变元 φ! ŷ的一个函项。由于引进一阶函项变元，因而就有在新的论域上的一组母式。如果 a 是个体常项，那么 φ! a 就是变元 φ! ŷ的一个函项。如果 a 和 b 是个体常项，那么"φ! a 蕴涵 ψ! b"就是两个变元 φ! ŷ和 ψ! ŷ的一个函项，如此等等。因此以下公式：

f（φ! ŷ），g（φ! ŷ，ψ! ŷ），F（φ! ŷ，x），…

就是包含个体和一阶函项作为变目的母式，被称为二阶母式（其中不必含有个体作为变目）。由以上母式可得到以下函项：

（φ）.g（φ! ŷ，ψ! ŷ），它是 ψ! ŷ的函项；

（x）.F（φ! ŷ，x），它是 φ! ŷ的函项；

（φ）.F（φ! ŷ，x），它是 x 的函项。

二阶母式以及从二阶母式导出的量化公式称为二阶函项。也就是说，二阶函项包含一阶函项作为变元，也可包含个体变元但不包含其他变元。

仿照以上方法可构成三阶函项和更高阶的函项。与命题函项类似，我们可构成各阶的命题。由上可见，如果在一个命题函项中出现的变元的最高阶数为 n，那么当有一个属于 n 阶的变元的两次出现时，该命题函项的阶数为 n＋1。对于命题函项的阶数，还要看命题函项的变目，这时阶数必须高于所有变目的阶数。当确定一个命题函项的阶数时，还要考虑作为缩写用的记号的表达式中所出现的阶数，例如，F（φ！ŷ，x）是一个缩写，表明这是 φ！ŷ 和 x 的函项，因此该函项为二阶。通过以上的分阶，我们可得到两个结果：

（1）我们可以把每个命题、性质或关系作为被断定的对象；

（2）因为我们只允许依次构成的各个阶的命题函项，又因为对于某个阶的函项，它所涉及的对象总体是明确地限定于某一论域之中的，所以我们就能避免"所有命题""所有谓词"这种不合法的总体。

使用分支类型论，语义悖论便可消除。例如说谎者悖论可以写成："我断定 p，而 p 是假的"。如果 p 是 n 阶命题，那么 p 在其中作为约束变元出现的命题"我断定 p，而 p 是假的"为 n＋1 阶，可记为 q，q 比 p 高一个阶，它不能作为 p 的一个值进行代入，因此不会产生悖论。换句话说，如果 p 具有 n 阶的真或假，那么 q 就具有 n＋1 阶的真或假。我们可以认为，"我在某一时刻所说的所有一阶命题都是假的"这句话是真的，而不会引起悖论，因为这句话本身是二阶命题。

分支类型论有许多弊端。按照分支类型论，我们不能说一切个体谓词如何，而要分成阶。对于实数，不能说所有实数如何，只能涉及具有确定的阶的实数。属于一阶的那些实数，在其定义中不出现"对于所有实数"这种短语；属于二阶的那些实数，在其定义中只能出现"所有一阶实数"这种短语；如此等等。这样一来，就失去了实数理论中的许多重要定义和定理。为了克服这种困难，罗素不得已增加了一条可化归性公理。

可化归性公理是说，一个非直谓的函项都有一个形式上等值的直谓函项。有了这个公理，我们就可以用直谓函项替代非直谓函项。直谓函项的特点是：只要空位的阶确定了，整个函项的阶也就定了，因为 n+1 阶直谓函项必含有 n 阶空位。只根据空位划分类型，这是简单类型论的基本原则。因此可化归性公理的作用就是把分支类型论简化为简单类型论。有了可化归性公理，关于实数的阶的困难可得到解决。我们可以说，关于实数的命题函项虽有不同的阶，但对每一个关于实数的高阶命题有一个相应的直谓函项，这一函项为同样的有理数所满足而不为其他有理数所满足。同样，我们可以对有不同阶的命题函项所表达的一类事物做出单一的断定。由于可化归性公理是一个人为的假定，不像一条自明的逻辑公理。因而遭到很多数学家和逻辑学家的反对，他们不愿采用分支类型论和可化归性公理，而采用简单类型论。罗素在 1925 年的《数学原理》第 2 版中放弃了可化归性公理，但仍采用分支类型论。

1925 年罗素的学生拉姆赛（Ramsey）在《数学原理》第二版出版之后不久，发表了一篇论文《数学基础》，1926 年又发表了一篇论文《数理逻辑》。他废除了可化归性公理，成功地保留了《数学原理》的符号部分，几乎没有变动。拉姆赛还提出，悖论分为两组：A 组（现在称为逻辑悖论或集合论悖论）和 B 组（语义悖论或认识论悖论）。A 组悖论可用简单类型论来排除，B 组悖论不能用逻辑符号表示，应归咎于日常语言的某种缺陷，在逻辑和数学中不出现。拉姆赛宣布，分支类型论和可化归性公理在逻辑中是多余的，只可用于解决 B 组悖论。1937 年，罗素表示同意拉姆赛的观点。

三　逻辑主义的历史地位

以罗素为代表的逻辑主义学派在数理逻辑发展史上具有重要

的历史地位。怀特海和罗素的巨著《数学原理》是数理逻辑发展史上的一个里程碑，是数理逻辑的经典著作，起了承先启后、继往开来的伟大作用。

我们已经论述了逻辑主义的论题。要从逻辑主义者所说的纯逻辑推出全部数学，遇到了极大的困难。

首先，必须引进两条非逻辑公理——无穷公理和乘法公理（选择公理）。无穷公理是对客观世界的断定，承认宇宙间个体的个数是无穷的，没有这条公理，连最简单的自然数也无法构成。乘法公理是与无穷有关的断定，是与数量有关的假定，即保证选择类存在的假定，它不是逻辑的规律。罗素深知这一点，他把这两条公理写在需要它们的各数学定理的条件里面，作为假定。但是这种解决办法并不能真正解决问题，在数学中必须承认有无穷多个自然数，而不是只承认条件语句"如果有无穷多个个体，那么自然数存在"。如果一个系统推不出无穷公理，推不出自然数的存在，那么它肯定推不出数学。

其次，《数学原理》系统是以分支类型论为基础的，在从逻辑推导数学的过程中，已暴露出恶性循环原则、分支类型论和可化归性公理的缺陷。实际上，数学不是建立在逻辑的基础上，而是建立在罗素的分支类型论的基础之上，没有可化归公理的分支类型论并不能推出全部数学。

逻辑主义论题虽然没有实现，但它在数理逻辑发展史上具有重要意义。罗素关于数学与逻辑关系的逻辑主义论题并不是一种抽象的玄想，而是具体的数学假说或猜想。逻辑主义论题应当说成是关于数学的逻辑主义猜想。罗素是一位科学家，以实事求是的精神对这一猜想进行了探索。他从纯逻辑演算出发，增加了两条非逻辑公理，以分支类型论为基础，推导出一般算术和集合论，推导出代数和分析的主要概念。罗素的实践向我们表明，逻辑与数学有紧密的联系。虽然从纯逻辑推不出全部数学，但是数学要依赖逻辑，在构成形式数学系统时，逻辑具有优先性，它可以决定一个特殊的数学系统的推理过程。从这一方面来说，罗素的逻辑主义猜想并没有完全失败，它得到了部分的成功，为弄清数学与逻辑的关系提供了资料。这是逻辑主义的主要贡献。此外，分支类型论虽不适用于数学，但可用于解决语义悖论，为后来解决语义悖论的新方案提供了理论前提。简单类型论虽有一定的缺点，但仍不失为一种科学理论，现在仍然被应用于逻辑与数学的研究之中。

在逻辑和数学中提出猜想，是一种极其重要的方法论思想，是促进逻辑和数学发展的有力手段。例如，哥德巴赫猜想自提出以来取得了重大的进展，现在已在向"1 + 1"冲刺，这对素数理论的发展具有不可估量的意义。罗素的逻辑主义论题可以同数学史上的各种著名猜想如哥德巴赫猜想相媲美。数理逻辑的发展使这一论题得到修正，直到最后构成了关于逻辑与数学关系的科学理论。一方面，逻辑主义表明逻辑与数学有重大区别，从纯逻辑即一阶逻辑演算推不出数学，还需要增加非逻辑的公理。伟大的数理逻辑学家哥德尔在 1931 年证明了像《数学原理》那样的包含自然数算术的形式系统是不完全的，这就说明，逻辑主义论题在形式算术系统内无法成立。当然对其他数学系统也无法成立。由此可见，罗素的研究为哥德尔不完全性定理的建立创造了前提。另一方面，逻辑主义所取得的成果揭示了逻辑与数学的密切关系，说明数学概念可以化归为纯逻辑的概念，并说明一阶逻辑演算是各门数学形式化的基础。总之，我认为，逻辑主义论题是一个伟大的关于逻辑与数学的猜想，在数理逻辑发展史上具有不可磨灭的贡献。

评数学基础中的直觉主义学派[*]

胡世华教授十分重视用马克思主义哲学观点研究数学哲学，提出了许多富有启发性的课题，发表了许多独到的见解，对促进我国的数学哲学研究做出了重要贡献。

胡世华教授提出的课题之一是"布劳维（尔）直觉主义思想和数学研究中构造性倾向。需要把布氏直觉主义的数学思想和他的一般哲学思想区分开"[①]。本文的写作受到胡先生所提出的课题的启发，并以此祝贺胡世华先生诞辰 80 周年。

一 直觉主义的数学哲学批判

数学基础中的直觉主义学派的创始人是国际著名的数学家、数理逻辑学家布劳维尔（E. J. Brouwer，1881—1966 年），他有比较系统的直觉主义哲学理论，明确承认其哲学观点来源于康德的先验主义。直觉主义学派的主要成员海丁（A. Heyting，1899—1980 年）和韦尔（H. Weyl，1885—1955 年）等也接受布劳维尔的观点。

为了彻底批判唯心主义的直觉主义数学哲学，必须首先批判其理论基础——康德的先验主义。康德认为，感性直觉有两个纯

———————————

* 原载《自然辩证法研究》1992 年第 8 卷第 4 期。

① 邓东皋等编：《数学与文化》，北京大学出版社 1990 年版，第 187 页。

形式，它们是先天知识的原则，这两个纯形式就是空间和时间。空间是外直觉的纯形式，而时间是内直觉的纯形式，它们都不是从外部经验得来的，而是必然的、先天的观念。康德认为，时间与空间合起来就使先天综合命题成为可能的。① 康德所说的综合命题是指宾语与主语虽有联系但却在主语以外的一种命题。一切数学命题都是先天综合命题。例如，"两点间的直线是最短的"，这就是一个综合命题。"最短的"这概念不能通过任何分析过程把它从直线概念里引申出来；所以要借直觉的帮助，才能得到综合。再如，7 + 5 = 12，这也是一个综合命题；7 与 5 之和的概念只包含着两个数目之联合为一个数目，而在这里面并未想到联合两个数目的单个数目是什么；从 7 这个数目开始，用在直觉中给与了的 5（如我们的五指），一个单位一个单位地加到 7 的概念上，由于手的形状的帮助，就看见这个数目出现了。按照康德的说法，人们之所以感知现象彼此"并列"和"前后"相随等，完全由于人们意识中具有把知觉在主观的空间和时间形式中排列起来、系统化起来的先天的能力。康德认为，数学对象的存在条件是由理智提供的，所以数学结论具有普遍性和必然性；欧氏几何具有绝对的普遍性和必然性。

布劳维尔继承了康德的时空观和数学观，做了修改和补充。形成了一套直觉主义的数学哲学。首先，布劳维尔同康德一样，认为数学真理是先天综合的真理。他于 1912 年在阿姆斯特丹大学的就任辞（题为"直觉主义和形式主义"）中承认，非欧几何的发展已推翻了康德的空间观点，但是他接着说道："尽管在数学发展的这一时期之后，减弱了直觉主义的地位，但它由于放弃了康德的空间先验性而更加坚决地坚持时间的先验性，因而得到了复苏。这种新直觉主义认为，某一生活瞬间分解成质上不同的两部

---

① 北京大学哲学系编译：《十八世纪末—十九世纪初德国哲学》，商务印书馆 1960 年版，第 17—29 页。

分，只有在这两部分被时间分开之时，它们才合而为一，这是人类理智的根本现象，是通过抽象从它的感情内容过渡到数学思维的根本现象，即赤裸裸的二·一性直觉。这种二·一性直觉，即数学的基本直觉，不仅创造了数 1 和 2，而且创造了一切有穷序数，因为二·一性元素之一可以看成一个新的二·一性，它可以不定地重复进行；这就进一步产生了最小的无穷序数 ω。最后，这个基本的数学直觉（在其中，联结的和分离的，连续的和不连续的被结合起来）立即产生了线性连续统的直觉，即'在……之间'的直觉，它通过插入新单位数也是不可穷尽的。所以它决不能被看成是一个单纯的单位数集合。"① 由上可见，布劳维尔修改了康德的先验时空学说，放弃了"外直觉的纯形式"的先验时空概念，以适应非欧几何的发展；他把数学的基本直觉建立在"内直觉的纯形式"的先验时间概念的基础之上，这种直觉就是"二·一性直觉"。按照布劳维尔的看法，当时间进程所造成的二·一性本体，从所有的特殊显象中抽象出来的时候，就产生了数学。所有这些二·一性的抽象形式，即从 n 到 n + 1 的关系，就是数学的基本直觉，由无限反复而造成的数学对象。从 < 1，2 > 出发，根据二·一性直觉，可一步一步地产生出 < 2，3 >，< 3，4 > 等合而为一的直觉，这样，自然数序列就产生出来了。由此，也产生了线性连续统的直觉，因为人们随时都能设想在两个已知元素之间插入新元素。几何也依赖同样的直觉，布劳维尔说："这样，时间的先验性不仅规定作为先天综合判断的算术的特性，而且对几何的特性亦然，并且不仅对初等的二维和三维几何如此，而且对非欧几何和 n 维几何也如此。因为自笛卡儿以来，我们已

① Banacerraf, P. and Putnam, H. (eds.), *Philosophy of Mathematics*, Prentice - Hall, INC, 1964, p. 69.

经知道如何用坐标运算将所有这些几何化归为算术。"① 康德的
"内直觉的纯形式"的先验时间概念——二·一性直觉——n 到
n + 1——自然数序列——线性连续统——几何，这就是布劳维尔
直觉主义数学哲学的路线，其本质是否认数学对象的客观性，是
康德的唯心主义先验论的继续和发展。恩格斯在批判杜林的先验
主义数学观时，精辟地阐明了马克思主义数学哲学的基本观点。
笔者认为，这些基本观点也完全适用于批判布劳维尔的直觉主义
数学观。下面是恩格斯的著名论断："数和形的概念不是从其他任
何地方，而是从现实世界中得来的。……为了计数，不仅要有可
以计数的对象，而且还要有一种在考察对象时撇开对象的其他一
切特性而仅仅顾到数目的能力。而这种能力是长期的以经验为依
据的历史发展的结果。和数的概念一样，形的概念也完全是从外
部世界得来的，而不是在头脑中由纯粹的思维产生出来的……纯
数学的对象是现实世界的空间形式和数量关系，所以是非常现实
的材料……甚至数学上各种数量的明显的相互导出，也并不证明
它们的先验的来源，而只是证明它们的合理的相互关系。"② 布劳
维尔根本否定纯数学的对象是现实世界的空间形式和数量关系，
他把形的概念化归为数的概念，把数的概念化归为以康德的先验
时间概念为基础的二·一性直觉，根本否定计数对象的客观性，
根本否定计数能力是长期的以经验为依据的历史发展的结果，从
而根本否定了数和形的概念来源于现实世界。

　　布劳维尔的直觉主义数学哲学还有一个特点，这就是只承认
以二·一性直觉为基础的自然数集合和可数集合，不承认其他无
穷集合的存在，只承认最小的超穷基数，不承认其他更大的超穷
基数的存在。布劳维尔认为，"0 和 1 之间所有实数的集合"是毫

---

① Banacerraf, P. and Putnam, H. (eds.), *Philosophy of Mathematics*, Prentice -
Hall, Inc. , 1964, pp. 69 - 70.

② 《马克思恩格斯选集》第三卷，人民出版社 1972 年版，第 77 页。

无意义的。这里涉及关于无穷理论的本质问题，在数学中有两种无穷理论：实无穷论和潜无穷论。实无穷论认为，无穷是现实的、完成了的，无穷集是一个完备的、存在的总体，与人类产生它或构造它的过程无关。潜无穷论认为，无穷只是当成潜在的、可能的、被产生的或构造的。本来，这两种无穷理论属于具体的数学理论，在客观世界都有其原型，从不同侧面反映了无限的物质世界，它们是对立统一的、互补的。数学家在建立数学理论时，可以采用不同的无穷理论。如果否定无穷理论的客观基础，那就是唯心主义的哲学观点。布劳维尔的直觉主义数学是以潜无穷论为基础的，这属于数学的范围。但是，布劳维尔根本否定两种无穷理论的客观基础。他认为，自然数集合、可数集合、最小的超穷基数等是由先验的基本直觉即二·一性直觉产生的，这样，他就把潜无穷的客观基础化为乌有，而把它归结为心灵的构造和先验的对时间的初始直觉。在否定潜无穷的客观基础的同时，他还否定了实无穷的客观基础，认为实无穷不能通过二·一性直觉和心灵的构造而产生出来。本来，数学中的构造主义不属于哲学，但是布劳维尔却赋予"构造"这个概念以哲学含义，他认为直觉是人心对于它所构造的东西的清晰理解，把"构造"同直觉和人心联在一起，这样，布劳维尔对"构造"做了主观唯心主义的解释。直觉主义学派的主要成员海丁说："直觉主义的数学在于……心灵的构造；一个数学定理表现为一个纯粹经验的事实，即某种构造的成功。'2＋2＝3＋1'必须要看成是下面这个陈述的缩写：'我完成了用'2＋2'和'3＋1'所表示的心灵构造，并且我发现它们导致同样的结果。"[1] 这就是说，数学对象的存在就是被心灵构造出来。

　　综上所说，直觉主义的数学哲学的核心是"二·一性直觉"

---

[1]　Heyting, A. *Intuitionism*, Amsterdam, 1956, p. 6.

和"心灵的构造",这是一种地地道道的主观唯心主义,对此我们必须进行彻底的批判。但在批判时,我们必须要进行科学的分析,注意区别直觉主义理论中的哲学观点同具体的、科学的数学和逻辑观点。下面我们具体讨论这个问题。

二　直觉主义数学的基本原则

以布劳维尔为首的直觉主义学派是数学基础中的一个学派,而不是专门从事思辨的一个唯心主义哲学流派,在整个直觉主义理论中,有一部分是康德式的先验唯心主义的数学哲学,我们在上文已做了批判;另一部分是直觉主义的数学和逻辑,这是具体的科学理论。对布劳维尔的直觉主义理论必须进行这种"一分为二"的分析,绝不能一听到"直觉主义"这个词就把它等同于唯心主义。

直觉主义数学是布劳维尔等人在批评古典数学时所建立的,是一种构造性数学。在这里,"直觉主义"一词并不是指哲学理论。实际上,在布劳维尔之前,已有一些数学家提出了一些不系统的直觉主义数学观点。布劳维尔、海丁等人创造了一种完全新的数学,包括连续统理论和集合论。现在我们剥去蒙在直觉主义数学上面的唯心主义面纱,具体分析一下直觉主义数学的基本原则。

(一)　潜无穷论是直觉主义数学的出发点

直觉主义数学家认为实无穷论是逻辑和数学悖论的根源,必须抛弃它;数学应当以潜无穷论为基础。韦尔说:"我想毫无疑问的,布劳维尔弄清楚了下面这一点,没有任何明证再支持下列的信仰:把所有自然数的全体当作是具有存在的特性的……自然数列既已超出由一数而跳到下一数这步骤所达到的任何阶段,它便有进到无穷的许多可能；但它永远留在创造的形态中，绝不是一个自身、存在的封闭领域。我们盲目地把前者变成后者，这是我们的困难的根源，悖论的根源也在这里——这个根源比之罗素的恶性循环原则所指出的具有更根本的性质。布劳维尔打开了我们的眼睛并使我们看见了，由于相信了超出一切人类的真实可行的'绝对'之故，以致古典数学已经远远地不再是有真实意义的陈述句并不再是建基于明证之上的真理了。"①

直觉主义学派把从潜无穷论中引申出来的自然数论作为其他数学理论的基础。海丁认为，这有三点理由：（1）它为任何具有极低教育水平的人很容易理解；（2）它在计算过程中是普遍可应用的；（3）它是构造分析学的基础。②

我们认为，直觉主义数学家把潜无穷论及建基于其上的自然数论作为整个数学的基础，从而建立了一种不同于古典数学的新数学理论，这是一种科学研究，与直觉主义哲学是根本不同的。布劳维尔、海丁等人硬给他们所创建的数学以唯心主义的哲学解释，这是完全错误的。

（二）在数学中不能普遍使用排中律

古典数学大量使用排中律，这是古典数学的一个特点。早在1908年，布劳维尔发表了一篇论文，题为"论逻辑原理的不可靠性"。他批评了传统的信仰：认为古典逻辑的原理绝对有效，与它们所实用的对象无关。他对排中律的有效性提出了质疑，但尚无定论。在1912年的《直觉主义和形式主义》一文中，他举集合论中的伯恩斯坦定理为例，说明排中律不能用于它。③ 该定理是说：

---

① 克林：《元数学导论》（上、下册），莫绍揆译，科学出版社1984—1985年版，第50页。

② Heyting, A. *Intuitionism*, Amsterdam, 1956, p. 15.

③ Banacerraf, P. and Putnam, H. (eds.), *Philosophy of Mathematics*, Prentice - Hall, Inc., 1964, pp. 76 – 77.

"如果集合 A 与 B 的一个子集有同样基数并且 B 与 A 的一个子集有同样基数，则 A 与 B 有同样基数。"或者等价地说："如果集合 A（= $A_1 + B_1 + C_1$）与集合 A_1 有同样基数，那么它也与集合 $A_1 + B_1$ 有同样基数。"这一定理对可数集是自明的。在布劳维尔看来，如果这一定理对更大基数的集合有意义，必须按直觉主义的方式解释为：如果我们有可能在第一步构造一个规则来确定在类型 A 和 A_1 的数学实体之间的一一对应关系，第二步构造一个规则来确定在类型 A 和类型 A_1，B_1 和 C_1 的数学实体之间的一一对应关系，那么我们就可能从这两个规则通过有穷次运算来得出第三个规则，它确定在类型 A 和类型 A_1 和 B_1 的数学实体之间的一一对应关系。"布劳维尔认为，这种解释是无效的，因为在证明它的过程中要使用排中律，但是没有根据相信排中律所提出的两种可能之一可以得到解决。这就是说，布劳维尔不承认基于排中律的非构造性证明。因此，对伯恩斯坦定理不允许做出直觉主义的解释。这是布劳维尔否定排中律普遍有效的一个著名例证。他在 1923 年专门发表了《论排中律在数学，尤其是在函数论中的意义》一文，[①] 进一步阐明了排中律不普遍有效的理由，并给出使用排中律的两个古典分析例子，说明它们是不正确的。他认为，古典逻辑的规律包括排中律是从有穷数学中抽象出来，后来人们忘记了这个有限的来源，毫无根据地把它们应用到无穷集的数学上去。布劳维尔说："对于使用排中律在一个特定的有穷的主要系统中所导出的性质而言，以下所说总是确实的：如果我们有足够的时间供我们支配，那么我们就能达到在经验上证实它们。""一个先验的特征是如此一致地被归诸理论逻辑的规律，以致直到现在，这些规律（排中律在内）甚至被毫无保留地应用于无穷系统的数学并且我们不允许受下述考虑的困扰：以这种方式所得到的结果，一般在实

---

① Van Heijenoort Jean（ed.），*From Frege to Gödel*（*A Source Book in Mathematical Logic*，*1879 – 1931*），Harvard University Press，1967，pp. 334 – 345.

践上或理论上不易得到任何经验的证实。在此基础上，许多不正确的理论建立起来了，特别是在上半世纪。"① 他举出的把排中律应用于无穷集合的两个古典数学例子是：（1）连续统的点形成一个有序点集；（2）每一数学集合或是有穷的，或是无穷的。第一个例子是说，如果一方面 $a < b$ 或者成立或者不可能，或另一方面，$a > b$ 或者成立或者不可能，那么条件 $a < b$ 或 $a > b$ 或 $a = b$ 之一成立。第二个例子也是从排中律导出的，根据排中律，一个集合 S 或者是有穷的或者不可能是有穷的。在后一情况下，S 就有一个元素 S_1；因为根据排中律，S 不能有一元素，因而 S 会是有穷的，这一情况被排除掉了。其次，S 有一个不同于 S_1 的元素 S_2；因为否则，S 就不可能有一个不同于 S_1 的元素，因而 S 会是有穷的，这一情况也被排除掉了。如此继续下去，我们就说明了：S 是由不同元素 S_1，S_2，…组成的序数为 ω 的序集。由上所述，我们可得第二个例子的陈述："每一数学集合或者是有穷的，或者是无穷的。"布劳维尔认为，对无穷集合的所有元素无法用排中律断定它是否具有某一性质，因此，上述两例都是不正确的。

否定排中律的普遍有效性，不但是潜无穷论的表现，而且也是数学构造观点的表现。海丁比较了以下两个关于自然数定义的例子：（1）K 是使得 $K - 1$ 也是素数的最大素数，或者如果这样的数不存在，$K = 1$；（2）L 是使得 $L - 2$ 也是素数的最大素数，或者如果这样的数不存在，$L = 1$。这两个定义有明显的不同，但古典数学完全置它们的差别于不顾。K 实际上可以计算（$K = 3$）而 L 无法计算，因为我们不知道成对素数 p 和 $p + 2$ 的偶组成的序列是有穷的或者不是有穷的。所以，直觉主义学派不承认定义（2）作为一个整数的定义；他们认为，仅当给出计算一个整数的方法时，这个整数才被合适地定义。海丁指出："这条思路导致对排中律的

① Van Heijenoort Jean（ed.），*From Frege to Gödel*（*A Source Book in Mathematical Logic*，*1879 – 1931*），Harvard University Press，1967，p. 336.

拒斥，因为如果成对素数的序列或者是有穷的或者不是有穷的，（2）就要定义一个整数了。"①

直觉主义者不承认排中律的普遍有效性，还有一个理由，这就是他们把"真"理解为"证明为真"，把"假"理解为"导致荒谬"。这样，排中律就变为：

每一数学命题或者是可证的，或者是导致荒谬的。

可是，在数学中有很多命题，既未被证明为真，也未被证明导致荒谬，也就是说，存在第三种情况，这种情况是暂时的，也许将来可以证明这些数学命题，也许在未来很长时期内还不能证明这些命题。所以，排中律在数学中不是普遍适用的。

（三）数学对象具有可构造性

直觉主义数学由于以潜无穷论为基础，因而强调数学对象的可构造性。直觉主义学派认为，数学对象必须可构造才能算是存在的。海丁说："在心灵的数学构造的研究中，存在一定是与'被构造'同义的。"② 所谓可构造是指能具体给出数学对象，或者能给出找数学对象的算法。

我们首先要批判他们对"构造"所做的唯心主义解释。他们把"构造"归结为"心灵的构造"，由此，数学对象的存在也就成了"心灵构造"出来的东西了。我们要剥去他们关于"构造"这个概念的唯心主义外壳，留下数学构造的合理内核——对机械程序和能行性的强调。按照直觉主义者的构造性数学观点，不但古典分析不能成立，而且还有很大一部分古典数学也不能成立，如古典集合论等。他们只承认可构造的数学存在命题，只承认构造性方法；不承认非构造性的纯存在命题，如鲍尔查诺—魏尔斯特拉斯定理（每一有界的无穷点集有一极限点）和前述的伯恩斯坦定理，不承认非构

---

① Heyting, A., *Intuitionism*, Amsterdam, 1956, p. 2.

② Ibid..

造性方法，如基于排中律的反证法，如此等等。

在布劳维尔的实数论中，表现了直觉主义学派数学构造主义的典型特征。在这一理论中，我们不能断言任意两个实数 a 与 b 或者相等或者不等。我们关于 a 与 b 之间的相等性或不等性的知识可以或详或略。a≠b 表示由 a＝b 而引出矛盾。而 a#b 则是更强的不等性。它表示可以指出一个分离 a 与 b 的有理数实例，由 a#b 可以推出 a≠b。但是可以找出一对实数 a 与 b，使得我们不知道是否或者 a＝b 或者 a≠b（或 a#b）。

以上 3 条原则是具体的数学原则，其核心是数学对象的可构造性原则。基于 3 条原则的直觉主义数学是一种与古典数学不同的、崭新的构造性数学，与直觉主义哲学是风马牛不相及的。我们认为，客观的数学对象具有非构造性的一面，也具有构造性的一面，它们是辩证统一的。直觉主义数学从构造性方面来研究数学对象，这是完全合理的科学抽象；而直觉主义哲学却是一种唯心主义的世界观。这正是我们要对它们加以区别的根据。直觉主义数学开创了构造性数学研究的新方向，它强调"能行性"，因此也开辟了能行性研究的新方向。胡世华教授指出："现代计算机的发展显示出构造性数学的突出的重要性；但是非构造性数学的重要地位并不因之削弱。"① 他又说："构造性数学的倾向是用数学取得结果把结果构造出来，侧重于思维的构造性实践（有限制地使用排中律）。非构造性数学的倾向是数学地理解问题和规律、建立数学模型形成数学理论体系、追求科学理想（可以自由使用排中律）。这两种数学是不能截然分得开的。……在信息时代里，构造性数学与非构造性数学一起都需要以空前的规模来发展。"② 胡世华教授的这些论述对直觉主义学派所开创的构造性数学的伟大历史功绩及其与非构造性数学的辩证关系做了科学的评价。

---

① 邓东皋等编：《数学与文化》，北京大学出版社 1990 年版，第 187 页。
② 同上书，第 267—268 页。

三 直觉主义逻辑

直觉主义学派认为，逻辑是数学的一部分，绝不是数学的基础。海丁说："没有一种科学，特别是，没有一种哲学或逻辑可以作为数学的先决前提。如果引用任何哲学原刚或逻辑原则来作证明的工具，那将是一个循环，因为在表述这些原则时已经用到数学概念了。""在直觉主义数学中，我们的推理并不是依照固定的模式从而把这些模式集成逻辑，反之，每次推理都是直接地由它的显然性来验证"，但仍然"有些一般规则，依照这些规则可以从一些数学的定理而用直觉地明显的方式推出新定理；关于这些相互关系的方式的理论可以在'数理逻辑'内加以处理。这样，数理逻辑便是数学的一个分支而在数学以外它就没有合理的应用了。"① 海丁在说明直觉主义逻辑的建立时举了一个例子。设 A 是可被 8 除的整数的性质，B 是被 4 除的整数的性质，C 是被 2 除的整数的性质。对 8a，我们可以写成 $4 \times 2a$：通过这个数学构造 P，我们可看到，性质 A 推出 B（$A \rightarrow B$）。类似的构造 Q 表明，$B \rightarrow C$。通过首先实施 P 然后实施 Q（P 和 Q 的联合），我们得到 $8a = 2 \times (2 \times 2a)$。这表明 $A \rightarrow C$。如果我们以任意的性质代 A，B，C，那么以下过程仍然有效：如果构造 P 表明 $A \rightarrow B$，Q 表明 $B \rightarrow C$，那么 P 和 Q 的联合就表明 $A \rightarrow C$。这是一个逻辑定理。在直觉主义者看来，逻辑定理是从数学定理推演得来的，与数学定理没有根本的不同，只不过是，逻辑定理更为一般，就如同"整数加法是可交换的"这一命题比"$2 + 3 = 3 + 2$"更为一般一样。海丁得出结论说："每一条逻辑定理都是这样的情况：它只是具有最一般性的数学定理，这就是说，逻辑是数学的一部分，而决不能作

---

① 克林：《元数学导论》（上、下册），莫绍揆译，科学出版社 1984—1985 年版，第 53—54 页。

为数学的基础。"① 这种对数学与逻辑相互关系的观点可称为"数学主义",正好同罗素的"逻辑主义"("数学是逻辑的延伸")相反。我们认为,数学主义和逻辑主义都是不正确的,因为逻辑和数学虽有密切的联系,但它们毕竟是两门性质不同的学科。

由于直觉主义逻辑与直觉主义数学有密切联系,因而也具有构造性特点。海丁在1930年发表两篇论文,首先建立了直觉主义的命题演算系统和谓词演算系统,后来在1956年的《直觉主义导论》中又做了进一步说明。下面对直觉主义逻辑做一个简评。

(一) 直觉主义逻辑的构造性特点

直觉主义者把逻辑中所讨论的命题限于数学命题,因而他们对命题真假和命题联结词做构造性解释。

合取式 $A \wedge B$ 能被断定当且仅当不但 A 而且 B 能被断定。

析取式 $A \vee B$ 能被断定当且仅当命题 A 和 B 中至少有一个能够被断定。

所谓一个命题 A 能被断定是指我们对 A 完成了一个具有某些给定的特性的数学构造;这个构造证明了命题 A,被称为 A 的证明。为简单起见,在直觉主义逻辑中,用 A 表示命题 A 所想要的一个构造。

否定式 $\neg A$ 能被断定当且仅当我们有一个构造:从假定完成了一个构造 A 就导致矛盾。

蕴涵式 $A \rightarrow B$ 能被断定,当且仅当我们有一个构造 C,与 A 的证明结合起来,就得到 B 的证明。

海丁在1930年以 $\wedge$,$\vee$,$\rightarrow$,$\neg$ 作为不定义的常项建立了有11条公理的直觉主义命题演算。在这个系统中,排中律 $p \vee \neg p$,双重否定消去律 $\neg \neg p \rightarrow p$,反证律 $((\neg p \rightarrow q) \wedge (\neg p \rightarrow \neg q)) \rightarrow p$ 等

---

① Heyting, A., *Intuitionism*, Amsterdam, 1956, p.6.

公式是不成立的。

建立直觉主义一阶谓词演算的基础是对量词做构造性解释。

⊢（∀x）A（x）表示我们有一个一般的构造方法，使得当给出 x 的变程中的任一元素 a 时，可以得到一个构造 A（a），也就是说，可以构造对 A（a）的一个证明。

⊢（∃x）A（x）表示实际上已构造出 A（a）为真的一个元素 a。

直觉主义的一阶谓词演算形式系统的公理由原来的命题演算的 11 条公理加上两条关于量词的公理组成。

在直觉主义的一阶谓词演算形式系统中，有些在经典逻辑演算中有效的公式却是不成立的，例如，以下公式在经典演算中成立：

⊢¬（∃x）¬F（x）→（∀x）F（x），

⊢¬（∀x）¬F（x）→（∃x）F（x）。

这两个公式是说，并非有一个 x 不是 F 蕴涵所有 x 是 F；并非所有 x 不是 F 蕴涵有一个 x 是 F。它们在直觉主义一阶谓词演算中不成立。例如，在第一个公式中，设 x 的变程是实数，F（x）是"x 是有理数或 x 是无理数"。从并非有一个 x 使得并非"x 是有理数或 x 是无理数"，不能得到：对所有 x 而言，x 是有理数或 x 是无理数；因为从构造性观点来看，后者对无穷域使用了排中律，而这是非构造性的，直觉主义者不予承认。在第二个公式中，从并非所有 x 不是 F，并不能实际上构造出使 F（a）为真的一个元素 a。

由上可见，直觉主义逻辑与经典逻辑不同，它具有构造性特点，是一种非经典逻辑。

（二）直觉主义逻辑与经典逻辑的关系

直觉主义逻辑的公理和定理在经典逻辑中都成立，因此，直觉主义逻辑是经典逻辑的一个真部分。

现在我们要问：经典逻辑能否化归于直觉主义逻辑呢？能！下面我们来陈述一些重要结果。格里文科在 1929 年证明了以下定理：

如果在经典命题演算中有 Γ ⊢ E，则在直觉主义命题演算中有 ¬¬Γ ⊢ ¬¬E 如果在经典命题演算中，¬Γ，△ ⊢ ¬E，则在直觉主义命题演算中，¬Γ，¬¬△ ⊢ ¬E。其逆命题也成立。（"Γ"，"△"代表一组公式；"⊢"读为"推出"）哥德尔在 1932 年对格里文科的结果作了发展。他首先证明了可作为上述定理系定理的一个结果：如果 E 是一个命题字母公式，除∧及¬外不含其他逻辑符号，并且在经典命题演算中，⊢ E，则在直觉主义命题演算中，⊢ E（"⊢ E"表示 E 是一条定理）。[①]

哥德尔进一步证明了他的主要结果，这一结果依赖于下面的变换：

A →B　　　A ∧B A ∨B　　　　¬A　（∀x）A （x）（∃x）A （x）
¬（A ∧¬B）A ∧B ¬（¬A ∧¬B）¬A （∀x）A （x）　¬（∀x）¬A （x）

设 E 为具有上面第一行各形状的各部分所组成的任一公式，则把在 E 中具有上面第一行的各部分换为第二行相应部分所得的一个公式记为 E′（实际上对三个公式进行变换：把 A →B 变为¬（A ∧¬B）[并非（A 且非 B）]，A ∨B 变为 ¬（¬A ∧¬B）[并非（非 A 且非 B）]，（∃x）A （x）变为¬（∀x）¬A （x）（并非所有 x 不是 A）。

哥德尔关于经典逻辑在直觉主义逻辑中的解释的主要定理是：

对命题演算而言，如果经典地 ⊢ E，则直觉主义地 ⊢ E′；对形式数论系统而言，如果经典地 Γ ⊢ E，则直觉主义地 Γ ⊢ E′。其逆命题也成立。

哥德尔的结果表明，经典的命题演算可在直觉主义命题演算中表示；以经典逻辑为基础的形式数论（形式算术）也能在以直觉主义逻

---

① 克林：《元数学导论》（上、下册），莫绍揆译，科学出版社 1984—1985 年版，第 545—546 页。

辑为基础的形式数论中得到解释。由此可得：以经典逻辑为基础的形式数论相对于以直觉主义逻辑为基础的形式数论是一致的。

甘岑在 1936 年对哥德尔原来的变换做了改进，唯一的不同是使蕴涵公式不变换，其他不动，变换后的公式记为 E^0，他证明了以下定理：

对形式数论系统而言，如果经典地 $\Gamma \vdash E$，则直觉主义地 $\Gamma^0 \vdash E^0$。

克林对以上哥德尔和甘岑等人的结果作了综合和推广。如果将 E^0 中的原子公式 A 换为 $\neg\neg A$，则所得的公式记为 $E^{0'}$。克林证明了以下定理：

对命题演算，谓词演算或形式数论系统而言，如果经典地 $\Gamma \vdash E$，则直觉主义地 $\Gamma^{0'} \vdash E^0$。逆命题也成立。[①]

综上所说，经典逻辑可定义在直觉主义逻辖之中，经典的形式数论可在直觉主义的形式数论中得到解释，因此，经典的形式数论相对于直觉主义的形式数论是一致的。这些成果表明，经典逻辑与直觉主义逻辑有密切的联系，它们同是在逻辑科学园地上开出的两朵香花。我们应当开展对直觉主义逻辑的研究。当我们听到直觉主义逻辑这个名称时，绝不要把它同直觉主义哲学画等号。波兰逻辑学者莫斯托夫斯基对直觉主义逻辑作了十分公正的评价，他说："直觉主义逻辑拥有一种独一无二的地位：它是迄今建立的唯一正被相当大一群干练的科学家实际使用着的逻辑。它也是唯一已被推广到命题逻辑和量词逻辑之外而用来叙述数学的某些部分的逻辑。……同时，这种逻辑是建立在一种别出心裁始终如一的数学观之上的。这两个情况说明直觉主义逻辑为什么从创立之时起就引起强烈的兴趣。"[②]

---

① 《元数学导论》，第 545—546 页。
② 莫斯托夫斯基：《数学基础研究三十年》，华中工学院出版社 1983 年版，第 12—13 页。

论希尔伯特的元数学
纲领及其哲学意义[*]

希尔伯特（D. Hilbert，1862—1943 年）是国际著名的德国数学家和逻辑学家。他所提出的元数学纲领奠定了证明论的基础，在数学和数理逻辑发展史上具有重大意义。本文试图对希尔伯特纲领做出全面的、历史的评述，并根据马克思主义哲学观点对它的哲学意义作出初步的概括。

一　希尔伯特纲领提出的历史背景

希尔伯特纲领是在 20 世纪 20 年代提出来的。在这之前，公理学的发展取得了重要结果。从欧氏几何经过非欧几何到 1899 年希尔伯特的《几何基础》，表明公理学已由实质公理学发展为形式公理学。在公理学发展的过程中，数学家利用模型方法证明了非欧几何相对于欧氏几何的一致性。希尔伯特也用模型方法，把几何命题表示为实数代数的命题，证明了欧氏几何相对于实数理论是一致的。这样，实数理论就成了几何的基础。经过微积分基础的争论和分析的算术化，极限理论被奠基在实数理论之上。在这之后，戴德金把实数定义为有理数的划分，每一个实数都能把一切有理数划分为两组，两组没有公共的元素，而合起来则包括有理数域的一切数。这实质上是把实数定义为有理数的无穷集合，

* 原载《自然辩证法研究》1961 年第 7 卷第 7 期。

也可化归为自然数的无穷集合。因此，经过戴德金和康托尔的工作，实数理论相对于自然数理论和集合论的一致性便确立起来了。以后，弗雷格和戴德金等人又利用集合的概念定义了自然数，这样就把自然数理论的一致性化归为集合论的一致性。因此，集合论的一致性成为整个数学一致性的基础。

然而，正当数学家们还没有来得及证明集合论一致性的时候，集合论中的悖论却接踵而至。1897 年，意大利数学家布拉里－福蒂发现了最大序数的悖论。1899 年，集合论的创始人康托尔发现了最大基数的悖论。1902 年，罗素发现了所有不是自身分子的类的类悖论。如此等等。集合论悖论的出现，动摇了整个数学的基础，形成了第三次数学危机，震动了西方数学界和逻辑界。弗雷格在得知罗素悖论后惊呼"知识大厦的基石突然动摇了"，提出"算术是否完全可能有一个逻辑基础"的问题。不少数学家认为，悖论的出现使数学的最后基础和终极意义的问题没有解决。

集合论悖论的出现表明，在康托尔的素朴集合论中有重大缺陷。为了克服这些缺陷，策梅罗在 1908 年建立了公理集合论，这一理论后来得到了充实和发展。罗素在 1908 年和 1910 年提出了逻辑类型论。公理集合论和类型论是第三次数学危机之后所取得的重大成果，可以排除已发现的集合论悖论。但这并不能保证数学理论里不再出现逻辑矛盾。

在上述背景下，希尔伯特为了一劳永逸地解决数学基础问题，提出了直接证明（绝对证明）全部数学一致性的纲领。

二　希尔伯特纲领的主要内容

希尔伯特的证明论思想有一个发展过程，1904 年开始形成，至 20 世纪 20 年代基本成熟，在数理逻辑发展史上被称为"希尔伯特纲领"或"希尔伯特计划"。

　　1904 年，希尔伯特在海德堡第三届国际数学家大会上做了题为"论逻辑和算术的基础"的讲演。在讲演中，他批评了当时关于算术基础的各种观点，提出用他的公理化方法可以为数概念提供一个严格而又完全令人满意的基础。他说："算术常常被看成是逻辑的一部分，当我们要解决建立算术基础这个问题时，往往预先假定了传统的逻辑基本概念。但是如果我们深入考察，那么就会认识到：在我们对逻辑规律进行传统的说明中，即已用到某些基本的算术概念，例如，集合的概念，甚至在某种程度上用到了数的概念。于是我们发现自己陷入了某种循环，这就说明，如果我们想要避免悖论，那就必须在某种程度上同时开展对逻辑规律和算术规律的研究。"[1] 研究的方法就是公理方法。希尔伯特在讲演中第一次提出应该把证明本身也作为研究对象的思想。他在讲演中试图证明算术的一致性，提出了一般的方法：通过证明初始公式（公理）具有某种性质并且推演规则传递这个性质从而证明某类的所有公式都有这个性质。这个性质现在被称为"齐次性质"。

　　1904 年以后，希尔伯特并没有进一步贯彻他的设想，把主要精力放在积分和物理学等方面，从 1917 年发表《公理化思维》开始，希尔伯特才转到数学基础问题方面。在这篇讲演中，希尔伯特提出了与数论和集合论的一致性相联系的几个重要问题：每一数学问题的原则可解性问题；给数学证明找到一个简单标准的问题；数学中的内容与形式化的关系问题；一个数学问题可否通过有穷步骤加以判定的可判定性问题。希尔伯特认为，这些问题构成了一个应该加以研究的领域，要进行这一领域的研究就必须探讨数学证明的概念。这篇讲演勾画了证明论的总目标，但并未确定具体的研究方法。

---

　　[1]　Jean Van Heijenodrt（ed.）, *From Frege to Godel*, Harvard University Press（Third, Printing, 1977）, p. 131. 以下引证此书缩写为 F. G.。

　　1922 年，在汉堡的一次会议上，希尔伯特发表了题为"数学的新基础"的讲演。他承认，由集合论的悖论所引起的事是不能允许的，但他要改变韦尔（原为希尔伯特的学生，后来赞成布劳维尔的直觉主义）和布劳维尔"通过错误的方法来寻求这个问题的解答"。他说："韦尔和布劳维尔的做法，基本上是走柯朗尼克（按：康托尔的老师，认为整数是数学的唯一基础）的老路。他们试图这样为数学奠定基础，那就是，一切对他们不方便的都要抛弃，并且树立一个柯朗尼克式的禁令专政。但这就要把我们的科学支解，使它残缺不全；如果我们接受这种改革办法，我们就要冒失去我们最有价值的宝藏一大部分的危险。韦尔和布劳维尔驱逐了无理数、函数，还有数论函数的一般概念，康托尔的高次数类等等。'在无穷多个整数中总有一最小者'这个命题，甚至在判断中，例如在'或者只有有穷多个质数或者有无穷多个'中的逻辑排中律，这些命题和推论规则都在被禁止之列。"① 对于直觉主义解决悖论的计划，希尔伯特是不能接受的。他提出，用符号逻辑的方法将数学定理和证明形式化，构成形式系统，并将形式化的公式和证明当作直接对象，这样我们就可以重新获得布劳维尔和韦尔所要求的数学的客观性，而又可以保存最宝贵的数学财富。希尔伯特在讲演中指出，如何用"有穷方法"来处理数论的一致性，但一般的数学则需要用超穷方法。希尔伯特深信他能够克服新的数学基础危机，并一劳永逸地解决数学基础问题。

　　1922 年，希尔伯特在莱比锡德国自然科学家大会上发表了《数学的基础》的讲演。他说："构成数学的每件东西现已严格形式化了，使得它变为许多公式。这些公式同普通数学公式的区别只在于：除普通记号或符号外，还引进了逻辑符号，特别是蕴涵号和否定号。作为数学形式系统基石的某些公式称为公理。一个

---

　　① 转引自王宪钧《数理逻辑引论》，北京大学出版社 1982 年版，第 321 页；参见瑞德《希尔伯特》，上海科学技术出版社 1982 年版，第 195 页。

证明是一个格式，它本身必须清楚地呈现在我们面前，它据推理模式（按：指 S，S →T，∴T），由一系列断定组成，这里前提 S，或是一条公理（或一些公理），或是在展开中先已出现的证明格式的结尾公式。一个公式称为可证的，如果它或是一条公理或是一个证明的结尾公式。对于通常的形式化数学而言，在一定意义上要附加一门新的数学，即元数学。……在元数学中，人们处理普通数学的证明，后者成为研究的对象。"① 元数学也被称为"证明论"。希尔伯特强调"有穷观点"，他根据有穷观点，对全称量词和存在量词的规则作了新的处理。他提出了以下的"超穷公理"：

　　A（τA）→A（a）

　　其中，符号τ是一个逻辑选择函项，对任一谓词 A 指派一个基准对象τA，而如果一个谓词 A 应用于基准对象τA，它就应用于所有对象 a。这样，关于全称量词和存在量词的规则化归为超穷公理的应用。证明算术的一致性就是证明在任何形式推演中都有一个数值公式作结尾，而它不同于公式 0 ≠ 0。

　　希尔伯特 1922 年的两篇讲演奠定了希尔伯特纲领的基础。他的证明论思想在以后的几次讲演中，得到进一步充实和发展。

　　1925 年的《论无穷》是希尔伯特在明斯特城纪念维尔斯特拉斯的数学家大会上所做的讲演，是希尔伯特关于数学基础问题的代表作。② 他的主要论点是：

　　（1）必须把逻辑演算和数学证明本身形式化，把用普通语言传达的内容上的数学科学变为用数学符号和逻辑符号按一定法则排列的一堆公式。证明一致性的问题归结为：根据已确立的规则，从我们的公理出发，得不出"1 ≠ 1"作为一个结尾公式，因而"1 ≠ 1"是一个不能证明的公式。证明论的问题在于指出，一个具有一定性质的证明是得不到的。一个形式化的证明同一个数学符

　　①　*Math. Ann.* 88（1923），pp. 151 – 165.

　　②　F. G.，pp. 367 – 392.

号一样，是一个具体的而又能概观其整体的东西。它自始至终是可清楚地说明的。结尾公式所要求的结构"$1 \neq 1$"也是一个可具体确定的证明特性。元数学是关于形式证明的内容上的理论。

（2）有两种无穷：潜无穷和实无穷。潜无穷是一种变化着的、成长着的、被产生出来的东西，例如分析中作为极限概念的无穷大和无穷小。当我们把数 1，2，3，4，…的整体本身看成一个完成的实体或者把一线段上的许多点看成实际给定的、完成的对象整体，这种无穷称为实无穷。

希尔伯特采用潜无穷的观点，不假定实无穷。他认为，在现实世界中无处能找到无穷，无穷是一种超乎经验之外的理性概念。

（3）康托尔的集合论是数学精神最值得惊叹的花朵，是人类纯理智活动的一个最高成就。它是关于实无穷的理论。在弗雷格、戴德金和康托尔的大力合作下，无穷被推上了皇位，盛极一时。但恰恰在康托尔的集合论中，出现了灾难性的悖论。希尔伯特指出，有一条完全令人满意的道路，它能绕过这些悖论不致背弃我们的科学。最主要的是，必须对推理建立起像普通初等数论里所具有的完全一样的可靠性。对于初等数论是没有人怀疑的，那里的矛盾和悖论只是由于不注意才会发生。这就是说，必须采用有穷观点和有穷方法，其特点是：从有穷观点看来，具有形式"存在一个数具有这一或那一特性"的存在命题，仅作为部分命题即作为更加精确地确定了的一个命题的一部分时才有意义。例如，"这些粉笔之中有一支是红的"这个存在命题实际上是"这支粉笔是红的，或者那支粉笔是红的，或者……，或者那里的一支粉笔是红的"这一命题的简单说法。简单地说，要证明 $\exists x A\,(x)$，是给出一个使得 $A\,(x)$ 成立的 x 或给出找这个 x 的方法。

对于全称命题，例如"如果 a 是一个数字，那么我们必有 $a + 1 = 1 + a$"，我们不能把它理解为一个无穷合取"$1 + 1 = 1 + 1$ 并且 $2 + 1 = 1 + 2$ 并且……直至无穷"，只能理解为一个假言判断：如果给出一个数字，那么就可断定某些东西。从有穷观点看来，∀xA（x）的解释是：对一个数字 n 的任一选择，命题 A（n）可以证明是真的。

对于如上面所说的，其中出现一个未确定的数学符号的方程，或者可以为每一个数学符号所满足，或者将为一个反例所否定，对这个析取命题，从有穷观点看来，它是不能成立的。也就是说，排中律不能应用于这样的命题，因为这个析取命题是以上述那个方程（即"a + 1 = 1 + a 普遍有效"）可以否定的假设为基础的。对这样的全称命题加以否定得到"有一 a 使得 a + 1 ≠ 1 + a"，这是一个无穷析取，有穷观点是不承认的。

由上可见，有穷观点实质上是潜无穷理论的具体表现。希尔伯特后来在与贝尔纳斯合著的《数学基础》（第一卷，1934）中对"有穷"做了如下说明："我们将总是把'有穷'一词用来指：所涉及的讨论、断定或定义都必须满足其对象可以彻底产生出并且其过程可以彻底进行的要求，因此可以在具体观察的论域中实现。"综上所说，有穷观点或有穷方法有两个主要特点：①所谈论的对象是产生出来的，而不仅是假定的；②如果定义或推演的过程不能在有穷步以内终止，那么就不能承认；需要多少步骤，事先可以确定。总之，有穷方法是一种初等的能行的方法。

（4）根据有穷观点，有一些传统的逻辑定律不适用了，为了保持这些定律，那么我们应该怎么办呢？那就要用理想元素的方法，给有穷命题附加一些理想命题。根据这种观点，数学将由两类公式组成：一类公式对应着有意义的表述；另一类公式则不表示任何意义，但形成数学理论的理想结构。理想命题以实无穷的存在为前提，把实无穷作为理想元素，排中律成立。但是应用理想元素有一个先决条件，即一致性证明。通过增加理想元素而实现的扩充，只有当扩充以后在原来旧的较狭领域内不发生矛盾，也就是在消去理想结构而对旧的结构所得出的一些关系在旧的领域内总适用的时候，这种扩充才是许可的。

希尔伯特在《论无穷》中还提出了证明康托尔连续统假设的一个纲要，后来发现其中包含一些错误，但这一证明纲要推进了对于递归定义的研究。

1927 年 7 月，希尔伯特在汉堡数学讨论会上发表了《数学基础》的讲演，进一步补充了《论无穷》的一些思想。他详细描述了一个带 ε 算子（τ 算子的对偶算子，相当于一个不定摹状词的符号）的形式系统；对前已提出的证明论基本思想再次做了说明，例如，把普通数学加以形式化，在形式数学系统中包含逻辑演算，要采用理想元素的方法，其先决条件是一致性证明，等等。他明确指出，有两种不同的归纳法——内容上的归纳法和形式归纳法本身；彭加勒混淆了这两种归纳法，用来反对算术一致性的证明。

希尔伯特在讲演中分析了他的证明论计划所受到的种种批评。他指出："布劳维尔竭力反对的公式游戏（按：指公式之间的形式推导）除有数学价值之外，还有重要的普遍哲学意义。因为这种公式游戏是根据某些确定的、表达我们思维技巧的规则进行的。这些规则形成一个能够被发现并加以确切陈述的封闭系统。我的证明论的基本思想就是要刻画我们的理智活动，制订出我们的思维过程所实际遵循的规则草案。"[①]　"一致性证明确定我的证明论的有效范围，并且一般说来构成证明论的核心。"[②]　他断言，要得到这一证明已经为时不远了。他说："最终的结果将会表明：数学是一门没有任何预设的科学。为了奠定数学的基础，我们不需要柯朗尼克的上帝，也不需要假定有彭加勒所说的与数学归纳法原理相适应的特殊的理智能力，或不需要布劳维尔的初始直觉；最后，我们也不需要罗素和怀特海的无穷公理，强化归性公理，或完全性公理（这些公理实际上是不能用一致性证明来补偿的关于

---

①　F. G. , p. 475.

②　Ibid. , p. 479.

现实的内容上的假定）。"①

　　以上是我们从希尔伯特论数学基础的文献中，对有关证明论或元数学的论述按历史顺序所做的归纳和整理。现在，我们可以把希尔伯特的元数学纲领总结如下：

　　希尔伯特提出，为了消除对数学基础可靠性的怀疑，避免出现悖论，就要设法绝对地证明数学的一致性，使数学奠定在严格的公理化的基础上。具体地说，将各门数学形式化，构成形式系统或形式理论，并证明各形式系统的一致性，从而导出全部数学的一致性。希尔伯特认为，有 3 种数学理论：①直观的非形式化的数学理论；②把第一种数学理论形式化，构成形式系统，形式系统包含逻辑演算、直观数学理论中的基本概念转换为形式系统中的初始符号、命题转换为符号公式、推演推则转换为符号公式之间的变形关系、证明转换为符号公式的有穷序列；③描述和研究第二种数学理论的数学，称为"元数学"或"证明论"。元数学主要研究形式系统的一致性证明，是一种非形式的直观的数学。在元数学中所用的方法只限于"有穷方法"。

三　希尔伯特纲领的哲学意义

　　希尔伯特纲领提出以后，希尔伯特的学生阿克曼在 1924 年按照希尔伯特的证明论思想取得以下结果：如果对归纳规则加上一点限制，那么所得的初等数论是一致的。阿克曼的证明限于有穷方法。当时，哥德尔曾想按希尔伯特所指示的方向证明没有限制的初等数论的一致性，再证明分析的一致性。但是，哥德尔在1931 年经过潜心研究，得到了以下两个不完全性定理。

　　第一不完全性定理：在包含初等数论的一致的形式系统中，

---

① 　F. G. , p. 479.

存在着一个命题，该命题和它的否定都不是系统的定理；也就是说，如果形式数论系统是一致的，那么它就是不完全的。

第二不完全性定理：形式数论系统的一致性在系统内部是不可证明的。这一定理也可表述为：对强到足以使一切有穷推理都可以在其中形式化的形式系统而言，其有穷的一致性证明不可能在该系统内得到。

哥德尔不完全性定理给予希尔伯特纲领一个沉重打击，使得用有穷方法证明一致性的目标落空了。希尔伯特在得知哥德尔不完全性定理以后，在感情上几乎无法接受，感到生气和灰心。但是，希尔伯特毕竟是一位伟大的人物，不久他便开始尝试用新的方法修改他的证明论计划。这种新方法就是"超穷归纳法"。希尔伯特在1931年发表了两篇论超穷归纳法的文章，这时他已退休。

希尔伯特的伟大科学精神深深地鼓舞了他的学生和他的学派的成员。1936年，甘岑用超穷归纳法证明了算术的一致性。1940年，阿克曼也用超穷归纳法给出算术一致性的另一个证明。此外，在20世纪40年代和50年代还有一些数理逻辑学家对算术的一致性做出了证明。在这些证明中，有些使用了超穷归纳法，有些使用了别的方法。这些证明的共同点是：在某些方面使用了在形式算术中不能形式化的论证，也就是说，使用了比有穷方法较强的方法。阿克曼在1924年证明受限制的初等数论（算术）一致性时，所用的方法是有穷的、可在形式系统中形式化的方法，因而根据哥德尔定理，用这种方法不能做出整个算术系统的一致性证明。

证明论的下一步目标是要证明实数论的一致性，现已有一些中间结果，即对实数论做某些限制后证明其一致性。

由以上所说的证明论的发展过程可以看出，那种认为哥德尔定理推翻了希尔伯特纲领的说法是完全错误的，恰恰相反，希尔伯特纲领在哥德尔定理之后经过修改和发展，终于由假说变为科学，在数理逻辑中开辟了证明论的研究方向，希尔伯特是当之无愧的证明论之父。具体说来，我们有以下几点结论：

（1）希尔伯特的元数学纲领起初是一个假说。它的基本点是：把直观数学理论形式化，构成形式系统，这是对象理论，建立以形式系统为研究对象的元数学或证明论，这是元理论。至于元理论中必须用有穷方法，这并不构成希尔伯特纲领的本质部分。

构成形式系统的方法现在已经越出数学的范围，它不但在现代数学和逻辑中应用很广，而且还渗透到其他自然科学甚至某些社会科学部门，为研究这些学科提供了强有力的工具。因此，形式公理方法具有极其重要的科学方法论意义。著名学者塔尔斯基称它为"演绎科学方法论"。这种纯形式的研究是十分必要的，是完全合理的。恩格斯在谈到数学研究空间形式和数量关系时说："为了能够从纯粹的状态中研究这些形式和关系，必须使它们完全脱离自己的内容，把内容作为无关重要的东西放在一边；这样，我们就得到没有长宽高的点、没有厚度和宽度的线、a 和 b 与 x 和 y，即常数和变数；只是在最后才得到悟性的自由创造物和想象物，即虚数。"① 形式系统由于其高度的抽象性，以毫无意义的一堆符号出现，因而表面上掩盖了它们来源于客观世界的事实。但是，一个形式系统暂时撇开意义，并不等于它永无意义。一个形式系统可以有许多模型，一个科学的形式系统的构成，实际上就是这许多模型的共同本质的抽象概括。各种模型都是有意义的，是客观世界的反映。暂时无意义的形式系统就是以各种模型为中介反映客观世界的。一个形式系统的现实原型就是它的各种模型所反映的客观实在。正因为如此，它才能得到应用。例如，逻辑代数的形式系统是类代数、命题代数、开关代数等模型的科学概括。它最初是由英国逻辑学家布尔用代数方法研究传统逻辑而产

---

① 《马克思恩格斯选集》第三卷，人民出版社 1972 年版，第 77 页。

生的，他当时知道他的代数有类、命题和概率论 3 个模型，并不知道有开关电路的模型，但由于开关电路同类代数和命题代数有共同的本质，因而在 100 年以后人们终于发现逻辑代数可以用于开关电路。对一个科学的形式系统，我们不但要把它用于预定的模型，更重要的是要发现当时未知的新模型。

（2）哥德尔第二不完全性定理并未推翻希尔伯特纲领。首先，在希尔伯特纲领提出以后，阿克曼等人证明了加了限制的自然数算术是无矛盾的，这表明希尔伯特纲领在一定范围内是可行的。其次，哥德尔定理正是哥德尔创造性地运用希尔伯特的对象理论和元理论思想所得到的伟大成果，它否定的不是希尔伯特纲领的基本点，而是用有穷方法证明算术系统一致性的要求。哥德尔在 1931 年的论文《论〈数学原理〉及其相关系统的形式不可判定命题》中说，他的第二不完全性定理"同希尔伯特的形式体系化的观点是不矛盾的。因为这一观点仅预设有一个只用有穷的证明方法的一致性证明，但可设想：存在着不能在 P（按：形式算术系统）的形式体系中表达的有穷证明"[1]。哥德尔的结果实际上推广了希尔伯特的思想，使希尔伯特纲领中的非本质部分（元理论必须用有穷方法的限制）得到修正。恩格斯曾经说过："只要自然科学在思维着，它的发展形式就是假说。一个新的事实被观察到了，它使得过去用来说明和它同类的事实的方式不中用了。从这一瞬间起，就需要新的说明方式了——它最初仅仅以有限数量的事实和观察为基础。进一步的观察材料会使这些假说纯化，取消一些，修正一些，直到最后纯粹地构成定律。如果要等待构成定律的材料纯粹化起来，那么这就是在此以前要把运用思维的研究停下来，而定律也就永远不会出现。"[2] 哥德尔定理对希尔伯特纲领是一种辩证否定，或者说"扬弃"，使它得到"纯化"和"修正"，从假

---

[1]　F. G., p. 615.

[2]　《马克思恩格斯选集》第三卷，第 561 页。

说发展为科学的证明论。

（3）希尔伯特纲领的一个重要思想，就是把所研究的理论本身作为对象理论，把研究对象理论所使用的另一种理论叫作元理论。这种区分具有普遍的方法论意义，应当加以推广。对象理论与元理论是对立统一的关系，它们既对立，又统一，由此构成了科学中不同层次之间的对立统一。各门科学是从不同的角度以客观世界为研究对象的，这是一个层次。如果以一门科学本身为研究对象，那么这门科学本身就是对象理论，研究对象理论的理论就是元理论。对象理论和元理论的区分，使科学之间的层次一目了然，开拓了各种元科学理论的领域，扩大了人们对客观世界的认识。联系到对象理论和元理论的区分，语言也必须区分为对象语言和元语言。语言层次的区分不仅可以避免语义悖论，而且扩大了科学研究所使用的语言，使之精确化。

（4）在数学和数理逻辑中，实无穷论和潜无穷论之争由来已久。如何评价这两种学说呢？让我们首先引用恩格斯的一段话："数学的无限是从现实中借来的，尽管是不自觉地借来的，所以它不能从它自身、从数学的抽象来说明，而只能从现实来说明。如我们已经看到的，如果我们从这方面来研究现实，那我们就可以看到数学的无限关系所从之而来的现实关系，甚至可以看到使这种关系起作用的数学方法在自然界中的类似物。"[1] 这段精辟的论述为我们科学地评价实无穷论和潜无穷论提供了准则。笔者认为，实无穷和潜无穷是客观世界的无限关系的两种不同的数学抽象，在现实中有从之而来的原型。例如，作为极限概念的无穷大和无穷小是一种潜无穷，对于它们在现实中的原型，恩格斯做了说明："对地球上的力学说来，地球质量已经被看作无限大；在天文学中，地球上的物体及与之相当的陨石就被看作无限小；同样，对于天文学

---

① 《马克思恩格斯选集》第三卷，第569页。

来说，只要它超出最邻近的恒星的范围来研究我们这一恒星系的构造，太阳系诸行星的距离和质量就会趋近于零。"① 再如，实数集合是一种实无穷，被当成现实的、完成的实数总体，它的原型就是给定的一条线段上的所有点。在数学中，不同的数学理论需要采用不同的无穷论。实际上，实无穷论和潜无穷论在不同的数学理论中具有公设的性质。它们从不同侧面反映了无限的物质世界。但是，这两种理论都有其局限性。实无穷论者强调无穷的现实总体性，忽略其发展变化性；潜无穷论者则与之相反。希尔伯特在《论无穷》的著名讲演中，看出了这个问题，为了补充以潜无穷论为基础的有穷方法，提出把实无穷作为理想元素的方法。这种做法是可取的。现实世界中的无穷具有辩证性，正如恩格斯所说："无限性是一个矛盾，而且充满种种矛盾。无限纯粹是由有限组成的，这已经是矛盾，可是事情就是这样。"② 数学中的实无穷和潜无穷的矛盾反映了客观的无限性中的矛盾即现实的、完成的总体和潜在的、发展变化的、被产生的东西之间的矛盾，它们是对立统一的，互补的。我们不能简单肯定一个而否定另一个。

（5）从希尔伯特纲领和元数学的研究发展起来的希尔伯特学派常被称为形式主义学派。我们应当正确地理解这一名称。形式主义学派是数学基础与数理逻辑中的一个学派，他们的基本论点是关于数学基础与数理逻辑的具体问题的；这一学派不是哲学中那种脱离内容、夸大形式的唯心主义的形式主义流派。在希尔伯特学派中，有些数理逻辑学家确实有一些唯心主义的形式主义观点，但这并不是希尔伯特学派的主流。实际上，希尔伯特学派应当被称为形式化学派或元数学（证明论）学派，这就不至于产生误解了。至于希尔伯特本人，他并没有自命为形式主义者。他的哲学观点基本是素朴的唯物论，与其学派中持唯心主义、形式主义观点的一些学者并不

① 《马克思恩格斯选集》第三卷，第569页。
② 同上书，第90页。

相同。例如，他在 1900 年巴黎演说中说："在坚持把证明的严格性作为完善地解决问题的一种要求的同时，我要反对这样一种意见，即认为只有分析的概念，甚至只有算术的概念才能严格地加以处理。这种意见，有时为一些颇有名望的人所提倡，我认为是完全错误的。对于严格性要求的这种片面理解，会立即导致对一切从几何、力学和物理中提出的概念的排斥，从而堵塞来自外部世界的新的材料源泉，最终实际上必然会拒绝接受连续统和无理数的思想。这样一来，由于排斥几何学和数学物理，一条多么重要的，关系到数学生命的神经被切断了！"[1] 这表明，希尔伯特十分重视外部世界的材料源泉，把它看成数学生命的神经。他说，公式是"发展至今的构成通常数学的思想之复写"[2]。他主张"观察资料和现象的总体应该成为严肃彻底的研究对象"，他大声疾呼"科学的任务之一是把人们从盲目武断、感情用事和陈规旧俗的束缚下解放出来，同时使我们摆脱主观主义"[3]。希尔伯特纲领的提出和修改，从假说变为科学的过程，充分体现了希尔伯特的朴素唯物主义的精神。毋庸讳言，希尔伯特原先不承认实无穷的客观性，把实无穷说成超乎一切经验之外的理性概念，在这里希尔伯特流露出唯心主义的观点。然而，希尔伯特是一位伟大的科学家，在哥德尔定理确定之后，他立即修改他的证明论方案，提出在元数学中用超穷归纳法作为证明工具，这在实际上承认了实无穷的客观性。这充分体现了希尔伯特实事求是的科学精神。

最后，我们以希尔伯特的两句名言结束本文：

我们必须知道，

我们必将知道。

---

[1] 瑞德：《希尔伯特》，袁向东等译，上海科学技术出版社 1982 年版，第 98 页。

[2] F. G. , p. 465.

[3] Ibid. , p. 475.

哥德尔不完全性定理

——其内容、方法和意义 [*]

1928 年，在意大利波伦那举行的国际数学家大会上，希尔伯特总结了当时数理逻辑的状况，提出了 4 个亟待解决的中心问题：

（1）用有穷论方法证明分析的一致性；

（2）把一致性证明推广，特别是证明选择公理的一致性；

（3）数论和分析的形式系统的完全性；

（4）一阶逻辑的完全性。

在《理论逻辑基础》（1928）中，希尔伯特和阿克曼也提出了一阶逻辑的完全性是一个还未解决的问题。

在希尔伯特提出这 4 个问题以后的短时期内，哥德尔一个人解决了全部问题，这在科学史上是罕见的。1929 年，哥德尔证明了一阶逻辑的完全性，解决了希尔伯特提出的第 4 个问题。1930 年，哥德尔开始研究分析的一致性的证明，结果得到不完全性定理，对希尔伯特的第 3 个问题做出了否定的解决；由不完全性定理导出的系定理即第二不完全性定理表明：一个包含数论的形式系统，如果是一致的，那么它的一致性不能在系统中证明，这就否定地解决了希尔伯特提出的第 1 个和第 2 个问题。1938 年，哥德尔证明了广义连续统假设和选择公理对于集合论其他公理的一

---

　* 选自合著《逻辑与知识创新》（黄顺基等主编）第 7 章第 3 节，中国人民大学出版社 2002 年版。

致性，对希尔伯特提出的第 2 个问题作了另外一种相对的解决。

哥德尔是当代最伟大的数理逻辑学家。他于 1906 年出生在现今捷克斯洛伐克的布尔诺。1924 年中学毕业后，他进入维也纳大学，先是攻读物理，后于 1926 年转攻数学。1928 年，希尔伯特提出未解决的一阶逻辑完全性问题之后，哥德尔向这个问题发起进攻。他在 1929 年完成了大学课程，并在 1929 年秋天完成了博士论文《逻辑的函项演算公理的完全性》，进行了答辩。1930 年 2 月得到批准获得博士学位，博士论文在 1930 年公开发表。1930 年哥德尔开始研究分析的一致性问题，结果得到不完全性定理。1930 年 9 月，哥德尔参加了哥尼斯堡科学会议，在一次关于数学基础的讨论的会议期间，宣布了他的第一不完全性定理（在包含算术的一致的形式系统中，存在不可判定的命题）。1931 年，关于不完全性定理的论文《论〈数学原理〉及有相关系统中的不可判定命题》在《数学和物理学月刊》上公开发表。1933—1938年，哥德尔任维也纳大学讲师。在 1934 年，他访问了普林斯顿高等研究院，在那里讲授不完全性定理，这篇讲演后来以《论形式数学系统的不可判定命题》发表，这篇讲演还给出了一般递归函数的定义，推动了递归论的研究。1935 年 10 月，哥德尔第 2 次访问普林斯顿高等研究院，曾对冯·诺依曼讲述关于选择公理相对一致性证明。1938 年秋，第 3 次访问美国，在普林斯顿高等研究院和圣母大学讲授了选择公理和广义连续统假设的一致性，其论文《选择公理和广义连续统假设的一致性》于 1938 年底在美国《国家科学院院刊》发表。从 1940 年起，哥德尔定居美国，在普林斯顿高等研究院工作，1953 年任教授，1978 年 1 月逝世。

以下我们根据哥德尔的两篇论文[①]对不完全性定理进行深入浅出的阐明。

---

① Davis, M. (ed.), *The Undecidable*, New York, 1965, pp. 4 – 17.

一　哥德尔不完全性定理概要

（一）　自然数算术的形式系统

哥德尔不完全性定理是针对所有算术命题能够表达在其中作为有意义公式的形式系统而言的。为此，哥德尔具体构造了自然数算术的形式系统。为了深刻理解数理逻辑对数学发展的作用，下面我们看一下这个系统。它的形式语言有以下一些部分：

1. 初始符号

（1）逻辑常项：¬（并非），∨（或者），（∀…）（对所有…而言），（∃…）（存在一个…），＝（等于）。

（2）非逻辑常项：函数符号有＋（加），·（乘），′（后继）；个体常项符号有 0（零）；个体变元有 x，y，z，…（自然数）；此外有括号（和）。

2. 形成规则

规定了什么是项，什么是公式。0 和每一个体变元是项；如果 s 是项，则（s）′是项；如果 s 和 t 是项，则（s）＋（t）和（s）·（t）是项。如果 s 和 t 是项，则（s）＝（t）是一个公式；如果 X 是一个公式，则¬（X）是一个公式；如果 X 和 Y 是公式，则（X）∨（Y）是公式；如果 X 是一个公式，并且 Δ 在其中是自由的，则（∀Δ）（X）和（∃Δ）（X）是公式。

3. 定义

用¬和∨定义了→，∧和↔。

在形式语言的基础上再增加以下的公理和推理规则就构成了形式算术系统：

（1）带等词的一阶谓词演算的公理和规则

由上面希尔伯特的一阶谓词演算的公理和规则增加两条关于等词的公理。

（2）自然数算术的公理。

由上可见，一阶谓词演算对于研究数学是多么重要。

（二）哥德尔不完全性定理的直观说明

哥德尔不完全性定理是说：如果形式算术系统是一致的，那么它就是不完全的；这就是说，在系统中存在一个具有形式（∀x）A（x）的公式或命题 B，使得 B 和¬B 都不是系统的定理。这样的 B 被称为不可判定的公式或命题。以上是第一不完全性定理。第二不完全性定理是说：形式算术系统的一致性不能在系统内部得到证明。

哥德尔在构造不可判定命题时改造了说谎者悖论，用"可证性"代替了"真实性"，把形式算术系统中的可证性表达在系统中，从而避免了悖论，得到系统不完全的结论。它在系统中构造了一个命题 B，B 表达了：

B 在系统中不是可证的。

B 就是一个断定自身不可证性的不可判定命题。如果系统是完全的，则 B 或者它的否定就是系统的定理。如果 B 是定理即 B 是可证的，则由 B 所表达的"B 在系统中不是可证的"就会是真的，因此 B 是定理的假定不能成立。同样，如果¬B 是定理即¬B 是可证的，则"并非 B 在系统中不是可证的"就会是真的，因此 B 就是可证的。这些与形式算术系统是一致的假定相矛盾。由上所说，在系统中 B 既不能被证明，¬B 也不能被证明（即 B 也不能否证），因而系统是不完全的。

（三）哥德尔配数法

要构造不可判定命题，第一步是要对初始符号、公式（符号序列）和证明（公式的有穷序列）进行配数，这样的数是唯一的，现在被称为哥德尔数。

　　首先，在初始符号与正整数的一个子集合之间建立一一对应关系。例如，x 配以 17，y 配以 19，z 配以 23。然后规定，正整数的有穷序列 k_1，…，k_n 对应于单个正整数：

　　$2^{k_1} \cdot 3^{k_2} \cdot 5^{k_3} \cdot \dots \cdot P_{nk_n}$（P 是按数量大小排列的第 i 个素数）。

　　一个公式是符号的有穷序列，对每一个公式配以一个整数，这个数对应于配给其构成公式的符号的整数序列。一个证明是公式的有穷序列，对每一证明配以一个整数，这个数对应于配给其构成证明的公式序列的整数序列。由此，在公式和正整数的一个子集合之间、证明和正整数的一个子集合之间确立了一一对应的关系。这样，我们就把形式算术系统进行了"算术化"也就是"数字化"，为深入研究这个系统奠定了基础。

（四）形式算术系统元数学的"数字化"

　　形式算术系统是一个符号系统，有关系统性质的研究称为元数学。由于形式算术系统的每一表达式都配以一个哥德尔数，因而关于这些表达式及其彼此间关系的元数学命题都可变为关于这些相应的哥德尔数及其彼此间关系的命题，元数学谓词变为哥德尔数的算术谓词。例如，元数学谓词"D 是一条公理"，记为 AX（D），相应的算术谓词记为 Ax（d），每一公理都有一个哥德尔数，令 15 条公理的哥德尔数分别为 α_1，α_2，…，α_{15}，因此，Ax（d）的定义为：

　　Ax（d）$\equiv d = \alpha_1 \vee d = \alpha_2 \vee \dots \vee d = \alpha_{15}$。

　　以上办法叫作"元数学的算术化"，也就是"元数学的数字化"。把形式算术系统的元数学谓词变为相应的算术谓词，目的是要把这些相应的算术谓词表达在形式系统中，从而就把某些元数学命题表达在系统中之中，如果达到了这一目的，不可判定命题就可构造出来。

（五）原始递归函数和原始递归谓词

为什么与元数学谓词相应的算术谓词能表达在系统之中呢？这是因为它们是原始递归谓词，而原始递归谓词是在形式算术系统中可表达的。例如，加法的定义式：

$a + 0 = a$，

$a + b' = (a + b)'$。

这个式子定义了加法远算，第一个式子给出在值位 0 时的函数值，第二个式子给出一种方法，指出相应于 b' 的函数值如何可以由相应于前面值位的函数值而计算出来。

加函数就是一个原始递归函数。粗略说，对每一组给定的变目值而言，其函数值能通过有穷程序计算出来的函数就是原始递归函数。哥德尔在证明不完全性定理的过程中引进了原始递归函数的严格定义，这里不赘述。如果一个函数 $\varphi(a_1, \cdots, a_n)$ 只取值 0 和 1，而且当一个谓词 $P(a_1, \cdots, a_n)$ 真时，$\varphi(a_1, \cdots, a_n)$ 为 0，$P(a_1, \cdots, a_n)$ 假时，$\phi(a_1, \cdots, a_n)$ 为 1，则这样一个函数称为 $P(a_1, \cdots, a_n)$ 的表示函数。一个谓词是原始递归的，如果它的表示函数是原始递归的。

在形式算术系统中有形式符号 $0, 0', 0'', 0''', \cdots$；它们相应于直观的自然数 $0, 1, 2, 3, \cdots 0, 0', 0'', \cdots$ 被称为数字，用 $z_0, z_1, z_2, \cdots$ 表示。哥德尔证明了原始递归函数在形式算术系统中是数字可表示的，这就是说，对一个原始递归函数而言，在系统中有一个形式的函数表达式数字表示了它。我们说原始递归函数 $\varphi(a_1, \cdots, a_n)$ 在系统中是数字可表示的，如果有一个形式的函数表达式 $H(u_1, \cdots, u_n)$，使得对每一组给定的自然数 $m_1, \cdots, m_n$ 而言，$\varphi(m_1, \cdots, m_n) = k$，则系统中的公式 $H(z_{m1}, \cdots, z_{mn}) = z_k$ 是形式可证的。同样，对一个原始递归谓词而言，在系统中有一个公式数字表达了它。

（六）不可判定命题的形式结构

首先看一个代入函数 $Sb(a, b)$，它是在哥德尔数为 a 的公式（含自由变元 w）中，以 b 的数字 z_b 替代变元 w 后所得公式的哥德尔数。由于 $Sb(a, b)$ 是原始递归的，因而在形式算术系统中是数字可表示的，设 $Sb(a, b)$ 的形式函数表达式是 s（u, v）。

与元数学谓词 PF（Y, A）（"Y 是公式 A 的一个证明"）相应的算术谓词 $Pf(y, a)$ 是原始递归的，因而在系统中就是数字可表达的，设表达它的公式为 B（u, v）。

在形式算术系统中构造以下公式：

U（w）：（∀v）¬B（v, S（w, w）），

设这个公式的哥德尔数为 p，在上述公式中以 p 的数字 z_p 去替代 w 的一切自由出现，得到以下公式：

U（z_p）：（∀v）¬B（v, S（z_p, z_p）），

根据代入函数的定义，U（z_p）即（∀v）¬B（v, S（z_p, z_p））的哥德尔数应为 $Sb(p, p)$。这里，哥德尔使用了理查德悖论中所用的方法，即康托尔的对角线方法。U（z_p）就是不可判定命题。由于 S（z_p, z_p）数字表示 $Sb(p, p)$，B（u, v）数字表达 $Pf(y, a)$，因而 U（z_p）表达了以下的直观算术公式：

（∀x）¬$Pf(x, Sb(p, p))$。

它的意思是：所有自然数都不是以 $Sb(p, p)$ 为哥德尔数的公式的证明的哥德尔数，即以 $Sb(p, p)$ 为哥德尔数的公式是不可证的，而 U（z_p）的哥德尔数正是 $Sb(p, p)$，因此 U（z_p）是一个断定了自身不可证性的公式，也就是说，U（z_p）在系统中表达了"U（z_p）在系统中不是可证的"这个元数学命题。

（七）不可判定命题与说谎者悖论的关系

说谎者悖论可表述为："我正在说的这句话是假的"。设引号

内的话记为 A，则 A 等于 A 是假的。如果 A 真则 A 假；如果 A 假则 A 真。这一悖论是怎样产生的呢？我们假定已给定了某种语言，A 是该语言中的话，但是"A 是假的"这句话却是比该语言的"层次"高的语言中的话。说谎者悖论混淆了这两个不同层次的语言，把 A 等同于 A 是假的。由此可见，真假概念不能在形式算术系统中表达。假定 $T(z_n)$ 意为：哥德尔数为 n 的公式是真的。先考察以下公式：

$\neg T(S(w, w))$，

假设它的哥德尔数为 p。因此，公式 $\neg T(S(z_p, z_p))$ 的哥德尔数为 $Sb(p, p)$；但这一公式是说，哥德尔数为 $Sb(p, p)$ 的公式是假的，所以，$\neg T(S(z_p, z_p))$ 是断定了自身为假的公式。这就导致了与说谎者悖论相似的矛盾，因而 $\neg T(S(z_p, z_p))$ 不能在形式算术系统的公式序列中，它是比系统内的公式高一层的公式。哥德尔从说谎者悖论得到启发，他领悟到真实性与可证性是两种不同的概念，说谎者悖论表明"某种语言中的假话"不能表达在该语言之中。他巧妙地用可证性代替真实性，构造了不可判定命题 $U(z_p)$，把"$U(z_p)$ 在系统中不是可证的"这个元数学命题在形式算术系统中用 $U(z_p)$ 来表达。在形式算术系统无矛盾的情况下，可以证明 $U(z_p)$ 和 $\neg U(z_p)$ 皆不可证，即 $U(z_p)$ 是不可判定的。由于 $U(z_p)$ 不可证，因而"$U(z_p)$ 在系统中不是可证的"这个元数学命题就是真的，从而在系统中表达这一命题的公式 $U(z_p)$ 也是真的。由于 $U(z_p)$ 既是真的又是不可判定的，因而系统就是不完全的。在构造不可判定命题时从真实性转到可证性，这就使在说谎者悖论中出现的矛盾到了这里被消除了，所得到的结论只是系统的不完全性。

（八）哥德尔不完全性定理的证明

在哥德尔的证明中，需要引用形式算术系统的 ω 一致性（或

称 ω 无矛盾）的概念。

一个形式系统是 ω 一致的，如果有一个公式 F 使得：F（z_0），F（z_1），F（z_2），…；¬（∀v）F（v）并非全都可证。否则，系统就是 ω 不一致的。显然，ω 一致性蕴涵简单一致性，因为只要令 F 是一个不包含自由变元的公式，ω 一致性的定义就变为简单一致性的定义（即如果有一个 F，并非 F 和¬F 同时可证）。但逆之不真，这就是说，一个系统可以是简单一致的，但可能是 ω 不一致的。简单一致性不能排除 F（z_0），F（z_1），…；¬（∀v）F（v）皆可证这样一种矛盾，因为在系统内没有一条规则使得由 F（z_0），F（z_1），…全可证得到（∀v）F（v）也可证，事实上（∀v）F（v）比 F（z_0），F（z_1），F（z_2），…要强。引进 ω 一致性正是为了排除上述的矛盾。

哥德尔对不完全性定理作了如下陈述：

如果形式算术系统是简单一致的，则 U（z_p）不是可证的；如果系统是 ω 一致的，则¬U（z_p）不是可证的。因此，如果系统是 ω 一致的，则它就是不完全的，U（z_p）就是一个不可判定的命题。

证明：

（1）如果形式算术系统是简单一致的，则 U（z_p）不是可证的。

假定 U（z_p）可证，它就有一个证明，其哥德尔数为 k，则有 Pf（k，Sb（p，p））。因为 S（u，v）表示 Sb（a，b），B（u，v）表达 Pf（y，a），所以，B（z_k，S（z_p，z_p））是可证的。又由假定 U（z_p）即（∀v）¬B（v，S（z_p，z_p））可证，根据全称消去规则可得¬B（z_k，S（z_p，z_p））是可证的。这样，在系统中就包含一个矛盾。由此可得结论：如果系统是简单一致的，那么 U（z_p）不是可证的。

（2）如果系统是 ω 一致（从而简单一致）的，则¬U（z_p）

不是可证的。

据（1），U（z_p）不可证，这就是说，没有一个数是 U（z_p）的证明的哥德尔数，而 U（z_p）的哥德尔数为 Sb（p，p），因此，Pf（0，Sb（p，p）），Pf（1，Sb（p，p）），Pf（2，Sb（p，p）），…皆假，表达在系统中就是：

¬B（z_o，S（z_p，z_p）），¬B（z_1，S（z_p，z_p）），¬B（z_2，S（z_p，z_p）），…皆可证。

根据系统的 ω 一致性，可得：

¬（∀v）¬B（v，S（z_p，z_p））即¬U（z_p）不是可证的。

上述定理现在称为哥德尔第一不完全性定理，它还有一条系定理或称哥德尔第二不完全性定理。这条定理是说：

如果形式算术系统是简单一致的，则不能用系统内的形式化方法来证明它。

哥德尔简要地勾画了这一定理的证明大纲，这里从略。

哥德尔在 1934 年的讲演中，除了选择形式算术系统来证明不完全性定理之外，还将这一定理推广到一般的"形式数学系统"。这样的系统需满足以下的 5 个条件：

假定符号和公式用相似于上述形式算术系统所用的方法加以计数，则公理的类和直接后承关系将是递归的；

将存在有意义公式 z_n（代表自然数 n）的某一序列，使得 n 和表示 z_n 的数之间的关系是递归的；

系统具有原始递归函数的数字可表示性和原始递归谓词的数字可表达性；

全称量词消去规则成立；

具有简单一致性和 ω 一致性。

简单说来，不完全性定理所适用的一般形式数学系统就是包含自然数算术在内的形式系统。

美国数理逻辑学家罗塞尔（J. B. Rosser）在 1936 年构造了另

一个不可判定的命题。取消了 ω 一致性的要求。这个不可判定的命题比哥德尔的命题复杂，直观表达了"系统是简单矛盾的"。只要假定系统是简单无矛盾的，此命题就不能在系统内得证。这个命题的否定表达了"系统是简单无矛盾的"，据哥德尔第二不完全性定理，它在简单无矛盾的系统内不能得证。因此，如果系统是简单无矛盾的，那么这个命题及其否定皆不可证，即它不可判定。

关于第二不完全性定理，哥德尔只勾画了一个大纲，实际做起来并不那么容易，其详细证明首先是由希尔伯特和贝尔纳斯在1939 年的《数学基础》第 2 卷中做出的。

哥德尔的不可判定命题显得不很自然，自从 1931 年以来，数学家们想在一阶皮亚诺算术中找一个严格数学的、不可证的真命题，不需要把可证这样的逻辑概念进行配数。1977 年，帕里斯（J. Paris）和哈林顿（L. Harrington）在有限组合理论中找到了一个定理，它在皮亚诺算术中不是可证的。这表明哥德尔不完全性定理已越出数理逻辑的范围，对其他数学部门产生了巨大的影响。

二　哥德尔不完全性定理的创新意义

哥德尔不完全性定理是数理逻辑发展史上的一个里程碑，开辟了数理逻辑的新纪元，它在知识创新中的作用有以下几点：

1. 在哥德尔不完全性定理的影响下，20 世纪数理逻辑取得了两个重大成果：一个是塔尔斯基（A. Tarski，1902—1983 年）关于形式语言中的真值概念的理论，另一个是递归论或可计算性理论。

哥德尔在证明不完全性定理的过程中，严格区别了真实性和可证性，巧妙地改造了说谎者悖论，用可证性代替真实性，从而避免了悖论，构造出不可判定的命题。哥德尔在实质上已经提出了在形式语言本身中不能定义"真"的理论。塔尔斯基的《形式语言中的真值概念》一文最早由卢卡西维茨（Lukasiewicz，1878—1956 年）在 1931 年 3 月 21 日交给华沙科学学会，耽搁了两年，于 1933 年以波兰文发表。在这之前，塔尔斯基曾将论文的主要内容于 1930 年 10 月 8 日在华沙哲学会逻辑组做过讲演，题为"同形式演绎系统有关的真值概念"，又于 1930 年 12 月 15 日在波兰哲学会发表讲演，其摘要以"同形式演绎科学有关的真值概念"为题在 1931 年以波兰文发表。与此同时，它还将主要结果的摘要以德文在 1932 年发表。1936 年第一卷《哲学研究》发表了《形式语言中的真值概念》的德文译本，其抽印本在 1935 年发表。塔尔斯基说，他在这篇文章中所取得的重要成果是独立于哥德尔 1931 年的论文的，但他承认，关于在元语言不比对象语言丰富的情况下不能定义"真"的定理是与哥德尔的思想有关的。塔尔斯基在论文于 1931 年 3 月 21 日由卢卡西维茨交给华沙科学学会并被送去付印之后，增写了该定理及其证明大纲，当时哥德尔 1931 年的论文尚未出来，但塔尔斯基看到了哥德尔 1931 年论文的摘要《完全性和一致性的一些元数学结果》，这篇摘要于 1930 年 10 月 23 日由汉思（Hans Hahn）交给维也纳科学院，不久被发表。塔尔斯基说，他的定理一方面是根据自己的研究，另一方面是根据哥德尔的摘要提出来的。我们详细讲这个过程，目的是要说明像哥德尔不完全性定理这样重大的数理逻辑成果可以引出另外的重大成果。

哥德尔在 1931 年证明不完全性定理的过程中，使用了原始递归函数，并在 1934 年根据法国逻辑学家艾尔伯朗（J. Herbrand）的提议，提出了一般递归函数的定义。克利尼（Kleene）在 1936 年吸收了哥德尔不完全性定理中所使用的方法，把递归函数形式系统算术化，建立了递归论发展史上奠基性的一批成果。递归论的建立是与哥德尔不完全性定理分不开的。递归论从数学上严格地定义了直观的能行可计算函数的概念，这是一个算法模型。在递归论建立的同时，还出现了另外的算法模型，特别是图灵机理论，此外还有 λ 可定义性理论。一般递归性等价于图灵可计算性等价于 λ 可定义性。这几个概念从数学上严格刻画了直观的能行可计算性概念。由上可见，哥德尔不完全性定理促进了可计算性理论的建立和发展。

2. 哥德尔不完全性定理使希尔伯特的证明论思想由假说变为科学。

希尔伯特的证明论思想起初应被看成一个"假说"，其核心是区分对象理论和元理论，将直观的数学理论形式化，变为形式系统，将形式系统作为元数学的研究对象，证明各形式数学系统的一致性，从而确定全部数学的一致性。这一思想的非本质部分是在证明形式数学系统一致性时要使用一种初等的机械方法——有穷方法。哥德尔的第二不完全性定理表明，不可能用可反映于形式系统内的有穷方法证明系统的一致性，如果要证明一个形式系统的一致性，则在元理论中所使用的推理工具绝对不能弱于系统中所使用的推理工具。哥德尔不完全性定理并没有推翻希尔伯特证明论思想的核心，而是修改了希尔伯特原来的方案，取消了在元理论中只能用有穷方法的限制。后来甘岑（G. Gentzen）在1936年用超穷归纳法证明了不加限制的形式算术的一致性，进一步证明了哥德尔不完全性定理对希尔伯特方案的修改是科学的。自从哥德尔不完全性定理问世以来，证明论已经不是假说，而变成了科学。

3. 哥德尔创建的配数法具有十分重要的方法论意义。

哥德尔应用这种方法，先把形成算术系统的形式对象与正整数之间建立了一一对应关系，继而把关于系统的元数学谓词算术化变为相应的算术谓词，最后把算术谓词表达在系统之中，这样，关于系统的元数学命题就表达在系统之中了。配数法实质上就是数字化方法。塔尔斯基、克利尼和丘吉（church）等在取得数理逻辑中重大成果时都使用了配数法。因此我们可以说，配数法是一种重要的创新性方法。

哥德尔不完全性定理为人工智能开辟了新的视野。

霍夫斯塔特（Hofstadter，即侯世达）在《哥德尔、艾舍尔、巴赫》一书中说："哥德尔的证明就提示了——虽然绝非证明了！——可能存在某种观察心与脑的高层方式，涉及到在低层不出现的概念，而且在这个层次上可能会有在低层次上不存在——甚至从原则上讲也如此——的解释能力。这将意味着某些事实在高层可以很容易地得到解释，但在底层则根本不行。无论一个底层陈述被搞得多长、多复杂，它也无法对问题中涉及到的现象加以解释。这可类比于下面这个事实：如果你在 TNT（按：相当于形式算术系统）中反复推导，不论你搞得多长、多复杂，你也决不可能推出 G（按：相当于不可判定的命题）来——尽管事实上在一个更高的层次上你能看到 G 是真的。"[1] 王浩在《哥德尔》一书中肯定了霍夫斯塔特的看法。

哥德尔不完全性定理深刻地揭示了形式系统的内在局限性，这种局限性是由形式系统的本质所决定的，是不可克服的。

哥德尔不完全性定理使我们对形式系统的本质有了科学的、深刻的认识。形式系统的理论在现代科学的许多领域内有着广泛的应用，对科学的发展起了巨大的作用，但是我们不应把形式系统理论无限夸大成为终极真理。哥德尔不完全定理宣告了形式系统绝对主义的破产。但是，形式系统具有内在局限性，是不是就限制了形式系统理论的发展呢？不是！哥德尔不完全性定理的建立本身恰恰是形式公理学和证明论的重大发展，哥德尔在研究不完全性定理的过程中创造性地发展了希尔伯特的证明论思想；另一方面，知道了包含自然数算术的形式系统具有局限性，就可以

---

[1]　侯世达：《哥德尔、艾舍尔、巴赫》，郭维德等译，商务印书馆 1997 年版，第 937 页。

更好地发展形式公理学和证明论，人们就不必花费大量的无效劳动去做实际上做不到的事情，要另外开辟新的研究道路，例如，甘岑在1936年用一种更强的工具——超穷归纳法证明了形式算术的一致性。哥德尔不完全性定理也宣告了低估或否定形式系统理论的相对主义的破产。总之，哥德尔不完全性定理是我们全面地、科学地认识形式系统理论的指南。

塔尔斯基真之不可定义性定理

——兼论其与哥德尔不完全性定理的关系*

　　塔尔斯基（A. Tarski，1902—1983 年）是国际著名逻辑学家和数学家，原籍波兰，华沙学派的主要代表人物之一，1939 年移居美国，1942 年任伯克利加州大学数学系讲师，1946 年起任教授，1945 年加入美国籍。《形式语言中的真值概念》是塔尔斯基在逻辑语义学方面的代表作，1933 年以波兰文发表。1936 年《哲学研究》第一卷发表了《形式语言中的真值概念》的德文译本，其抽印本在 1935 年发表。塔尔斯基在这篇论文中所取得的重要成果是独立于哥德尔 1931 年的论文的，但他说明，关于在元语言不比对象语言丰富的情况下，真语句定义问题的否定解决的定理 I 是与哥德尔的思想有关的。他的论文于 1931 年 3 月 21 日由卢卡西维茨交给华沙科学学会并已被送去付印之后，增写了定理 I 及其证明大纲，当时哥德尔 1931 年的论文尚未出来，塔尔斯基只看到了哥德尔 1931 年论文的摘要《完全性和一致性的一些元数学结果》，这篇摘要于 1930 年由汉思（Hans Hahn）交给维也纳科学院，不久被发表。塔尔斯基说，他的定理 I 一方面是根据他自己的研究，另一方面是根据哥德尔的摘要提出来的。下面我们对塔

---

　　* 选自专著《数理逻辑发展史——从莱布尼茨到哥德尔》第 15 章第 1 节。

尔斯基的论文进行评述。[1]

一 在普遍的日常语言中不能定义真语句概念

塔尔斯基的论证是从亚里士多德的古典真语句定义出发的。这个定义可以表述为：

（1）真语句是这样一种语句，它是说事物情况是如此这般的，而事物情况也确实是如此。塔尔斯基认为，这个表述的直观意义和一般意思是十分清楚的，但其形式不正确。他改用以下形式做出发点：

（2）x 是一个真语句当且仅当 p。

为了得到具体的定义，我们在这个形式中以任一语句来代替符号"p"，以这一语句的某个名称来代替"x"。例如，我们以引号名称"'正在下雪'"来代替"x"，就得到（2）的一个解释（或部分定义）：

（3）"正在下雪"是一个真语句当且仅当正在下雪。

（3）完全符合在（1）中所表达的"真"这个词的意思，内容清晰，形式正确。但是，塔尔斯基证明，在一定条件下，它会导致说谎者悖论。

我们用符号"c"作为"写在下面一行的那个语句"的缩写：
c 不是真语句。

根据符号的含义，我们可断言：

（α）"c 不是真语句"等同于 c。

对语句 c 的引号名称来说，我们对（2）做如下解释：

（β）"c 不是真语句"是真语句当且仅当 c 不是真语句。

从前提（α）和（β），立即得到以下矛盾：

---

① Tarski, *The Concept of Truth in Formalized Language*，此文收入 Woodger 编译的 Logic, Semantics, Metamathematics（以下引证此书缩写为 L. S. M.），Oxford, 1956。

c 是真语句当且仅当 c 不是真语句。

这个矛盾的根源是由于在构成（β）时，我们用包含"真语句"的那种语句，来代替（2）中的符号"p"，这样所得到的一个断定同（3）相比就不再能作为真之部分定义。可是在日常语言中并没有合理的工具来禁止这样的代入。

塔尔斯基接着证明把类型（3）加以推广来构造真语句的定义也会导致矛盾。他还考察了在日常语言中不能给出"真语句"的结构定义，其理由是，自然语言不是每种完成的、封闭的，或者有明确界限的东西；它没有规定什么语词可以加到这种语言上去并且在某种意义上就已潜在地属于这种语言；我们不能从结构上列出那些被称为语句的语言表达式，更不用说区分出它们中的真语句了。

总之，在日常语言中是不能定义"真语句"的概念的。塔尔斯基说："日常语言（同各种科学语言相对照）的特征是它的普遍性。如果在其他一个语言中，出现了不能翻译到日常语言中的一个语词，那么这就会同这种语言的精神不协调了。我们可以断言：'如果我们能有意义地谈论任何东西的话，那么我们也能在日常语言中谈论它。'如果我们同语义研究相结合要坚持日常语言的这种普遍性，我们就必须一致地在这种语言中，除了包容它的语句和其他表达式外，也要包容这些语句和表达式的名称，含有这些名称的语句，以及像'真语句'，'名称'，'指称'等等一类语义表达式。可以推断，正是日常语言的这种普遍性构成所有语义悖论（如说谎者悖论或非自谓语词的悖论）的主要根源。这些悖论看来证明了在上述意义上是普遍的并且正常的逻辑规律对之成立的每一种语言，一定是不一致的。"① 他的结论是："如果这些意见是正确的，那么正是一致地使用表达式'真语句'（而这种使用同逻辑规律和日常语言的精神相一致）的可能性是十分成问

① L. S. M., pp. 164 – 165.

题的，因此，构造这种表达式的一个正确定义的可能性也同样是可疑的。"①

千百年来，人们认为在日常语言中定义真语句概念是易如反掌的小事，根本没有去研究这里面究竟会发生什么问题，因此，古典的真语句定义流传至今，被视为不可动摇的真理。塔尔斯基的上述论证给人们泼了一瓢冷水，使人们清醒地认识到，在日常语言中给真语句概念下定义会导致说谎者悖论。出路何在呢？改用形式语言作为研究对象，在区分对象语言和元语言的层次的基础上，解决了在形式语言中的真语句定义问题。

二 类演算的形式语言和元语言

塔尔斯基选择了类演算的形式语言作为研究对象，然后在类演算的元语言中定义"真语句"概念。

塔尔斯基首先说明了形式语言和元语言的区别。形式语言是一种人工语言，其中每一表达式的涵义由它的形式一义地确定。主要部分有：

（1）初始符号表。

（2）在由初始符号构成一切可能的表达式中，可用纯粹结构的性质区分出来的表达式称为语句。

（3）公理或初始命题。

（4）推理规则。可从给定的语句通过应用这些规则所得到的语句称为给定语句的后承。公理的后承称为可证语句或可断定的语句。

同自然语言相比，形式语言不具有普遍性。它们不具有属于语言理论的词项。塔尔斯基说："为此，当我们研究形式演绎科学

---

① L. S. M. , p. 165.

的语言时，我们总必须明确地区别我们所谈论的语言和我们在其中进行讨论所用的语言，同样也要明确地区别作为我们研究对象的科学和在其中进行研究的那种科学。第一种语言的表达式的名称和表达式之间关系的名称属于第二种语言，后者称为元语言（可包含第一种作为一部分）。对这些表达式的描述，复杂的概念的定义，特别是同一个演绎理论的构造有关的那些概念的定义（如后承，可证语句，可能还有真语句等这些概念），对这些概念性质的确定，是我们称为元理论的第二种理论的任务。"[①]

类演算的形式语言是很简单的。它有两种初始符号，即常项和变元。常项有个：否定号"N"，析取号"A"，全称量词"∏"，包含号"I"，它们分别读成："非"，"或"，"对所有"和"包含于"。符号"xy,"，"x,,"，"x,,,"等是变元，它们可解释成个体类的名称。单个常项和变元，或将这些符号彼此相继排列成符号串，这些都被称为表达式。以下 4 类表达式特别重要（"p"或"q"表示语句或语句函项，"x"或"y"表示变元）：

Np（读为"非 p"），

Apq（读为"p 或 q"），

∏xp（读为"对所有类 x，我们有 p"），

Ixy（读为"类 x 包含于类 y"）。

以上是类演算的形式语言，也就是对象语言。现在来看它的元语言。我们的研究属于在这种元语言中所展开的类的元演算。

元语言的表达式有两种。

第一种是具有一般逻辑特征的表达式，它们可以从任何一个充分展开的数理逻辑系统而得到。它们可分为初始表达式和被定义的表达式，这种划分并不重要。在具有一般逻辑特征的表达式中，有以下几类表达式：（1）"非"或"…不是真的"，"或"，

---

① L. S. M. , p. 167.

"对所有"和"包含于"（符号为"⊆"），这些同类演算的常项具有相同的意义，因此，我们可以把类演算语言中的每一表达式翻译到元语言中。例如，表达式"∏x，Ix，x，"可翻译为元语言中的"对所有类a，a⊆a"。（2）从命题演算、谓词演算和类演算中得来的一些表达式："如果…，那么"，"并且"，"对某一x"（或"存在一个x使得…"），"不包含于"（符号为⊄），等同于（符号为"＝"），不等同于（符号为"≠"），"是…的一个元素"（符号为"∈"），"不是…的一个元素"（符号为"∉"），"个体"，"类"，"空类"，"所有使得…的x构成的类"，等等。（3）从类的等价理论和基数算术理论领域得来的一些表达式，如"有穷类"，"无穷类"，"类的幂"，"基数"，"自然数"（或"有穷基数"），"无穷基数"，"0"，"1"，"2"，"<"，">"，"≦"，"≧"，"＋"，"－"，等等。（4）从关系逻辑得来的一些词项，例如，二元关系，xRy的前域和后域；在多元关系的情况下不说前域和后域，而说第一域，第二域，…，第n域；有序对；有序三元组，有序四元组，…，有序n元组；一多关系；无穷序列；n项有穷序列；序列R的第k项（指满足公式xRk的唯一的x），记为Rk；如此等等。

第二种元语言表达式是具有结构描述的特征的元语言专门词项，并因此是类演算语言的具体符号或表达式的名称。首先有"否定号"，"析取号"，"全称量词符号"，"包含符号"，"第k个变元'，"由彼此相继的表达式x和y组成的表达式"，以及"表达式"。前面6个词项可用符号缩写为"ng"，"sm"，"un"，"in"，"u_k"和"$\overarc{x\ y}$"。借助于这些词项和一般逻辑词项，其他一切具有结构描述的特征的元语言概念都定义出来。对象语言的每一简单的或复合的表达式，在元语言中都有一个类似于日常语言中结构描述的名称的个体名称。例如，类演算中的表达式"NIx，x，，"（意为"并非类x，包含于x，，"）在元语言中的个体名称是表达式"（（n⁀g⁀in）v1）v2"。这一表达式后又缩写为"$\iota_{1,2}$"，这是一种结构描述的名称。

元语言变元有 5 种：

"a"，"b"，表示具有任意特性的个体类的名称；

"f"，"g"，"h"，表示个体类的序列的名称；

"k"，"l"，"m"，"n"，"p"，表示自然数和自然数序列的名称；

"t"，"u"，"w"，"x"，"y"，"z"，表示表达式的名称；

"X"，"Y"，表示表达式类的名称。

塔尔斯基下一步的工作就是要构造元语言的公理系统。由于有两种元语言表达式，因而这个系统包含两种完全不同的语句：一种是一般逻辑公理，它们对于一个充分广泛的数理逻辑系统是足够的；另一种是元语言的专门公理，它们描述了与我们的直觉一致的上述结构描述这个概念的某些初等性质。一般逻辑公理可用罗素的一阶谓词演算的公理。第二类公理有以下 5 条：

公理 1. ng，sm，un 和 in 是表达式，它们之中没有两个是等同的。

公理 2. u_k 是一个表达式当且仅当 k 是一个不同于 0 的自然数；u_k 不同于 ng，sm，un，和 in，若 k≠1，u_k 也不同于 u_1。

公理 3. x⁀y 是一个表达式当且仅当 x 和 y 是表达式；x⁀y 不同于 ng，sm，un，和 in，也不同于每一表达式 u_k。

公理 4. 如果 x，y，z 和 t 是表达式，那么我们有 x⁀y = z⁀t 当且仅当下列条件之一被满足：（α）x = z 和 y = t；（β）有一表达式 u 使得 x = z⁀u 和 t = u⁀y；（γ）有一表达式 u 使得 z = x⁀u 和 y = u⁀t。

公理 5.（归纳原则）令 X 是满足以下条件的一个类：（α）ng ∈X，sm ∈X，un ∈X 和 in ∈X；（β）如果 k 是一个不同于 0 的自然数，则 $v_k \in X$；（γ）如果 $x \in X$ 和 $y \in X$，则 $x\frown y \in X$。这样，每一表达式都属于类 X。

塔尔斯基在建立了元语言的公理系统之后，紧接着给出了 21 个定义，主要是关于语句、公理（初始语句）、后承和可证语句等概念的定义。这些定义相当于在哥德尔不完全性定理证明过程中，哥德尔所给的元数学谓词的定义。这里，我们把这些定义略去了。

三　在类演算的元语言中"真语句"的定义

塔尔斯基在构造了类演算的形式语言和元语言之后，就着手解决"真语句"的定义问题。为此，他制定了关于定义真语句问题的一般表述方法，称为"T 约定"。

我们用符号"Tr"表示所有真语句组成的类。

T 约定是说，符号"Tr"在元语言中所表述的一个形式上正确的定义将被称为关于真语句的一个适当定义，如果它能推出以下两种语句：（α）这类语句是由表达式"$x \in Tr$ 当且仅当 p"经过用所讨论的语言的任一语句的一个结构描述名称去代符号"x"，用这一语句在元语言中的译文表达式去代符号"p"所得到；（β）"对任一 x，如果 $x \in Tr$，那么 $x \in S$"（即 $Tr \subseteq S$），这里"$x \in S$"表示"x 是一个语句"，塔尔斯基已给出定义。

T 约定的第二部分是不重要的，只要元语言已有了满足条件（α）的符号"Tr"，我们就可定义一个新符号"Tr′"，它也满足条件（β），这只要取 Tr′ 是类 Tr 和 S 的共同部分。所以，T 约定只要符合（α）就行了。

为了构造符合 T 约定的真语句定义，必须使用"满足"这个语义概念。这在塔尔斯基的论文中，编号为定义 22:[①] 序列 f 满足

[①]　L. S. M. , p. 193.

语句函项 x 当且仅当 f 是类的一个无穷序列，x 是一个语句函项，它们都满足以下 4 个条件之一：

（1）存在自然数 k 和 l 使得 $x = \iota_{k,l}$ 并且 $f_k \subseteq f_l$（"$\iota_{k,l}$" 是元语言表达式，是形式语言表达式 "$Ix_{\prime\prime\prime}x_{\prime\prime\prime}$" 的名称，前一个 x 有 k 个 $\prime$，后者有 l 个 $\prime$）；

（2）有一个语句函项 y 使得 $x = \overline{y}$，并且 f 不满足函项 y（$x = \overline{y}$ 表示 "x 是 y 的否定"）；

（3）有语句函项 y 和 z 使得 $x = y + z$，并且 f 或满足 y 或满足 z；

（4）有一个自然数 k 和一个语句函项 y 使得 $x = \cap_k y$，并且与 f 至多在第 k 项不同的每一无穷的类序列满足函项 y（"$x = \cap_k y$" 表示 "x 是表达式 y 在变元 v_k 之下的全称量化式"）。

看以下几个例子：（1）无穷序列 f 满足包含关系 $\iota_{1,2}$（"$\iota_{1,2}$" 是元语言表达式，它是形式语言中的表达式 "$Ix_{\prime}x_{\prime\prime}$" 的结构描述名称）当且仅当 $f_1 \subseteq f_2$；（2）每一无穷的类序列满足语句函项 $\iota_{1,1}$（一个类包含于自身）；（3）无穷序列 f 满足语句函项 $\iota_{2,3} + \iota_{3,2}$ 当且仅当 $f_2 \neq f_3$；（4）语句函项 $\cap_2 \iota_{1,2}$（∩ 是元语言中的全称量词缩写记号，此式是说，空类包含于所有的类）和 $\cap_2 \iota_{2,3}$（所有的类包含于全类）被那些且仅仅那些序列 f 所满足：其中 f_1 是空类，f_3 是全类。

"满足" 是一个十分重要的语义概念，指称、可定义性和真（真语句）等概念都要靠它来定义。下面我们来看如何用 "满足" 的概念来定义真（真语句）。塔尔斯基说："真之概念可用下法达到。根据定义 22 和先前所做的直观考察，很容易实现：使是否一个给定的序列满足一个给定的语句函项这个问题仅仅依赖于那些与函项的自由变元对应的序列中的项（按下标）。这样，在极端的情况下，当函项是一个语句并因此不含自由变元时（定义 22 绝不排除这一情况），一个函项被两个序列满足完全不依赖于序列中的项的性质。只留下两种可能性：或者每一无穷的类序列满足一个给定的语句，或者没有一个序列满足它。第一种语句（例如 $\cup_1$ $\iota_{1,1}$）是真语句（按："$\cup$" 是元语言中的存在量词缩写记号，这个语句是说，有一个类，它包含于自身）；第二种语句（例如 $\cap_1$ $\iota_{1,1}$）因此可称为假语句（按：这个语句是说，任一类都不包含于自身）。"①

经过这一番论证，塔尔斯基给出了以下的真语句定义：

定义 23　x 是一个真语句（记为 x ∈ Tr）当且仅当 x ∈ S 并且每一无穷的类序列满足 x。②

这一定义的形式正确性是无可怀疑的，它是否也是实质上正确的呢？是否符合 T 约定呢？塔尔斯基做了肯定的回答：定义 23 是在 T 约定的意义上关于真语句的一个适当定义，因为它的推论包含这个约定所要求的一切。但是证明起来比较复杂，要将元理论形式化，过渡到元元理论来进行讨论。塔尔斯基用经验方法，举了一些实例来说明定义 23 的正确性和适当性。

例如，语句 $\cap_1 \cup_2 \iota_{1,2}$（此式是对象语言中的表达式 $\prod$ x，N$\prod$ x，，NIx，x，，在元语言中的结构描述的名称之缩写，而后者在元语言中的译文表达式为：对所有类 a 有一个类 b 使得 a $\subseteq$ b）。根据定义 2，语句函项 $\iota_{1,2}$ 被那些且仅仅那些使 $f_1 \subseteq f_2$ 的类序列 f 所满足，而它的否定即函项 $\iota_{1,2}$ 仅被那些使 $f_1 \subseteq f_2$ 的序列所满足。因此，一个序列 f 满足函项 $\cap_2 \iota_{1,2}$，其条件是：每一个与 f 至多在第二项不同的序列 g 满足函项 $\iota_{1,2}$，并且 $g_1 \subseteq g_2$ 成立。由于 $g_1 = f_1$ 并且 g_2 可以是任意的，因而使得对任一类 b，$f_1 \subseteq b$ 成立的那些序列 f 满足函项 $\cap_2 \iota_{1,2}$。同理可得，如果有一个类 b 使得 $f_1 \subseteq b$ 成立的那些序列 f 满足函项 $\cup_2 \iota_{1,2}$（即 $\cap_2 \iota_{1,2}$ 的否定）。此外，语句 $\cap_1 \cup_2 \iota_{1,2}$ 仅被任一序列 f 所满足，如果对任一类 a，有一类 b 使 a $\subseteq$ b。最后，

---

① L. S. M., p. 194.

② Ibid., p. 195.

应用定义 23 得到以下定理：

$\cap_1 \cup_2 \iota_{1,2} \in \mathrm{Tr}$ 当且仅当对所有类 a 有一类 b 使得 $a \subseteq b$。

这个定理符合 T 约定的条件（α）。根据类演算定理，"对所有类 a 有一类 b 使得 $a \subseteq b$"成立，因此，$\cap_1 \cup_2 \iota_{1,2}$ 是一个真语句。

利用类似的方法，我们可以处理其他每一个语句。

综上所说，塔尔斯基得出结论："我们已经对类演算语言成功地做到了对日常语言想做而做不到的事情：即构造关于表达式'真语句'的形式上正确和实质上适当的语义定义。"[①]

我们可以看出，塔尔斯基的定义方法十分复杂，符号体系也不为人们所熟悉，后来，蒯因（Quine）在 1970 年的《逻辑哲学》中用集合论语言对塔尔斯基的定义做了简明的解释。苏珊·哈克（Susan Haack）在 1978 年的《逻辑哲学》中紧随蒯因的解释，用一阶谓词演算给出一个简化的真语句定义。[②]

这个定义有以下 4 个步骤：

1. 标示出对象语言 O 的语形结构，真假是对于语言 O 而定义的。

2. 表示出元语言 M 的语形结构，"O 中的真"是在这种语言中来定义的。M 要包括：

（1）O 的表达式，或者 O 的表达式的翻译；

（2）语形词汇，包括 O 的初始符号的名称，联结符号（用于构成 O 的复合表达式的"结构描述"）以及变程为 O 的表达式的变元；

（3）通常的逻辑工具；

3. 定义"O 中的满足"。

---

① L. S. M.，pp. 208 – 209.

② 苏珊·哈克：《逻辑哲学》，罗毅译、张家龙校，商务印书馆 2003 年版，第132—136 页。

4. 以 "O 中的满足" 来定义 "O 中的真"。

O 的语形

O 的表达式是：

变元：x_1，x_2，x_3，…

谓词字母 F，G，…（每个都取给定数量的主目）

语句联结词：¬，∧

存在量词：（∃…）

括号：（, ）

其他联结词和全称量词就可定义出来。

O 的原子语句是那些带有 n 个变元的 n 元谓词组成的表达式序列。

全部原子语句是合式公式，

如果 A 是一个合式公式，则¬A 也是一个合式公式，

如果 A，B 是合式公式，则（A∧B）也是合式公式，

如果 A 是合式公式，则（∃x）A 也是合式公式，

除此之外都不是合式公式。

"满足" 的定义

令 X、Y 的变程是对象序列，A、B 的变程是 O 的语句，令 x_i 指任一序列 X 中的第 i 个元素。

然后，对于该语言的每一个谓词给出一个子句，就能给原子语句定义满足。

1. 对一元谓词：

对于所有 i，X：X 满足 "Fx_i"，当且仅当 X_i 是 F。

对二元谓词：对于所有 i，X：X 满足 "$Gx_i x_j$"，当且仅当 X_i 和 X_j 之间存在 G 关系。

对于每一个谓词，可如此类推。

2. 对于所有 X，A：X 满足 "¬A"，当且仅当 X 不满足 "A"。

3. 对于所有 X，A，B：X 满足 "A ∧ B"，当且仅当 X 满足 A 并且 X 满足 B。

4. 对于所有 X，A，i：X 满足 "($\exists x_i$) A"，当且仅当存在一个序列序列 Y，使得对于所有 j ≠ i，$X_j = Y_j$，并且 Y 满足 "A"。

一个闭语句是一个不带自由变元的合式公式；闭语句或者被所有序列满足，或者不被任何序列满足。

"真" 之定义：

O 的一个闭语句是真的，当且仅当它是被所有序列满足的。

四　关于 "真语句" 定义问题的一般结论

塔尔斯基把他的成果推广到一般的形式语言。他使用 "语义范畴" 的概念，对形式语言做了区分。"语义范畴" 的概念，原是胡塞尔（E. Husserl）提出的，由华沙学派的列斯尼夫斯基引进演绎科学的研究之中。

我们先看语义范畴的定义。两个表达式属于同样的语义范畴，如果（1）有一个语句函项，它包含这些表达式之一；（2）每一个含有这些表达式之一的语句函项在这个表达式被另一个表达式替换时，仍是语句函项。

由这个定义可以推出，属于同一个语义范畴的关系是自返的，对称的和传递的。语义范畴有：语句函项的范畴；表示个体名称、个体类名称、个体之间二项关系名称等的范畴；表示给定范畴名称的变元（或带变元的表达式）同样属于同一个范畴；等等。

语义范畴根据它们的阶进行分类。阶的归纳定义如下：（1）对个体名称和表示它们的变元，指派一阶；（2）在 n + 1 阶表达式中（n 是任一自然数），包括所有那些初始函项的函子：这些函项的所有变自至多为 n 阶，并且至少有一个变目必有 n 阶。

凡属于一个给定的语义范畴的表达式具有指派给它们的同样

的阶，这样的阶被称为那个语义范畴的阶。另一方面，每一个大于 1 的自然数可以是许多不同的语义范畴的阶，例如，个体类的名称，二元关系、三元关系和多元关系的名称，都是二阶表达式。

根据语义范畴和阶的概念，塔尔斯基区分出四种语言：

（1）在这种语言中，所有的变元属于同一个语义范畴；

（2）在这种语言中，包括变元在内的范畴的数目大于 1，但是，数目是有穷的；

（3）在这种语言中，变元属于无穷多的不同范畴，但这些变元的阶不超过先前给定的自然数 n；

（4）含有任意高阶变元的语言。

前三种语言都属于有穷阶语言，第四种语言称为无穷阶语言。有穷阶语言还可根据出现在语言中变元的最高阶划分为一阶语言，二阶语言，等等。第一种语言是最简单的，类演算就是一个典型。

塔尔斯基通过对除类演算之外的第二、三、四种语言的考察，得出了以下一般结论：①

A. 对每一种有穷阶的形式语言而言，一个形式上正确的并且实质上适当的真语句定义可以在元语言中构造出来，只使用一般逻辑表达式，语言本身的表达式以及属于语言字形学的词项，即语言表达式名称和存在于它们之间的结构关系的名称。

B. 对于无穷阶的形式语言来说，构造这样的定义是不可能的。

C. 另一方面，即使对于无穷阶的形式语言，也有可能一致地、正确地使用真之概念，其方法是把这一概念包括在元语言初始概念的系统中并用公理方法来确定它的基本性质。

塔尔斯基在 1933 年论文发表前，对论文做了增补，加写了一个"后记"作为第七节。在"后记"中，他对以前所得到的结果

---

① L. S. M. , pp. 265 - 266.

作了推广，研究了语义范畴理论的基本原则对之不成立的形式语言。这种形式语言，除有全称量词、存在量词、命题演算的常项之外，仅有个体名称和表示它们的变元，以及有任意多变目的形式语句的函子（包括常项和变元）。在这种语言中，"阶"这个概念具有重大作用。对个体名称和表示它们的变元指派 0 阶。一个任意的初始语句函项的形式语句的函子的阶不再由这个函项的所有变目的阶一义地确定。由于语义范畴理论的原理不再成立，因而同一个记号在两个或更多的语句函项中（其中分别占有同样位置的变目属于不同的阶）起着一个函子的作用。因此，为了固定任一记号的阶，我们必须考虑到在所有语句函项（其中，这个记号是形成语句的函子）中的一切变目的阶。如果所有这些变目的阶小于一个特殊的自然数 n，并且如果在至少一个语句函项中出现一个变目，它正好有 n – 1 阶，那么我们就指派给所讨论的函子记号以 n 阶。阶可以分为有穷的和无穷的，为了对无穷阶记号进行分类，塔尔斯基用了序数的概念。这样，阶的一般定义如下：

一个特殊记号的阶是这样的最小序数：它大于在所有语句函项（上述记号在其中作为形成语句的函子出现）中所有变目的阶。

我们可以对这样的形式语言构造出具有以下性质的元语言：它包含比形式语言所有变元具有更高阶的变元。这样，区别有穷阶语言和无穷阶语言就不重要了。

在以上考察的基础上，塔尔斯基把他的研究结果修改成以下两个论题：

"A. 对每一个形式语言而言，如果其元语言的阶高于作为研究对象的形式语言的阶，那么借助于一般逻辑表达式、形式语言本身的表达式和语言字形学的词项，就能在元语言中构造形式上正确的、实质上适当的真语句定义。

"B. 如果元语言的阶至多等于形式语言本身的阶，那么就不能构造这样的定义。"①

原来所提出的三个论题中的 C，在修改以后的表述中由于有新的 A 论题，因而失去了重要性。

A 和 B 两个新论题可推广到其他语义概念。塔尔斯基表述了以下两个论题：

"A′. 任一形式语言的语义学可以建立起来，作为以适当构造的定义为基础的语言字形学的一部分，但要假定字形学在其中实现的语言比起其字形学是前一种语言的那种语言来具有更高的阶。

"B′. 不可能以这样的方式来建立一个语言的语义学：这一语言的字形学语言的阶至多等于这一语言本身的阶。"②

现在我们要问：对形式语言所得的结果对日常语言是否有效呢？塔尔斯基做了肯定的回答。他说："对形式语言所得的结果对日常语言也一定有效，这是由于日常语言具有普遍性：如果我们把某一形式语言所构造的真语句定义翻译到日常语言中，那么我们就得到了关于真语句的片段定义，这种定义包括较广的或较狭的一类语句。"③ 这就是说，没有一个普遍适用于日常语言的真语句定义，对日常语言也要分为对象语言和元语言，真语句定义是相对于某个给定的语言的，因此是一种"片断定义"。

塔尔斯基阐明的理论在数理逻辑文献中称为语言层次理论。这一理论不但解决了形式语言中真语句的定义问题，而且可应用于日常语言，为解决语义悖论提供了一种得力的工具。在说谎者悖论中，"命题 A"和"命题 A 是假的"是两个不同阶的命题，"假的"这个语词是属于元语言的，悖论的发生在于把这个元语言的语词添加到对象语言之中，从而使命题 A 断定自身是假的。根据塔尔斯基的理论，这是不许可的。如果"命题 A"属于 n 阶的

---

① L. S. M. , p. 273.

② Ibid. , pp. 273 – 274.

③ Ibid. , p. 165.

对象语言，那么，"命题 A 是假的"就属于 n + 1 阶的元语言，两者不能混淆。说"命题 A"就是"命题 A 是假的"，这是毫无意义的。其他语义悖论可仿此加以解决。

五　塔尔斯基真之不可定义性定理与哥德尔不完全性定理的关系

塔尔斯基的论题 B 是对定理Ⅰ的概括。定理Ⅰ是否定性的结果，是塔尔斯基研究无穷阶语言（一般的类理论）时建立的，原来的表述有两部分，现引录如下：

"定理Ⅰ.（1）如果符号'Tr'（指称一类表达式）在元理论中被定义，那么就有可能从它推出在 T 约定的条件（α）中所描述的语句之一的否定；（2）假定元理论的所有可证语句类是一致的，那么就不可能根据元理论来构造在 T 约定的意义上的一个适当的真语句定义。"① 第二部分是定理Ⅰ的中心内容，是直接从第一部分推出的。塔尔斯基在《后记》中把这一定理做了推广，推广到任何阶的语言。他说："如果进行研究所用的元语言的阶不超过所研究的语言的阶，那么就不可能对自然数算术可在其中构造的一种语言给出一个适当的真之定义。"② 定理Ⅰ及其推广在数理逻辑文献中被称为"塔尔斯基定理"或"塔尔斯基真之不可定义性定理"。

塔尔斯基在证明这一定理时受到哥德尔在 1930 年所发表的不完全性定理摘要的影响。现在我们来看看塔尔斯基定理证明的关键步骤。塔尔斯基原来研究的是一般的类理论。所有属于自然数算术的事实都可在一般的类理论语言中表达。塔尔斯基使用了元语言算术化的方法，把一般类理论语言的表达式同自然数一一对应，从而在表达式上的运算同自然数上的运算之间，每一表达式与

① L. S. M. , p. 247.

② Ibid. , p. 272.

一类自然数之间，也建立了一一对应关系，如此等等。因此，元语言在自然数算术中得到一种解释，从而在一般类理论语言中间接也得到解释。这一步骤相当于哥德尔在证明不完全性定理时，通过配数法和元数学的算术化方法，把形式数论系统的元数学命题表达在系统之中。下一步假定在元语言中构造了真之定义，由此可得：元语言获得普遍的特性，而这是在日常语言中产生语义悖论的根源。这样，我们就可能在元语言中重新构造说谎者悖论，方法是：在一般类理论语言中构造一个语句 x，使与 x 对应的元语言语句断定：x 不是一个真语句。这一步相当于哥德尔使用代入函数，或者说对角线方法，构造断定自身不可证性的不可判定命题。具体证法如下：

设已在元语言中定义了真语句类 Tr。相应于这个类有一个自然数类。现在我们考察如下一个表达式（语句函项）：

$\cup^{31}$ $(\iota_n \cdot \varphi_n)$ $\notin$ Tr。

这里，"n" 是一个三阶变元（个体类的类），指称自然数。"ι_k" 是一个语句函项，断定由它所表示的类等同于数 k；"ι_n" 类似。"φ" 是表示由表达式所构成的无穷序列，其中，一般类理论语言的每一表达式仅仅出现一次，"φ_n" 表示第 n 个表达式。"$\cup^{31}$" 是关于三阶变元 "n" 的语句函项 "$\iota_n \cdot \varphi_n$"（由 n 个元素的个体类组成的类并且 φ_n）的存在量词。

上述语句函项与另一个算术函项 "ψ（n）" 相对应，因此有下式：

（1）对任一 n，$\cup^{31}$ $(\iota_n \cdot \varphi_n)$ $\notin$ Tr 当且仅当 ψ（n）。

ψ（n）可表达在一般类理论的语言中，设 ψ（n）= φ_k，在（1）中以 k 代 n 得到：

（2）$\cup^{31}$ $(\iota_k \cdot \varphi_k)$ $\notin$ Tr 当且仅当 ψ（k）。

符号 "$\cup^{31}$ $(\iota_k \cdot \varphi_k)$" 指称对象语言中的一个语句。把 T 约定的条件（α）应用于这个语句，我们得到 "x ∈ Tr 当且仅当 p"，这里，x 被 $\cup^{31}$ $(\iota_k \cdot \varphi_k)$ 代入，p 被 ψ（k）代入 [由于符号

"ι_k" 的涵义，"$\cup^{31}(\iota_k \cdot \varphi_k)$" 意为 "有一个 n 使得 n = k 并且 ψ (n)"，简写为 "ψ (k)"]。由此得到：

（3）$\cup^{31}(\iota_k \cdot \varphi_k) \in Tr$ 当且仅当 ψ (k)。

（2）和（3）矛盾，（2）等价于（3）的否定。定理Ⅰ的第一部分得证。由此立即得到第二部分。

塔尔斯基定理告诉我们，真公式类与可证公式类不是一回事，这正是哥德尔不完全性定理的关键。从塔尔斯基定理可以得到哥德尔不完全性定理。塔尔斯基作了以下的证明。

根据定理Ⅰ的证明，可以得到 T 约定的条件（α）的否定，即得到：

（1）x $\notin$ Tr 当且仅当 p，

用 "Pr"（"可证公式类"）代 "Tr" 得到：

（2）x $\notin$ Pr 当且仅当 p，

根据 T 约定，语句 x 满足以下条件：

（3）x $\in$ Tr 当且仅当 p，

从（2）和（3）立即得到：

（4）x $\notin$ Pr 当且仅当 x $\in$ Tr。

从真语句定义以及从真语句定义推出的定理 "排中律：对所有语句 x，x $\in$ Tr 或 $\bar{x} \in Tr$" 和 "每一可证语句是真语句，即 Pr $\subseteq$ Tr" 可得以下定理：

（5）x $\notin$ Tr 或 $\bar{x} \notin$ Tr，

（6）如果 x $\in$ Pr，则 x $\in$ Tr，由此得：

（7）如果 $\bar{x} \in$ Pr，则 $\bar{x} \in$ Tr。

由（4）和（6）可得：

（8）x $\in$ Tr，

（9）x $\notin$ Pr。

由（5）和（8）可得：

（10）$\bar{x} \notin$ Tr，

由（10）和（7）得到：

（11）$\overline{x} \notin \text{Pr}$。

（9）和（11）一起表达了：x 是一个不可判定的语句。从（8）可得：x 是一个真语句。这就是哥德尔不完全性定理所断定的内容。

由上可见，塔尔斯基定理与哥德尔不完全性定理有密切的联系。这也是数理逻辑发展史上的一个重要定理，已载入数理逻辑的史册。

六　塔尔斯基的成果的历史意义

塔尔斯基的成果就是他在论文"后记"中总结的论题 A 和 B，及其推广的论题 A，和 B′。论题 A（和 A′）是肯定性的，解决了真之概念和其他语义概念的定义问题，这一成果可以概括为"语言层次理论"。论题 B（和 B′）是否定性的，论证了真之概念和其他语义概念不可定义的条件，这一成果就是"塔尔斯基真之不可定义性定理"。

由上所评述的内容，我们可以清楚地看到，塔尔斯基的成果具有重要的历史意义。他提出的语言层次理论和真之不可定义性定理，标志着逻辑语义学的正式建立，解决了数理逻辑中一些难题，为后来逻辑语义学的发展奠定了基础。塔尔斯基曾对自己工作的意义做了一个小结，他说："那些习惯于在日常工作中应用演绎方法的哲学家倾向于用蔑视的眼光来看待一切形式语言，因为他们把这些'人工'构造同自然语言——日常语言作了对比。为此，在许多读者看来，有关形式语言所得到的结果几乎只是大大减少了前述研究的价值。对这种观点，我实在不敢苟同。我认为，§1 的考察（按：指对在日常语言中不能定义真语句概念的考察）强有力地证明，真之概念（以及其他语义概念）在与正规的逻辑规律结合一起应用日常语言时，不可避免地导致混淆和矛盾。谁想要不顾一切困难，借助精确方法，去追求日常语言语义学，这就必须首先从事对这种语言进行改革的吃力不讨好的任务。他将发现，有必要定义它的结构，克服出现在它当中的语词的歧义，最后把语言分成一系列范围愈来愈大的语言，其中每一个语言与下一个语言的关系如同形式语言与它的元语言之间的关系。"①

华沙学派的著名逻辑学家莫斯托夫斯基（A. Mostowski）说，塔尔斯基是第一个明白语义学的基本思想能用于形式语言研究的人。他对塔尔斯基的语义学做了中肯的评价："语义学的发展不仅使我们能精确地规定各种直观上就很清楚的元数学概念，还使我们对不完全性问题有了新的眼光。语义学思想简化了哥德尔的论证，又由于表明包含算术的公理化理论既不能定义其自身的满足关系也不能定义另一些语义概念，而补充了哥德尔的定理。总之，无论是在元数学研究的'建设性'部分还是在'破坏性'部分，语义学确乎有用。"② 我们在前一个论题（"塔尔斯基真之不可定义性定理及其与哥德尔不完全性定理的关系"）的论述中完全证实了莫斯托夫斯基的评价是科学的，这里不赘述。

我们读了以上两段话，无须再加解释，就可领会塔尔斯基语义学成果的重要意义。国内有一些学者把塔尔斯基关于形式语言中真之概念的理论翻译成"形式真理论"。但是，在使用这个译名时，我们应当牢记，所谓"形式真理论"是逻辑语义学，属于具体的逻辑学，本身并不属于哲学的真理论。塔尔斯基研究的是对"真语句"（还有"假语句"）这个概念下定义、如何下定义的问题。莫斯托夫斯基说："塔尔斯基表明，所有语义概念都可以归约为一个基本的概念，即公式的值的概念。"③ 因此，为了避免把逻

---

① L. S. M., p. 267.

② 莫斯托夫斯基：《数学基础研究三十年》，华中工学院出版社 1983 年版，第 31 页。

③ 同上书，第 24 页。

辑语义学与哲学真理论混为一谈，我主张把塔尔斯基论文中的"truth"译为"真"（或"真值"），也可译为"真语句"，不要译为"真理"。塔尔斯基在论文中，既用"真"，也同义地用"真语句"这个概念。有人批评塔尔斯基的真值定义说："塔尔斯基关于真理的定义，从数理逻辑的角度说是正确的，他的错误在于仅从形式方面来考察真理的定义，排斥了真理的客观内容和检验真理的客观标准……塔尔斯基关于真理的定义，也仅仅是从外貌上和亚里士多德的定义相一致，实质上则是不一致的。"① 这是在中国学术界甚为流行的一种观点，笔者实在不苟同。上述批评的错误在于把塔尔斯基关于"真值"概念或"真语句"概念的语义定义说成是哲学认识论的"真理"的定义，批评者基于这种混淆给塔尔斯基的真值定义戴上了"从形式方面来考察真理"，"排斥了真理的客观内容和检验真理的客观标准"等几顶帽子，其实这几顶帽子与塔尔斯基的真值定义是风马牛不相及的，逻辑语义学的真值理论根本不研究哲学认识论的真理定义、真理内容和真理的检验标准问题。当然，真语句和真理也有一定的联系。根据马克思主义认识论，真理是对客观事物及其规律的正确认识。这种认识，即思想或理论，是观念性的东西，需要用真语句来表述。对什么是真语句，逻辑语义学和哲学认识论则是从不同方面，用不同方法来进行研究的，因此，真值的语义定义和真理的认识论定义是不同的。但是，哲学家们应当认识到，他们在讨论真语句的时候，是在日常语言的一个片段的元语言中进行的，要遵循塔尔斯基的语言层次理论。

最后，我们要指出，塔尔斯基的真值定义、语言层次理论、真值不可定义性定理等成果是符合唯物论的，也是符合辩证法的。关于真值的定义 23 是符合 T 约定的，而 T 约定是古典真值定义即

---

① 王守昌、车铭洲：《现代西方哲学概论》，商务印书馆 1983 年版，第 97—98 页。

亚里士多德真值定义的精确化，因而具有唯物论的精神。另一方面，在语言层次的链条上，对象语言和元语言的对立统一关系构成了链条的本质，它们的阶可以相同，也可以不同，由此决定了可否在元语言中定义真值等语义概念，所以，语言层次理论具有辩证法的精神。

可计算性理论的奠基[*]

可计算性理论是研究计算的一般性质的数理逻辑理论，也称算法理论或能行性理论。它通过建立计算的算法模型，精确区分哪些是可计算的，哪些是不可计算的。本文探讨在哥德尔不完全性定理之后所产生的 4 种算法模型的建立和发展。

一　艾尔伯朗—哥德尔—克林的一般递归函数

在历史上，最早作为一整类可计算函数的实例是原始递归函数。哥德尔在证明不完全性定理的过程中使用了原始递归函数，并第一次给出了原始递归函数的精确定义。但是，原始递归函数并没有包括一切可计算函数。下面我们从阿克曼函数讲起。

（一）阿克曼函数

希尔伯特在 1925 年《论无穷》的讲演中提出，是否有些递归式可以定义非原始递归函数呢？阿克曼在 1928 年的《论实数的希尔伯特构造》中解决了这个问题。[②]

设 $\varphi_0\,(b,\,a)=a+b$，$\varphi_1\,(b,\,a)=a\cdot b$，$\varphi_2\,(b,\,a)=$

　＊　选自专著《数理逻辑发展史——从莱布尼茨到哥德尔》第 15 章第 2—5 节，社会科学文献出版社 1993 年版。

　②　van Heijenoort Jean（ed.），*From Frege to Gödel*，Harvard University Press，1967，pp. 493–503.

a^b；并且把这一系列的函数继续由以下的原始递归式而伸展：

$$\begin{cases} \varphi_{n'}\ (0,\ a)\ =a \\ \varphi_{n'}\ (b',\ a)\ =\varphi_n\ (\varphi_{n'}\ (b,\ a),\ a)\ (n \geqslant 2) \end{cases}$$

假如，$\varphi_3\ (b,\ a)\ =a^{\cdot^{\cdot^{a}}}$，共有 b 层指数。

现将 $\varphi_n\ (b,\ a)$ 作为三元函数 $\varphi\ (n,\ b,\ a)$。α 是如下定义的原始递归函数（阿克曼称它为第一层函数）：

$$\alpha\ (n,\ a)\ =\begin{cases} 0\ \text{当}\ n=0\ \text{时} \\ 1\ \text{当}\ n=1\ \text{时} \\ a\ \text{其他情形时} \end{cases}$$

三元函数 $\varphi\ (n,\ b,\ a)$ 由以下的递归式定义：

$$\begin{cases} \varphi\ (0,\ b,\ a)\ =a+b \\ \varphi\ (n',\ 0,\ a)\ =\alpha\ (n,\ a) \\ \varphi\ (n',\ b',\ a)\ =\varphi\ (n,\ \varphi\ (n',\ b,\ a),\ a) \end{cases}$$

阿克曼证明了函数 $\varphi\ (n,\ b,\ a)$ 不是原始递归的。如果由以上的递归式所定义的函数 $\varphi\ (n,\ b,\ a)$ 是原始递归的，那么由它定义出来的一元函数 $\varphi\ (a)\ =\varphi\ (a,\ a,\ a)$ 也将是原始递归的。但当 a 增大时，$\varphi\ (a)$ 的增加比 a 的任何原始递归函数更快，正如同 2^a 快于 a 的任何多项式，这就是说，任给一个原始递归函数 $\psi\ (a)$，都可找到一个自然数 c，使得 $a \geqslant c$ 后有 $\varphi\ (a)\ >\psi\ (a)$。由此可知，$\varphi\ (a)$ 及 $\varphi\ (n,\ b,\ a)$ 不是原始递归的。匈牙利数理逻辑学家培特（Peter）在 1935 年对阿克曼函数作了简化：

$$\begin{cases} \varphi\ (0,\ y)\ =y+1 \\ \varphi\ (x+1,\ 0)\ =\varphi\ (x,\ 1) \\ \varphi\ (x+1,\ y+1)\ =\varphi\ (x,\ \varphi\ (x+1,\ y)) \end{cases}$$

由上可见，阿克曼函数是二重递归式，即同时对两个变元而递归，它不是原始递归函数。培特还给出了另外一个例子。已经证明一切原始递归函数集是可数的，当然，一元原始递归函数是

可数的。因此由康托尔的对角线方法，它们不能包括所有一元数论函数。如果

$$\varphi_0\ (a),\ \varphi_1\ (a),\ \varphi_2\ (a),\ \cdots$$

是对一元数论函数的一种枚举（容许重复），那么 $\varphi_a\ (a) + 1$ 便是一个不在上述枚举之中的一个数论函数，因而它不是原始递归的。

枚举函数 $\varphi\ (n,\ a)$ ［即 $\varphi\ (n,\ a) = \varphi_n\ (a)$］是一个非原始递归的二元函数，因为 $\varphi_a\ (a)\ + 1 = \varphi\ (a,\ a)\ + 1$。枚举函数 $\varphi\ (n,\ a)$ 可用二重递归式加以定义（除应用原始递归函数的 5 个定义模式）。

（二）一般递归函数

存在阿克曼函数这一类非原始递归的但可计算的函数，这一事实推动了数理逻辑学家去寻求这类函数的精确定义。

最先提出一般递归函数精确定义的学者是法国的艾尔伯朗（J. Herbrand）。他在 1931 年的一封致哥德尔的信中，提出了一般递归函数的定义。哥德尔在 1934 年的讲演《论形式数学系统的不可判定命题》中，根据艾尔伯朗的提议，给出了一般递归函数的定义。

哥德尔说："如果 φ 表示一个未知函数，$\psi_1,\ \cdots,\ \psi_k$ 是已知函数，并且如果各 ψ 和 φ 以最一般的方式彼此代入，而所得表达式中确定的两个表达式是相等的，那么若所得的函数等式集合对于 φ 有一个并且仅仅有一个解，则 φ 是一个递归函数。"[1]

哥德尔举了以下的一个例子：

---

[1]　Devis, M. (ed.), *The Undecidablc*, New York, 1965, p. 70.

$$\begin{cases} \varphi\ (x,\ 0)\ =\psi_1\ (x) \\ \varphi\ (0,\ y+1)\ =\psi_2\ (y) \\ \varphi\ (1,\ y+1)\ =\psi_3\ (y) \\ \varphi\ (x+2,\ y+1)\ =\psi_4\ (\varphi\ (x,\ y+2),\ \varphi(x,\varphi(x,y+2))) 。 \end{cases}$$

$\varphi\ (x,\ y)$ 就是由 ψ_1，ψ_2，ψ_3，ψ_4 通过等式而定义的一般递归函数。

美国著名数理逻辑学家克林（S. C. Kleene，亦译为克利尼）在 1936 年发表《自然数的一般递归函数》，对艾尔伯朗和哥德尔给出的定义作了改进。

克林首先给出以下符号：

0（数 0）；

S（后继函数）；

w_0，$w_1 \cdots$（数变元）；

ρ_0，ρ_1，$\cdots$（r_0，r_1，$\cdots$个变目的函数变元，这里 r_0，r_1，$\cdots$ 是正整数序列）；

(,)【括号】，

,（逗点），

=（等号）。

由这些初始符号可以构成表达式。

先看项的定义：0，w_0，w_1，$\cdots$是项；如果 a_1，a_2，$\cdots$是项，则 S (a_1)，$\rho_0\ (a_1,\ \cdots,\ a_{r0})$，$\rho_1\ (a_1,\ \cdots,\ a_{r1})$，$\cdots$是项。

数字是以下表达式之一：0，S (0)，S (S (0))，S (S (S (0)))，$\cdots$。

等式的定义：如果 a 和 b 是项（并且如果 σ_1，$\cdots$，σ_n 是函数变元，即它们对一组不同的 α_1，$\cdots$，α_n 而言代表 $\rho_{\alpha 1}$，$\cdots$，$\rho_{\alpha n}$，使 σ_1，$\cdots$，σ_n 至少有一个出现在 a 或 b 中，但除 σ_1，$\cdots$，σ_n 外没有其他变元出现在 a 或 b 中，那么 a = b 被称为（在 σ_1，$\cdots$，σ_n 中的）一个等式。

等式系就是等式的一个有穷序列。

$S^{a1\cdots anb1}_{\cdots bn}A$ | 表示在整个 A 中以 b_i 代 a_i 的结果（$i = 1$，$\cdots$，n）（如果 $a_1 \cdots a_n$ 不出现在 A 中，代入结果就是 A 本身）。

$E \vdash_{r1, r2 \cdots} F$ 表示表达式 F 可从表达式 E 通过运算规则 R_{r1}，R_{r2}，$\cdots$ 推导出来。

运算规则有：

R_1：用 $S^{x1\cdots xnk1}_{\cdots kn}A$ 替换 A，这里 x_1，$\cdots$，x_n 是 A 中的数变元，k_1，$\cdots$，k_n 是数字。

R_2：从 A 和 σ（k_1，$\cdots$，k_s）$= k$ 过渡到用 k 代 A 中 σ（k_1，$\cdots$，k_s）的一个特殊出现所得的结果。

R_3：从 A 和 $B = C$ 过渡到以 C 代 A 中 B 的一个特殊出现所得的结果。

克林在引进以上一些预备概念的基础上，对一般递归函数给出了以下的精确定义:[1]

给定函数变元 σ_1，$\cdots$，σ_n，令 E_{j*} 表示 σ_j（k_1，$\cdots$，k_{sj}）$= k$ 的等式集。函数 σ_1，$\cdots$，σ_n 被等式系（E_1，$\cdots$，E_n）递归地定义，如果对每一 i（$i = 1$，$\cdots$，n），E_i 是在 σ_1，$\cdots$，σ_n 中的等式系，对每一形式 σ_i（a_1，$\cdots$，a_{si}）$= b$（这里 σ_i 不出现在 a_1，$\cdots$，a_{si} 中），使得对一组数字 k_1，$\cdots$，k_{si}，确有一个数字 k［被称为 σ_i（k_1，$\cdots$，k_{si}）的值］，E_{1*}，$\cdots$，E_{i-1*}，$E_i \vdash_{1,2} \sigma_i$（$k_1$，$\cdots$，$k_{si}$）$= k$。一个函数 σ_n 是递归的，如果有这样描述的一个等式系（E_1，$\cdots$，E_n）。

与此相等价的一个定义是：

函数 σ_1，$\cdots$，σ_n 被 E 递归地定义，如果 E 是在 σ_1，$\cdots$，σ_n 中的等式系，使得对每一 i（$i = 1$，$\cdots$，n）和每一组数字 k_1，$\cdots$，k_{si} 恰好有一个数字 k（被称为 σ_i（k_1，$\cdots$，k_{si}）的值），对此 E

---

① *The Undecidable*, p. 240.

$\vdash_{1,3}\sigma_i$ （k_1，…，k_{si}） $=k$。一个函数 σ_n 是递归的，如果有这样描述的一个 E。[1]

克林定义的核心是给出了一般递归的一个算法模型，把函数计算看成是等式构成的形式系统的推导。

例如，阿克曼函数是由以下的等式系所定义的一般递归函数：

$$\begin{cases} f\ (0,\ y)\ =S\ (y) & (a) \\ f\ (S\ (x),\ 0)\ =f\ (x,\ S\ (0)) & (b) \\ f\ (S\ (x),\ S\ (y))\ =f\ (x,\ f\ (S\ (x),\ y)) & (c) \end{cases}$$

现在我们由这个等式系来求 φ （1，1） 的值：

1. 先把阿克曼函数 φ （1，1） 改写为形式系统中的公式 f （S （0），S （0））。

由 （c） 和 R_1 可得

f （S （0），S （0）） ＝f （0，f （S （0），0））

2. 由 （b） 和 R_1 可得：

f （S （0），0） ＝f （0，S （0））

3. 由 （a） 和 R_1 可得：

f （0，S （0）） ＝S （S （0））

4. 在第 2 步由第 3 步和 R_2 可得：

f （S （0），0） ＝S （S （0））

5. 在第 1 步由第 4 步和 R_2 可得：

f （S （0），S （0）） ＝f （0，S （S （0）））

6. 由 （a） 和 R_1 可得：

f （0，S （S （0））） ＝S （S （S （0）））

7. 在第 5 步中由第 6 步和 R_2 可得：

f （S （0），S （0）） ＝S （S （S （0）））

这就完成了从等式系推导 f （S （0），S （0）） 的过程。根据

---

① *The Undecidablc*，p. 241.

推导结果，$\varphi\ (1, 1)\ =3$。

由上可知，原始递归函数是一般递归函数的真子集。一般递归函数有时简称为递归函数。

递归函数的理论是非形式的，直观的，而一般递归函数的定义则是形式的。这里需要严格区别形式系统内部和外部符号体系的不同，不能混淆。克林的 1936 年定义已注意到这个问题。他在给出了以上第一个定义后立即说："我们把一个函数 $\varphi\ (x_1, \cdots, x_n)$ 理解为在这个定义下是递归的，如果可能用所描述的那种递归等式来定义它，而不管这函数是否如此定义。更明确地说，一个给定的函数在这个定义下是递归的，如果存在一个定义中所描述的 $(E_1, \cdots, E_n)$，在其中 σ_n 可看成是表示 φ。所谓 σ_n 可看成是表示 φ，是指 $s_n = m$ 并且在 $k_1, \cdots, k_{sn}$ 分别是数字 $S\ (\cdots x_1$ 倍 $\cdots S\ (0)\ \cdots)$，$\cdots$，$S\ (\cdots x_m$ 倍 $\cdots S\ (0)\ \cdots)$ 时，定义中 '$\sigma_n\ (k_1, \cdots, k_{sn})$ 的值' 是数字 $S\ (\cdots \varphi\ (x_1, \cdots, x_m)$ 倍 $\cdots S\ (0)\ \cdots)$。"[1]

克林在 1952 年的《元数学导论》一书中，对 1936 年的一般递归函数定义做了改进，采用了没有混淆的两套符号体系，这一做法具有很重要的意义。克林明确地建立了递归函数的形式系统。[2]

这个系统的形式符号是：= （等号），′ （后继者），0 （零），**a**，**b**，**c**，$\cdots$，**a**$_1$，**a**$_2$$\cdots$ （自然数变元，表示直观的数变元 "x"，"y" 等），**f**，**g**，**h**，$\cdots$**f**$_1$，**f**$_2$，$\cdots$ （函数字母，即没有明确指出的数论函数符号，表示直观的函数字母 "φ"，"ψ"，"χ" 等），（,）（括号），（逗号）。

形式表达式 0，0′，0″，$\cdots$ 叫作数字。它们被缩写为 "0"，"1"，"2"，$\cdots$我们规定："**x**" "**y**" 等指定的数字分别相应于

①　*The Undecidablc*，p. 240.

②　克林：《元数学导论》（下册），莫绍揆译，科学出版社 1985 年版，第 288—292。

"x""y"等所指定的自然数。

项包括 0，变元，r′这种形式的表达式（而 r 为一项），或 f（r_1，…，r_n）这种形式的表达式［而 f 为函数字母，r_1，…，r_n，为项（n≥o，当 n = 0 时只写 f)］。

形式表达式 r = s（这里 r 和 s 是项）是一个等式。等式是该形式系统的唯一公式。所谓等式系是指等式的一个有穷序列。

该系统没有公理。推理规则如下：

R_1（代入）：从包含变元 y 的等式 d 可得这样一个等式，它是在 d 中以一数字 y 代 y 所得的。

R_2（替换）：由一个不含变元的等式 r = s（大前提）及等式 h（z_1，…，z_p）= z，h 为函数字母而 z_1，…，z_p，z 为数字（小前提）变到另一等式，由把 r = s 内右端 s 中某个 h（z_1，…，z_p）的出现（或几个出现）同时地换以 z 而得的。

一个等式 e 从一个等式系 E 的推演（e 就是推演的结尾等式）具有以下三种形式：

　　e　　（e 是 E 中的等式之一）；

　　W/e　（W 是从 E 而做的推演，e 是 W 的结尾等式的直接后承（据 R_1))；

　　WX/e（W 和 X 是从 E 而做的推演，e 是 W 和 X 的结尾等式根据 R_2 的直接后承。如果有一个从 E 到 e 的推演，则说 e 可由 E 推出，用符号表示为 E⊢e)。

假定一个 n 元函数 φ 已经在直观上分别从 m_1，…，m_k 元的 k（≥0）个函数 ψ_1，…，ψ_k 加以定义。

现规定在等式系 E 中最后一个等式的第一个（最左边一个）符号是函数字母 f，我们称它为 E 的主要函数字母，用来表示直观的函数 φ。凡出现在 E 的等式右边而不出现在左边的不同的函数字母称为 E 的已给函数字母。假定在 E 中这样的字母有 k 个，并规定 g_1，…，g_k 在预先列出的函数字母中的出现次序分别表示直

观的函数 ψ_1，…，ψ_k。因此，在等式系 E 中，f，g_1，…，g_k 仅出现在项之中，分别由 n 个变目，m_1，…，m_k 个变目所形成。我们称其余的函数字母为辅助函数字母。

当 k >0 时，作为假设的等式，不但有等式系 E，它相应于从 ψ_1，…，ψ_k 来定义 φ 的模式，还需有给出函数 ψ_1，…，ψ_k 的值的等式。令 "$E_{g1,\cdots,gk}^{\psi1,\cdots,\psi k}$" 表示等式集 g_j（y_1，…，y_k）= y，这里对于 j = 1，…，k 以及自然数的 m_j 数组 y_1，…，y_{mj} 而言，ψ_j（y_1，…，y_{mj}）= y（而 $\mathbf{y}_1$，…，$\mathbf{y}_{mj}$，$\mathbf{y}$ 是相应于 y_1，…，y_{mj}，y 的数字）。当 k >0（及 $m_1 + \cdots + m_k \neq 0$）时，这个等式集是无穷的；当 k = 0（或 $m_1 + \cdots + m_k = 0$）时，则是空集。

一个等式系 E 递归地从 ψ_1，…，ψ_k 来定义 φ，如果对自然数的每一 n 数组 $x_1 \cdots x_n$ 而言，有 $E_{g1,\cdots,gk}^{\psi1,\cdots,\psi k}$，E ⊢ f（$\mathbf{x}_1 \cdots \mathbf{x}_n$）= x 当且仅当 φ（$x_1$,…，$x_n$）= x，这里 f 是 E 的主要函数字母，$g_1$，…，$g_k$ 是 E 的已给函数字母，依照它们在预先指定的函数字母表上的次序排列，而 $\mathbf{x}$ 是数字。

例如，以下等式系：

$$\begin{cases} h（b，c）= 7, & (1) \\ f（0）= 4, & (2) \\ f（b'）= h（b，f（b）） & (3) \end{cases}$$

递归地定义了 φ，其中，f 是主要函数字母，h 是辅助函数字母，当 y = 0 时 φ（y）= 4，当 y > 0 时 φ（y）= 7；等式系（1）递归地定义了恒等函数 χ（即 C_{72}）。等式系（2）（3）递归地从 χ 定义了 φ，而 h 为已给函数字母。具体推演从略。

由上所说，克林 1952 年的定义与 1936 年的定义是一致的，只不过更加严格，更加精确了。

克林 1936 年的文章在递归论发展史上具有重要意义。它不但给出了一般递归函数的精确定义（现在称为艾尔伯朗—哥德尔—克林定义），而且取得了递归论的一些奠基性结果。

克林利用了哥德尔的元数学算术化方法，把递归函数形式系统算术化。这就是说，把递归函数形式系统的元数学谓词与函数通过哥德尔的配数法变为相应的数论谓词或相应的数论函数，使用哥德尔的方法可以证明，这些相应的数论谓词或相应的数论函数是原始递归的。克林用这种方法证明了以下定理：

每个一般递归函数可用 φ （ μy （ ψ （ x_1 ，$\cdots$ ，x_n ，y） ＝0）） 这种形式来表达，这里 φ 和 ψ 都是原始递归函数 （ μ 是最小数算子） 并且 $\forall x_1 \cdots \forall x_n \exists y$ （ ψ （ x_1 ，$\cdots$ ，x_n ，y） ＝0）。

如果 ψ 是原始递归函数，并且 $\forall x_1 \cdots \forall x_n \exists y$ （ ψ （ x_1 ，$\cdots$ ，x_n ，y） ＝0），那么 μy （ ψ （ x_1 ，$\cdots$ ，x_n ，y） ＝0） 是一般递归函数。

克林的定理表明，一般递归函数和 μ 递归函数是等价的。μ 递归函数是由原始递归函数加入 μ 运算形成的，比原始递归函数要广。克林证明了 μ 递归函数类与一般递归函数类是重合的，这是递归论奠基时的一个重要结果。

克林在 1936 年的文章中，还使用哥德尔的元数学算术化方法，证明了存在着不可解问题的定理。他首先提出，哪些等式系在一般定义下定义递归函数？这个问题是不可判定的。他的证明思路如下：

如果把递归可枚举理解为用哥德尔的方法顺序配给枚举中的等式系的数是递归序列（即一元递归函数的相继的值），那么等式系是不能被递归枚举的，因为从这些数的任一递归序列，我们可以用对角过程加 1 的方法得到一个新函数的递归定义。如果我们把递归过程理解为有一个对应数的递归函数，其值根据所得结果而为 0 或 1，那么由上面所说的理由，我们不能获得判定哪些等式系定义递归函数的递归过程。由于一个递归函数可表示为 $\forall x_1 \cdots \forall x_n \exists y$ （ ψ （ x_1 ，$\cdots$ ，x_n ，y） ＝0），因而我们可以说，在满足某些一般条件的形式系统中包含 $\forall x \exists y$ （ ψ （x，y） ＝0） 这种形式的不可判定命题（ ψ （x，y） ＝0 是原始递归的）；否则，形式系统就可用来递归地判定哪些等式系定义递归函数了，这在上面已证明是不可能的。

克林根据哪些等式系定义递归函数这个问题的不可判定性，证明了存在着只用一个量词可定义的非递归函数。

综上所说，我们可以看出，克林1936年的论文直接吸收了哥德尔不完全定理中所使用的方法，建立了递归论发展史上奠基性的一批成果。克林是递归论的创始人之一。以下我们要论述第二种算法模型——λ转换演算。

二　λ转换演算和丘吉论题

一般递归函数理论，从数学上严格地定义了直观的能行可计算函数的概念。λ转换演算与以这种演算为基础的λ可定义性的概念也从数学上严格地定义了能行可计算性的概念。

λ可定义性的概念首先是由美国著名数理逻辑学家丘吉（A. Church）在1933年的论文《逻辑基础的一组公设》中提出的，后来克林在1935年的论文《形式逻辑中的正整数论》也提出了这个概念。丘吉在1936年的著名论文《初等数论的一个不可解问题》中重又论述了这个概念，作为他提出的论题和不可判定性定理的理论基础。

（一）λ转换演算

这个演算是一个形式系统，它处理的是带一个变目的函数。初始符号有：

（1）变元 a，b，c，…，它们构成可数无穷集；

（2）三种括号 {，}；（，）；［，］；

（3）字母λ。

由这些初始符号构成的任一有穷序列称为公式。

可计算性理论的奠基　　413

合式公式、自由变元和约束变元的归纳定义如下：

一个单独的变元 x 是合式公式，x 在其中的出现是作为自由变元而出现的；如果 F 和 X 是合式的，则 ｛F｝（X）是合式的，x 在 F 或 X 中作为自由（约束）变元的出现就是在 ｛F｝（X）中作为自由（约束）变元的出现；如果公式 M 是合式的并且 x 在 M 中是自由变元，那么 λx［M］是合式的，x 在 λx［M］中的出现是作为约束变元而出现的，并且在 M 中除 x 外的一个变元 y 作为自由（约束）变元出现就是在 λx［M］中作为自由（约束）变元出现。丘吉还规定了省括号的规则，这里不赘述。我们可把公式 ｛F｝（X）理解为"变目 X 的函项 F"，λx［M］理解为函项 M（），即表示带有空位。

如果 M 和 N 是两个合式公式，x 是一个变元，那么表达式 $S^{Nx}M$｜表示在整个 M 中以 N 代 x 的结果。

在合式公式上有以下 3 种运算：

（1）一个公式的任一部分 λx［M］被 λy［$S^{xy}M$｜］替换，这里 y 是一个不出现在 M 中的一个变元。

（2）一个公式的任一部分 ｛λx［M］｝（N）被 $S^{xn}M$｜替换，假定 M 中的约束变元既不同于 x 又不同于 N 中的自由变元。

（3）一个公式的任一部分 $S^{xn}M$｜（不直接跟着 λ）被 ｛λx［M］｝（N）替换，假定 M 中的约束变元既不同于 x 又不同于 N 中的自由变元。

这些运算的一个有穷序列称为转换，如果 B 通过转换可从 A 得到，我们就说 A 可转换为 B，记为"A conv B"。如果 B 等同于 A 或通过单个应用以上 3 种运算之一可从 A 得到，我们就说 A 直接可转换为 B。

在演算中，对特殊的合式公式 λab · a（b），λab · a（a（b）），λab · a（a（a（b））），…可用显定义引进 1，2，3…作为缩写。上述合式公式是省括号的方法，完全的形式是 λa［λb

［｛a｝（b）］］，λa［λb［｛a｝（｛a｝（b））］］，等等。这样，在系统中，自然数就可形式地表示出来。

包含只应用一次第二种运算而不应用第三种运算的转换称为化归。

如果一个公式是合式的并且不包含 ｛λx［M］｝（N）作为一部分，那么称它为范式。如果 B 是范式并且 A conv B，那么 B 被称为 A 的范式。

原来给定的变元次序 a，b，c，…称为它们的自然次序。一个公式称为主范式，如果它是范式，并且在它当中出现的变元没有一个既是自由变元又是约束变元，并且在它当中出现的直接跟随符号 λ 的变元，当按照它们在公式中的次序排列时，是处于不重复的自然次序之中，从 a 开始，仅省去出现在公式中作为自由变元的变元。

按照范式和主范式的定义，公式 λab·b（a）和 λa·a（λc·b（c））是主范式，但 λbc·c（b）和 λa·a（λa·b（a））不是主范式。公式 1，2，3，…全是主范式。

丘吉在 λ 转换演算的基础上，给出了 λ 可定义性的严格定义："一元正整数的一个函数 F 是 λ 可定义的，如果可能找到一个公式 F，使得若 F（m）＝r 并且 m，r 是公式，而根据上面的缩写，m，r 代表它们，则 ｛F｝（m）conv r。同样，二元正整数的一个函数 F 是 λ 可定义的，如果可能找到一个公式 F，使得若 F（m，n）＝r，公式 ｛F｝（m）conv r（m，n，r 是正整数，而 m，n，r 是相应的公式）。对三元和更多元的正整数函数照此办理。"[1]

由以上定义可以看出，把公式化归为范式的过程提供了一种算法，可以能行地计算 λ 可定义函数的特殊值。

丘吉和克林在 1936 年证明了 λ 可定义函数和一般递归函数是

---

[1]　*The Undecidablc*，p. 93.

等价的，即每一递归函数是 λ 可定义的，每一 λ 可定义函数是递归的。

（二）丘吉论题

丘吉在 1936 年的论文中提出了著名的论题：

正整数的能行可计算函数等同于正整数的递归函数或正整数的 λ 可定义函数。

由于递归函数等价于 λ 可定义函数，上述论题也可简述为：能行可计算函数就是一般递归函数。这一论题在数理逻辑文献中被称为"丘吉论题"。

丘吉论题是不能证明的，因为"能行可计算性"是一个日常用的、尚未精确定义的直观概念，而"（一般）递归性"和"λ 可定义性"却有明确的数学定义，要证明它们一致，这是无法办到的。事实上，丘吉论题的功能正在于对"能行可计算性"这个含混的概念给以精确化、严格化。丘吉论题的作用十分显著，它推动了可计算理论的发展，而且直到今天，人们尚未发现反例，所以它在可计算理论中得到广泛的应用。

丘吉论题虽不能证明，但可以给出辩护性的说明。丘吉指出："有两个很自然地暗示到的方法，但它们也不可能得到比上面所提出的更为一般的能行可计算性的定义。"[1] 这两个方法如下：

1. 符号算法的方法。

一方面，对每一能行可计算的正整数函数而言，存在着计算其值的算法。另一方面，如果一个函数有计算它的值的算法，那么它就是能行可计算的。例如，设 F 为一元正整数函数，计算它的值的算法是：给定任一正整数 n，我们可获碍表达式的一个序列 E_{n1}，E_{n2}，…，E_{nrn}；在这个序列中，当 n 给定了，E_{n1} 就是能行可

---

① *The Undecidablc*, p. 102.

计算的；当给定了 n 和表达式 E_{nj}，$j < i$，E_{ni} 就是能行可计算的；当 n 和所有表达式 E_{ni} 直到 E_{nrn} 都给定了，我们可以能行地知道算法已终止，F（n）的值是能行可计算的。

丘吉还用了哥德尔配数法来说明。设序列 E_{n1}，E_{n2}，…，E_{ni} 的哥德尔数分别为 e_{n1}，e_{n2}，…，e_{ni}。

那么上述有穷序列的哥德尔数为 2^{en1}，3^{en2}，…，p_i^{eni}（空序列的哥德尔数用 1 表示）。先定义一个二元正整数函数 G 使得，如果 x 是有穷序列 E_{n1}，E_{n2}，…，E_{nk} 的哥德尔数，那么 G（n，x）等于 E_{ni} 的哥德尔数（i = k + 1），或者如果 k = r_n（即算法在 E_{nk} 中终止）则 G（n，x）等于 10，在其他情况下 G（n，x）等于 1。我们现在定义一个二元正整数函数 H，使得 H（n，x）的值与 G（n，x）的值除以下情况外是同样的：G（n，x）= 10 而在此情况下 H（n，x）= F（n）。如果算法中的能行可计算性的要求意味着 G 和 H 的能行可计算性，而 G 和 H 的能行可计算性意味着递归性或 λ 可定义性，那么 F 的递归性或 λ 可定义性就可直接得到。

以上方法是用符号算法来定义能行可计算性。

2. 用形式系统来处理一元正整数函数 F 的可计算性。

在这样的形式系统中，公理集是有穷的，如果无穷，那也是能行可枚举的；推理规则集也是如此，每个推理规则都是能行地可施行的运算。我们可以能行地辨认出公式 P（x，w）：它给出变目为 x 时 F 的值 w，并由它能行地确定这个数 w。丘吉给出了以下定义：一元正整数函数 F 在形式系统中是可计算性的，如果系统中有一表达式 P，使 P（x，w）是一条定理当且仅当 F（x）= w 是真的，这里 x 和 w 是代表 x 和 w 的表达式。由于这个形式系统的定理是递归可枚举的，因而系统中的每一个一元可计算函数也是能行可计算的。

以上是用形式系统来处理函数的能行可计算性。

丘吉的处理方法表明，如果在一个形式系统或符号算法中用以定义一个函数的各个运算或规则是一般递归的，那么全体也是一般递归的。

（三）丘吉不可判定性定理

丘吉在 1936 年的论文还确立了一条著名的不可判定性定理：初等数论的判定问题是不可解的，在同年的另一篇论文《判定问题注记》中确立了一阶谓词演算的不可判定性。

这两条不可判定性定理是在哥德尔不完全性定理之后，运用哥德尔的方法所得到的重大成果。下面我们阐明这两条定理的证明关键。

1. 初等数论（形式算术）的判定问题是不可解的

丘吉对这一定理的原来表述是：如果符号逻辑的任一系统是在哥德尔意义下 ω 一致的，并且强到足够允许某些相对简单的定义和证明方法，那么判定问题是不可解的。

证明使用 λ 转换演算。首先需要以下引理：

寻找两个公式 A 和 B 的一个递归函数（其值根据 A 是否可转换为 B 而等于 2 或 1）的问题，等价于寻到一个公式 C 的递归函数，其值根据 C 有无范式而等于 2 或 1。

还需要以下定理（XVIII）：

不存在一个公式 C 的递归函数，其值根据 C 有无范式而等于 2 或 1。

假定：每一合式公式是否有范式，这是能行可确定的。如果这个假定成立，我们就可以能行地确定每一合式公式是否可转换为公式 1，2，3，…之一；因为给定一个合式公式 R，我们可以首先确定它是否有范式，如果它有范式，我们就可通过枚举 R 所转换的公式而得到主范式，并挑出在枚举中以主范式形式出现的第一个公式，我们就能确定主范式是否是公式 1，2，3，…之一。令 A_1，A_2，A_3，…是具有范式的一个能行的枚举。令 E 是一元正

整数函数，定义如下：m 和 n 是分别代表 m 和 n 的公式，如果
$\{A_n\}$（n）不可转换为公式 1，2，3，…之一，则 E（n）=1；如
果 $\{A_n\}$（n）可转换为 m 并且是公式 1，2，3，…之一，E（n）=
m+1。函数 E 是能行可计算的，因此是 λ 可定义的，设它用公式
E 定义。公式 E 有一个范式，但 E 不是公式 A_1，A_2，A_3，…的任
何一个，因为对每一 n，E（n）是一个不可转换为 $\{A_n\}$（n）的
公式。这与枚举序列 A_1，A_2，A_3，…的性质（即含有一切具有范
式的合式公式）相矛盾，因此原来的假定（即可以能行地确定每
一合式公式是否有范式）不成立，定理XVIII成立。这就是说，合式
公式具有范式这种性质不是递归的。

丘吉在原来的证明中使用了哥德尔配数法，这里不赘述。

从引理和定理XVIII直接可得定理XIX：

不存在两个公式 A 和 B 的任一递归函数，其值根据 A 是否可
转换为 B 而等于 2 或 1。

初等数论的判定问题不可解定理是定理 XIX 的系定理。简要
证明如下：

在初等数论系统中，关于两个正整数 a 和 b（它们是使公式 A
直接转换为 B 的两个公式 A 和 B 的哥德尔数）的命题是可表达
的。由于一个转换是直接转换构成的有穷序列，因而命题 ψ（a，
b）是可表达的，这里 a，b 是使 A conv B 的两个公式 A 和 B 的哥
德尔数。此外，如果 A conv B，并且 a，b 分别是 A 和 B 的哥德尔
数，那么命题 ψ（a，b）在系统中就是可证的，这个证明就是用
哥德尔配数法来展示从 A 到 B 的由直接转换组成的一个特殊的有
穷序列；如果 A 不可转换为 B，那么系统的 ω 一致性就意味着 ψ
（a，b）不是可证的。如果系统的判定问题可解，那就有一种方法
可以能行地确定每一命题 ψ（a，b）是否可证，因此也就有一种
方法，可以能行地确定每一对公式 A 和 B 是否 A conv B，这与定

理 XIX 相矛盾。[1]

美国著名逻辑学家罗塞尔在 1936 年发表了《哥德尔和丘吉的某些定理的推广》一文，一方面将哥德尔不完全性定理中的 ω 一致性改为简单一致性；另一方面对丘吉定理也作了推广，将 ω 一致性改为简单一致性，同时改用新的陈述方式，与"一般递归性"的概念联系起来。

丘吉定理可陈述为：如果包含形式数论在内的一个系统 P_k 是简单一致的，那么就不存在一般地可应用的能行过程来决定一个不含自由变元的公式是否可证。[2] 罗塞尔的原证明比较复杂，著名华裔数理逻辑学家王浩做了改进。[3]

证明采用反证法。假定 P_k 是简单一致的，并且存在一般地可应用的能行过程来决定一个不含自由变元的公式是否可证。先定义一个函数 $\psi(m)$ 如下：如果 m 是系统中可证公式的哥德尔数，则 $\psi(m)$ 为 0，否则为 1。这样，$\psi(m)$ 是能行可计算的，根据丘吉论题，它是一般递归的。系统 P_k 有一个重要性质：一般递归函数在其中是数字可表示的。设系统中数字表示 $\psi(m)$ 的公式是 $F(x)=y$，这样，对每一 m 而言，如果哥德尔数为 m 的公式是一条定理，那么 $F(m)=0$ 是可证的；如果哥德尔数为 m 的公式不是一条定理，那么 $F(m)=1$ 是可证的。现在我们考察公式 $F(S(i,i))=1$，设它的哥德尔数为 k，则 $F(S(k,k))=1$ 也是系统的一个公式，此公式的哥德尔数为 $\varphi(k,k)$（根据哥德尔的代入函数 $\varphi(x,x)$ 的定义，$\varphi(x,x)$ 由系统中的公式 $S(x,x)=w$ 表示）。如果 $F(S(k,k))=1$ 是系统的一条定理，即哥德尔数为 $\varphi(k,k)$ 的公式是一条定理，则据 F 的性质，$F(S(k,k))=0$ 是可证的。这是一个矛盾。

---

[1]　*The Undecidablc*, p. 107.

[2]　Ibid. , p. 235.

[3]　Wang Hao, *A Survey of Mathematical Logic*, Science Press, 1962, p. 26.

如果 F（S（k, k））＝1 不是系统的一条定理, 即哥德尔数为 φ（k, k）的公式不是一条定理, 则据 F 的性质, F（S（k, k））＝1 是可证的。这也是一个矛盾。

因此, 如果 P_k 有判定程序来确定任一公式是否可证, 则系统就是简单不一致的。这就用反证法证明了 P_k 不能有判定程序。

丘吉的不可判定性定理不仅证明了形式算术系统的不可判定性, 即形式算术的定理集不可计算, 而且证明了形式算术系统的任意的一致扩张也是不可判定的。丘吉定理为研究公理理论的判定问题提示了新的方法。①

2. 一阶谓词演算的判定问题是不可解的

一阶谓词演算的判定问题是不可解的定理是上述不可判定性定理的系定理。讲详细一点, 这一定理是说, 在一阶谓词演算中不存在一个判定程序来确定系统的任一公式是不是可证的。丘吉在 1936 年的《判定问题注记》中对这一定理作出了证明。② 他的证明思路是:

设 A 是形式算术系统中各条算术公理 (非逻辑公理) 的合取之缩写, F 为一公式。F 能否在形式算术系统中得证的问题可化归为 A→F (如果 A 则 F) 能否在一阶谓词演算中得证的问题, 即 F 在形式算术系统中可证当且仅当 A→F 在一阶谓词演算中可证。如果一阶谓词演算有一般判定程序, 那么我们就能判定 A→F 是不是一阶谓词演算的定理, 因而也就能判定 F 在形式算术系统中是不是可证。但是, 这就等于说, 形式算术系统有一般判定程序。根据上述第一个定理, 这是不可能的。所以, 一阶谓词演算的判定问题是不可解的。

丘吉的结果也表明了一阶谓词演算公式集合的各种子集合的

① CF. Tarski, *Undecidable Theories*, in Collaboration with Mostowski and Robinson, Amsterdam, 1953.

② *The Undecidablc*, pp. 110－115.

不可判定性。每一个这样的子集合都是由含有某些简单前束词的前束范式组成的，后者就是所谓的"归约类"。王浩教授在 1962 年得到了自丘吉关于一阶谓词演算判定问题是不可解的定理以来的一个重要结果：公式（$\forall x$）（$\exists y$）（$\forall z$）M（x，y，z）的类的判定问题是不可解的，即是说，$\forall \exists \forall$ 的量词串所确定的前束类是归约类。王浩教授还得到一个推论，$\forall \forall \exists$ 也是归约类。①

　　整个说来，一阶谓词演算是不可判定的。但是，有一些特例的判定问题是可解的。在丘吉的结果之前，已有这方面的发现，例如，累文汉（Löwenheim）在 1915 年及贝曼（Behmann）在 1922 年独立地解决了只含零元或一元谓词字母的谓词公式的判定问题，这个结果等价地说就是，一元谓词演算（即只具零元及一元谓词字母的演算）的判定问题是可解的。丘吉定理也促进了对特例的判定问题的研究。这些结果曾由丘吉在 1951 年的论文《判定问题的特例》和 1956 年的专著《数理逻辑导论》，以及阿克曼在 1954 年的小册子《判定问题的可解情况》中加以综述。以下是判定问题已获解决的一些谓词公式：

　　（1）只包含一元谓词变元；

　　（2）能化归为一个前束范式，其中前束词：

　　（ⅰ）不包含存在量词；

　　或（ⅱ）不包含全称量词；

　　或（ⅲ）在全称量词前不包含存在量词；

　　或（ⅳ）至多有一个存在量词；

　　或（ⅴ）至多有两个存在量词，并且它们没有被任何全称量词分开。

　　（3）能化归为一个前束范式，其中：

　　（ⅰ）母式（即前束词的表达式）是初等部分及其初等部分

---

① 王浩：《数理逻辑通俗讲话》，科学出版社 1981 年版，第 62—65 页.

否定的析取或者可以化归为这样的一种形式；

　　或（ⅱ）前束词具有形式（∃x_1）…（∃x_m）（∀y_1）…（∀y_n）并且含有任一变元 x_1，…，x_m 的母式的每个初等部分或者是包含所有变元 x_1，…，x_m，或者是包含变元 y_1，…，y_n 之一；

　　或（ⅲ）前束词以（∀z_1）…（∀z_n）终结并且在前束词中出现的任一变元的母式的每个初等部分至少包含变元 z_1，…，z_n 之一；

　　或（ⅳ）前束词具有形式（∃x）（∀y）（∃z_1）…（∃z_n）（n ≤4），并且母式具有形式 A（x，y）→B（z_1，…，z_n），二元谓词变元在 B（z_1，…，z_n）的完全展开中是唯一的谓词变元。

三　图灵机与可机算函数

　　图灵机器理论是另一种算法模型。它是由英国著名数学家和逻辑学家图灵（A. M. Turing，1912—1954 年）于 1936 年提出来的。

　　图灵于 1931 年入剑桥大学国王学院。1935 年完成毕业论文《论高斯误差方程》，因而被选为学院的研究员。1936 年至 1938 年在美国普林斯顿大学丘吉的指导下从事研究工作，取得博士学位。1939 年重回国王学院任研究员。由于第二次世界大战，研究工作中断。1939 年下半年到 1948 年，图灵在英国交通部和外交部工作。1945 年去英国国家物理实验室，从事自动计算机（ACE）的设计工作。1948 年到曼彻斯特大学从事自动数字计算机的设计工作和理论研究工作。他的代表作是《论可机算数，及其在判定问题上的应用》（1936 年 5 月 28 日《伦敦数学会学报》收到此稿，发表于 1936—1937 年的第 42 卷）。[1] 图灵在这篇论文中，用

----

① *The Undecidablc*, pp. 116 – 154.

一种理想的计算机精确地定义了能行可机算函数，并独立于丘吉，否定地解决了一阶谓词演算的判定问题。图灵所设想的计算机被称为图灵机。下面我们根据图灵的论文，对他的工作进行评述。

（一）　图灵机的基本概念

图灵机的基本概念集中体现在图灵以下的一段话中："我们可以比较一下在计算一个实数的过程中的一个人同一部机器，这机器只能有有限多个条件 q_1，q_2，…，q_n，称它们为'm 布局'（机器布局）。机器附有一条带子（类似纸），带子分成段（称为'方格'），每个方格可有一个'符号'。在任何一个时刻，只有一个方格，比如说，第 r 个，具有'在机器中'的符号 S（r）。我们可以称这个方格为'被注视方格'。在被注视方格上的符号可称为'被注视符号'。'被注视符号'可说是机器'直接知道'的唯一东西。然而，通过改变它的 m 布局，机器能有效地记得它以前曾经'看到'（注视）的某些符号。在任一时刻，机器的可能行为是由 m 布局 q_n 和被注视符号 S（r）所决定的。q_n，S（r）组成的对子叫做'布局'，因此，布局决定机器的可能行为。在有些布局中，被注视方格是空的（即没有符号），这时机器在被注视方格上写下一个新的记号，在其他一些布局中，它擦去被注视符号。机器也可以改变被注视的方格，但只是右移或左移。除这些运算外，m 布局可以改变。有些被写下的符号将形成数字序列，即被计算的实数小数。其他的只是'帮助记忆'的未完成的记录。这些未完成的记录将容易被擦掉。我的主张是，这些运算包含一切在计算数中所使用的运算。"[1]

图灵把完全由布局决定其动作的机器叫作自动机，简称机器。如果一部自动机印录两种符号，第一种完全由 0 和 1 组成，称为

---

[1]　*The Undecidablc*，pp. 117 - 118.

数字，其余称为第二种符号，那么这样的自动机被称为计算机。在机器动作的任一阶段，被注视方格的数目，在带子上所有符号的完整序列，以及 m 布局这三者称为那个阶段上的完全布局。在相继的完全布局之间机器和带子的变化称为机器的开动。图灵的思想实质，正如克林所说，是"把计算员所实施的动作分解成为一些'原子'动作，使得任何可实施的动作都是这些原子动作的继续。原子动作将是下列动作的合并：认出给定符号的一次出现，擦去这次出现，写下一符号的一次出现，在一给定符号序列上从一个观察点转到邻点，并更改记忆情报"[1]。

下面我们来看图灵举出的一个例子：

布	局	行	为
M 布局	符号	运算	最终 m 布局
a	无	P0, R	b
b	无	R	c
c	无	P1, R	d
d	无	R	a

这是一部计算序列 010101… 的机器。它有 4 个 m 布局"a"，"b"，"c"，"d"，可以印"0"和"1"。在机器的行为中，"R"表示"机器是这样开动的，使它注视直接在它先前正注视的方格右边的方格"，将"右边"改为"左边"就是"L"。"E"表示"擦去被注视符号"，"P"代表"印"。上面的表以及所有同一类的相继的表有以下含义：对在前两行所描述的一个布局来说，在第三行的运算相继实行，然后机器进入最后一行所描述的 m 布局。当第二行是空白时，第三行和第四行的行为对任何符号或没有符号都适用。机器在 m 布局 a 从一条空白带子开始。

如果我们允许字母 L，R 在运算列中可以出现一次以上，那么上面定义计算 010101… 序列的机器的表格，就可简化为：

---

① 《元数学导论》（下册），第 396 页。

M 布局	符号	运算	最终 m 布局
a	无	P0	a
	0	R，R，P1	a
	1	R，R，P0	a

自从图灵提出理想的、抽象的计算机理论之后，有些学者对图灵机作了种种改进，这里不赘述。图灵当时只限于用机器计算实数 x（0≤x≤1）的二进制表达式，各位数字都在单向无穷长的带上每隔一方格而无限制地印出，中间的方格只留作暂时记录，作为继续用机器计算时的草稿。因此，图灵先把"可机算数"定义为可用机器写下其十进小数的那些数。然后他把可机算数的范围推广到可机算的函数。可机算函数亦称图灵可计算函数。

（二）可机算函数与 λ 可定义函数的等价性

图灵在《论可机算数》一文的附录（1936 年 8 月 28 日加写）中证明了他的可机算性概念等价于 λ 可定义性。他在 1937 年的论文《可机算性和 λ 可定义性》中又作了详细证明。

表示一个整数 n 的合式公式记为 N_n。第 n 个数字 φ_r（n）的一个序列 r 是 λ 可定义的，如果 $1 + \varphi_r$（n）是 n 的 λ 可定义函数，也就是说，如果有一个合式公式 M_r，使得对所有整数 n：

$\{M_r\}$（N_n）conv $N_{\varphi r(n)+1}$，

也就是说，$\{M_r\}$（N_n）可转换为 λxy. x（x（y））或 λxy. x（y）（按照 r 的第 n 个数字是 1 或 0）。

1. 为了说明每一 λ 可定义序列 r 是可机算的，我们就要构造一部机器来计算它。

首先在 λ 转换演算中，将变元 a，b，c，…改为 x，x′，x″，…。现要构造一部机器 L，当供给公式 M_r 时，写下序列 r。L 的结构有点象机器 K 的结构（机器 K 证明了一阶谓词演算的所有定理）。为此，首先构造一部选择机 L_1，如果供给一个合式公式（比如说 M）并适当操作，就得到 M 可转换成的任一公式。L_1 可加修改以

便产生一个自动机 L_2，它相继地获得 M 可转换成的所有公式。机器 L 包含 L_2 作为一个部分。机器 L 的动作当供给公式 M_r 时被划分为一些节段，其中第 n 个节段就是寻找 r 的第 n 个数字。在这个第 n 个节段的第一阶段就是形成 {M_r}（N_n）。然后把这个公式供给机器 L_2，这机器相继地把它转换成各个其他公式。在它可转换的公式中的每一公式最终都出现，并且每一个都与以下公式相匹配：

$\lambda x\ [\lambda x'\ [\ \{x\}\ (\ \{x\}\ (x'))]]$ 即 N_2，

$\lambda x\ [\lambda x'\ [\ \{x\}\ (x')]]$ 即 N_1。

如果它与第一个等同，那么机器就印出数字 1，第 n 个节段就完成了。如果它等同于第二个，那么就印出 0，第 n 个节段就完成了。如果它与这两个公式都不同，那么 L_2 的工作就继续进行。据假设，{M_r}（N_n）可转换为公式 N_2 或 N_1 之一；因此，第 n 个节段最终是要完成的，也就是说，r 的第 n 个数字最终是要写出来的。

2. 现在需要证明每一可机算序列 r 是 λ 可定义的。这就要说明，如何找到一个公式 M_r 使得对于所有整数 n：

{M_r}（N_n） conv $N_{\varphi r(n)+1}$。[1]

由于 λ 可定义性等价于一般递归性，因而可机算性（图灵可计算性）亦等价于一般递归性。

（三）图灵论题

图灵在 1936 年的论文中提出了一个著名论点：所有很自然地被认为可计算的函数都是可机算函数。[2] 由于刚才所说的几种算法模型之间的等价性，图灵论题等价于丘吉论题。现在在文献中常把这两个论题合而为一，称为丘吉—图灵论题。

---

① 证明见 *The Undecidablc*，pp. 150 – 151。

② *The Undecidablc*，p. 135.

图灵在 1936 年的论文中对他的论题作了辩护性证明，主要思想是：一个计算员所能做的任何动作都可以分解为一连串的某些图灵机的基本动作。

（四）　一阶谓词演算的判定问题不可解

图灵在 1936 年的文章中独立于丘吉，也否定地解决了一阶谓词演算的判定问题。他的原话是这样说的："不可能有一个一般的过程来决定函项演算 K 的一个给定公式 α 是不是可证的，也就是说，不可能有一部机器，在供给这些公式的任一公式 α 时，将最终说出 α 是不是可证的。"[①]

图灵的证明思路是：相应于每一部计算机 M，构造一个公式 Un（M），直观的意思是："在 M 的某个完全布局中，0 出现在带子上"；然后证明以下两条引理：

引理 1　如果 0 在 M 的某个完全布局中出现在带子上，则 Un（M）是可证的，

引理 2　如果 Un（M）是可证的，则 0 在 M 的某个完全布局中出现在带子上；

现假定判定问题可解，则有一个一般的机械过程来确定 Un（M）是不是可证的。据两条引理，这蕴涵着有一个过程来确定是不是 M 总是印 0，而这是不可能的。因此，判定问题不可解。

（五）　图灵机理论的历史意义

图灵机理论是哥德尔不完全性定理之后最重要的数理逻辑成果之一。图灵的工作对"机械程序"或"算法"的概念作出了精确的分析，从而可以给出"形式系统"概念的精确定义。这在数理逻辑发展史上是具有重大历史意义的大事。哥德尔对此有很高

---

① *The Undecidablc*, p. 145.

评价。他在 1964 年为 1934 年的讲演写的后记中说："由于后来的进展，特别是由于图灵的工作可以给出形式系统一般概念的精确而又无疑地适当的定义，因而不可判定的算术命题的存在和一个系统的一致性在同样系统中的不可证性，现在能够对包含一定量有穷数论的每一个一致的形式系统加以严格的证明。图灵的工作对'机械程序'（别名'算法'或'计算程序'或'有穷组合程序'）的概念作出了分析。这个概念被表明是等价于'图灵机'的概念的。"①

哥德尔根据图灵的成果，把一个形式系统定义为产生可证公式的任一机械程序。把形式系统与机械程序联系在一起，这对揭示形式系统的本质是很重要的。

另外，图灵可计算性（可机算性）或一般递归性的概念还有一个重大的历史意义，即它们第一次给出了不依赖所选择的形式体系的认识论观念的绝对定义。哥德尔 1965 年在普林斯顿关于数学问题的 200 周年大会上说道："在我看来，这种重要性主要是由于以下事实：人们用这个概念第一次成功地给出了一个令人感兴趣的认识论观念的绝对定义，即不依赖于所选择的形式体系的定义。而在先前所处理的所有其他场合，例如可证明性或可定义性，人们只能相对于一个给定的语言来定义它们，并且对每一个别的语言，显然这样所获得的定义并不是所寻求的那一个定义。然而对于可机算性概念，虽然它只是一个特殊种类的可证明性或可定义性，但情形却大不一样。由于一种奇迹，它不需要区别层次，并且对角线方法不导致越出所定义的概念之外。"②

我们在上面说过，图灵机理论是一种算法模型，是一种抽象的、理想的计算机理论。因此，图灵机同现代的电子计算机是大不一样的。但是，算法模型特别是图灵机理论对现代计算机的研

---

① *The Undecidablc*, pp. 71 – 72.

② Ibid. , p. 84.

进展中是有意义的。"① 这就是说，波斯特的机器理论同哥德尔不完全性定理和丘吉不可判定性定理有密切的联系，并且对这两条定理所开辟的研究方向具有重要意义。

波斯特机的主要概念有哪些呢？由问题的叙述而得到答案的工作必须在某个"符号空间"内进行。符号空间由空间或盒子的一个双向无穷序列组成，类似于整数数列…，－3，－2，－1，0，1，2，3，…。问题解答员或工作者在这个符号空间动作。在一个时间只在一个盒子内进行运算。盒子可能是空的或无标记的，也可能在它当中有单个标记，比如说垂直竖记号。与"符号空间"同样重要的一个概念是一个固定不变的指令集，它不但指导符号空间的运算，而且决定应用指令的次序。

我们可以选出一个盒子，称为起点。假定以符号形式给出一个特殊问题，它是由带一个竖记号的有限多个盒子组成的。以符号形式给出的答案是有标记盒子的一个布局。工作员可以做以下动作：

（a）在他所在的盒子内（假定是空的）画出标记；

（b）在他所在的盒子内（假定有标记）擦去标记；

（c）移动到他右边的盒子；

（d）移动到他左边的盒子；

（e）确定他所在的盒子是不是有标记。

指令集具有以下形式。

开头是：在起点开始并且遵照指令1。然后它由编号为1，2，3，…，n 的有限多个指令组成。第 i 个指令具有以下形式：

（A）施行运算 O_i [O_i = （a），（b），（c），或（d）]，然后遵照指令 j_i；

（B）施行运算（e），并按照答案是"是"或"否"相应地

① *The Undecidablc*, p. 289.

遵照指令 j_i' 或 j_i''；

（C）停止。

波斯特说："一个指令集被称为可应用于一个给定的一般问题，如果在它应用于每一特殊问题时，它决不在工作者所在的盒子有标记时指令进行运算（a），或无标记时指令进行运算（b）。可应用于一般问题的一个指令集当应用于每一特殊问题时，构成一个决定性过程。这个过程将终止当且仅当它达到类型（c）的指令。指令集被称为构成同一般问题相联的一个有穷的 1 - 过程，如果它应用于问题并且如果它决定的过程对每一特殊问题都终止。同一般问题相联的一个有穷的 1 - 过程被称为问题的 1 - 解，如果它对每一特殊问题这样产生的答案总是正确的。"[1]

一般问题的组成至多有可数无穷的特殊问题。在正整数类和特殊问题类之间建立起——对应关系。我们可在起点的右边，把前 n 个盒子加上标记，用以表示正整数 n。由此，波斯特引进 1 - 给定这个概念。他说："一般问题称为 1 - 给定的，如果构成了一个有穷的 1 - 过程，当应用于这样符号化了的正整数类时，这个过程以一一对应方式产生组成一般问题的特殊问题类。"[2]

以上就是波斯特机的基本概念。这里，符号空间相当于图灵机的带子，符号空间中的盒子相当于方格，问题解答者实行的指令相当于图灵机的内部布局。可见，波斯特机与图灵机类似，也是一种算法模型。波斯特认为，他的有穷组合过程所能计算的函数是一般递归的。他作了以下的简要证明：首先，定义一个函数，称它为 1 - 函数 $f(n)$，在正整数域中的一个 1 - 函数 $f(n)$ 是这样一个函数，对于它可建立一个有穷的 1 - 过程，这个过程对作为问题的每一正整数行将产生 $f(n)$ 作为答案；然后将这一定义与一般递归函数的定义比较，说明它们是等价的。

---

[1]　*The Undecidablc*, p. 29.

[2]　Ibid..

波斯特的有穷组合过程理论虽不及图灵机理论完整，但它在数理逻辑发展史上有其应得的地位，它是早期图灵机理论中的一个组成部分。波斯特在 1947 年对图灵机理论作了改进，对促进图灵机理论的现代化做出了贡献。

（二） 波斯特的符号处理系统

波斯特的符号处理系统也是一种算法模型，与一般递归函数和图灵机是等价的。

波斯特在 1920 年开始了符号处理系统的研究，初步思想见于 1921 年发表的《初等命题的一般理论导论》，成熟的思想发表于 1943 年的《一般组合判定问题的形式化归》。1944 年，他在论文《递归可枚举的正整数集及其判定问题》中作了进一步的说明和补充。

波斯特的系统有其特点。首先，它不是以自然数为基础，而完全是符号演算；其次，它不具有机械装置的表现形式。波斯特系统包括由符号构成的字母表和推理规则。

波斯特指出，很广泛的一类形式系统都能表达在一个标准形式中，他称它为典范形式。典范系统的公式只是个体符号的有穷序列，也就是符号串。典范系统由 3 部分组成：字母表、初始公式和程序规则（即推理规则）。

程序规则具有以下形式，被称为 "产生式"：

$$g_{11}P_{i1}{}'g_{12}P_{i2}{}'\cdots g_{1m1}P_{im1}{}'g_{1,m1+1}$$
$$g_{21}P_{i1}{}''g_{22}P_{i2}{}''\cdots g_{2m2}P_{im2}{}''g_{2,m2+1}$$
$$\cdots\cdots\cdots\cdots$$
$$g_{k1}P_{i1(k)}g_{k2}P_{i2(k)}\cdots g_{kmk}P_{imk(k)}g_{k,mk+1}$$

产生

$$g_1P_{i1}g_2P_{i2}\cdots g_mP_{im}g_{m+1}$$

各个 g 在任一特殊规则中都是固定的若干符号串（可能空）；

各个 P 是可变的符号串；出现在最后一行中的每个 P 必须出现在前面行的至少一行中。由此可见，像这样用典范形式所表达的程序规则实质上是一个推理模式。例如，分离规则（A，A→B，∴ B）用波斯特的典范形式可写成：

g₁Pg₁

g₁Pg₂Qg₁

产生

g₁Qg₁

这里，g_1 代表空符号串，g_2 代表由单个符号→组成的符号串，P 和 Q 代表合式公式的任一符号串。

典范系统中的产生规则称为构成此系统的基，这些规则在形式上可能很复杂。

波斯特在 1943 年证明，对任何典范系统，都可以构造一个正规系统（典范系统的特殊情形），可以进行相同的计算。正规系统的特点是，程序规则只具有以下的简单类型：

gP

产生

Pg′

这里，g 和 g′是固定的符号串，P 是可变的符号串。

在把典范系统化归为正规系统时，要增加所使用的符号数目并增加出现在系统中的符号串的长度。

波斯特使用正规系统和递归可枚举集（即有一个一般递归函数枚举的集合，波斯特把空集也包括在内）的概念定义了一般递归函数。现在我们来看一看他所用的方法。他用仅由 1 构成的特殊序列 1，11，111，… 表示直观的自然数 1，2，3，…。接着，引进字母 b，并考察由 1 和 b 组成的符号串，如 11b1b11。在这些符号串上的运算如"b1bP 产生 P1bb1"，被称为正规运算。上述的正规运算仅仅应用于从 b1b 开始的符号串，从给定的符号串首先去掉开始的 b1b，然后在末尾加上 1bb1，就可得到导出的符号串，这样，从 b1bb 就整成 b1bb1。一个任意的正规运算的形式是"gP 产生 Pg′"。一个正规系统由 1 和 b 构成的初始符号串，和正规运算"g_iP 产生 $Pg_i′$"（i = 1，2，…，n）的有穷集合所组成。其导出符号串由初始符号串 A 和从 A 重复应用 n 个正规运算所得到的一切符号串组成。每一正规系统唯一地定义一个正整数集合（可以空），即由这些导出的符号串（仅由 1 组成）所表示的整数集。波斯特证明了每一递归可枚举的正整数集都是由某个正规系统所定义的正整数集，反之亦然。由于"递归可枚举集"可以定义"一般递归函数"，因而，波斯特的正规系统可以计算的函数等价于一般递归函数、可机算函数和 λ 可定义函数。

波斯特的系统是近代程序语言的理论模型，为后来的形式语言的发展提供了基础。

我们在以上论述了 4 种算法模型的历史发展，丘吉论题和判定问题的一些重要结果。其中，丘吉论题具有很重要的作用，下面我们引述克林在 1952 年《元数学导论》中对它做出的有力辩护：[①]

（A）启发式的证明

（A_1）就已探究过的来说，每个特殊的能行可计算函数，以及每个由一些函数而定义别的函数的运算，都证明是一般递归的。

（A_2）用以证明好些能行可计算函数是一般递归函数的方法已经发展到这样的地步，使得几乎没有疑问地否定了下列可能的，即能够写出一个能行过程以决定一个函数的值，但却不能用上述各种方法把它变成该函数的一般递归定义。

（A_3）有好些方法可以期望得出一般递归函数类以外的函数的，但一经探究都表明了，或者这方法并未超出一般递归函数的

范围，或则该新函数不能当作是能行地可定义的，即它的定义并没有给出能行计算过程。在特例，如康托尔的对角线方法便属于后者。

（B）各种表述的等价性

（B_1）对能行可计算函数集可有好几种刻划，都具有同样的启发式的特性（A）。但它们都和一般递归性相等价；即它们所描述的函数集都是一样的。

一般递归性，λ 可定义性，可机算性，典范系统或正规系统，这几个非常不同的观念都引到同一的函数集，这一事实便是一个非常坚强的证据，指明这一集合是非常根本的。

（B_2）各主要观念的几种表述方式都是等价的，也就是说，这些观念具有一种"稳定性"。例如，对一般递归性来说，其形式系统可以有好几种等价的选择。

（C）图灵的计算机概念

图灵的可机算函数是那些可用机器计算的函数，照他的分析，该机器是用以重新作出计算员所能实行的一切运算，依照预先指定的指令而动作。因此，图灵的观念是直接企图数学地表述能行可计算性观念的结果，其他的观念则是从不同的地方出发的，只是后来才和能行可计算性等同起来的。因此，图灵的表述便是丘吉论题的一个独立的叙述。波斯特也给出类似的表述。

（D）丘吉提出的符号逻辑与符号算法两种方法，可归入（A_1）。

以上是克林所做的总结，实际上也是对可计算性理论早期发展史的主要成果所做的总结，这对我们学习 20 世纪 30 年代的数理逻辑史有重要的指导作用，所以，我们特摘录于此作为一个小结。

论沈有鼎悖论在数理
逻辑史上的地位[*]

　　沈有鼎先生是一位著名的逻辑学家，早年留学美国和英国，曾获哈佛大学硕士学位，是清华大学哲学系的创始人之一，历任清华大学教授、北京大学教授、中国社会科学院哲学研究所研究员、博士生导师。今年是沈有鼎先生诞辰 100 周年，谨以此文奉献于有鼎师的灵前，以表深切的崇敬和怀念之情。

　　沈有鼎先生在 1953 年 6 月的《符号逻辑杂志》第 18 卷第 2 期发表《所有有根类的类的悖论》（*Paradox of the Class of All Grounded Classes*），在 1955 年 6 月的《符号逻辑杂志》第 20 卷第 2 期发表《两个语义悖论》。《符号逻辑杂志》和《斯坦福哲学百科全书》对这些悖论均有评论。有的国际逻辑文献〔如杜米特留（Dumitriu）《逻辑史》〕把"所有有根类的类的悖论"称为"沈有鼎悖论"（Shen Yuting paradox），中文文献称它为"沈氏悖论"。① 本文将所有有根类的类的悖论和两个语义悖论统称为"沈有鼎悖论"。

---

　　* 本文是于 2008 年 5 月在台湾东吴大学召开的第三届海峡两岸逻辑教学学术会议上的主题讲演。原载《哲学研究》2008 年第 9 期；又载林正弘主编《逻辑与哲学》（第三届海峡两岸逻辑教学学术会议会后专书论文集），台湾学富文化事业有限公司 2009 年版。

　　① 张清宇：《所有非 Z－类的类的悖论》，《哲学研究》1993 年第 10 期。

一

首先，我们介绍"所有有根类的类的悖论"。对于类 A 而言，有一个由类组成的无穷序列 A_1，A_2，…（不一定都不相同）使得… $\in A_2 \in A_1 \in A$，则称 A 为无根的。并非无根的类，被称为有根的。令 K 是由所有有根类组成的类。

假定 K 是无根的。那么有一个由类组成的无穷序列 A_1，A_2，…使得… $\in A_2 \in A_1 \in K$。由于 $A_1 \in K$，A_1 就是一个有根类；由于… $\in A_3 \in A_2 \in A_1$，因而 A_1 又是一个无根类。但这是不可能的。

所以，K 是有根类。因而 $K \in K$，并且我们有… $\in K \in K \in K$。因此，K 又是无根类。[①]

沈有鼎接着提出了"所有非循环类的类的悖论"和"所有非 n–循环类的类的悖论"（n 是一个给定的正整数），一个类 A_1 是循环的仅当存在某个正整数 n 和类 A_2，A_3，…，A_n 使得 $A_1 \in A_n \in A_{n-1} \in \cdots \in A_1$。对于任一个给定的正整数 n 而言，一个类 A_1 是 n–循环的，仅当有类 A_2，A_3，…，A_n 使得 $A_1 \in A_n \in \cdots \in A_2 \in A_1$。沈有鼎说，通过类似的论证，就可以得到"所有非循环类的类的悖论"和"所有非 n–循环类的类的悖论"。[②] 沈有鼎称这 3 个悖论是一个"三体联合"，而罗素悖论（所有不是自身分子的类的类的悖论）就是第 3 个悖论的特例（n＝1）。由此可见，非循环类和非 n–循环类本质上就是有根类，而循环类和 n–循环类则是无根类。

沈有鼎所发现的这类"三体联合"的悖论在数理逻辑史上具

① 《沈有鼎文集》，人民出版社 1992 年版，第 213 页。

② Quine 在 1951 年《数理逻辑》的第 128—129 页证明了一个结果，相当于所有非 n–循环类的类的悖论。

有重要意义。

1. 有根类和无根类的区分在数理逻辑史上是第一次提出，发展了 1917 年法国数学家梅里玛诺夫（D. Mirimanoff）关于区分正常集（ordinary set）和异常集（extraordinary set）的思想。在一个集合 A 中，存在一个无穷的 $\in$ – 降链，即存在 $\cdots A_n \in A_{n-1} \in \cdots \in A_2 \in A_1$，则称 A 为异常集；换一种等价的说法，当 $A \in A$ 或 $A = \{A\}$，A 就是异常集。并非异常集，就被称为正常集。正常集和异常集后来也分别被称为良基集（well – founded set）和非良基集（non – well – founded set）。有的文献认为梅里玛诺夫提出了在策尔梅洛（亦译为策梅罗）系统中允许存在异常集的悖论。这种说法并不准确，允许存在异常集本身并不是一个悖论命题。

这种异常集在公理集合论中必须加以排除。1925 年，冯·诺依曼（von Neumann）提出了正则公理（对任一非空集合 A，都存在一个元素与 A 没有公共元素；或者说任一非空集合 A 都有极小元）。由正则公理可以得出"在正则公理的前提下，不存在一个集合 A 使得 A 是异常集""对任一集合，都有 $A \notin A$ 成立""对任意的集合 A_1，A_2，A_3，不存在 $A_1 \in A_3 \in A_2 \in A_1$"和"对任一正整数 n，对任意的集合 A_1，A_2，$\cdots$，A_n，不存在 $A_1 \in A_n \in A_{n-1} \in \cdots \in A_2 \in A_1$"等定理，这不但排除了异常集，而且排除了循环集和 n – 循环集。

由此可见，异常集是无根的、循环的和 n – 循环的，正常集是有根的、非循环的和非 n – 循环的。沈有鼎提出的"无根类""循环类"和"n – 循环类"等概念不但扩展了"异常集"的概念，而且进一步深化了人们对正则公理的认识。

2. 由梅里玛诺夫对正常集和异常集的区分，可以得到"所有正常集的集的悖论"或"所有良基集的集的悖论"，但是实际上，他并没有论证这个悖论，他的重要贡献是提出要在策尔梅洛集合论中排除异常集。沈有鼎的"三体联合"的悖论不但概括了罗素悖论，而且概括了所有正常集的集的悖论以及布拉里－福蒂（Bu-rali－Forti）悖论。所有正常集的集的悖论也就是所有有根类的类的悖论。布拉里－福蒂悖论的论证如下：

（1）每一个良序集皆有一个序数；

（2）把小于并且包括某一已知序数 β 的一切序数排成一个良序集 $\{0，1，2，…，β\}$，此良序集也有一个序数，应为 $β+1$；

（3）设由所有序数组成一个良序集 W，其序数为 Ω。这样，Ω 也应包括在所有序数的良序集之中，并且是最大序数；

（4）由以上的（2）可得：包括 Ω 的所有序数的良序集，其序数应为 $Ω+1$，它比 Ω 大。但据（3），$Ω+1$ 应小于或等于 Ω。由此产生逻辑矛盾。

我们也可以把这一悖论表述为"所有序数的集合的悖论"，根据现代的序数定义，可知每一序数是一个集合，而且是有根的，因此，布拉里－福蒂悖论就化归为"所有有根类的类的悖论"。

由上所说，沈有鼎的"三体联合"的悖论表明"所有有根类的类""所有非循环类的类""所有非 n－循环类的类"以及它们所概括的罗素悖论中的"所有不是自身元素的集合的集合""所有正常集的集合"（或"所有良基集的集合）和布拉里－福蒂悖论中的"所有序数的集合"等都不是集合，而是真类。这就使人们对分离公理的意义和作用加深了认识。分离公理是说，对于一个已经存在的集合 A，可以将其中所有具有性质 φ（x）的元素汇集在一起构成一个新的集合 B。这表明并非任一性质都能决定一个集合，而是满足性质 φ 的元素必须同时是给定的集合 A 的元素，也就是说，一个性质只能决定从给定的集合中分离出一个子集，反过来说，并非任一集合的一部分都是一个集合，要从给定的集合分离出一个子集必须满足一个性质。根据分离公理，不存在一个集合，使得所有的集合都属于它，也就是说，"所有集合的集合"是不存在的。我们找不到某个集合，使得它能包含上述悖论中的所谓"集合"。

3. 沈有鼎悖论的提出促进了对悖论问题的研究。这里，我们指出 3 点：

（1）蒙太格（Richard Montague）受沈有鼎《所有有根类的类的悖论》的启发，在 1955 年 6 月的《符号逻辑杂志》上发表《论有根类的悖论》，他说："有可能不使用复杂的集合论观念（如自然数或无穷序列等观念）来陈述这个悖论。"[①] 一个类 x 被称为正则的（regular）当且仅当 $\forall k$（$x \in k \to \exists y$（$y \in k \land \neg \exists z$（$z \in k \land z \in y$）））， Reg 是所有正则类的类。蒙太格进行了论证，得出结论：Reg 既不是正则的，也不是非正则的。他的论证如下：

一方面，假定 Reg 是正则的。这样，$Reg \in Reg$，即 $Reg \in \hat{e}$（$e = Reg$）。由于 Reg 是正则的，因而有一个 y 使得 $y \in \hat{e}$（$e = Reg$）$\land \neg \exists e$（$e \in \hat{e}$（$e = Reg$）$\land e \in y$）。因此，$\neg \exists e$（$e \in \hat{e}$（$e = Reg$）$\land e \in y$），但是有一个 e（即 Reg）使得 $e \in \hat{e}$（$e = Reg$）。

另一方面，假定 Reg 不是正则的。这样，对某个 k，$Reg \in k \land \forall y$（$y \in k \to \exists z$（$z \in k \land z \in y$））。由此得出，对某个 z，$z \in k \land z \in Reg$。这蕴涵 $\exists y$（$y \in k \land \neg \exists w$（$w \in k \land w \in y$）），与 $\forall y$（$y \in k \to \exists z$（$z \in k \land z \in y$））矛盾。

蒙太格说："借助选择公理，显而易见正则类正是有鼎先生的有根类。"[②] 由此可见，蒙太格对沈有鼎《所有有根类的类的悖论》的重视，因此，蒙太格把他的论文标题定为"论有根类的悖论"。

（2）沈有鼎的学生张清宇在 1993 年发表《所有非 Z - 类的类的悖论》，[③] 对沈有鼎的"三体联合"的悖论作了推广。该文提出

---

① Montague, R., 1955, "On the Paradox of Grounded Classes", in *Journal of Symbolic Logic*, Vol. 20, No. 2, p. 140.

② Ibid. .

③ 张清宇：《所有非 Z - 类的类的悖论》，《哲学研究》1993 年第 10 期。

了一系列具有很强概括力的悖论（我们称它们为"张清宇悖论"）。以下我们简要介绍张清宇悖论的主要论证思路。

令 Z 是一个满足以下两个条件的性质：

（1）$\forall x\ (x \in x \rightarrow Z\ (x))$；

（2）$\forall x\ (Z\ (x)\ \rightarrow \exists y \in x \wedge Z\ (y))$。

具有 Z 性质的类被称为 Z – 类。Kz 是由所有非 Z – 类组成的类，即 Kz = $\{x \mid \neg Z\ (x)\}$。由（2）可得：

$\forall x\ (\forall y \in x\ (\neg Z\ (y)\ \rightarrow \neg Z\ (x)))$；

因而有 $\forall y \in Kz\ (\neg Z\ (y)\ \rightarrow \neg Z\ (Kz))$。

由此可得 $\neg Z\ (Kz)$，即 $Kz \in Kz$。据（1）可得 $Z\ (Kz)$。所以，所有非 Z – 类的类既具有性质 Z 又不具有性质 Z。这就是"所有非 Z – 类的类的悖论"。

由这一悖论可以导出沈有鼎的"所有有根类的类的悖论""所有非循环类的类的悖论"和"所有非 n – 循环类的类的悖论"、罗素悖论和寇里（Curry）悖论。这里值得注意的是，张清宇悖论概括了寇里悖论。寇里悖论涉及的性质 Z 的定义是：Z（x）为 $\exists p$（$x \in x \wedge \neg p$）（p 是命题变项），由此可以得到 Z 既满足（1）又满足（2），这样，Kz = $\{x \mid \forall p\ (x \in x \rightarrow p)\}$，由此导出寇里悖论。我们可以把寇里悖论中具有 Z 性质的类看成是无根类或循环类。

实际上，张清宇悖论中的性质 Z 是上述悖论所涉及的性质的共同点，Z – 类是无根类、循环类、n – 循环类等概念的一个高度概括，非 Z – 类是有根类、非循环类、非 n – 循环类等概念的一个高度概括。张清宇还把 n 次循环类和无根类的概念推广为 n 次循环 S – 类和无根 S – 类，进一步提出了"所有有根 S – 类的类的悖论""所有非循环 S – 类的类的悖论"和"所有非 n – 循环 S – 类的类的悖论"，这里的 S – 类是具有满足 $\forall x\ (x \in x \rightarrow S\ (x))$ 的性质 S 的类。

由上可见，张清宇悖论的发现推进了对集合论悖论的研究，丰富了集合论悖论的形式，进一步加深了人们对公理集合论中的正则公理和分离公理的认识。

（3）克里普克（Kripke）在 1975 年发表《真值理论纲要》，提出解决说谎者悖论的新方案。他的方案的关键概念是"有根性"（groundedness）。一个语句是有根的，当且仅当通过一定的程序把他的真值归结为一个基底语句的真值；否则就是无根的。设有以下语句的一个序列：

（S_1）　　某个语句；

（S_2）　　（S_1）是真的；

（S_3）　　（S_2）是真的；

（S_4）　　（S_3）是真的；

……

在这个序列中，一切都依赖 S_1 是什么，如果 S_1 是"雪是白的"，那么我们就可达到基底。如果 S_1 是：

（S_1）　　（S_4）是真的，

那么我们就会陷入循环，达不到基底。在这样的情况下，这个序列中，没有一个语句是真的，也没有一个语句是假的。说谎者语句"本语句是假的"是一个无根的语句，它既不真也不假，处于真值间隙之中。

由上可见，克里普克的解悖方案十分类似于沈有鼎的"所有有根类的类的悖论"，是建立在"有根性"这个概念的基础之上的。克里普克认为他的"有根性"这个概念来源于赫兹博格（Herzberger），赫兹博格第一次提出了这个概念。克里普克说："'有根性'这个名称似乎是在赫兹博格的著作《语义学中的有根性悖论》中第一次被明确引进的。"（Under that name, groundedness seems to have been first explicitly introduced into the literature in Hans Hertzberge, *Paradoxes of Grounding in Semantics.*)[①] 赫兹博格的论文发表在 1970 年。克里普克的说法似乎有误，沈有鼎的《所有有根类的类的悖论》是在 1953 年发表的，比赫兹博格的论文早 17 年。

关于这个问题，赫兹博格与中国社会科学院杨熙龄教授有一段对话：

"杨：过去在书上看到，美国的索尔·克里普克引用过你的'基础'（按：指有根性）和'无基础'概念。现在你能否谈谈这些概念同你的新的'素朴语义学'之间有何关系。

"赫：我想，'基础'概念渊源于本世纪早期集合论发展的时候。我的贡献是提出了米里曼诺夫的所谓'基础集合悖论'（按：指有根集的悖论）的语义学上的类似悖论。所以'基础'概念的发明权不属于我。事实上，我总是感到'基础'概念仅仅是语义学中故事的一部分，而现在在'素朴语义学'中，我研究了故事的另一部分，那就是'语义稳定性'概念。"[②]

由此可见，"有根性"概念不是赫兹博格第一次提出的。赫兹博格认为梅里玛诺夫第一次提出了这个概念；《斯坦福哲学百科全书》的《悖论与现代逻辑》词条的作者坎提尼（Andrea Cantini）也持这种观点，他认为梅里玛诺夫给出了布拉里－福蒂悖论的一个概括即"有根集的悖论"，并且用沈有鼎的有根类和无根类的论证方法论证了布拉里－福蒂悖论，坎提尼说同样的悖论以后也出现在 1953 年沈有鼎那里。这种观点值得商榷，因为梅里玛诺夫并没有提出"有根集"和"无根集"的概念，更没有提出"三体联合"的悖论。1955 年《符号逻辑杂志》第 20 卷第 1 期发表了

① Kripke, S. , 1975, "Outline of a Theory of Truth", in *The Journal of Philosophy*, 72 (19), pp. 691 – 694.

② 杨熙龄：《奇异的循环——逻辑悖论探析》，辽宁人民出版社 1986 年版，第 242 页。

《符号逻辑杂志》的评论作者谬勒（Müller）对《所有有根类的类的悖论》的评论，谬勒说："沈用类似于罗素的方法证明了所有有根类的类，所有非循环类的类，所有非 n－循环类的类每一个都是矛盾的。"[①] 1955 年《符号逻辑杂志》第 20 卷第 2 期发表的蒙太格《论有根类的悖论》指出他的正则类"正是有鼎先生的有根类"。1956 年《符号逻辑杂志》第 21 卷第 4 期发表了谬勒对蒙太格《论有根类的悖论》的评论，他指出："从选择公理可得：一个类是正则的当且仅当它在沈的意义上是有根的。"[②] 这些文献表明，第一次提出"有根性"概念的逻辑学家是沈有鼎。赫兹博格的"有根性"概念似应来源于沈有鼎。

我在这里澄清这一段历史公案是想说明，"有根性"概念对于赫兹博格的语义悖论研究，特别是对克里普克解决说谎者悖论的方案具有极其重要的意义。

二

沈有鼎悖论中还有两个语义悖论。今简介如下：

（1）我正在讲的不可证明。

假定这个命题可以证明，那么它一定是真的，用它自己的话说，也就是它不可证明，与假定矛盾。

假定它可以证明将引出矛盾，因此这个命题不可证明。换句话说，这个命题是真的。这样，我们也就证明了这个命题。

所以，这个命题既可证明又不可证明。

（1）的对偶命题是（2）。

---

① Müller, G. H. , 1955, "Yuting Shen, *Paradox of the Class of All Grounded Classes*", in *Journal of Symbolic Logic* , Vol. 20, No. 1, p. 84.

② Müller, G. H. , 1956, "Richard Montague, *On the Paradox of Grounded Classes*", in *Journal of Symbolic Logic* , Vol. 21, No. 4, p. 380.

（2）我正在讲的可以反驳。

假定这个命题是真的，或者用它本身的话来讲，它可以反驳。那么它一定是假的，这就跟假定矛盾。

假定它可以反驳将引出矛盾，因此这个命题是假的。这样，我们也就反驳了这个命题。弄清这个命题可以反驳，也就是说它是真的。

所以，这个命题既真又假。[①]

这两语义悖论实质上是说谎者悖论的变形，产生的关键是把真实性等同于可证性，把虚假性等同于可驳性，这样，可证性和可驳性就成了语义概念。因此，我们可以用解决说谎者悖论的方案加以解决。在形式算术系统中，情况大相径庭，真实性与可证性决不是等同的，真假的概念不能在系统中定义，而可证性恰恰可以在系统中表达。沈有鼎在谈到（1）的第二部分论证时指出："如果我们是在一个给定的系统 S 中来谈（1）的证明，那么我们就不能说已经在 S 中证明了这一命题。因为，很有可能这一论证无法在 S 中形式化。正如我们大家知道的那样，哥德尔在他 1931 年的著名论文中确实证明了，在适当的系统 S 中可以构造一个声称自身在 S 中不可证明的命题。我们不妨回顾一下哥德尔所作的结论，它是说如此构造的命题虽是真的但在 S 中不可证明。所以，只要限于考虑给定系统中的可证性，我们也就不会因此而产生矛盾。"[②]

这是指哥德尔不完全性定理，该定理说：如果形式算术系统是一致的，那么它就是不完全的；这就是说，在系统中存在一个具有形式 $\forall x A (x)$ 的命题 B，使得 B 和 $\neg B$ 都不是系统的定理，这样的 B 被称为不可判定的命题（B 是说，B 在系统 S 中不是可证的）。证明的步骤是：

---

① 《沈有鼎文集》，第 218—219 页。

② 同上书，第 218 页。

第一步用配数法，对初始符号、公式（符号序列）和证明（公式的有穷序列）进行配数，使系统中的初始符号、公式和证明同正整数的子集合之间建立起一一对应关系。我们称这些数为哥德尔数。

第二步是将形式算术系统的元数学谓词如"D 是一条公理""Y 是公式 A 的一个证明"等加以形式化。由于形式算术系统的每一个表达式都配以一个哥德尔数，因而关于这些表达式及其彼此间关系的命题都可变为关于这些哥德尔数及其彼此间关系的命题，元数学谓词就变为关于哥德尔数的算术谓词，如"Y 是公式 A 的一个证明"就变为算术谓词 $Pf(y, a)$。

第三步是引进原始递归函数和原始递归谓词，证明与形式算术系统的元数学谓词相应的算术谓词是原始递归谓词，如 $Pf(y, a)$ 是原始递归的。

第四步是证明原始递归函数在形式算术系统中具有数字可表示性即系统中有公式来表示原始递归函数，原始递归谓词具有数字可表达性即系统中有公式来表示原始递归谓词。

第五步是构造不可判定命题。哥德尔在构造不可判定命题时，受说谎者悖论的启发，领悟到真实性与可证性是两种不同的概念，说谎者悖论表明"某种语言中的假话"不能表达在该语言之中，真假概念不能在形式算术系统中表达。它巧妙地用可证性代替真实性，构造了不可判定命题。

首先，哥德尔引入一个代入函数 $Sb(a, b)$，它是在哥德尔数为 a 的公式（含有自由表元 w）中，以 b 的数字 Zb（b 是直观的自然数，Zb 是系统中相应的形式符号）替代自由变元 w 所得到的公式的哥德尔数。如果自由变元 w 在原来的公式中不出现，则 $Sb(a, b) = a$。由于 $Sb(a, b)$ 是原始递归的，因而在形式算术系统中是数字可表示的，令表示 $Sb(a, b)$ 的形式函数表达式是 S（u, v）。

制有巨大的推动作用。我们可以说，图灵机是电子计算机的理论模型。1946 年 2 月，世界上第一台电子计算机——ENIAC（电子数字积分机和计算机）问世。ENIAC 有一个最大的缺点：程序没有像数据一样存入存贮器。每解一个问题，都需要事先按照程序用手把相应的电路接通，这种工作往往需要几个人干许多天。这一问题后来为著名数理逻辑学者和现代电子计算机的奠基人冯·诺依曼所解决。1946 年冯·诺依曼提出了"存贮程序"的概念，并领导研制了一台实验性的电子数字计算机——JONICA，从而使电子计算机具备了现代计算机的基本模式。因此现代计算机仍然被称为冯·诺依曼型计算机。冯·诺依曼在 20 世纪 20 年代大力从事数理逻辑的研究，在 20 世纪 40 年代从事电子计算机的研制时，把 30 年代中数理逻辑的成果特别是图灵机的成果充分加以吸收，从而为现代电子计算机的研制做出了开创性的贡献。包括图灵机理论在内的可计算性理论现在已经成为整个计算机科学的基础理论，是计算机科学家不可缺少工具。

四　波斯特的符号处理系统

美国著名数理逻辑学家波斯特（E. L. Post，1897—1954 年）在递归论建立初期也做出了重要贡献，下面加以评述。

（一）波斯特机

波斯特独立于图灵，于 1936 年发表《有穷组合过程（表述 I)》（《符号逻辑杂志》1936 年 10 月 7 日收到此稿，1936 年第 1 卷发表），提出了类似图灵机的设想，但比图灵的表述要简略。我们可以称波斯特的计算过程理论为波斯特机。波斯特在论文的一开头说："本文的表述将证明，在符号逻辑沿着哥德尔关于符号逻辑的不完全性定理和丘吉关于绝对不可解问题的结果的路线向前

　　上面说过，与元数学谓词"Y 是公式 A 的一个证明"相应的算术谓词 $Pf(y, a)$ 是原始递归的，根据第四步，它是在形式算术系统中是数字可表达的，令表达它的公式为 B（u，v）。

　　其次，在形式算术系统中构造以下公式：

　　U（w）即（∀u）¬B（u，S（w，w））[U（w）是（∀u）¬B（u，S（w，w））的缩写]，

　　令这个公式的哥德尔数为 p。在这个公式中，以 p 的数字去替代 w 的一切自由出现，得到以下公式：

　　U（Zp）即（∀u）¬B（u，S（Zp，Zp）），

　　根据代入函数 $Sb(a, b)$ 的定义，这个公式的哥德尔数应为 $Sb(p, p)$。由于 S（Zp，Zp）数字表示了 $Sb(p, p)$；B（u，v）数字表达了 $Pf(y, a)$，因此 U（Zp）即（∀u）¬B（u，S（Zp，Zp））表达了直观的算术公式：

　　（∀x）¬$Pf(x, Sb(p, p))$，

　　它的意思是：所有自然数都不是以 $Sb(p, p)$ 为哥德尔数的公式的证明的哥德尔数，也就是说，以 $Sb(p, p)$ 为哥德尔数的公式不是可证的，而 U（Zp）的哥德尔数正是 $Sb(p, p)$，因此，U（Zp）是一个断定了自身不可证的公式，也就是说，U（Zp）在系统中表达了"U（Zp）在系统中不可证"这样一个元数学命题。U（Zp）即（∀u）¬B（u，S（Zp，Zp））就是一个不可判定的命题。

　　最后一步就是在形式算术系统具有一致性的前提下，证明 U（Zp）和¬U（Zp）皆不可证，也就是说，U（Zp）既不能证明也不能否证，即 U（Zp）是不可判定的。由于 U（Zp）不可证，因而"U（Zp）在系统中不可证"这个元数学命题就是真的，从而在系统中表达这个元数学命题的公式 U（Zp）也是真的。由于 U（Zp）既是真的又是不可判定的（既不能证明也不能否证），因而，系统就是不完全的。这就是说，存在着直观上是真的算术命

题但在形式算术系统中是不可证明的。

从上面的讨论可以看出，哥德尔的不可判定命题巧妙地改造了说谎者悖论的命题，但本身决不是悖论命题，决不会产生沈有鼎的语义悖论。沈有鼎语义悖论的悖论命题是：A = A 不可证，哥德尔不可判定命题是：A = A 在形式算术系统中不可证，这是两个截然不同的命题。沈有鼎悖论对我们深刻理解哥德尔不完全性定理有很重要的作用，使我们对不可判定命题的构造更为清晰，使我们对哥德尔用"系统中的可证性"代替说谎者悖论中的真实性从而能避免悖论这种高超的逻辑技巧有了更深刻的认识。

关于第二个语义悖论，沈有鼎说："再一次利用哥德尔的构造，我们就可在一个适当的系统 S 中找出一个声称自身在 S 中可反驳的命题。所要作的结论就是，这命题虽是假的但在 S 中不可反驳（即它的否定在 S 中不是可证的）。"①

沈有鼎所提出的想法并不是哥德尔不完全性定理所要解决的任务，但是这种想法可以加深我们对不完全性定理的理解，加深对哥德尔的配数法和元数学的算术化的认识。沈有鼎要构造的命题是：A = A 在 S 中可反驳，这是哥德尔的不可判定命题的一个对偶命题。我们利用上述哥德尔的方法构造出这个命题。

令元数学谓词"Y 是公式¬A 的一个证明"（即"Y 是公式 A 的一个反驳"），相应的算术谓词是 $R(y, a)$，在系统中表达它的公式为 R (u, v)。我们构造以下命题：

V (w) 即 (∃u) R (u, S (w, w)),

令这个公式的哥德尔数为 p。在这个公式中，以 p 的数字去替代 w 的一切自由出现，得到以下公式：

V (Zp) 即 (∃u) R (u, S (Zp, Zp)),

根据代入函数 Sb (a, b) 的定义，这个公式的哥德尔数应为

① 《沈有鼎文集》，第 219 页。

Sb（p，p）。由于 S（Zp，Zp）数字表示了 Sb（p，p）；R（u，v）数字表达了 R（y，a），因此 V（Zp）即（∃u）B（u，S（Zp，Zp））表达了直观的算术公式：

（∃x）R（x，Sb（p，p）），

它的意思是：存在一个自然数，是以 Sb（p，p）为哥德尔数的公式的反驳的哥德尔数，也就是说，以 Sb（p，p）为哥德尔数的公式是可反驳的，而 V（Zp）的哥德尔数正是 Sb（p，p），因此，V（Zp）就是一个断定了自身可反驳的公式，即 V（Zp）在系统中表达了"V（Zp）在系统中可反驳"这样一个元数学命题。在形式算术系统中可以证明：¬V（Zp）不可证，即 V（Zp）在系统中不可反驳。这样，就存在一个直观上是假的但在系统中不可反驳的命题。由此可见，沈有鼎的悖论命题：A = A 可以反驳，与 A = A 在形式算术系统中可以反驳，是完全不同的命题。在形式算术系统中根本不会出现沈有鼎的第二个语义悖论。

沈有鼎在论证了（1）和（2）两个语义悖论后，接着把它们推广为两个序列：

（1）推广为：

（1_1）可以证明我正在讲的不可证明；

（1_2）可以证明"可以证明我正在讲的不可证明"；

……

这些命题中的每一个都既可证明又不可证明。

（2）推广为：

（2_1）可以证明我正在讲的可以反驳；

（2_2）可以证明"可以证明我正在讲的可以反驳"；

……

这些命题中的每一个都既真又假。

沈有鼎举（2_2）为例。如果它是真的，那么由可证命题都真可知，（2_2）在去掉"可以证明"4 个字和双引号后所得的命题是

真的，后者在去掉"可以证明"4 个字之后也是真的。这也就是说，（2_2）可以反驳，即被证明为是假的。所以，（2_2）是假的。

上述讨论确立了（2_2）的虚假性，因此（2_2）可以反驳。同样我们也可以得出结论，可以证明"可以证明（2_2）可以反驳"；也就是说，（2_2）是真的。

根据沈有鼎的论证，这两个序列的悖论实质上都可以归约为原来的（1）和（2）两个语义悖论。沈有鼎指出，从（1）和（2）两个语义悖论推广为两个悖论序列，是由于"对在一个给定的语言中能形式化的东西完全没有加以精确的刻画"。在形式算术系统中，"可以证明"是用一个公式序列来精确刻画的，通过哥德尔配数法和元数学谓词的算术化，我们可以在形式算术系统中构造出"A = A 在形式算术系统中不可证明"和"A = A 在形式算术系统中可以反驳"这两个命题，不会产生与上述两个悖论序列相对应的命题序列。

综上所说，沈有鼎悖论在数理逻辑发展史上具有十分重要的地位，这些悖论深刻地揭示了直观集合论的缺陷，推进了对集合论悖论和语义悖论的研究，深化了人们对公理集合论特别是正则公理和分离公理的认识，加强了人们对哥德尔不完全性定理特别是对不可判定命题的理解，丰富了数理逻辑的内容。沈有鼎对数理逻辑的发展做出了不可磨灭的贡献。

让我们海峡两岸的逻辑学者紧密地团结起来，继承沈有鼎先生等老一辈逻辑学家的丰富逻辑遗产，为振兴中华的逻辑学，为开创中华逻辑学教学和研究的新局面而共同奋斗！

中国逻辑史论和因明论

中国哲学中的逻辑和语言[*]

在《不列颠百科全书》（第 15 版）的"逻辑史"条目中有一个小条目——"中国逻辑"。它说："大体说来，中国哲学一方面注重实践的和道德的问题；另一方面对生活给予神秘的解释。它没有给逻辑研究留下什么地盘，直到公元十一世纪新儒家学派建立之后，逻辑研究仍被忽视。……在逻辑学的发展中，中国思想家没有跨越初级阶段，而这个阶段在公元前五世纪已由希腊的智者派达到了。"

我们不能同意这种贬低中国逻辑的观点。中国哲学固然没有欧洲那样发达的逻辑意识，但不能说中国没有逻辑，而是中国逻辑有其自身的特点，中国古代哲学家和逻辑学家在逻辑和语言问题的研究方面取得了巨大的成就。

在中国哲学中第一个提出逻辑和语言问题的哲学家是孔子。他在《论语》中提出了正名的思想。孔子所提出的正名理论本来是政治学说，但其中包含有逻辑的意义。孔子认为他那个时代的"实"不符合周礼。根据周礼，君、臣、父、子各有其名分等级，不得有所超越。然而当时的情况却是"君不君，臣不臣，父不父，子不子"，君失去了周礼赋予的权威，有名而无实。另外，臣子犯

　　* 本文与张春波合作，原载《吉林大学社会科学学报》1990 年第 3 期。原稿为英文，在发表中文稿时，作者对内容和行文做了修改，英文稿载英国《亚洲哲学百科全书》（"Logic and Language in Chinese Philosophy", in *Companion Encyclopedia of Asian Philosophy*, Routledge, London and New York, 1997）。

上作乱之事多有发生。孔子认为，这种状况来自名实的混乱。在认识论上，孔子主张名是第一性的，实是第二性的。他企图用名来"正"实。从逻辑上说，名就是一个词项或者概念。孔子认识到名应当有确定性；一个名指称一个事物，不能同时又指称另一事物。这就是说，名应当遵守同一律。

孔子的正名理论对中国的逻辑和语言的研究有很大影响，标志着中国古代名辩逻辑的产生。在孔子之后，中国古代的大多数哲学家和哲学学派都研究过逻辑问题，其中惠施、公孙龙、后期墨家、荀子和韩非是著名的代表。

惠施是一个辩者，名家的一个首领。名家是由战国时代的辩者组成的。这个学派有两个分支：一是惠施派，另一是公孙龙派。惠施对逻辑和语言的研究贡献在于他提出了著名的十个"反论"，这里我们仅分析其中的 5 个。(1)"至大无外，谓之大一；至小无内，谓之小一。"(《庄子·天下篇》，下同) 这是就空间问题来说的，从整体看，空间是"至大无外"的"大一"，从一点看，空间是"至小无内"的"小一"。这就是说，大和小是相对的，是相反相成的。(2)"无厚不可积也，其大千里。"几何中的平面是无厚的，无厚的东西不能有体积，但有面积，因此可以"其大千里"。这个反论也是说明空间大小的相对性。(3)"天与地卑，山与泽平。"一般说来，天高地低，但是当人们向远处眺望，天地似乎相连，所以我们可以说"天与地卑"。一般说来，山高泽低，但是位于海拔高处的泽与位予海拔低处的山差不多是相平的，所以我们可以说"山与泽平"。这个反论说明高低是相对的。(4)"日方中方睨，物方生方死"。当太阳升至中午的最高点时，它就开始下落。当动物出生之时，它就开始死亡。这个反论表明，惠施认识到事物的运动是绝对的，但是他否认事物的相对静止。(5)"大同而与小同异，此之谓小同异；万物毕同毕异，此之谓大同异。"这个反论告诉我们，每一个大的类都具有共同的特性，这叫作"大同"。一个类当中的每一个属或种也都有共同的特性，这叫作"小同"。"大同"与"小同"异，这是从类属关系来考察的同和异，称为"小同异"。若就普遍性来说，一切事物都是事物，因此它们都是相似的；若就个别性来说，一切事物都有其各自的特性，因此，它们都是不同的。这是从普遍性和个别性来考察的同和异，称为"大同异"。这个反论说明，同和异是相对的，是可以互相转化的。惠施派的学者还提出了其他一些有关逻辑和语言的反论，这里从略。

公孙龙是另一派名家的首领。他最著名的论题是"白马非马"。他做了以下三个方面的论证。（1）"马者，所以命形也；白者，所以命色也。命色者非命形也。"（《公孙龙子》）这就是说，"马"这个词或概念是命形的，"白"是命色的。"白马"既命形又命色，所以，"白马"的内涵不同于"马"的内涵，故曰白马非马。（2）"求马，黄、黑马皆可致；求白马，黄、黑马不可致。……故黄黑马一也，而可以应有马，而不可以应有白马。是白马之非马，审矣。"从外延来说，"马"这个概念指称一切马，"白马"指称"马"的一部分外延。"马者，无去取于色，故黄、黑马皆所以应。白马者，有去取于色，黄、黑马皆所以色去，故唯白马独可以应耳。无去者非有去也，故曰白马非马。"这就是说，"白马"这个概念的外延不同于"马"的外延。（3）"马固有色，故有白马。使马无色，有马如已耳，安取白马？故白者非马也，白马者，马与白也，白与马也。故曰白马非马也。"在汉语中，"马"与"白"等语词可用来指称具体的特殊的东西，也可指称抽象的共相。"马"是无色的一个共相，"白马"是马的共相（一般的马）加上白的共相（白性）。按照公孙龙的看法，"马""白"和"白马"是三个独立的共相。所以，白马不是马。在公孙龙的"白马非马"即"白马不是马"的论题中，"非"的涵义是"不等于"，而不是"不包含于"。令 W 代表"白"，H 代表

"马",我们可将公孙龙的论题用以下公式表示为：

WH≠H。

显然,这并不是诡辩。中国有些学者认为"白马非马"是诡辩命题,这是不符合公孙龙的原意的。从公孙龙所做的三个论证可以看出,公孙龙利用了古代汉语中"非"字的歧义提出了一个佯谬的命题"白马非马",这充分显示了公孙龙的高度逻辑技巧。

公孙龙派的辩者还提出了一些著名的反论。例如：（1）"镞矢之疾,而有不行不止之时。"（《庄子·天下篇》,下同）这个反论类似于古希腊哲学家芝诺提出的"飞矢不动"的反论。（2）"一尺之棰,日取其半,万世不竭。"这个反论类似于芝诺的"二分法"反论：运动是不可能的,因为对象在通过一定距离之前,必须通过这一距离的一半,而在通过这一半之前又得通过这一半的一半,依此类推以至无穷,公孙龙派的上述反论可以用以下数学公式来表示：

$$1 = \frac{1}{2} + \frac{1}{4} + \frac{1}{8} + \frac{1}{16} + \cdots$$

中国古代的逻辑研究在《墨经》一书中达到了最高峰。在《墨经》中有十分丰富的逻辑思想,建立了一个逻辑体系。《墨经》的逻辑学所讨论的对象是辩。什么是辩的方法呢？"以名举实,以辞抒意,以说出故。以类取,以类予。"（《墨经·小取》,下同）辩的主要形式是：辟、侔、援和推。

（1）"辟也者,举他物而以明之也。""辟"的形式包括明喻、暗喻和比较等方法,它们都是"举他物以明之",在比喻和比较当中包含有推理。

（2）"侔也者,比辞而俱行也。"例子是："白马,马也;乘白马,乘马也。骊马,马也;乘骊马,乘马也。获,人也;爱获,爱人也;臧,人也;爱臧,爱人也。"可见,"侔"式推理是在一个直言命题的主谓项上加上同一个关系词如"爱""乘"等,而得出一个新的关系命题。"侔"式推理可以表示为：

S 是 P，

所以，RS 是 RP　　（"R"代表一种关系）。

我们也可以用数理逻辑的符号把"侔"式推理表示成：

$\forall x\ (Sx \rightarrow Px)$，

$\therefore \forall x\ ((Mx \rightarrow \exists y\ (Sy \wedge R\ (x,\ y))) \rightarrow (Mx \rightarrow \exists y\ (Py \wedge R (x,\ y))))$。

上述推理读为："从'对所有 x 而言，如果 Sx 则 Px'（"Sx"读为"x 是 S"。余类推）这个前提可推出结论：对所有 x 而言，'如果 Mx 则有一个 y 使得 Sy 并且 x 与 y 有 R 关系'蕴涵'如果 Mx 则有一个 y 使得 Py 并且 x 与 y 有 R 关系'。"令 S 代表一元谓词"…是白马"，P 代表"…是马"，M 代表"…是人"，R 代表"乘"的二元关系，那么上述公式就表达了"白马，马也；乘白马，乘马也"这个"侔"式推理。《墨经》所提出的"侔"式推理类似于西方中世纪著名哲学家奥卡姆的"从格三段论"（"每个人是动物，苏格拉底看见一个人，所以，苏格拉底看见一个动物"）和近代逻辑学家琼金·雍吉厄斯的"从格推理"（"所有的圆都是几何图形，因此，谁画了圆就是画了一个几何图形"），但在时间上却早了 1600 年至 1900 年。

（3）"援也者，子然，我奚独不以为然也?"这是"以类取"方法的应用，是一种类比法，其形式是：

令 u 和 v 是类似的，

你接受 u，

所以，我接受 v。

你不接受 u，

所以，我不接受 v。

（4）"推也者，以其所不取之同于其所取者予之也。'是犹谓'也者，同也；'吾岂谓'也者，异也。"显然"推"是以类比为基础的一种归纳法，是"以类予"方法的一种应用。首先，以

"其所不取"与"其所取"相类比,由于它们相同,因而可以"以类予",作出关于这个类的一般的概括。

《墨经》对于谬误的研究是十分有教益的。它讨论了以下几个问题。

(1)"是而不然"

这是就"侔"式推理来说的。《墨经》的著名例子是:"获之亲,人也;获事其亲,非事人也。其弟,美人也;爱弟,非爱美人也。车,木也;乘车,非乘木也;船,木也;入船,非入木也。盗,人也,多盗,非多人也;无盗,非无人也。若若是,'则虽盗人,人也;爱盗非爱人也,不爱盗非不爱人也;杀盗非杀人也',无难矣。"在第一个例子中,"事人"的意思是做人的仆役,"事亲"的意思是孝顺、服侍双亲,同样一个关系词"事"用于主项同用于谓项却有不同的涵义,因此,从"获之亲,人也"不能推出"获事其亲,事人也",或者说,前提真而结论假。"乘木"的意思是乘未经加工修造的木板,因此"车,木也;乘车,非乘木也",前后两个"乘"字用的是同一个语词,但有不同的涵义,表达了不同的概念。"入木"在汉语中的意思是"入棺材"即死亡,所以,从"船,木也"推不出"入船,入木也",这里同一个"入"字表达了两种不同的概念。获的妹妹是一个美人,获爱他的妹妹是因为他们是亲人,而不是因为他的妹妹是美人。由于"爱"有不同涵义,因而从"其弟,美人也"推不出"爱弟,爱美人也"。"爱人"的意思是爱除了盗以外的一切人,其中的"爱"字与"爱盗"中的"爱"字有不同的涵义,所以,从"盗是人"推不出"爱盗,爱人也"。在自卫中"杀盗"是正当的,"杀人"的意思是犯了杀人罪,因此,"杀盗非杀人"。《墨经》并未否定"盗是人",相反却肯定了"盗是人",然后根据"杀"字的多义性指出:从"盗是人"不能推出"杀盗是杀人"。

上述的一些推理不是诡辩,它们可表示为:

S 是 P，

但 R_1S 不是 R_2P，即 "R_1S 是 R_2P" 是错误的（"R_1" 和 "R_2" 用同一个关系词表达，但实际上代表两种关系）。

（2）"不是而然"

这也是就 "侔" 式推理来说的。《墨经》曾提及否定的 "侔" 式推理："人之鬼，非人也……祭人之鬼，非祭人也"，这种否定式可表示为：

S 不是 P，

所以，RS 不是 RP。

《墨经》针对这种有效的否定式，指出存在着 "不是而然" 的情况。例如："读书非书也；好读书，好书也。斗鸡非鸡也；好斗鸡，好鸡也。且入井，非入井也；止且入井止入井也。且出门，非出门也；止且出门，止出门也。" 这里，"书" 是一种对象，"读书" 是某人施加于对象之上的一种行动，可见，"读书" 不是书，但是 "好读书" 蕴涵着对 "书" 的 "好"，因为如果某人不 "好书"，当然也就不 "好读书"。这里，"好" 与 "读" 结合为一种新的复合关系 "好读" 它蕴涵 "好"。令 r 代表 "读"，R 代表 "好"，B 代表 "书"，上述的推理可表述成；

rB 不是 B，

但 RrB 是 RB，即 "RrB 不是 RB" 是错误的。

其他例子可作同样分析。在 "是而不然" 和 "不是而然" 两种情况中，"侔" 词即关系词是一种内涵词，在推理过程中必须分析其内涵，不能单从外延来分析。但是，尽管有这两种情况存在，"侔" 式推理的形式仍然是有效的，它适用 "侔" 词不是内涵词的一切场合。

（3）"一周而一不周"

《墨经》说："乘马，不待周乘马然后为乘马也；有乘于马，因为乘马矣。逮至不乘马，待周不乘马而后为不乘马。" 这就是说，"乘马"的意思不是乘一切马，只意味乘有的马。"不乘马"的意思是不乘所有的马。在"乘马"这个复杂概念中，"马"是不周延的，但在"不乘马"中，"马"是周延的。如果混淆这两种情况，就会犯逻辑错误。《墨经》事实上提出了在关系命题中准确使用量词的问题。在"乘白马乘马也"这个关系命题中，由于"白马"和"马"都是不周延的，因此我们在它们前面应当使用存在量词：

$$\forall x\,((Mx \to \exists y\,(Wy \wedge R\,(x,\,y))) \to (Mx \to \exists y\,(Hy \wedge R\,(x,\,y)))))。$$

这里"∀"是全称量词，"∃"是存在量词，"M"代表一元谓词"…是人"，"W"代表"…是白马"，"R"代表二元关系"骑"，"H"代表一元谓词"…是马"。

从"乘白马乘马也"可得"不乘马不乘白马也"，其中"马"和"白马"均周延，在它们之前应当使用全称量词：

$$\forall x\,((Mx \to \forall y\,(Hy \to \neg R\,(x,\,y))) \to (Mx \to \forall y\,(Wy \to \neg R\,(x,\,y)))))。$$

这里，在"H"和"W"之前使用了全称量词"∀"。

（4）"一是而一非"

例如："桃之实，桃也；棘之实，非棘也。问人之病，问人也；恶人之病，非恶人也。人之鬼，非人也；兄之鬼，兄也。祭人之鬼，非祭人也；祭兄之鬼，乃祭兄也。"

第一个例子是说，桃之实＝桃，而棘之实≠棘。这可用以下公式来表示：

$$f\,(A) = g\,(A),$$

但 $f\,(B) \neq g\,(B)$。

一般说来，在一定的语境中，$f\,(A)$ 与 $g\,(A)$ 的所指相同，但在变化了的语境中，即以 B 代 A 之后，$f\,(B)$ 与 $g\,(B)$ 的所指不是相同的。"一是而一非"的情况表明，在一些场合使用语词表达概念，不单纯是外延的问题，往往还要考虑其内涵。"桃之实"与"棘之实"；"问"与"恶"；"人之鬼"与"兄之鬼"；"祭人之鬼"与"祭兄之鬼"等语词或词组就要从内涵观点加以分析。"桃之实"与"桃"的所指相同，由于"…之实"是一种内涵词，因而在以"棘"代"桃"之后，"棘之实"与"棘"的所指不相同，外延有所变化。这就是说，外延观点不能适用于内涵词。其他例子可作同样的分析。"问人之病"与"问人"可看成是省略了一个关系项的关系命题，它们具有共同的真值，但代入之后，"恶人之病"是真的，而"恶人"却是假的，也就是说，命题的真值发生了变化，这是因为"问"与"恶"是一种内涵的关系词。

在《墨经》之后，对中国古代逻辑做出贡献的哲学家和逻辑学家有荀子和韩非。

荀子继承了孔子的正名论，对"名"从外延上做了划分；提出了"以类度类"的推理方法，对混淆名实关系的三种谬误（"用名以乱名""用实以乱名"和"用名以乱实"）从逻辑上作了批判。荀子提出的"辩"的基本规律有：（1）"同则同之，异则异之"（《荀子·正名》），"是是非非谓之知，非是、是非谓之愚。……是谓是、非谓非曰直"（《荀子·修身》）。这实际上表述了同一律。（2）"类不可两也，故知者择一而壹焉。"（《荀子·解蔽》）"类不可两也"是说同一类不可有两种事理，这实际上是矛盾律："p 并且非 p"是假的。"择一而壹"是说，对两种相互矛盾的事理必须"择一"，这实际上是排中律：p 或非 p。（3）"百家异说，则必或是或非。"（《荀子·解蔽》）这是对排中律的表述。荀子还提出了归纳法："欲观千岁，则数今日；欲知亿万，则审一二……以近知远，以一知万，以微知明。"（《荀子·非相》）

韩非的主要功绩是提出了"矛盾之说"。韩非说："夫不可陷之盾与无不陷之矛，不可同世而立。"（《韩非子》）"不可陷之盾"
与"无不陷之矛"是卖矛和盾的楚人同时做出的一对命题。令 R
代表关系"陷"，b 代表"盾"，"不可陷之盾"可表示为：

$\forall x \neg R\ (x, b)$，

读为：对一切 x 而言，x 刺不破盾。令 a 代表"矛"，"无不
陷之矛"可表示为：

$\forall x R\ (a, x)$，

读为：对一切 x 而言，a 刺破 x。

韩非明确指出，$\forall x \neg R\ (x, b)$ 与 $\forall x R\ (a, x)$ "不可同世而
立"。$\forall x \neg R\ (x, b)$ 与 $\forall x R\ (a, x)$ 是一对具有反对关系的关系
命题，根据全称量词消去律，它们可推出一对互相矛盾的关系
命题：

$\neg R\ (a, b)$ 和 $R\ (a, b)$。

韩非知道这种推出关系，因为他在揭露楚人的自相矛盾时写
道："或曰：'以子之矛陷子之盾何如？'其人弗能应也。"由此可
见，韩非实际上是说，从楚人同时做出的一对反对的关系命题可
以得出一对矛盾的关系命题"吾矛刺破吾盾"和"吾矛刺不破吾
盾"，它们不能同真，必有一假。韩非的"矛盾之说"的重要意
义在于它把矛盾律应用于关系命题之中。

综上所说，中国古代的逻辑取得了巨大的成就。在世界逻辑
发展史上，中国逻辑同希腊逻辑和印度逻辑是并行不悖的，是世
界三大逻辑传统之一。

另外，我们也得承认，中国古代的逻辑到秦汉以后没有能得
到充分的发展。公元 7 世纪因明传入中国，但在汉族地区仅在很
小的范围内传播了几十年就衰弱下去。中国逻辑不能得到发展的
一个主要原因是秦始皇统一中国以后在文化上实行"焚书坑儒"，
汉代以后实行"罢黜百家，独尊儒术"，这种文化专制主义扼杀了
百家争鸣的局面，窒息了名辩思潮的发展，致使已有的逻辑成果

不能发扬光大。另一个原因与汉语的特点有关，汉语是象形文字，不是拼音文字，不便引进变项，用汉语表达的中国逻辑的一些原理很难用人工语言加以形式化，而人工语言和形式化恰恰是现代逻辑得以发展的强有力的杠杆。

从数理逻辑观点看《周易》[*]

《周易》是中国古代的一部重要经典。它流传于世界各主要国家。国内外的很多学者对这部书从许多方面进行了研究，取得了不少成果。但用数理逻辑的方法研究《周易》则是一种新的尝试，本文抛砖引玉，以期引起讨论，深化对《周易》的研究。

一 《周易》的主要逻辑思想

《周易》虽然不是一部逻辑专著，但充满形式化的逻辑思想。它不但有语形学，而且有语义学。从逻辑的角度看，《周易》的两个组成部分（《易经》和《易传》）是统一的，它们构成一个统一的逻辑系统。

《易经》是由八卦、从八卦派生的六十四卦、卦名、卦辞和爻辞组成的。在《易经》中，构成八卦或六十四卦的基本符号是阳爻 "—" 和阴爻 "--"。从阳爻 "—" 和阴爻 "--" 只能组成八个三画形：☰（乾），☷（坤），☳（震）等。由八卦通过每两卦的重叠，可组合成 64 个 6 画形：䷀，䷁等。

由此可以看出，八卦和六十四卦是从阳爻 "—" 和阴爻 "--" 通过同一种逻辑运算产生的。这种运算在逻辑上叫做并置（juxtaposition）。把 3 条 "—" 并置起来就得到☰，把两个☰并置

---
[*] 原载《哲学动态》1989 年第 11 期。

起来就得到☲，如此等等。八卦和六十四卦的卦形是一种由基本符号▬（阳爻）和▬▬（阴爻）组成的形式公式。卦辞和爻辞也是一种公式，只不过它不是用符号而是用文字来表达的公式，卦形和卦辞是统一的，它们代表一类事物情况；卦辞是一卦的总说明，爻辞是一卦六爻的各个说明。例如乾卦第一爻的爻辞："初九，潜龙勿用"，这是借龙来比喻天的阳气，第一个阳爻在乾卦的最下，所以称为潜龙。这爻辞是说，人们筮得此爻，不可求用于世。可见，这个爻辞取象是龙，但讲的是人事。这就是说，"潜龙勿用"是一种文字公式，代表一类事物情况。

《易传》发展了《易经》的形式化的逻辑思想，使《周易》构成了一个形式系统，并有丰富的语义解释。《易传》说："一阴一阳之谓道。""易有太极，是生两仪，两仪生四象，四象生八卦，八卦定吉凶，吉凶生大业。"太极是宇宙本体，两仪就是阴和阳，其符号是▬▬和▬。四象是：☱，☲等。在四象上面分别加上▬▬和▬，即得八卦。在八卦上用"因而重之"的方法即产生出六十四卦。这里也使用了并置运算。《易传》又说："天地氤氲，万物化醇。男女构精，万物化生。""乾天也，故称乎父。坤地也，故称乎母。震一索而得男，故谓之长男，巽一索而得女故谓之长女。坎再索而得男，故谓之中男。离再索而得女，故谓之中女。艮三索而得男，故谓之少男。兑三索而得女，故谓之少女。"一切事物都由天和地，即阳和阴产生的。从逻辑上说，震（☳）是从坤（☷）中以阳爻▬代入第一个阴爻▬▬而产生的，这就是所谓"震一索而得男"，这是长男。巽（☴）是从乾（☰）中以阴爻▬▬代入第一个阳爻▬而产生的，这就是所谓"巽一索而得女"，这是长女。坎（☵）是从坤（☷）中以阳爻代入第二个阴爻而产生的（"坎再索而得男"），这是中男。离（☲）是从乾（☰）中以阴爻代入第二个阳爻而产生的（"离再索而得女"），这是中女。艮（☶）是从坤（☷）中以阳爻代入第三个阴爻而产生的（"艮三索而得男"），这是少男。兑（☱）是从乾（☰）中以阴爻代入第三个阳爻而产生的（"兑三索而得女"），这是少女。这些产生过程都使用了一种逻辑运算，即代入。

《易传》还提出了一个极其重要的形式化理论——"象"的理论。《易传》说："圣人立象以尽意。""圣人有以见天下之赜，而拟诸其形容，象其物宜，是故谓之象。""象也者，像也。"这就是说，象是一种可以做各种解释的符号或公式。《易传》明确地提出了语义学的重要概念。《易传》就是一个由象组成的系统。象分为卦象和爻象。卦象包括卦形和卦辞，爻象包括爻形和爻辞。它们有极其丰富的语义解释。例如，八卦代表事物的 8 种性质，这是确定的，但代表什么具体事物，则是不确定的。"乾，健也。坤，顺也。""健"和"顺"分别是乾和坤的性质，但乾可以为天，为马，为君，为父，为玉，为金，等等；坤可以为地，为牛，为母，为布，为釜，等等。

以上就是体现在《周易》中的形式化的逻辑思想，下面笔者根据《周易》的逻辑思想，构造《周易》的逻辑系统。

二 《周易》的形式系统

1. 初始符号：▬（阳爻），--（阴爻），·（并置符号）。

2. 形成规则：

（1）▬和--是合式公式。

（2）如果 X 和 Y 是合式公式，则 $\cdot\genfrac{}{}{0pt}{}{Y}{X}$ 或 $\cdot\genfrac{}{}{0pt}{}{X}{Y}$ 也是合式公式。

并置运算符号"·"在 Y（X）和 X（Y）的中间，可以省略。

（3）只有符合以上条件的公式才是合式的。

根据形成规则，以下公式是合式的：

一，--，☰，䷁。

3. 公理

（1）☰（乾）

（2）☷（坤）

4. 变形规则

（1）代入规则

我们在合式公式 A 中以一代--或以--代一，所得公式记为 B。如果 A 是可证的，则 B 也是可证的。

（2）重叠规则

如果 X 和 Y 是 3 画形的合式公式，则 $\frac{Y}{X}$ 或 $\frac{X}{Y}$ 是可证的。重叠规则是关于并置运算的规则。

5. 定理的推演

t_1 ☰　公理 1

t_2 ☷　公理 2

t_3 ☳（震）

证：

① ☷　公理 2

② ☳　①，代入

同理，以下公式是可证的：

t_4 ☵，t_5 ☶，t_6 ☲，t_7 ☴，t_8 ☱。

t_1 至 t_8 是 3 画形的定理，下面是 6 画形的定理。

T_1 ䷀

证：

① ☰　公理 1

② ䷀　①，重叠

T_2 ䷁

证：

① ☷ 公理 2

② ䷁ ①，重叠

T₃ ䷗

证：

① ☷ t₅

② ☳ t₃

③ ䷗ ①，②，重叠

T₄ ䷖

证：

① ☷ t₇

② ☶ t₅

③ ䷖ ①，②，重叠

同理可证其余 60 个 6 画形的定理。

《周易》形式系统不仅有语形学，而且有语义学。下面我们谈谈这个问题。

三 《周易》形式系统的语义学

1. 二进制数系统

《周易》形式系统可以解释成二进制数系统。令 1 代表—，0 代表--。因此 8 个 3 画形的卦恰好是以下 8 个二进制数：

☰ 111，☷ 000，☶ 100，☴ 011，☵ 010，☲ 101，☳ 001，☱ 110。

这里，爻的顺序由下至上，对应的数字从左至右。

同样，64 个 6 画形的卦对应于 64 个二进制数，例如：

䷀ 111111，䷁ 000000，䷂ 100010，䷃ 010001。

根据以上的解释，8 卦和 64 卦对应于一小部分二进制数，并非全部二进制数。

通常人们认为，莱布尼茨是二进制数的发明者，但根据以上的解释，我们可以合理地认为，《周易》在世界历史上首先发明了二进制数。这两种看法是不矛盾的，因为我们承认莱布尼茨是独立于《周易》发明二进制数的。这就是说，二进制数的发明者是《周易》的作者和莱布尼茨。莱布尼茨也承认，《周易》的系统是与二进制数完全一致的。

2. 本体论的解释

根据《易传》，▬是阳，▬▬是阴。乾☰是天，坤☷是地，震☳是雷，巽☴是风，坎☵是水，离☲是火，艮☶是山，兑☱是泽。阴阳产生了乾坤，乾坤产生了震、巽、坎、离、艮、兑。64 个 6 画形的卦即乾、坤、屯、蒙、需、讼又是从八卦重叠产生出来的。因此，世界上的一切事物是从天地产生出来的，归根结底是从阳气和阴气产生出来的。《周易》中的这种本体论解释是朴素唯物主义的。

3. 社会关系的解释

《易传》使用六十四卦解释了男和女、君和臣、父和子在社会中的地位和关系，以及社会中的尊卑贵贱。《易传》说："有天地然后有万物，有万物然后有男女，有男女然后有夫妇，有夫妇然后有父子，有父子然后有君臣，有君臣然后有上下，有上下然后礼义有所错。""天尊地卑，乾坤定矣。卑高以陈，贵贱位矣。"这说明，"三纲"的思想在《易传》中已有萌芽。

《易传》在解释革卦时提出："天地革而四时成，汤武革命顺乎天而应乎人"，肯定统治者政权的更替是合理的。

《易传》对六十四卦还做了伦理的解释。它在解释乾卦时说："天行健，君子以自强不息。"《说卦》说："昔者圣人之作《易》也，将以顺性命之理。是以立天之道曰阴与阳，立地之道曰柔与刚，立人之道曰仁与义。兼三才而两之，故《易》六爻而成卦。分阴分阳，迭用柔刚，故《易》六位而成章。"建立天道的阴与阳，地道的柔与刚，人道的仁与义，都是为了"顺性命之理"。

4. 观象制器

这是《易传》中另一种极重要的语义解释，即用象的学说来解释器物、制度的起源。

《易传》说："古者包牺氏之王天下也，仰则观象于天，俯则观法于地，观鸟兽之文与地之宜，近取诸身，远取诸物，于是始作八卦，以通神明之德，以类万物之情。作结绳而为网罟，以佃以渔，盖取诸《离》……"离为目，网罟有网有目，其目很多，仿佛离卦之象。犁头的发明来自益卦之象䷩。益卦下震上巽，互体有坤（☷），震为动，巽为入，坤为土，动而入土就是益卦之象。舟楫的发明起源于涣卦，其象是下坎上巽，坎为水，巽为木，木在水上，行舟之象。如此等等，我们不再赘述。

必须指出，《周易》对天地万物的种种解释是古人对自然现象的大胆猜测，是人们认识自然的一种努力尝试，其本身是缺乏科学依据的。除以上四种语义解释之外，最通常的解释就是通过占卦来定吉凶。这是一种迷信活动，我们不宜提倡。

论《墨经》中"侔"式推理的有效式[*]

什么是"侔"式推理?《墨经·小取》的定义是:"侔也者,比辞而俱行也。"这就是说,从一个命题("辞")通过"侔"的方法(即在这一命题的主项和谓项上附加齐等的词项)可得出另一命题,从而使得两辞相比而俱行。根据这个定义,"侔"式推理就是附加齐等词项的直接推理。为防止错误的"侔"式推理,《墨经·小取》提出了一条总规则:"辞之侔也,有所至而正。"这就是说,在进行"侔"式推理时必须有一定的限度,否则就会无效。这个限度就是要使附加的词项保持同一。

根据"侔"的定义,我们可将《墨经》中"侔"式推理的有效式归纳、分析如下。

(一)"是而然"

1. "白马,马也;乘白马,乘马也。骊马,马也;乘骊马,乘马也。"(《墨经·小取》)

"有有于秦马,有有于马也。"(《墨经·大取》)("有有于秦马"即"有一秦马为其所有",因此上述推理实为:"秦马,马也;有秦马,有马也。")

以上推理可用"白马,马也;乘白马,乘马也"作代表,今

───────────

* 本文是 1997 年 12 月澳门"中国名辩学与方法论研讨会"论文,原载《哲学研究》1998 年增刊。

用"S"表示"…是白马"，"P"表示"…是马"，"R"表示"…乘…"，"M"表示"…是人"，"∀"和"∃"分别表示全称量词和存在量词，"→"表示蕴涵，"∧"表示合取，我们可将这个推理写成以下形式：

$$\frac{\forall x\ (Sx \to Px)}{\forall x\ ((Mx \to \exists y\ (Sy \wedge Rxy)) \to (Mx \to \exists y\ (Py \wedge Rxy)))\ 。}$$

这个推理形式是有效的，今用一般的自然演绎方法证明，见附录证明一。

由上可见，与"白马，马也；乘白马，乘马也"相应的推理形式是十分复杂的，证明它的有效性需要15步。但是，这个推理形式逆过来并不是有效的。从直观上说，由"乘白马，乘马也"〔$\forall x\ ((Mx \to \exists y\ (Sy \wedge Rxy)) \to (Mx \to \exists y\ (Py \wedge Rxy)))$〕推不出"白马，马也"，若要推出，还要增加两个前提：

（1）白马有人乘〔可表示为 $\forall x\ (Sx \to \exists y\ (My \wedge Ryx))$〕，

（2）一人乘一物〔可表示为 $\forall x \forall y \forall z\ (Mx \wedge Rxy \wedge Rxz \to y = z)$〕。

其证明见附录证明二。

由以上的两个证明可得以下结论：

（1）从"白马，马也"通过附加关系词项"乘"可得"乘白马，乘马也"。这个推理写成形式，是有效的。有的学者认为这是附性法，这种观点不能成立。

（2）从"乘白马，乘马也"通过减去关系词项"乘"推不出"白马，马也"。这就是说，与"乘白马，乘马也；白马，马也"相应的推理形式是无效的。

（3）有的学者认为"'侔'是前提与结论两辞义相等之推论"，这一观点是不正确的。

2．"获，人也；爱获，爱人也。臧，人也；爱臧，爱人也。"（《墨经·小取》）

"爱人不外己，己在所爱之中。己在所爱，爱加于己。伦列之：爱己，爱人也。"（《墨经·大取》）（即"己，人也；爱己，爱人也。"）

这些推理也都是附加关系"爱"的"侔"式推理，但与"白马，马也；乘白马，乘马也"不同的是：前提是单称命题。这些推理可用"获，人也；爱获，爱人也"为代表，其形式可写成（"M"表示"人"，"a"表示"获"，"R"表示"爱"）：

$$\frac{Ma}{\forall x\,((Mx\to Rxa)\to(Mx\to\exists y\,(My\wedge Rxy)))}$$

这个推理的有效式证明见附录证明三。注意：这个推理形式逆过来是无效的，也就是说，从"爱获，爱人也"推不出"获，人也"，若要推出，还需增加前提，其证明方法类似第一项中的第二个证明，这里从略。

3. "狗，犬也；而杀狗非杀犬也不可。说在重。"（《墨经·经下》）

"狗，犬也。谓之杀犬，可。"（《墨经·经说下》）

此推理是："狗，犬也；杀狗，杀犬也。"这里"狗"和"犬"是二名一实的"重同"。此推理的形式本质上同上，但稍微复杂些（"S"表示"狗"，"P"表示"犬"，"M"表示"人"，"R"表示"杀"）：

$$\frac{\forall x\,(Sx\leftrightarrow Px)}{\forall x\,((Mx\to\exists y\,(Sy\wedge Rxy))\leftrightarrow(Mx\to\exists y\,(Py\wedge Rxy)))}$$

4. "乘马不待周乘马然后为乘马也；有乘于马，因为乘马矣。逮至不乘马待周不乘马而后为不乘马。"（《墨经·小取》）

根据《墨经·小取》的论述可知，"乘马"是"有乘于马"，不是"周乘马"，即"至少有一马为其所乘"，用现代逻辑的术语来说，这里用的是"存在量词"；"不乘马"是"周不乘马"，即"不乘所有马"，用的是"全称量词"。"不乘白马"和"乘白马"

显然也是"一周而一不周",《墨经·小取》略而未说。"一周而一不周"并不是指直言命题中词项的周延问题,而是指在关系命题中如何准确地使用量词的问题。由此可以推断,《墨经·小取》知道以下的推理:白马,马也;不乘马,不乘白马也。

这一推理可以看成一种特殊的"是而然"的"侔"式推理,即把前提的主、谓项颠倒,再加上"不乘"而得出结论。仿此,"狗,犬也;不杀犬,不杀狗也"也是一个有效的推理。

其形式为(符号的用法同第一个推理形式,但增加了否定词"¬"):

$$\forall x\ (Sx \to Px)$$

$$\forall x\ ((Mx \to \forall y\ (Py \to \neg Rxy)) \to (Mx \to \forall y\ (Sy \to \neg Rxy)))。$$

其证明见附录证明四。

5. "是璜也,是玉也。"(《墨经·大取》)(即"璜,玉也;是璜也,是玉也。")

这个"侔"式推理不是附加关系,而是附加"是"。这里的"是"具有存在量词的作用,"是璜也,是玉也"等于说"如果有一个东西是璜,那么就有一个东西是玉"。上述推理具有以下形式("S"表示"璜","P"表示"玉"):

$$\forall x\ (Sx \to Px)$$

$$\exists x Sx \to \exists x Px \qquad 。$$

这个推理形式是谓词演算中的一条定理。由 $\exists x Sx \to \exists x Px$(如果有一个东西是璜,那么就有一个东西是玉)还可得到 $\exists x\ (Sx \to Px)$[有一个东西,如果它是璜,那么它就是玉]。

如果按孙诒让的说法,将两个"是"改为"意",则上述推理即为:"璜,玉也;意璜也,意玉也。"此推理与"白马,马也;乘白马,乘马也"具有同样的形式,都是附加关系的"侔"式推理。

（二）"不是而不然"

"不是而不然"就是"有非之异，有不然之异"（《墨经·大取》），即在"侔"式推理中可从否定的前提得出否定的结论。《墨经》中是否举出过此种推理的例子呢？我们的回答是，并没有直接的例子。但是，《墨经·小取》在论述"一是而一非"时举出："人之鬼，非人也；兄之鬼，兄也。祭人之鬼，非祭人也；祭兄之鬼，乃祭兄也。"这里间接蕴涵着两个"侔"式推理：

（1）"人之鬼，非人也；祭人之鬼，非祭人也。"这就是"不是而不然"。

（2）"兄之鬼，兄也；祭兄之鬼，乃祭兄也。"这与"白马，马也；乘白马，乘也也"具有同样的推理形式，都是"是而然"的附加关系的推理。

这里我们来分析"人之鬼，非人也；祭人之鬼，非祭人也"，这是对否定前提的主谓项通过附加关系"祭"而得出否定结论的"侔"式推理。"祭人之鬼"就是"有祭于人之鬼"，即"至少有一人之鬼为其所祭"，不是"周祭人之鬼"；"非祭人"就是"周不祭人"。这里也是"一周而一不周"。这个推理形式可写成（"S"表示"人之鬼"，"P"表示"人"，"R"表示"祭"）：

$$\frac{\forall x\ (Sx \rightarrow \neg Px)}{\forall x\ ((Px \rightarrow \exists y\ (Sy \rightarrow Rxy)) \rightarrow (Px \rightarrow \forall y\ (Py \rightarrow \neg Rxy)))\,.}$$

其有效性证明见附录证明五。注意：这个推理形式逆过来是无效的，即从"祭人之鬼，非祭人也"通过减去关系"祭"推不出"人之鬼，非人也"。若要推出，还需增加前提，其证明方法类似第一项中的第二个证明，这里从略。

《墨经·小取》在论述"是而不然"时说："盗，人也；多盗非多人也，无盗非无人也。奚以明之？恶多盗非恶多人也，欲无盗非欲无人也。"这里有两个推理：（1）"恶多盗非恶多人也，多盗非多人也。"(2)"欲无盗非欲无人也，无盗非无人也。"这些是减去关系的推理，其形式是无效的。对于《墨经·小取》的这种错误，我们不应求全责备。以上两个推理逆过来是正确的：(1)"多盗非多人也，恶多盗非恶多人也。"(2)"无盗非无人也，欲无盗非欲无人也。"根据《墨经·小取》的作者承认"人之鬼，非人也；祭人之鬼，非祭人也"这种附加关系的"不是而不然"的"侔"式推理，我们可以推断《墨经·小取》的作者也承认上述两个推理。这两个推理的形式与上面"人之鬼，非人也；祭人之鬼，非祭人也"这一推理的形式基本相同，这里不再列出。

综上所说，本文用现代逻辑的方法证明了在《墨经》中有两类共6种有效的"侔"式推理，其中5种是关系推理，1种是直言推理。

最后，我想就研究中国名辩学的方法谈一点粗浅看法。中国名辩学主要有两部分，一部分属于形式逻辑，另一部分属于非形式逻辑。对于形式逻辑部分应当采用现代逻辑的方法进行研究。这种方法叫作"人体解剖法"。马克思说："人体解剖对于猴体解剖是一把钥匙。"① 用现代逻辑这把钥匙去开启古代逻辑之锁，这样才能深刻地认识古代逻辑的成果所表露的当代成果的征兆，才能进一步发掘古代逻辑的成果，才能对古代逻辑的成果作出科学的解释，才能对古代逻辑的成就及其缺陷作出科学的评价，才能澄清对古代逻辑成果的种种误解。总之，用"人体解剖"去研究"猴体解剖"，并不是把"人体"与"猴体"等同起来，而是为了更好地理解猴体的结构以及猴体身上表露的人体的征兆。笔者曾用"人体解剖法"研究过亚里士多德的直言和模态三段论、欧洲中世纪逻辑、数理逻辑的早期成果以及中国古代逻辑的某些问题，获益匪浅。本文是笔者的再一次尝试，不当之处请各位学者赐正。

---

① 《马克思恩格斯全集》第 2 卷，人民出版社 1972 年版，第 108 页。

附　录

证明一：

1.	$\forall x\,(Sx \to Px)$	假设
2.	$Mz \to \exists y\,(Sy \wedge Rzy)$	假设
3.	Mz	假设
4.	$\exists y\,(Sy \wedge Rzy)$	2,3, $\to_-$
5.	$Sw \wedge Rzw$	假设
6.	Sw	5, $\wedge_-$
7.	$Sw \to Pw$	1, $\forall_-$
8.	Pw	6,7, $\to_-$
9.	Rzw	5, $\wedge_-$
10.	$Pw \wedge Rzw$	8,9, $\wedge_+$
11.	$\exists y\,(Py \wedge Rzy)$	10, $\exists_+$
12.	$\exists y\,(Py \wedge Rzy)$	11, $\exists_-$
13.	$Mz \to \exists y\,(Py \wedge Rzy)$	3,12, $\to_+$
14.	$(Mz \to \exists y\,(Sy \wedge Rzy)) \to (Mz \to \exists y\,(Py \wedge Rzy))$	2,13, $\to_-$
15.	$\forall x\,((Mx \to \exists y\,(Sy \wedge Rxy)) \to (Mx \to \exists y\,(Py \wedge Rxy)))$	14, $\forall_+$

证明二：

1.	$\forall x((Mx\to\exists y(Sy\wedge Rxy))\to(Mx\to\exists y(Py\wedge Rxy)))$	假设
2.	$\forall x(Sx\to\exists y(My\wedge Ryx))$	假设
3.	$\forall x\forall y\forall z(Mx\wedge Rxy\wedge Rxz\to y=z)$	假设
4.	Sa	假设
5.	$\neg Pa$	假设
6.	$Sa\to\exists y(My\wedge Rya)$	2, $\forall_-$
7.	$\exists y(My\wedge Rya)$	4,6, $\to_-$
8.	$Mb\wedge Rba$	假设
9.	Mb	8, $\wedge_-$
10.	Rba	8, $\wedge_-$
11.	$Sa\wedge Rba$	4,10, $\wedge_+$
12.	$\exists y(Sy\wedge Rby)$	11, $\exists_+$
13.	$(Mb\to\exists y(Sy\wedge Rby))\to(Mb\to\exists y(Py\wedge Rby))$	1, $\forall_-$
14.	$Mb\to((\exists y(Sy\wedge Rby)\to(\exists y(Py\wedge Rby)))$	13, $((p\to q)\to(p\to r))\to(p\to(q\to r))$
15.	$\exists y(Sy\wedge Rby)\to\exists y(Py\, Rby)$	9,14, $\to_-$
16.	$\exists y(Py\, Rby)$	12,15, $\to_-$
17.	$Pc\wedge Rbc$	假设
18.	Rbc	17, $\wedge_-$
19.	$Mb\wedge Rba\wedge Rbc\to a=c$	3, $\forall_-$
20.	$Mb\wedge Rba\wedge Rbc$	8,18, $\wedge_+$
21.	$a=c$	19,20, $\to_-$
22.	Pc	17, $\wedge_-$
23.	Pa	21,22,$=_-$
24.	$\neg Pa$	5
25.	$\times$	23,24, $\neg_+$
26.	$\times$	25,$\exists_-$
27.	$\times$	26,$\exists_-$
28.	Pa	5,27, $\to_-$
29.	$Sa\to Pa$	4,28, $\to_+$
30.	$\forall x(Sx\to Px)$	29, $\forall_+$

证明三：

1.	Ma	假设
2.	Mz→Rza	假设
3.	Mz	假设
4.	Rza	2,3, →₋
5.	Ma∧Rza	1,4, ∧₊
6.	∃y(My∧Rzy)	5, ∃₊
7.	Mz→∃y(My∧Rzy)	3,6, →₊
8.	(Mz→Rza)→(Mz→∃y(My∧Rzy))	2,7, →₊
9.	∀x((Mx→Rxa)→(Mx→∃y(My∧Rxy)))	8, ∀₊

证明四：

1.	∀x(Sx→Px)	假设
2.	Mz→∀y(Py→¬Rzy)	假设
3.	Mz	假设
4.	∀y(Py→Rzy)	2,3, →₋
5.	Pw→¬Rzw	4, ∀₋
6.	Sw→Pw	1, ∀₋
7.	Sw→¬Rzw	5,6, 三段论
8.	∀y(Sy→¬Rzy)	7, ∀₊
9.	Mz→∀y(Sy→¬Rzy)	3,8, →₊
10.	(Mz→∀y(Py→¬Rzy))→(Mz→∀y(Sy→¬Rzy))	2,9, →₊
11.	∀x((Mx→∀y(Py→¬Rxy))→(Mx→∀y(Sy→¬Rxy)))	10, ∀₊

证明五：

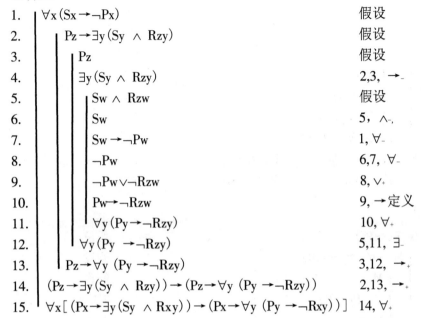

1.	$\forall x(Sx \rightarrow \neg Px)$	假设
2.	$Pz \rightarrow \exists y(Sy \wedge Rzy)$	假设
3.	Pz	假设
4.	$\exists y(Sy \wedge Rzy)$	2,3，$\rightarrow_-$
5.	$Sw \wedge Rzw$	假设
6.	Sw	5，$\wedge_-$
7.	$Sw \rightarrow \neg Pw$	1，$\forall_-$
8.	$\neg Pw$	6,7，$\forall_-$
9.	$\neg Pw \vee \neg Rzw$	8，$\vee_+$
10.	$Pw \rightarrow \neg Rzw$	9，$\rightarrow$定义
11.	$\forall y(Py \rightarrow \neg Rzy)$	10，$\forall_+$
12.	$\forall y(Py \rightarrow \neg Rzy)$	5,11，$\exists_-$
13.	$Pz \rightarrow \forall y(Py \rightarrow \neg Rzy)$	3,12，$\rightarrow_+$
14.	$(Pz \rightarrow \exists y(Sy \wedge Rzy)) \rightarrow (Pz \rightarrow \forall y(Py \rightarrow \neg Rzy))$	2,13，$\rightarrow_+$
15.	$\forall x[(Px \rightarrow \exists y(Sy \wedge Rxy)) \rightarrow (Px \rightarrow \forall y(Py \rightarrow \neg Rxy))]$	14，$\forall_+$

荀子的名辩逻辑[*]

在《墨经》（亦称《墨辩》）之后，对中国古代逻辑做出贡献的哲学家和逻辑学家有荀子和韩非。荀子建立了自己的正名逻辑体系，内容包括以名为核心的名、辞、辩说系统和驳"三惑"的学说。《荀子·正名》说：

> 名也者，所以期累实也。

名是概括表示同类许多事物的。"制名"是为了"指实"，"上以明贵贱，下以辨同异"（《荀子·正名》）。制名的基本原则（"枢要"），第一条是"同则同之，异则异之"（《荀子·正名》），同实要用同名，异实要用异名。第二条原则是"单足以喻则单，单不足以喻则兼"，单名如"马"，兼名如"白马"，这是从语词表达形式来说的，与《墨经》中所说的"兼名"有所不同。荀子认为单名与兼名所指的对象可以有共同属性，如"马"与"白马"。第三条原则是"遍举"用"共名"，"偏举"用"别名"。"共名"是外延较大的一类事物之名，"别名"是外延较小的一类事物之名，二者相对而言。外延最大的一类事物之名，就是大共名，如"物"。外延最小的个体之名，就是大别名。《荀子·正

---

* 选自《中国逻辑学的发展及特点》（AC291C 逻辑与方法论单元十），香港公开大学，2002 年。

名》说：

> 万物虽众，有时而欲遍举之，故谓之物。物也者，大共
> 名也。推而共之，共则有共，至于无共然后止。有时而欲偏
> 举之，故谓之鸟兽。鸟兽也者，大别名也。推而别之，别则
> 有别，至于无别然后止。

这一段话对共名和别名的属种关系，做了很好的描述，与传统逻辑中的"概括和限制"的理论是一样的（荀子把"鸟兽"说成是"大别名"，是举例不当）。第四条原则是"约定俗成"和"径易不拂"（即清楚易晓而不被误解）。第五条原则是"稽实定数"，即由考察事物的性质来确定名称的数量。在五条"制名之枢要"中，最重要的是"同则同之，异则异之"和区别"共名"和"别名"的原则。

荀子认为，"辞"是联结不同的名来表达一个思想的：

> 辞也者，兼异实之名以论一意也。（《荀子·正名》）

这比《墨经》所说的"以辞抒意"进了一步，但荀子并未对"辞"做进一步的论述。

荀子把"辨"和"说"合称为"辨说"，这里的"辨"同"辩"。《荀子·正名》篇中给"辨说"下了两个定义：

> 辨说也者，不异实名以喻动静之道也。
> 辨说也者，心之象道也。

第一个定义是说，"辨（辩）说"是针对同一个思维对象（"实名"）以辨明是非之道理。第二个定义是说，"辨说"是思维

（"心"）反映客观规律（"道"）的过程。根据荀子的定义，"辨说"大体上相当于推理和论证。荀子继承了墨家关于"类"的逻辑思想，进一步指出了类是推理的原则："推类而不悖"（《荀子·正名》），即在推类时不能混淆类的同异，不能把本来不属于同类的东西当成同类而相推，因此，推类必须知类，不知类就不能相推。荀子根据"推类而不悖"的原则，提出了"以类度类"的推理方法。"以类度类"就是从类推类，这有两种情况：（1）从一般到特殊，这是演绎法，荀子说："以类行杂，以一行万"（《荀子·王制》），即从一般原理推出杂多事物。（2）从特殊到一般，这是归纳法，荀子说："欲观千岁，则数今日；欲知亿万，则审一二。"（《荀子·非相》）"类"同"故"和"理"有密切联系，荀子提出"辨则尽故"（《荀子·正名》），这里的"故"是指原因、根据；此外，辨说必须"同理"："类不悖，虽久同理"（《荀子·非相》），荀子常把"故"和"理"并用，在《荀子·非十二子》篇中多次说到"其持之有故，其言之成理"。由上可见，荀子吸取了《墨经》的类、故、理的范畴，并有所发挥。

荀子提出的"辨说"基本规律实质上表达了同一律、矛盾律和排中律。

"同则同之，异则异之。"（《荀子·正名》）

"是是、非非谓之知，非是、是非谓之愚。是谓是、非谓非曰直。"（《荀子·修身》）

"是是""非非""是谓是"和"非谓非"是对同一律的表述。

"类不可两也，故知者择一而壹焉。"（《荀子·解蔽》）

"类不可两也"是说同一个类不可有两种事理，这实际上表述了矛盾律："p 并且非 p"是假的。"择一而壹"是说，对相互矛盾的两个事理必须"择一"，这实际上是排中律：p 或非 p。以下是对排中律的直接表述：

百家异说，则必或是或非。（《荀子·解蔽》）

荀子对于名实关系方面的"三惑"进行了批驳。所谓"三惑"是：（1）用名以乱名，（2）用实以乱名，（3）用名以乱实。关于第一"惑"，《荀子·正名》篇说：

"见侮不辱"，"圣人不爱己"，"杀盗非杀人也"，此惑于用名以乱名者也。

"见侮不辱"是宋钘的命题，《庄子·天下》篇引宋钘的话说："见侮不辱，救民之斗"，意思是说，人们总以为受到欺侮是耻辱，于是便发生争斗；如果知道受侮辱并不是耻辱，人们就不会发生争斗了。荀子认为，名都有确定的内涵，"侮"和"辱"并不是相异的名，"侮"含有"辱"的内涵，"见侮"就是受辱，而宋钘说"侮"不是"辱"，这就随意改变了"侮"的内涵，造成"侮"这个名的混乱。这就是"用名以乱名"。

"圣人不爱己""杀盗非杀人"是墨家的伦理观点。墨家主张圣人爱人不爱己。《庄子·天下》篇说墨家称道夏禹为"大圣"，因而效法禹，"以自苦为极"，"以此教人，恐不爱人，以此自行，固不爱己"。主张"圣人不爱己"并未否定"己"是"人"。

关于"杀盗非杀人"，首先要从《墨经》中"援"式推理的定义说起：

援也者，子然，我奚独不以为然也？（《墨经·小取》）

这是说，"援"式推理是一种类比推理，援彼而例此："你既然认为如此，为什么我独不认为如此呢？"这是"以类取"原则的一种应用。

由于"援"式推理是类比推理，因而从前提并不能保证必然地推出结论的真实性。《墨经·小取》举了一个"援"式推理的例子，援引世人都承认的"恶多盗非恶多人"来证明墨家的主张"杀盗非杀人"，并认为"此与彼同类"。但实际上，它们并不同类，因为"恶多盗非恶多人"可以从"多盗非多人"推出，这是"不是而不然"的"侔"式推理，但"杀盗非杀人"并不是从"盗非人"推出的，墨家承认"盗，人也"，但又主张"杀盗非杀人"，这里，墨家巧妙地应用了"杀"这个语词的歧义来说明自己的主张，"杀盗"中的"杀"是正当的"杀"（盗被执行死刑或因正当防卫而杀盗），"杀人"中的"杀"是指犯杀人罪的"杀"，可见，用同样的语词"杀"表达的是两种不同的"杀"的概念。用 S 表"盗"，P 表"人"，R_1 表"杀盗"的"杀"，R_2 表"杀人"的杀，"杀盗非杀人"就可表示成：$R_1 S$ 不是 $R_2 P$。由上可见，《墨经·小取》实际上不正确地应用了"援"式推理。我们认为，墨家的"杀盗非杀人"的观点是正确的。

总之，"圣人不爱己"和"杀盗非杀人"并不是"用名以乱名"，荀子的批驳是不正确的。怎样才能制止"用名以乱名"呢？荀子说：

> 验之所以为有名而观其孰行，则能禁之矣。（《荀子·正名》）

这就是说，只要检验制名的原因和名的内涵，并观察其在社会交际活动中是否可行，就能禁止。

第二"惑"是"用实以乱名"：

> "山渊平"，"情欲寡"，"刍豢不加甘，大钟不加乐"，此惑于用实以乱名者也。（《荀子·正名》）

"山渊平"是惠施的命题，含有辩证法因素，并不是诡辩，不能说是"用实以乱名"。"情欲寡"是宋钘的命题；荀子认为，人的情欲总是多，而不是少，有人由于某种原因而产生寡欲，这只是一种特殊情况；"情欲寡"是用特殊情况的"实"乱"情欲"这个名。"刍豢不加甘，大钟不加乐"意为：牛羊猪狗肉味并不比普通食物甜美，大钟的声音并不比普通声音更加悦耳。荀子认为，一般说来，人们总是喜欢刍豢的味道，喜欢大钟的声音。但在特殊情况下，有人会觉得"刍豢不加甘，大钟不加乐"，如果把这种情况作为普遍情况而提出，就是用特殊情况的"实"乱一般情况的"名"。总之，荀子主张名实相符，反对以特殊之"实"乱普遍之"名"，这在逻辑理论上是正确的。他认为，只要人们用感官去接触事物，加以检验，看哪一种论断符合一般的实际情况，就可制止"用实以乱名"。

第三"惑"是"用名以乱实"：

> "非而谒楹"，"有牛马非马也"，此惑于用名以乱实者也。（《正名》）

"非而谒楹"这一条疑文字有误，有人解为"排而谓盈"，互相排斥，又互相包含。这是以"排"之名乱"盈"之实。"有牛马非马也"是后期墨家的学说，"牛马"是一个兼名，是牛和马的并类之名，不同于马类之名"马"，这种看法是完全正确的，并未否定牛马类中有马。荀子对此有误解，认为"有牛马非马也"是一个诡辩，是用"牛马"之名不同于"马"之名而否认"牛马"中有马之实。如果有人否认牛马这个并类中有马，荀子的批驳就可适用了。荀子认为只要用约定俗成的名去检验，以其所接受的正确的名揭露对方论断中的自相矛盾，就可制止"用名以乱实"。

　　综上所说，荀子的驳"三惑"的学说强调名实相符和名的确定性，反对以名乱名、以实乱名和以名乱实，并提出了克服这些逻辑谬误的方法，这些对"名"的逻辑理论有一定的意义。但他所举的例子有些是不正确的，有些分析有片面性。总起来说，荀子的逻辑比起《墨经》大为逊色。

两汉至近现代时期中国名辩逻辑的主要成就[*]

先秦逻辑是中国古代逻辑发展的高峰，秦以后直至 20 世纪初的整个中国封建社会，中国名辩逻辑未能得到发展，《周易》和《墨经》的逻辑成就未能得到发扬光大，其间只取得一些零星的成果。清末以后，情况才有所好转。这是什么原因呢？主要原因是，秦始皇统一中国以后实行文化专制主义。汉代以后有增无减，实行"罢黜百家，独尊儒术"，定儒学为国教。这种文化专制主义的局面一直持续到整个封建社会的结束，扼杀了"百家争鸣"，排斥名墨，窒息了名辩思想的发展，致使已有的逻辑成果得不到继承和发展。第二个原因是，中国儒学的特点是过分重视政治伦理思想，在沉重的政治伦理思想的压抑下，逻辑思想很难占有一席之地；这与亚里士多德以来的西方哲学传统大相径庭。第三个原因是，在中国长期的封建社会中，数学和自然科学的发展十分缓慢。中国没有像欧几里得的《几何原本》那样的数学著作，也没有像西方文艺复兴以后所发展起来的实证科学。在这样的情况下，要发展演绎逻辑和归纳逻辑是不可能的。第四个原因是，汉语是象形文字，不是拼音文字，不便引进逻辑变元，用汉语表达的中国逻辑的原理很难用符号语言加以形式化，而符号语言和形式化恰

* 选自《中国逻辑学的发展及特点》（AC291C 逻辑与方法论单元十），香港公开大学，2002。

恰是逻辑学得以发展的强有力的杠杆。差不多在《墨经》逻辑产生的时期，亚里士多德就已引进词项变元，建立了初步形式化的三段论演绎系统。

一　两汉时期的逻辑思想

《淮南子》一书是西汉淮南王刘安及其门客集体撰写的一部作品。书中对"类"概念十分重视，并把"类"与"譬"连在一起，《淮南子·要略》说：

> 不引譬援类，则不知精微。
> 大略而不知譬喻，则无以推明事理。

这是说，推理要以类为基础，应用譬喻的方法。《淮南子·诠言训》说：

> 方以类别，物以群分。

这是引《周易·系辞传上》的话："方以类聚，物以群分。"《淮南子》认为，事物分为不同的类，事物"以类命为对象"，"各从其类"，进行推理要"知类"，《淮南子》把建立在知类基础上的推理称为"以类取"或"以类之推"，这是继承了《墨经》的"以类取"，例如：

> 视书上有酒者，下必有肉；上有年者，下必有月，以类取之。(《淮南子·说林训》)

酒与肉同属饮食范畴，经常联系在一起，因此见到书上有酒，则下必有肉；年与月同属时间范畴，经常联系在一起，因此见到书上有年，则下必有月。《淮南子》在肯定类可推的同时，又提出"类不可必推"（《淮南子·说山训》）。由此可见，《淮南子》的"类推"主要是类比和归纳。它认为"类推"的作用是"见者可以论未发""观小节可以知大体"。《淮南子》书中有许多生动的推理例子，如：

> 未尝灼而不敢握火者，见其有所烧也。未尝伤而不敢握刀者，见其有所害也。由此观之，见者可以论未发也，而观小节可以知大体矣。（《淮南子·氾论训》）
>
> 见一叶落，而知岁之将暮；睹瓶中之冰，而知天下之寒，以近论远也。（《淮南子·说山训》）
>
> 见象牙乃知其大于牛，见虎尾乃知其大于狸，一节见而百节知也。（《淮南子·说林训》）

王充的论证逻辑是汉代逻辑的主要成果。王充提出了一些论证的方法：（1）"引物事以验其言行"，（2）"方比物类"。下面分别加以说明。

"引物事以验其言行"就是用事实做论据进行论证，这种论证方法主要是归纳法。例如，《论衡·论死》篇论证"人死不为鬼，不能害人"时说：

> 凡人与物所以能害人者，手臂把刃，爪牙坚利之故也。今人死，手臂朽败，不能复持刃，爪牙隳落，不能复啮噬，安能害人？儿之始生也，手足具成，手不能搏，足不能蹶者，气适凝成，未能坚强也。由此言之，精气不能坚强，审矣。气为形体，形体微弱，犹未能害人，况死，气去精神绝。微弱犹未能害人，寒骨谓能害人者邪？死人之气不去邪，何能

害人？

王充以初生婴儿"气适凝成，未能坚强""形体微弱，犹未能害人"为例，论证人死"气去精神绝"，只是一副"寒骨"，不能害人。这是应用初生婴儿作为典型事例进行归纳论证。

王充在提出"引物事以验其言行"的同时，也提出"以物类验之"（《论衡·论死》）、"方比物类"（《论衡·薄葬》）、"揲端推类"（《论衡·实知》）。例如在论证人死不能为鬼的论题时，王充以燃料与火、烛与光的关系进行类比论证，得出结论说："察火灭不能复燃，以况之死人不能复为鬼"，"火灭光消而烛在，人死精亡而形存；谓人死有知，是谓火灭复有光也"（《论衡·论死》）。

就论证中论据与论题的联系方式讲，王充在《论衡》中一般采用直接论证，但有时也用间接论证。例如：

> 天地开辟，人皇以来，随寿而死；若中年夭亡，以亿万数。计今人之数不若死者多。如人死辄为鬼，则道路之上，一步一鬼也。人且死见鬼，宜见数百千万，满堂盈廷，填塞巷路，不宜徒见一两人也。（《论衡·论死》）

这里，王充是要证明"人死不为鬼"这个论题，使用的是反证法，先假定"人死为鬼"成立，则因今人之数不如死者多，道路之上就会一步一鬼，鬼就会满堂盈廷，填塞巷路，但事实上并非如此，所以，"人死为鬼"不能成立，从而"人死不为鬼"就是真的。间接论证也可用选言证法，在《论衡·定贤》篇中论证什么是"贤"时，提出了二十项，对"以仕宦高官身富贵为贤""以事君调合寡过为贤""以朝廷选举皆归善为贤""以人众所归附，宾客云合者为贤"直到"以清节自守，不降志辱身为贤"等19项，均一一加以否定；最后肯定"有善心""能辩然否"为贤。

　　王充的论证逻辑包括证明和反驳。上面主要是就证明来说的，但"引物事以验其言行"和"方比物类"的论证方法既适用于证明，也适用于反驳。王充的《论衡》主要是进行反驳，《论衡》的宗旨之一就是"疾虚妄"，即反对、驳斥一切虚假、妄诞的言论。例如，王充在《论衡·刺孟》篇中揭露了孟子偷换概念的逻辑错误。孟子在回答梁惠王"何以利吾国"的问题时说："仁义而已矣，何必曰利。"王充指出，"利"有"货财之利"、有"安吉之利"，梁惠王所指的是"安吉之利"而不是"货财之利"；孟子根本不问梁惠王的"利"表达了哪一个概念，有意混淆这两个概念，把"安吉之利"偷换为"货财之利"加以否定（"何必曰利"），王充批评孟子是"失对上之指，违道理之实也"，因为行仁义和欲安吉之利是相容的。

　　王充在反驳中，对矛盾律有很好的应用，这是值得称道的。例如，传书既称"纣力能索铁伸钩，抚梁易柱"，又称"武王伐纣，兵不血刃"；王充指出："索铁、不血刃，不得两立；殷、周之称不得二全。不得二全，则必一非。"（《论衡·语增》）王充在《论衡·问孔》篇中指出："贤圣之言，上下多相违；其文，前后多相伐"，"不能皆是"。王充在反驳中十分注意对方言论中的"相违""相伐"之处，从而驳倒对方。例如，《论衡·问孔》篇引了孔子的两次谈话。一次是孔子对子贡说："去食而存信"。另一次是孔子到卫国去，对冉求说，对庶民要"先富而后教"。王充指出，食和富无别，信与教无异。然而孔子对子贡说"去食而存信"，信比食重要；但对冉求却说"先富而后教"，富比教重要，这是对"二子殊教，所尚不同"，前后相违。在《论衡·薄葬》篇，王充指出，墨子既主张薄葬，又主张有鬼，这是"自违其术"，"术用乖错，首尾相违，故以为非"。

二　魏晋时期的逻辑思想

曹魏时，刘劭在《人物志·材理》篇中把辩分为理胜之辩和辞胜之辩。"理胜者，正白黑以广论，释微妙而通之。"这里有三个方面：（1）"正白黑"，即辩是非，求真理；（2）"以广论"，即运用推理；（3）"释微妙而通之"，即通幽释疑，消除分歧，达成共识。"辞胜者，破正理以求异，求异则正失矣。""辞胜"以求异为目的，结果破坏了真理。刘劭肯定理胜之辩，认为辩是"穷理"的工具。刘劭很重视诘难在论辩中的作用，指出："若说而不难，各陈所见，则莫知其由矣。"（《人物志·材理》）这就是说，如果在论辩中互不交锋，各陈所见，就不会知道辩的理由，这种辩也就没有什么意义了。

嵇康提出："夫推类辩物，当先求之自然之理；理已定，然后借古义以明之耳。"（《声无哀乐论》）嵇康主张"声无哀乐"，认为音乐是客观存在的音响，哀乐是人们被触动以后产生的主观感情，两者并无必然联系。他在《声无哀乐论》中根据"推类辩物"的原则，用反驳的方法否定了"声有哀乐论"的几个论证，今引反驳"葛卢知牛鸣论""闻啼知凶论"的例子：

　　夫鲁牛能知牺历之丧生，哀三子之不存，含悲经年，诉怨葛卢；此为心与人同，异于兽形耳。此又吾之所疑也。且牛非人类，无道相通，若谓鸣兽皆能有言，葛卢受性独晓之，此为称其语而论其事，犹译传异言耳，不为考声音而知其情，则非所以为难也。

　　又难云：羊舌母听闻儿啼而审其丧家。复请问何由知之？为神心独悟暗语而当邪？尝闻儿啼若此其大而恶，今之啼声似昔之啼声，故知其丧家邪？若神心独悟暗语之当，非理之所得也。虽曰听啼，无取验于儿声矣。若以尝闻之声为恶，故知今啼当恶，此为以甲声为度，以校乙之啼也。夫声之于音，犹形之于心也。有形同而情乖，貌殊而心均者。何以明之？圣人齐心等德而形状不同也。苟心同而形异，则何言乎观形而知心哉？且口之激气为声，何异于籁籥纳气而鸣邪？啼声之善恶，不由儿口吉凶，犹琴瑟之清浊不在操者之工拙也。心能辨理善谈，而不能令籁籥调利，犹瞽者能善其曲度，而不能令器必清和也。器不假妙瞽而良，籥不因惠心而调，然则心之与声，明为二物。二物之诚然，则求情者不留观于形貌，揆心者不借听于声音也。察者欲因声以知心，不亦外乎？今晋母未待之于老成，而专信昨日之声，以证今日之啼，岂不误中于前世好奇者从而称之哉？

嵇康反驳"葛卢知牛鸣论"的方法是：用"牛非人类，无道相通"直接否定了"心与人同，异于兽形耳"，从而推翻了"葛卢知牛鸣论"。嵇康指出，葛卢知牛鸣与葛卢懂兽语是两回事，前者是"为考声音而知其情"，后者是"称其语而论其事，犹译传异言"，所以，葛卢懂兽语不能成为非难"葛卢不知牛鸣"的理由。他为了增加"葛卢不知牛鸣"的强度，还使用"圣人不能通异邦语言"来类比，从而得出结论："夫圣人穷理，谓自然可寻，无微不照。苟无微不照，理蔽则虽近不见，故异域之言不得强通。推此以往，葛卢之不知牛鸣，得不全乎？"

嵇康对"闻啼知凶论"分两种情况来反驳：（1）"神心独悟暗语之当"，用归谬法加以否定，"若神心独悟暗语之当，非理之所得也。虽曰听啼，无取验于儿声矣"。（2）"以尝闻之声为恶，故知今啼当恶，此为以甲声为度，以校乙之啼"，这是一个类比，是建立在"因声以知心"的基础之上的，嵇康详细举出论据，证明了"心之与声，明为二物""察者欲因声以知心"是不得要领，指出了羊舌母的错误，这里使用了反证法否定了"因声以知心"，也就否定了"以尝闻之声为恶，故知今啼当恶"。

他还强调了韩非的"矛盾之说"：

> 矛盾无俱立之势，非辩言所能济也。（《答释难宅无吉凶摄生论》）
>
> 欲弥缝两端……谓其中央可得而居，恐辞辩虽巧，难可俱通。（同上）

这说明嵇康对矛盾律和排中律有深刻的认识。具有矛盾关系的两个命题"无俱立之势"，不能"两济"，这是矛盾律；对于具有矛盾关系的两个命题，"弥缝两端"而居于中央，"难可俱通"，这是排中律。

鲁胜是魏晋时期最杰出的逻辑学家，他的《墨辩注叙》是中国最早的逻辑史著作，对先秦名辩学做了比较全面的总结，并提出了自己对逻辑和逻辑史的观点。《墨辩注叙》保存在《晋书·隐逸传》中，今引录如下：

> 名者，所以别同异，明是非，道义之门，政化之准绳也。孔子曰："必也正名，名不正则事不成。"墨子著书，作辩经以立名本。惠施、公孙龙祖述其学，以正形名显于世。孟子非墨子，其辩言正辞则与墨同。荀卿、庄周等皆非毁名家，而不能易其论也。名必有形，察形莫如别色，故有坚白之辩。名必有分明，分明莫如有无，故有无厚之辩。是有不是，可有不可，是名两可。同而有异，异而有同，是之谓辩同异。至同无不同，至异无不异，是谓辩同辩异。同异生是非，是非生吉凶。取辩于一物而原极天下之污隆，名之至也。自邓析至秦时，名家者世有篇籍，率颇难知，后学莫复传习，于

今五百余岁，遂亡绝。墨辩有上、下经，经各有说，凡四篇，与其书众篇连第，故独存。今引说就经，各附其章，疑者阙之。又采诸众杂，集为《刑名》二篇，略解指归，以俟君子，其或兴微继绝者亦有乐乎此也。

这篇《墨辩注叙》讨论了以下几个重要问题：（1）关于名辩学的对象和任务。鲁胜所说的名是广义的，指名学或名辩之学。《墨辩注叙》说："名者，所以别同异，明是非，道义之门，政化之准绳也。"又说："取辩于一物而原极天下之污隆，名之至也。"鲁胜认为，名辩学的根本任务是"别同异，明是非"，在道德和政治上确立规范和准则；通过论辩，探求天下世事盛衰的道理。他的看法同《墨辩》（《墨经》）和荀子《正名》篇的见解是一致的。（2）阐述了先秦名辩思想的演变。鲁胜认为，自邓析至秦时，名学著作非常之多；邓析是先秦名辩学的开创者；孔子提出"正名"的主张；墨子"作辩经以立名本"；惠施、公孙龙"祖述"墨子之学，"以正形名显于世"；孟子非墨家，"其辩言正辞则与墨同"；荀、庄非名家，但"不能易其论"。鲁胜的看法基本上是正确的，从鲁胜的勾画中可以看出，先秦有大量的名辩著作，名、墨有很大影响，没有人能驳倒它们。应当指出的是，鲁胜对先秦名辩史的认识也有不准确的地方，例如，他说《墨辩》为墨子所著，惠施和公孙龙"祖述"墨子之学，这是与史实不符的。（3）鲁胜总结了先秦名辩学争论的六大问题：形名之辩、坚白之辩、有厚无厚之辩、两可之辩、同异之辩和是非之辩。形名之辩即名实之辩，涉及名与实的关系、正名的原则和方法。坚白之辩：公孙龙主张坚、白相离，而后期墨家主张坚、白相盈，由此形成争论，这主要属于哲学上的争论。有厚无厚之辩：惠施提出"无厚不可积也，其大千里"（《庄子·天下》），对几何学的"面"下了一个很好的定义；《墨辩》则说"厚，有所大也"（《墨经·经上》）、

"惟无厚无所大"（《墨经·经说上》），认为有厚之体必有所大，无厚之体（如"端"）就无所大；这是有厚、无厚之辩。两可之辩："是有不是，可有不可，是名两可。""两可"之说为邓析首倡，史料缺乏，不能详述；但一般人则认为"两可"之说是"以非为是，以是为非，是非无度，而可与不可日变"（《吕氏春秋·离谓》）的诡辩。同异之辩："同而有异，异而有同，是之谓辩同异"，惠施提出了"大同异"与"小同异"、"毕同"与"毕异"的思想，《墨辩》不像惠施那样抽象地讨论同异问题，而是对事物的同异作了许多具体的分析和规定，例如，"同"有"重同"（如"狗"和"犬"）和"类同"（即两类事物有共同属性）等，异有不重之异、不类之异等；这些都是同异之辩。是非之辩："同异生是非"，庄子主张两行为是，不遣是非，即无是非，主张"无辩"（《庄子·齐物论》）；《墨辩》则主张辩的目的是"明是非"。这些属于是非之辩。鲁胜所总结的六个大的问题并非先秦名辩学说的全部，只是一部分争论较多的问题，对于先秦名辩学的全部成就，鲁胜的总结是远远不够的。（4）鲁胜在《墨辩注叙》中提出了研究名辩史的原则和方法，他一生写了两部著作：《墨辩注》和《刑名》，前者"引说就经，各附其章，疑者阙之"，后者"采集众杂，略解指归"；因此，研究名辩史应当把"引说就经"和"采集众杂"结合起来。鲁胜在《墨辩注叙》中试图总结先秦名辩发生、发展的规律，提出了研究名辩史的目的："兴微继绝"。鲁胜的这些思想对于我们现在研究先秦名辩史乃至整个中国逻辑史都有一定的借鉴作用。

　　数学家刘徽的《九章算术注》全面论证了《九章算术》的公式和解法，主要使用了演绎推理。刘徽在《九章算术注》中提出："事类相推，各有攸归，故枝条虽分而同本干者，知发其一端而已。"这是刘徽在作注时所遵循的逻辑指导思想：根据事类进行推理，各有统属，如同树干分出的枝条，都可寻找到它的根源。据研究，刘徽在《九章算术注》中证明数学定理时，除使用三段论外还使用了关系推理、假言推理、选言推理、联言推理、二难推理等。

三　唐至明时期的逻辑思想

（一）名辩思想

唐代的名辩思想比较零碎。刘知几在《史通》中主张"辩言正辞""明其真伪"，要求治史必须有一种"望表而知里，扪毛而辩骨，睹一事于句中，反三隅于字外"的能力，在治史中能"举一隅以三隅反，告诸往而知来"，看来，他主要把归纳法作为他治史的一种科学方法。刘知几在名实问题上认为"名以定体，为实之宾"，就是说，名是对客体的描述；他指出，"立名"一定要依实，反对"诡名"，"诡名"就是"不依故实"的"名"，违反了"史论立言，理当雅正"的原则；为了能立名副实，刘知几提出不能"自我作故"。

韩愈在"正名"方面有一套分析的方法，今以他的名作《师说》为例，该文首先开宗明义地说："师者，传道授业解惑也。"然后论述了从师的必要性，把一些非本质的"年龄""贵贱"加以排除，其后与"童子之师"、巫医、乐师、百工之尊师相对比，最后举出孔子从师的原则："闻道有先后，术业有专攻"，从而对"师"这个名所表达的概念作了清楚而深刻的说明。韩愈常用"类推"的逻辑方法，实即归纳法，以他的名作《谏佛骨表》为例，该文首先"以佛者夷狄之一法耳"起论，列举了上古未尝有佛而却有位长寿永的十三帝，又列举了汉明帝以下直至梁武帝的"事佛求福，乃更得祸"，前后两种情况各自求同，然后把两种情况加以对比求出差异，得出"无佛自寿，有佛而祸"的结论，这实际上是一种契合差异并用法。

刘禹锡要求人们以"理"来揆度万物，认为"是非"的正误全在于"法"，"法"是"是非"的根据。柳宗元在论证中使用了"不类"的方法，他用这种方法作出否定的命题，去反驳与此"不类"的相矛盾的命题。

宋代象数派是以"象数"为依据进行"理"的推衍的逻辑思想派别，主要代表人物有邵雍、周敦颐。

邵雍在《先天图说》中说："图虽无文，吾终日言而未尝离乎是，盖天地万物之理，尽在其中矣。"他根据自己的《先天图说》，按"象数"的"顺""逆"推论宇宙事物的生成。在他的《皇极经世》中有一段集中的论述：

> 太极既分，两仪立矣。阳下交于阴，阴上交于阳，四象生矣。阳交于阴，阴交于阳，而生天之四象。刚交于柔，柔交于刚，而生地之四象，于是八卦成矣。八卦相错，然后万物生矣。是故一分为二，二分为四，四分为八，八分为十六，十六分为三十二，三十二分为六十四，故曰分阴分阳，迭用柔刚，易六位而成章也。十分为百，百分为千，千分为万，犹根之有干，干之有枝，枝之有叶，愈大则愈小，愈细则愈繁，合之斯为一，衍之斯为万。

这里所谓四象生、八卦成，属于象变的生成之数，这是顺观顺数；所谓阴阳、刚柔、愈大愈小、愈细愈繁以及合一、衍万，等等，属于数衍的推知，这是逆推逆数。他在《皇极经世》中提出了"推类"的理论："推类者必本乎生，观体者必由乎象。生则未来而逆推，象则既成而顺观。……推此以往，物奚逃哉？"在邵雍看来，只要用"推类"的方法进行推理，万事万物无一例外地尽在掌握之中。

周敦颐的《太极图说》比邵雍的"象数推衍"又进了一步：

无极而太极，太极动而生阳，动极而静，静而生阴，静极复动。一动一静，互为其根；分阴分阳，两仪立焉。阳变阴合而生水火木金土，五气顺布，四时运焉。五行一阴阳也，阴阳一太极也，太极本无极也。五行之生也，各一其性。无极之真，二五之精，妙合而凝。乾道成男，坤道成女。二气交感，化生万物，万物生生而变化无穷焉。唯人也得其秀而为灵。形既生矣，神发知矣，五性感动而善恶分，万事出矣。圣人定之以中正仁义（自注：圣人之道，仁义中正而已矣）而主静（自注：无欲故静），立人极焉。故圣人与天地合其德，日月合其明，四时合其序，鬼神合其吉凶。君子修之吉，小人悖之凶。故曰：立天地之道曰阴与阳；立地之道曰柔与刚；立人之道曰仁与义。又曰：原始反终，故知生死之说。大哉易也，斯其至矣。

此《太极图说》言简意赅，自成一个推演的体系，从无极—太极—阴阳—两仪—五行—乾坤—男女—万物—人灵—神知—善恶—万事—仁义—吉凶等，都包括在这个体系之中，其中有一层一层的推演。

上引邵雍的《皇极经世》和周敦颐的《太极图说》含有很多合理的演绎法思想，这些思想显然是从《周易》中继承来的，例如"易有太极，是生两仪，两仪生四象，四象生八卦，八卦定吉凶，吉凶生大业"等，但是他们的逻辑成就根本不能与《周易》同日而语。

宋代理学派二程（程颢和程颐）把天道人事都纳入《周易》的体系之中。他们在《易序》中说：

易之为书，卦爻象象之义备，而天地万物之情见。圣人之忧天下来世，其至矣：先天下而开其物，后天下而成其务。

是故极其数以定天下之象，若其象以定天下之吉凶。六十四卦，三百八十四爻，皆所以顺性命之理，尽变化之道也。

二程把《周易》的思想与他们的"理"概念联系在一起，他们的易理系统是一个演绎系统，很好地应用了《周易》的逻辑推演方法，但其成就远逊于《周易》。

朱熹认为"理"无所不在，而"理"与"理"是可以"推而通"的：

万物各具一理，万理同出一源，此所以可以推而通也。（《朱子语类》）

朱熹非常重视"推"，把"推"与他的"理一分殊""格物致知"的理论紧密联系在一起，他在《朱子语类》中说：

自下推上去，五行只是二气，二气又只是一理；自上推而下来，只是此一个理，万物分之以为体。万物之中又各具一理，所谓乾道变化，各正性命，然总又只是一个理。

格物是逐物格将去，致知则是推得渐广。

要从那知处推开去，是因所已知，而推之至于无所不知。

朱熹在重视"推"时，提出"以类而推"："以类而推之，是从已理会得处推将去，如此便不隔越。""只要以类而推，理固是一理，然其间曲折甚多，须是把这个做样子，却从这里推去，始得。"（《朱子语类》）可见，朱熹的"以类而推"是在一个大类之中"推"，而不是以两类事物的同异而推。他要求"格物"要穷尽事物之理，穷得二、三分，还不是格物，"须是穷尽得到十分，方是格物"（《朱子语类》），这也就是以上引文所说的"推之至于无所不知"，就一类事物来说，逐物格将去，最终穷尽该类事物之理，这是一种完全归纳法，属于演绎推理。假定某类事物有一百个，从 a_1 有性质 P，a_2 有性质 P，…，a_{100} 有性质 P 以及 a_1，…，a_{100} 是 A 类的所有事物，可以必然推出：A 类事物都有性质 P。从形式上看是从个别到一般，是归纳法，但由于这是一种完全归纳法，实质上是演绎法。朱熹的"以类而推"是一种完全归纳法。不过，朱熹觉得"穷尽得到十分"比较难，所以，他提出："如一百件事理会得五六十件了，这三四十件虽未理会，也大概是如此。"（《朱子语类》）这是一种不完全归纳法，"格物"要超过半数，就可推广到所"格"的这类事物，由于不完全归纳法不能从前提必然推出结论，因而只是"大概"。

南宋哲学家叶适非常重视"族类""辩物"，他在《习学记言》中说：

> 族类者，异而同也，辩物者，同而异也。君子不以苟同于我者为悦。故族之异者而同之，物之同者辩而异之，深察于同异之故，而后得所谓诚同者。由是而有行焉，乃所以贵于同也。

"族类"就是在"族异"之中求出"类同"，"辩物"就是在"物同"之中辩"异"。叶适认为，君子在认识问题上是很客观的，并不因与自己意见相同便高兴，而是要"深察于同异之故"，"族类""辩物"，寻求真正的"同"（"诚同"），有了"诚同"才可行事，因而"诚同"才是值得珍视的同。由上所说，叶适的"族类""辩物"的方法最终目的是要达到"诚同"。

明朝中叶哲学家罗钦顺提出了"一道推类"的思想，他在《困知记》中说：

千蹊万径，皆可以适国，但得一道而入，则可以推类而通其余。

罗钦顺的"一道推类"的思想是以"理一分殊"为依据的，是一种演绎法。此外，他还提出了归纳法："会万而归一"。罗钦顺对逻辑规律有初步的认识，他说：

辩之弗明而弗措焉，必有时而明矣。岂可……含胡（糊）两可，以厚诬天下后世之人哉！（《困知记》）

罗钦顺认为，"明"由"辩"而得，辩不明则无法处理事情，所以必须辩而明。他明确地提出反对"含糊两可"，反对含糊就是反对两不可，这是排中律的要求；反对两可，这是矛盾律的要求。

（二）玄奘与汉传因明

因明是印度的佛教逻辑，随着佛教的东渐而传入我国，隋唐以前所传的是古因明，新因明的传入在唐初，宋元以后在西藏一带具有广泛的影响，因此，新因明在我国的传播有汉传和藏传两大系。汉传因明传述的是新因明创始人陈那前期及其弟子商羯罗主等人的因明理论，藏传因明主要传述陈那后期及其后学法称的因明理论。

汉传因明主要应归功于玄奘。他是印度陈那的三传弟子，于公元645年（唐太宗贞观十九年）回国，在带回的经书典籍中有36部因明著作。玄奘翻译了三部新因明著作：（1）公元647年（贞观二十一年）译《因明入正理论》（商羯罗主造），（2）公元649年（贞观二十三年）译《因明正理门论》（陈那造），（3）公元657年（唐高宗显庆二年）译《观所缘论》（陈那造）。此外，他还译了几部古因明的著作。玄奘除翻译因明经典外，还向门人僧众传播因明。他的门人根据他的口义，融合自己的见解，撰写了不少文疏，著名的有神泰的《正理门论述记》、文轨的《因明入正理论疏》（因文轨是庄严寺高僧，故后世习称此书为《庄严疏》）和窥基的《因明入正理论疏》（此书最受世人推崇，被尊称为《大疏》）。窥基弟子慧沼、再传弟子智周均有疏解窥基思想的著作。唐代因明研究的高潮至慧沼师弟告终。唐代的因明研究由于玄奘的倡导和他所开创的慈恩宗诸大师的发扬，经历了最辉煌的时期，为中国逻辑史增添了重要的一章，中国成为因明的第二故乡。但是，一方面因因明之学原本是佛教逻辑，流传不广，只限于佛门；另一方面自从武则天扶植禅宗和华严宗以后，加之慈恩宗本身的衰微，因明研究也就逐渐冷落下来，不少疏记逐渐散失，到元代几乎亡佚殆尽。宋人对因明的疏证有 17 种，元代不见有因明论疏问世，明代的疏证仅六种而已，由于缺乏唐初诸大师论疏的参考，因而这些疏记不得要领。

值得一提的是，由于玄奘在佛门亲自传授因明之学，他的日本弟子（如道昭）和新罗（古朝鲜）弟子（如元晓和顺憬）也将因明传至日本和朝鲜。

（三）藏传因明

因明传入西藏的时间要晚一些，大约在 8 世纪吐蕃王赤松德赞时期。当时印度那陀寺的首座寂护应赤松德赞的迎请，曾两次入藏传法。寂护是印度因明大师法称的门人，精通因明，著有《真理要集》等书。之后，寂护的门人莲花戒也到西藏传法。自赤松德赞建桑耶寺（约在 779 年建成）后 60 年期间内，出现了一批翻译因明著作的大师，先后译出法称的著作多部。11 世纪，藏传佛教进入后宏期，因明研究活跃起来。北宋末年，俄·洛登喜饶译出法称等人的因明著作，至南宋初，他的三传弟子法狮子写出西藏人最早的因明论著。13 世纪早期，西藏出现了传授因明的另一中心——萨迦寺。萨迦派第四代祖师萨班·贡噶坚赞撰写了《正理藏论》，这部因明著作是藏传因明的代表作，不仅批判了西藏旧说，也批判了印度旧说。在藏传因明的历史上，明初时西藏格鲁派的创始人宗喀巴及其弟子的因明著作，对藏传因明的发展做出了重要贡献。在藏传因明的宝库中，译著和撰述都非常丰富。据统计，译著有 66 种，其中有的梵文原本已不存，近代印度学者要从藏译本倒译成梵文本。藏族学者自己撰述的因明著作近 60 种。藏传因明自宋元以后，经久不衰，直至今天仍有西藏学者从事因明研究，出版因明著作，西藏大学就设有因明教研室。这些情况说明，西藏学者对因明的发展建立了不可磨灭的功勋。

四　近现代时期的逻辑思想

（一）西方逻辑的传入

1623 年明末的学者李之藻与葡萄牙传教士傅汎际合作翻译《名理探》一书，傅汎际译义，李之藻达辞，于 1625 年完稿。《名理探》原名《亚里士多德论辩术概论》，是 17 世纪初葡萄牙高因盘利大学耶稣会会士的逻辑讲义。原书是拉丁文，内容是解释亚里士多德的逻辑学说。全书分上、下两编，共 25 卷。上编为"五公""十伦"。下编分两大部分：一是各名家有关逻辑问题的论述；二是对亚里士多德的命题、三段论和逻辑规律等问题的阐释。译本分五端，每端分五卷。首端五卷论"五公"，于 1631 年刻印；第二端五卷论"十伦"，于 1631 年后不久亦刻印；后三端十五卷，据考证亦由李之藻译出，但未见到刻本。所谓"五公"就是五谓词：属、种、种差、特性和偶性。所谓"十伦"就是亚里士多德的十范畴：实体、数量、性质、关系、地点、时间、姿势、状态、主动、被动。《名理探》一书的出版是西方逻辑第一次传入中国的标志，但该书并未对中国逻辑的发展产生什么重大影响。

从清末到 1919 年五四运动前后，西方传统逻辑（包括古典形式逻辑和古典归纳逻辑）系统地传入中国，先后出版了十多本译著。主要有：（1）英国传教士艾约瑟翻译的《辩学启蒙》于 1896 年出版，此书据英国逻辑学家耶方斯（Jevons，1835—1882 年）的《逻辑初级读本》（1876 年出版）翻译；1908 年，严复再次翻译此书，取名为《名学浅说》。（2）严复翻译的《穆勒名学》于 1905 年出版，此书据英国逻辑学家约翰·斯图亚特·密尔（J. S. Mill，1806—1873 年）的《逻辑体系：演绎与归纳》（1843 年出版）翻译。原书分上、下两卷，六个部分：名与辞；演绎推理；归纳推理；归纳方法；诡辩；伦理科学的逻辑。严复仅译了前三部分及四的大部分，并加了四十余条按语，有数千言。（3）王国维翻译的《辩学》于 1908 年出版，此书据耶方斯的《逻辑基础教程》（1870 年在伦敦出版）翻译。《辩学》所用逻辑术语的译名与现在通用的大致相同，常被用作教材，很有影响。（4）胡茂如翻译的《论理学》于 1906 年出版，很受欢迎，此书原为日本文学博士大西祝（1864—1900 年）所著，曾为早稻田大学的教科书，风行日本全国。在王国维、胡茂如的译本出版之后，陆续出现了一些综合编译或自行编写的逻辑著作，其中较为著名的有：1909 年林可培编译的《论理学通义》，1910 年陈文编译的《名学释例》，1911 年王延直编著的《普通应用论理学》，1912 年蒋维乔的《论理学教科书》，1914 年张子和的《新论理学》等。

从 20 世纪 20 年代起，我国学者继续进行逻辑译著的出版工作，从 1919 年至 1949 年 30 年中出版译著约 30 种，其中逻辑教科书名著增多，例如日本高山林次郎的《论理学纲要》（1925 年出版）、美国枯雷顿和司马特合著的《论理学大纲》（据原书第 5 版翻译，1934 年出版）等。从 1919 年五四运动后，西方传统逻辑在我国由传入阶段进入普及阶段。这有两个标志：（1）国内学者自著的传统逻辑著作大量出版。20 世纪 20 年代前，中国学者自著的传统逻辑著作不到 20 种，从 1919 年五四运动至 1949 年中华人民共和国成立，共出版自著的传统逻辑著作约 80 种。（2）在一些大学、师范、高中开设逻辑课程，系统讲授传统逻辑知识。在传统逻辑普及的过程中，逻辑界就一些逻辑理论和应用的问题展开了热烈的争论，对这些争论问题，我们不必深究。只要我们树立了符号逻辑的形式化观点，就能对传统逻辑的问题进行正确的分析。20 世纪 30 年代，中国学术界发生了对传统形式逻辑的一场批判，经验教训是十分深刻的。那些以"批判者"自居的哲学家们对传统形式逻辑的性质一无所知，其错误的理论根源有三：（1）只承认辩证逻辑是唯一的逻辑，把形式逻辑等同于形而上学；（2）把同一律曲解为无差别的绝对等同；（3）混淆辩证矛盾和逻辑矛盾。

　　以上我们所介绍的是西方传统逻辑在中国传播和普及的情况。现在我们要介绍数理逻辑在中国传播的情况。20 世纪 20 年代有以下几点：（1）1920 年英国哲学家和逻辑学家罗素（B. Russell，1872—1970 年）访华，在北京大学做了五次讲演，其中一次讲演是关于数理逻辑的。他在讲演中介绍了命题演算和逻辑代数，讲演内容被整理成《数理逻辑》一书，1921 年由北京大学新知出版社出版。这是数理逻辑传入我国的标志。1922 年傅钟孙、张邦铭翻译出版了罗素的《罗素算理哲学》，1924 年再版，1930 年以《算理哲学》的标题作为世界名著重印。（2）汪奠基的《逻辑与数学逻辑论》在 1927 年由商务印书馆出版。（3）金岳霖于 1927 年在清华大学讲坛上第一次开设数理逻辑课程，在 20 世纪三四十年代，数理逻辑继续在中国传播，金岳霖的《逻辑》一书在 1937 年由商务印书馆出版，出版同类著作的还有沈有乾、汪奠基和牟宗三等人。这一时期还有不少学者撰文或翻译介绍现代逻辑。汤璪真的《代数公设和路易士严格蕴涵演算的一个几何解释》一文，是我国学者在 20 世纪 30 年代末所取得的一个重要成果，开了模态逻辑的代数语义研究方向的先河。20 世纪 40 年代期间，沈有鼎、王宪钧、胡世华等第二代数理逻辑学者，开始发表带有自己见解的研究成果。胡世华在《命题演算之所指》一文中建立了一个严格的演绎理论 A 系统，这是我国数理逻辑的发展在 20 世纪 40 年代所取得的一个重要成果。在数理逻辑传入中国的过程中，金岳霖起了最杰出的作用。他是我国现代逻辑的奠基者，逻辑教学和研究的现代化道路的开拓者。他不但最先开设了数理逻辑课程，而且他的《逻辑》一书对中国逻辑教学和研究的发展有重大影响，几十年来经久不衰，培养了一整辈数理逻辑专家。金岳霖的《逻辑》一书有三方面的内容：（1）对传统逻辑作了深刻的批评；（2）全面介绍了罗素的逻辑演绎系统；（3）在我国最早讨论了逻辑系统的完全性、一致性和独立性。但总的说来，在中华人民共和国成立前，我国数理逻辑研究的队伍很小，科研成果甚少。这种情况，最近 20 年来才有所改观。

（二）　因明研究的进展

唐朝玄奘把因明传入汉族地区之后，曾有一段研究因明的辉煌时期，不过这段时期仅几十年就告终了。清光绪年间，因明才在汉族地区开始复苏。使因明得以复苏的重要人物是杨仁山，他的主要功绩有：（1）1860 年在南京创立金陵刻经处，从事刻经事业；（2）在金陵刻经处开设佛学学堂，培养佛学人才；（3）广为搜集中国失传的古本佛经、玄奘和窥基等人翻译和著述的有关因明的书籍多种，1896 年金陵刻经处刻印了窥基的《因明大疏》，使《因明大疏》得以流传。

因明在汉族地区复苏的基础上，进一步得到了弘扬。欧阳竟无于 1922 年创建支那内学院，毕生以弘扬佛学和因明为己任。此外，他还兴办了各种形式的佛学院，讲授佛学和因明。他组织内学院师生，编刻唐代法相、唯识要典和章疏一百多卷，后来又组织人员辑印《藏要》，其中有玄奘翻译的《因明正理门论》和

《因明入正理论》。欧阳竟无还为《因明正理门论》写了一篇序文，这篇序文是学习《因明正理门论》的指南。由于杨仁山和欧阳竟无的努力，因明在中国大地上得到了弘扬。除支那内学院之外，全国各种形式的佛学院纷纷开设因明课。与此同时，谢蒙、太虚、慧圆等人写有许多关于因明的通俗著作，为因明的传播做出了贡献。

在五四运动以后因明研究的 30 年中，不少学者取得了许多重要成果，其中成绩最显著者当数吕澄（澂）和陈大齐。吕澄在因明研究中的特点是重因明经典原著，对勘梵、藏、汉文本，从中发现问题，研究问题，取得重要结果。陈大齐在因明研究中的特点则是重视对因明和西方逻辑进行比较研究，提出了许多创见。他们的工作开创了自唐以来汉传因明研究的新局面。

（三）对中国古代名辩逻辑的全面研究

清朝以来对中国古代名辩逻辑的研究大致可分为两个时期：清朝时期和清末以后时期。清朝时期的研究成果不多，主要有：（1）对先秦逻辑某些典籍的文字进行了整理和校订工作，如辛从益的《公孙龙子注》、王先谦的《荀子集解》、孙诒让的《墨子间诂》等。（2）清早期的傅山做了以下工作：写有《墨子大取篇释》；注解了公孙龙的《白马论》《指物论》《通变论》和《坚白论》，认为公孙龙有一套精微而严密的方法论，肯定了公孙龙的一些观点是合理的；写有《荀子译注》，认为《荀子》的单名兼名学说是批判公孙龙"白马非马"的，"马"是单名，"白马"是兼名，虽共不为害。（3）戴震有朴素的语义分析思想，强调"非从事于字义、制度、名物，无由其通其语言"（《孟子字义疏证》），他所说的文字大致相当于一种指号，名物制度包括古代历法、古音韵、古代服饰、古今地名沿革等，就是指号所指谓的对象，分析语义就是分析指号与所指谓的对象之间的关系。

清末以后时期，由于西方逻辑的系统传入和因明在中国的复苏，对中国古代逻辑的研究进入了复兴阶段，其研究特点是增强了逻辑形式化的观念，普遍采用了比较研究的方法。这一时期的研究以墨家逻辑为中心，最终达到全面开花的局面。

在墨家逻辑研究方面，有两点：（1）对墨辩的校释工作基本上完成，先后出版了近百种校释本，其中最为著名的有胡适的《墨辩新诂》、梁启超的《墨经校释》、伍非百的《墨辩解故》、张纯一的《墨子集解》、谭戒甫的《墨经易解》、章士钊的《墨辩今注》、钱穆的《墨辩探源》等。（2）对《墨辩》逻辑体系的研究取得一些成果。梁启超是我国逻辑比较研究的开创者，他认为《墨辩》中的论式，多数和因明论式相类似，这一观点为后来许多学者所接受；但把《墨辩》中的一个论式分析为三段论则比较牵强。章士钊于1939年写成的《逻辑指要》，完全把《墨辩》逻辑比附于西方逻辑；谭戒甫在《墨辩轨范》等著作中主要是将《墨辩》逻辑与印度因明作比较，认为不仅论式组织多相符合，而且论式的演化发展的过程也大致相同。梁启超、章士钊和谭戒甫的研究成果可以参考，但总的说来，他们把比较研究变成了“比附”，随意改动《墨辩》原文，削足适履，牵强附会，不值得提倡。笔者主张以现代逻辑和传统逻辑为工具，对《墨辩》中的逻辑原理进行恰如其分的实事求是的分析，是什么就是什么，这才是一种真正的比较研究。

这一时期除《墨辩》逻辑研究之外，对中国古代名辩逻辑的全面研究也取得不少成果：（1）胡适于1922年出版了英文稿博士论文《先秦名学史》，中译本于1983年由上海学林出版社出版。该书共分四编，涉及先秦儒、墨、名、道、法诸家中一些主要人物的逻辑思想。在胡适之后，出版了一批古代逻辑史专著，如郭湛波的《先秦辩学史》（中华书局1932年出版）、虞愚的《中国名学》（正中书局1937年出版）等。此外，在高等学校的一些逻辑教科书中有先秦逻辑的专章，如王章焕的《论理学大全》（商务印书馆 1930 年出版）、林仲达的《论理学纲要》（中华书局 1936 年出版）。在有些哲学史和思想史著作中也有先秦名辩思想的介绍，如冯友兰的《中国哲学史》（上海神州国光社 1931 年出版上册，商务印书馆 1934 年出版上、下两册）以及侯外庐、杜国庠、赵纪彬合著的《中国思想通史》（上海新知书店 1947 年出版第一卷）。（2）除《墨子》《墨辩》外，出版了几部有较大影响的名辩专著校释本，如王琯的《公孙龙子悬解》（中华书局 1928 年出版）、陈柱的《公孙龙子集解》（商务印书馆 1937 年出版）、伍非百的《中国古名家言》（南充益新书局 1949 年石印线装出版）。（3）发表了大量研究古代名辩逻辑的论文，约百篇。影响较大的有章士钊、谭戒甫、虞愚、郭沫若、杜国庠、张岱年、赵纪彬等人所写的论文。在以上所说的关于中国古代逻辑史的著作和专题论文中，对邓析、孔子、惠施、公孙龙、老子、庄子、荀子和韩非子等人的逻辑思想及其在中国逻辑史上的地位做出了不少中肯的评价，但也有不少偏颇之处。应当说，在清末以来对中国古代名辩逻辑全面研究的高潮中，形成了一个百家争鸣的局面。争论的问题大致有：（1）关于邓析。一种观点认为，邓析是名家之首，中国辩学的始祖；另一种观点认为，邓析是诡辩家之首。（2）关于惠施。胡适提出惠施、公孙龙为"别墨"（即科学和逻辑的墨家，《墨辩》六篇的作者）；钱穆则认为惠施是墨家正宗；后来大多数学者认为，惠施不是别墨，更不是墨家正宗。有的学者主张惠施思想来源于邓析，有的主张惠施出于道家。关于惠施的逻辑思想，有人认为惠施是诡辩家。有人则认为惠施是长于辩论的逻辑家。（3）关于公孙龙。不少人认为今存《公孙龙子》一书是战国时公孙龙（字子秉）所作，绝非后人的伪作。对公孙龙名辩思想的来源，有三种观点：第一种观点认为公孙龙出自墨家；第二种认为公孙龙出自道家；第三种认为出自礼官或儒家。关于公孙龙的逻辑思想,有两种观点:一是认为公孙龙属诡辩派,一是主张公孙龙是"辩者",不是诡辩家。具体地说就是,有的学者认为"白马非马"是诡辩命题,有的认为则不是。这一时期,学者们还就《名实论》《指物论》《坚白论》和《通变论》中的问题进行了争论,但主要是关于哲学问题的争论。但是,关于公孙龙的研究值得学术界注意的是,自清代杰出经学家姚际恒(1647—1715年)提出"《公孙龙子》伪书说"之后,现代著名历史学家、明清史专家黄云眉(1897—1977年)在《古今伪书考》中重又提出"《公孙龙子》伪书说",著名逻辑学家沈有鼎(1908—1989年)发展了黄云眉的思想提出了"两个公孙龙"的假说:一个是战国末期的辩者公孙龙,他的著作已亡佚了;一个是晋代刑名家按自己的形象改造过后的公孙龙,今本《公孙龙子》就是他们的著作。笔者支持沈有鼎的"两个公孙龙"的假说,在《哲学研究》1998年第 9 期发表《论沈有鼎的"两个公孙龙"假说》,补充了沈有鼎的论据,指出了"两个公孙龙"假说的方法论意义和学术意义。(4)关于荀子。不少学者不仅对荀子名辩学说进行逻辑分析,而且高度评价了荀子在中国逻辑史上的地位。很多学者指出,荀子的"制名之枢要"对逻辑分类学说有贡献。但也有些学者认为,荀子对名学的方法毫无建树,至多只做了一点正名与推类的工作。关于荀子的辩说方法,有人认为是演绎法,有人认为也有归纳的倾向;有人认为荀子没有什么发明。有的学者承认荀子运用了同一律和矛盾律。(5)关于韩非。学者们肯定了韩非主张矛盾律的逻辑原理。指出矛盾之说是韩非逻辑思想的精髓。此外,这一时期的学者们还对孔子、老子、庄子、思孟学派的逻辑思想作了初步探讨。我们在研究中国古代逻辑思想的过程中可以参考各家的观点。各家的观点见仁见智,差别很大,有的截然对立。我们应当从原著出发,用现代逻辑和传统逻辑的工具进行分析,剔除大量的非逻辑的讨论,找出真正的属于逻辑的内容。

　　综览中国名辩逻辑的发展，我们可以看到有以下几个特点：（1）中国逻辑学除先秦《墨辩》和《荀子·正名》等著作外，以后没有逻辑专著问世，这与西方自亚里士多德《工具论》之后逻辑专著不绝如缕的情况大不相同。（2）中国逻辑学以名辩逻辑为主体，其内容是名、辞、说、辩的理论。（3）中国逻辑学的高峰是《墨辩》的名辩逻辑，在《墨辩》中有不少属于世界逻辑史上居于领先地位的理论。《墨辩》对世界逻辑学的发展做出了不朽的贡献。（4）与第一个特点相关，中国逻辑学自秦汉之后直至20世纪初未能得到发展。（5）印度因明和西方逻辑传入中国，成为中国逻辑史研究的一个组成部分，三大逻辑传统在中国交汇，这是世界逻辑发展史上的一个奇观。（6）中国古代的名辩逻辑在近现代得到了复兴，名辩学传统得以继承和发扬。

论金岳霖先生的《逻辑》[*]

金岳霖先生 20 世纪 30 年代在清华大学讲授逻辑，授课的讲义于 1935 年由清华大学出版部出版，书名《逻辑》；1936 年作为《大学丛书》由商务印书馆出版，1937 年重印；1961 年编入《逻辑丛刊》由三联书店出版，1962 年第 2 次印刷，1978 年第 3 次印刷，1982 年第 4 次印刷。该书开辟了我国逻辑教学与研究的现代化道路。

《逻辑》一书分四个部分。第一部分是传统的演绎逻辑，第二部分是对传统逻辑的批评，第三部分是介绍《数学原理》的系统，第四部分是讨论逻辑系统的种种问题。今天我们重读这部著作，深感它不但具有伟大的历史意义，而且具有重要的现实意义。我想提出以下几点。

第一，金岳霖先生运用布尔代数、文恩图解和数理逻辑的工具对直接推理（包括对当关系、换质换位）和三段论进行了详细的研究，揭示了传统逻辑的局限性。传统逻辑的直接推理和三段论都与四种直言命题的主词存在问题（即主词所代表的类是否是空类）有关。金岳霖先生说："所谓主词存在问题不是事实上主词所代表的东西究竟存在与否，而是这些命题对于这些东西的存在与不存在的态度。这个态度影响到各命题的意义与它们彼此的

---

　* 2005 年 8 月金岳霖先生诞辰 110 周年纪念大会论文，原载《哲学研究》2005 年增刊。

关系。"①

他对传统的 A、E、I、O 四种直言命题讨论了四种情况，按照这四种情况，直接推理和三段论就有不同的形式。

1. 以 A、E、I、O 为不假设主词存在的命题，即主词存在与否与这些命题的真假不相干，记为 A_n、E_n、I_n、O_n。这时，传统的差等关系、下反对关系成立，传统的矛盾关系变为下反对关系，传统的反对关系变为独立关系即没有传统的任一对当关系。在换质换位中，A_n 和 I_n 不能换位。在三段论 19 个式（不含差等式）中，第一、第二两格的 8 个式有效，第三、第四两格之式除 $A_n E_n E_n$ 外均无效。

2. 以 A、E、I、O 为肯定主词存在的命题，如果主词不存在，它们都是假的，记为 A_c、E_c、I_c、O_c。这时，传统的差等和反对关系成立，矛盾关系变为反对关系，下反对关系变为独立关系。在换质换位中，E_c 的换位不正确。在三段论 19 个式（不含差等式）中，第一、第二两格的 8 个式有效，第四格 $A_c E_c E_c$ 无效，第三、第四两格其余各式均有效。

3. 以 A、E、I、O 为假设主词存在的命题，如果主词不存在，这些命题无意义，记为 A_h、E_h、I_h、O_h。这时，传统的对当关系全成立，但是在换质换位中，E_h 的换位不正确。这表明传统逻辑直接推论的两个部分之间不一致。在三段论 19 个式（不含差等式）中，第一、第二两格的 8 个式有效，第四格 $A_h E_h E_h$ 无效，第三、第四两格其余各式均有效。

4. 以 A、E 为不假设主词存在的命题，I、O 为肯定主词存在的命题，记为 A_n、E_n、I_c、O_c。这时，仅传统的矛盾关系成立，其余均为独立关系。在换质换位中，A_n 和 I_n 不能换位。在三段论 19 个式（不含差等式）中，第一、第二两格的 8 个式有效，第三

① 《金岳霖文集》第一卷，甘肃人民出版社 1995 年版，第 696 页。

格 $A_nA_nI_c$、$E_nA_nO_c$，第四格 $A_nA_nI_c$、$E_nA_nO_c$ 无效，第三、第四格其余 7 个式有效，共 15 个有效式。第四种解释就是经典逻辑演算的解释。

中世纪逻辑学家已经提出了一些方案来解决主词存在问题。例如，圣维赛特·福勒（St. Vincent Ferrer）就提出了两种方案：

（1）排除空类。在三段论中，每一个词项必须代表存在的东西。

（2）对于差等关系来说，主词必须有人称指代（Suppositio Personalis），就是说主词必须代表一些个体或者一个个体，要代表实际存在的东西。如"每个人跑，所以苏格拉底跑，并且柏拉图跑"，"每个人是动物，所以柏拉图是动物，等等"。

在数理逻辑兴起之后，一些数理逻辑学家用布尔代数、经典逻辑演算来处理主词存在问题。金岳霖先生在继承前人成果的基础上，对四种直言命题的涵义做了创新的研究，使我们看到传统的 A、E、I、O 不是第一种、第二种和第四种解释，传统的直接推理和三段论与这三种解释之下的直接推理和三段论有很多不同之处。只有第三种解释即假设主词存在的解释很接近传统的解释，只有两点不同：（1）E_h 的换位不正确；（2）第四格 $A_hE_hE_h$ 无效。这两个缺点可以通过修改假设主词存在的解释而除去。金岳霖先生对 A_h、E_h、I_h、O_h 的定义是："A_h、E_h、I_h、O_h 是以主词的存在为条件的命题，如果主词不存在，则这些命题根本用不着说，或简单的说它们无意义。""如 S 不存在，四个命题无所谓真假，它们有真假的时候，S 存在。"[①] 笔者认为，根据这样的定义，假设主词存在的命题就是预设主词存在的命题。A、E、I、O 预设主词存在，当且仅当，若 A、E、I、O 真则主词存在，并且若 A、E、I、O 假则主词存在。也就是说，主词存在是 A、E、I、O 有真假

---

① 《金岳霖文集》第一卷，第 714 页。

的必要条件，如果主词不存在，则 A、E、I、O 无真假可言。由此可见，金岳霖先生对假设主词存在的定义同预设主词存在的定义是完全一致的。但是，《逻辑》一书对假设主词存在的命题所作的语言表示或公式表示是不正确的，所以产生了上面所说的两个缺点。《逻辑》一书对 A_h、E_h、I_h、O_h 的语言表示和公式表示是：

我们仍用 A_h、E_h、I_h、O_h 表示预设主词存在的命题。根据预设主词存在的定义，若 A_h、E_h、I_h 和 O_h 真，则 $S \neq 0$；若 A_h、E_h、I_h 和 O_h 假，则 $S \neq 0$。由于 A_h、E_h、I_h 和 O_h 总是或真或假的，因而可以逻辑地推出：$S \neq 0$。由此可见，$S \neq 0$ 只是一个预设，不应放在 A_h、E_h、I_h 和 O_h 这几个命题的内容里面，不应把它作为假言命题的前件。怎样处理以 A_h、E_h、I_h 和 O_h 为基础的推理呢？这就要在推理的过程中，把前提和结论的所有预设都放在整个推理的最前面，作为前提的组成部分。在这样的情况下，传统的直接推理和三段论都成立。我们现在用这样的办法来处理上述两个问题。

（1）E_h 的换位成立，即 SE_hP 推出 PE_hS，这就是以下推理：

$S \neq 0$ 并且 $P \neq 0$ 并且 SE_hP 推出 PE_hS，也就是：

$S \neq 0$ 并且 $P \neq 0$ 并且 $SP = 0$ 推出 $PS = 0$。

（2）三段论第四格 $A_hE_hE_h$ 有效，即从 PA_hM 和 ME_hS 推出 SE_hP，这就是以下推理：

$P \neq 0$ 并且 $M \neq 0$ 并且 $S \neq 0$ 并且 PA_hM 和 ME_hS 推出 SE_hP，也就是：

$P \neq 0$ 并且 $M \neq 0$ 并且 $S \neq 0$ 并且 $P\overline{M} = 0$ 和 $MS = 0$ 推出 $SP = 0$。

仿此，其他的直接推理和三段论也成立。

　　为什么传统的四种直言命题预设主词存在呢？这是因为在传统的四种直言命题中，词项是普遍的，不是单独的，也不是空的，外延不是最大的，一个词项和它的矛盾词项都是存在的。在三段论中，同一个词项可作主项，也可作谓项，因此忽略了单独词项。这是传统逻辑的特点，由此决定了四种直言命题是预设主词存在的。金岳霖先生在 1936 年对主词存在问题的研究深刻地揭示了四种直言命题的涵义，实际上提出了传统的四种直言命题是预设主词存在的命题，从而深刻地揭示了传统的直接推理和三段论的本质。这是金岳霖先生的历史功绩。在金岳霖先生之后，也有一些逻辑学家研究主项存在问题，如英国逻辑学家斯特劳逊在 1952 年的《逻辑理论引论》中，对 A、E、I、O 做了几种解释，专门讨论了 A、E、I、O 的预设问题。金岳霖先生的论述比斯特劳逊的论述要早 15 年。

　　如何用现代逻辑来表述传统的直言命题 A、E、I、O，这是一个值得探讨的问题。上述金岳霖先生提出的第四方案实际上就是经典逻辑演算的处理方案，并不符合 A、E、I、O 原来的含义。卢卡西维茨把 A、E、I、O 处理成初始的二元函子，从而把亚里士多德的三段论变为带函子的命题演算，不符合亚里士多德三段论的本性。莫绍揆先生提出了一种处理办法，他说："亚里士多德显然是从 'S 是 P' 而得出 SAP，SEP，SIP，SOP 四种命题的……如果我们用符号表示 'S 是 P'，例如写成 'SWP'，（或 'WSP'）那么便有：

SAP 为 $\forall(SWP)$　　　（或 $\forall WSP$）

SEP 为 $\forall(\neg SWP)$　　（或 $\forall\neg WSP$）

SIP 为 $\exists(SWP)$　　　（或 $\exists WSP$）

SOP 为 $\exists(\neg SWP)$　　（或 $\exists\neg WSP$）

　　我们有：SAP $\rightarrow$ SIP，SEP $\rightarrow$ SOP 以及 $\neg$SAP $\leftrightarrow$ SOP，$\neg$SEP $\leftrightarrow$ SIP 等，可以说，目前一目谓词的一阶逻辑基本上全包括在内了。

唯一不同的是：它对公式（语句）只限于 WSP 形，而且认为 S，P 等都是一元谓词，当前面冠以∀，∃时，便自动地对两者一齐约束（即理解为∀xW（S（x）P（x）），∃xW（S（x）P（x））），从而排除了冠两个量词的可能（即未考虑到∀x∃yW（S（x）P（y））等等）。"① 我对莫绍揆先生的处理办法作了改进，把原子谓词"S 是 P"用符号表示为"S－P"，在前面加上全称号和特称号：

　　SAP 为∀（S－P），

　　SEP 为∀¬（S－P），

　　SIP 为∃（S－P），

　　SOP 为∃¬（S－P）。

在这里，S 和 P 是一元谓词，S－P 是复合的原子一元谓词。∀（S－P）理解为∀x（Sx－Px）或∀x'（S－P）（x），读为：对一切 x 而言，它是 S 就是 P。对 E、I、O 的解释仿此。采用这种处理办法，就可使三段论系统成为一种特殊的一元谓词逻辑系统，符合四种直言命题预设主词存在的要求，因为在一阶谓词演算中，∀xFx、∀x¬Fx、∃xFx、∃x¬Fx 这四个公式之间的对当关系是：从∀xFx 可得到∃xFx（如果所有 x 是 F 则有 x 是 F），用复合的谓词 S－P 代入 F，从∀（S－P）自然可以得到∃（S－P）（即从"所有 S 是 P"可得到"有 S 是 P"）。笔者在此基础上构造了一个树枝形的直言三段论系统和一个树枝形的模态三段论系统，采用这种处理办法为必然模态三段论的可能世界语义学奠定了基础。②

　　第二，金岳霖先生指出，传统逻辑的范围太狭，只限于讨论主宾词式的命题和主宾词式的三段论，其他如类的三段论、关系的三段论、命题的三段论均不在传统逻辑的范围之内。如果把传

---

　　① 《金岳霖学术思想研究》，四川人民出版社 1987 年版，第 268—269 页。

　　② 参见拙作《从现代逻辑观点看亚里士多德的三段论》，《哲学研究》1985 年第 5 期；《亚里士多德模态逻辑的现代解释》，《哲学研究》1990 年第 1 期。

统三段论当作类的包含关系看待，有时一类包含在另一类的关系与一分子属于一类的关系相混淆。假言推理根据于蕴涵关系，而蕴涵关系有许多不同的种类，传统逻辑没有把各种不同的蕴涵关系弄清楚。

第三，《逻辑》一书的第三部分首先在中国引进怀特海和罗素的《数学原理》，向中国学术界介绍了书中的命题演算、谓词演算、类演算和关系演算。第四部分首先在中国学术界讨论了逻辑系统的种种理论问题，如讨论了一致性（无矛盾性）、完全性和独立性等元逻辑性质，讨论了逻辑系统的特点、逻辑系统的基本概念与命题等逻辑哲学问题。金岳霖先生说："第三第四两部所要表示如下：1. 传统逻辑的各部分彼此不相关联，不是一个整个的系统，但可以容纳于一个整个的系统之内；2. 整个系统可以表示逻辑各部分的关联，且可以表示它们出于一源；3. 整个系统的各部分有些非传统逻辑之所能有，所以范围广；4. 整个演绎系统的命题，除所谓基本概念与基本命题之外，均有证明，所以形式严格而表面上相似的命题不至于相混。"[①]

第四，金岳霖先生最早把非经典逻辑引入中国，开非经典逻辑研究的先河。他在《逻辑》一书中论述了四种蕴涵：真值蕴涵、形式蕴涵、严格蕴涵和穆尔（moore）的蕴涵（entailment）。前两种是经典逻辑的蕴涵，后两种是非经典逻辑的蕴涵。金岳霖先生讨论了严格蕴涵的定义："p 严格蕴涵 q，就是说 p 是真的而 q 是假的是不可能的"，指出"不可能"的意义不是"矛盾"，也不是"不一致"，而是路易斯系统的基本概念，列举了不可能命题严格蕴涵任何命题、必然命题被任何命题所严格蕴涵等怪论，提出了严格蕴涵的实质：严格蕴涵虽可以是而不必是意义上的蕴涵。关于穆尔蕴涵（entailment），金岳霖先生说："设有两个命题 p，q，

① 《金岳霖文集》第一卷，第 765 页。

而它们有时有一种关系使我们可以说 'q 可以由 p 推论出来'，穆尔蕴涵就是与 '可以推论出来' 这一关系倒过来的关系。"① 金岳霖先生举的例子是："这本书是有颜色的" 这一命题可以由 "这本书是红的" 推论出来；"孔子是人" 可以由 "所有有理性的都是人" 与 "孔子是有理性的" 这两命题联合起来的命题推论出来。因此，"这本书是红的" 蕴涵（entails）"这本书是有颜色的"；"所有有理性的都是人" 与 "孔子是有理性的" 蕴涵（entails）"孔子是人"。金岳霖先生指出，这种蕴涵没有真值蕴涵的怪论，也没有严格蕴涵的怪论，是一种意义方面的蕴涵。此外，金岳霖先生最早把多值逻辑引入中国，他说："逻辑系统可以视为可能的分类。把可能的分类引用到命题上去，就是命题的值的问题。命题有多少值要看我们预备把可能分为多少类。如果我们把可能分为两类，命题有两值。如果我们把可能分为三类或 n 类，命题有三值或 n 值。"②

金岳霖先生所介绍的穆尔蕴涵后来有很大的进展，发展为相干逻辑和衍推逻辑。1956 年，阿克曼提出了 "严密蕴涵" 的概念，A 严密蕴涵 B 表达了 A 和 B 之间的一种逻辑关系，使得 B 的内容是 A 的内容的一部分，而同 A 的真值没有关系。这实际上就是相干蕴涵（relevance），阿克曼以 "严密蕴涵" 的概念为基础，建立了严密蕴涵的系统 π'，这实际上是第一个相干逻辑的系统。1958 年和 1962 年，安德森和贝尔纳普修改了阿克曼的严密蕴涵系统，建立了第一个衍推（entailment）逻辑系统 E，他们还在 60 年代建立了相干逻辑系统 R。R 和 E 都是相干逻辑，它们都遵循相干原理，即如果 A 相干蕴涵 B，则 A 和 B 至少有一个共同的命题变元。R 和 E 的不同在于，E 不但是相干逻辑，而且还是模态逻辑，如果 A 衍推（entails）B，不仅 A 相干蕴涵 B，而且具有必然

① 《金岳霖文集》第一卷，第 877 页。
② 同上书，第 893 页。

性。因此，衍推不仅要求和后件相干（前件和后件至少有一个共同的命题变元），而且要求前后件之间有必然的联系，因此可以说，衍推是相干蕴涵和严格蕴涵的有机结合。相干逻辑 R 排除了"真命题为任一命题所蕴涵"等怪论，也就是说排除了"不相干的谬误"，但不能排除"由一个实然命题推出一个必然命题"的"模态谬误"。衍推逻辑 E 不但排除了"不相干的谬误"，而且排除了"模态谬误"。

综上所说，金岳霖先生的《逻辑》一书开辟了我国逻辑教学和研究的现代化道路，具有不朽的历史功勋。70 年来特别是近 20 多年以来，中国逻辑学者沿着这条光辉大道初步实现了逻辑教学和研究的现代化，与国际逻辑教学和研究的水平初步接轨，现在，正在为全面实现我国逻辑教学与研究的现代化、与国际逻辑教学和研究的水平全面接轨努力奋斗。在这样的时刻，重读金岳霖先生的《逻辑》一书，具有极其重要的现实意义。让我们沿着金岳霖先生开辟的逻辑教学和研究的现代化道路奋勇前进！

论沈有鼎的"两个公孙龙"假说[*]

沈有鼎（1908—1989）是我国现代著名逻辑学家和哲学家。他学贯古今中西，在数理逻辑、中国逻辑史、中国哲学史和西方哲学诸领域都取得了流芳百世的成果，特别是他发现的几个集合论悖论和语义悖论已被国际逻辑界命名为"沈有鼎悖论"而载入世界逻辑史册。今年是有鼎师诞辰 90 周年，谨撰此文以表深切的怀念之情。

一　"两个公孙龙"假说的由来

"两个公孙龙"的假说同"先秦的公孙龙有两个"是两个既有联系而又根本不同的问题。"两个公孙龙"假说是沈有鼎于1978 年第一次全面、系统地在中国学术界提出的科学假说。他根据一些材料提出："《庄子》《吕氏春秋》《淮南子》以及稍后的司马迁、扬雄、王充在提到公孙龙时都不说公孙龙曾举起'正名'的旗帜。若真有其事，必遭到更严厉的驳斥，但完全不见记载。举'正名'旗帜的公孙龙似乎是经过后人打扮的。……因此我们提出两个公孙龙的假设：一个是历史上的公孙龙，生活在战国末期。另一个是经过晋代人改造过的公孙龙。历史上的公孙龙在当时遭到道家和儒家的排斥，但因兒说、公孙龙的'白马非马'的

---

* 原载《哲学研究》1998 年第 9 期。

学说本来可以引申出'正名'的意思，于是改造过的公孙龙就直接举起了法家、儒家用的'正名'的旗帜。"① 为避免把"两个公孙龙"的假说同"先秦的公孙龙有两个"的问题相混淆，我们先略述后一个问题。所谓"先秦的公孙龙有两个"是指这样一种传统说法：一个是孔子弟子公孙龙，字子石，少孔子53岁；一个是战国末的辩者公孙龙。沈有鼎对这种传统说法，进行了考证，指出："先秦是否有两个有名的公孙龙，还是只有一个？这问题牵涉到另一个问题：《盐铁论·箴石》中的'公孙龙'和'子石'是一人还是二人？"② 沈有鼎通过考证认为，《盐铁论》的"公孙龙"和"子石"是一人，即孔子弟子公孙龙，不是战国末的辩者公孙龙。这就是说，沈有鼎是支持"先秦的公孙龙有两个"的传统说法的。"两个公孙龙"的假说是在明确了"先秦的公孙龙有两个"之后专门对辩者公孙龙及现行《公孙龙子》一书进行研究之后而提出来的。这是两个不同的问题。

　　"两个公孙龙"的假说最早源于"《公孙龙子》伪书说"，至少可以追溯到清姚际恒《古今伪书考》："《汉志》所载，而《隋志》无之，其为后人伪作无疑。"这只是一个说法，非常简单笼统。沈有鼎认为，他的假说的出发点是近人黄云眉之说："然今出《公孙龙子》六篇，果否出自公孙龙之手，则殊可疑。据《汉志》，《公孙龙子》十四篇……今书由十四篇减为六篇，而第一篇……明为后人所加之传略，则六篇只得五篇矣。第七以下皆亡。第二至第六五篇，每篇就题申绎，累变不穷，无愧博辩；然公孙龙之重要学说，几尽括于五篇之中，则第七以下等篇又何言耶？虽据诸书所记，五篇之外，不无未宣之余义，然又安能铺陈至八九篇之多耶？以此之故，吾终疑为后人研究名学者附会《庄》

---

① 《沈有鼎文集》，人民出版社1992版，第270—271页。
② 同上书，第443页。

《列》《墨子》之书而成，非公孙龙之原书矣！"① 沈有鼎认为，黄云眉的这段话"每字每句都有分量"，是"精辟的论断"。沈有鼎的假说主要发挥了黄云眉的论断。

在由黄云眉的观点进一步发展为"两个公孙龙"假说的过程中，唐钺的看法起了关键的作用。主要有3点：（1）现在流行的《公孙龙子》是晋代学者的集体创作；（2）在创作过程中有所凭借，即除了《墨经》《庄子》之外，还凭借国家图书馆中或私人所保存的《公孙龙子》原书破烂不堪的残篇；（3）现行《公孙龙子》里只有《白马论》一篇是公孙龙原著。唐钺的这些观点只是沈有鼎的转述，不见原文。唐钺原是北京大学哲学系心理学教授，与沈有鼎同过事。笔者猜想沈有鼎是在与唐钺的私人切磋中而得知这些观点的。

但是，黄云眉和唐钺的说法只是一种看法，并无严格的论证，而且还未区分出两个公孙龙。沈有鼎的假说就是在综合他们看法的基础上进一步加以修正和论证而提出来的。

二　"两个公孙龙"假说的论据

沈有鼎有关"两个公孙龙"假说的文章共9篇（载《沈有鼎文集》），历时约30年。今把沈有鼎"两个公孙龙"假说的论据综述如下，并补充几个论据。

（一）从战国末到东汉的典籍表明战国末的公孙龙是一个辩者（诡论家）

沈有鼎选择从战国末到东汉的典籍来考察，是因为这时期《汉志》所著录的"《公孙龙子》十四篇"产生以后尚未亡佚，而

---

① 黄云眉：《古今伪书考补证》，齐鲁书社1980年版。黄云眉（1897—1977）为著名历史学家、明清史专家。

到了西晋，鲁胜《墨辩注叙》说："自邓析至秦时名家者，世有篇籍，率颇难知，后学莫复传习。于今五百余岁，遂亡绝。《墨辩》有上下经，经各有说，凡四篇。与其书众篇连第，故独存。"这里所说的"名家者"就是《汉志》所说的"名七家，三十六篇"，其中包括《公孙龙子》十四篇，在西晋时已"亡绝"。

1. 据《庄子·天下篇》，公孙龙的辩论技巧和辩论作风是"饰人之心，易人之意，能胜人之口，不能服人之心"。对此作风，思孟学派的邹衍批评公孙龙的"白马非马"之辩是"烦文以相假，饰辞以相悖，巧譬以相移，引人声使不得及其忘，如此害大道"（刘向：《别录》，《史记集解·平原君传》引）。《吕氏春秋》记载，平原君听取了公孙龙的"臧三耳"的论辩，认为"公孙龙之言甚辩"。《史记·平原君传》说平原君优待公孙龙，认为他善为"坚白"之辩。

2. 《淮南子·诠言训》是对公孙龙否定的："公孙龙粲于辞而贸名。"高诱注说："公孙龙以'白马非马'、'冰不寒'、'炭不热'为论，故曰'贸'也。""贸名"即"乱名"。《淮南子·齐俗训》对公孙龙也是否定的："公孙龙析辩抗辞，别同异，离坚白，不可与众同道也。"

3. 扬雄《法言·吾子篇》说："或问公孙龙诡辞数万，以为法，法欤？曰：断木为棋，梡革为鞠，亦皆有法焉。不合乎先王之法者，君子不法也。"近人王琯《公孙龙子悬解·叙录》说："扬子《法言》称龙诡辞数万，似当时完本，为字甚富。"公孙龙离开赵国后，专事著述，成14篇之多，字数当然甚富。扬雄的话告诉我们，扬雄虽认为公孙龙的诡辞不合先王之法，是君子所不当法，但也承认这些诡论具有像博弈那样的严格规矩。

4. 同《法言》一样，《庄子》《论衡》也都表明公孙龙的诡论是不简单的。《庄子·秋水篇》讲了一段公孙龙与魏牟（公子牟）的故事，魏牟以轻蔑的态度说公孙龙"规规然而求之以察，索之以辩",从反面说明公孙龙的诡论是"求索"真理的工具。王充在《论衡·按书篇》中说:"公孙龙著'坚白'之论。析言剖辞,务曲折之言,无道理之较,无益于治。"可见公孙龙的学说本来是以"坚白论"为中心的。

5. 东汉桓谭《新论》说:"公孙龙,六国时辩士也。为'坚白'之论,假物取譬。谓白马为非马。非马者,言'白'所以名色,'马'所以名形也;色非形,形非色。"沈有鼎认为这里所引无疑有《公孙龙子》14篇的原文在内。关于"白马非马"的发明权,《韩非子·外储说左上》认为是宋人儿说。

综上所说,根据较早文献的记载,战国末的公孙龙是一个辩者,一个诡论家。

(二) 今本《公孙龙子》6篇不是辩者公孙龙的著作,而是晋代人的集体创作

1. 晋代人有能力编成现行的《公孙龙子》。沈有鼎举出证据说,晋代有一个"文艺复兴"。鲁胜的《墨辩注》是一个标志。《墨经》的旁行本也是晋代的产物。晋代人不仅对《墨经》发生很大的兴趣,而且根据记载,对公孙龙也有研究。但是,鲁胜说:名家的篇籍除《墨辩》外都"亡绝"了。如果是这样的情况,那么晋代人对公孙龙的研究就不是根据公孙龙的原著,而是根据当时可能还很丰富的关于公孙龙的记载了。另外,晋代人有很高的编书水平。现行的《列子》和《古文尚书》就是晋代人根据大量材料编成的。

2. 东晋张湛在《列子·仲尼篇》"白马非马"句下注释说:"此论现存,多有辩之者。辩之者皆不弘通,故阙而不论也。"这话显然和鲁胜所说的《公孙龙子》14篇"亡绝"的话相矛盾。沈有鼎为解决这个矛盾,引《世说新语·文学篇》的一段记载:"谢安年少时,请阮光禄道白马论。为论以示谢。于是谢不即解阮

语，重相咨尽。阮乃叹曰：'非但能言人不可得，正索解人亦不可
得。'"沈有鼎认为"请阮光禄道白马论"一句可以有不同的解
释。第一种解释是：公孙龙的《白马论》现存，阮裕又自己写了
一篇讲义，解释公孙龙的《白马论》。第二种解释是：公孙龙的
"白马之论"原著已不存，阮裕只是按自己的体会拟了一篇《白
马论》当作讲义。沈有鼎认为第二种解释比较合理，并作出推断：
现行《公孙龙子·白马论》就是阮裕所拟以示谢安的论。理由除
鲁胜所说的名家篇籍除《墨辩》外都已亡绝以外，还有以下 5 条：
（1）《世说新语》下文只说谢安看了阮裕所作的论后"重相咨
尽"，即重复地赞赏了半天，一字不提公孙龙的原论。（2）阮裕
对自己的讲义非常得意，叹息说："非但能言人不可得，正索解人
亦不可得。"这就表明，阮裕的《白马论》对当时公孙龙的"白
马非马之辩"的内容做了增补。（3）现行《公孙龙子》5 篇论中，
《白马论》的论证异常细密，不同于其他 4 篇，这至少说明《白马
论》和其他 4 篇不是出于一人之手。魏晋人的著作有许多是单篇，
张湛所说《白马论》现存指的是单篇，一字没有提到公孙龙有其
他著作现存。（4）现行《白马论》通篇不用术语，而理论深入，
主旨亦非诡辩，魏晋人是能够达到这样一个逻辑水平的。（5）张
湛说了"此论现存"，立即加上一句"多有辩之者"。这样，"多
有辩之者"事实上减弱了"此论现存"的肯定语气。许多人对
《白马论》作了考辨，有的人怀疑现存的《白马论》不是公孙龙
的著作，也可能有人指出它是阮裕的著作。张湛认为这些考辨家
"皆不弘通，故阙而不论"。

　　3. 现行的、6 篇齐全的《公孙龙子》是从唐高宗时的王师政
才流行于世的（见《文苑英华》七百五十八，唐无名氏《拟公孙
龙子论序》）。唐太宗时成玄英作《庄子疏》，只提到公孙龙的
《守白论》和《白马论》。《守白论》就是《隋志》著录并列入道
家的《守白论》一卷。《隋志》未列《公孙龙子》书名。"守白"

二字，根据成《疏》及桓谭《新论》，乃是"坚白"之讹。这一卷《守白论》包括《坚白论》，不一定包括《白马论》，但可能包括《迹府》。《齐物论》"坚白之昧"句下成《疏》说："白，即公孙龙《守白、白①马论》也。"这里《守白论》《白马论》并举，可见《守白论》一卷虽包括《坚白论》，却不包括《白马论》。沈有鼎认为，《迹府》很可能是《守白论》的首篇或末篇。《迹府》详论"白马"，可能正因为《白马论》不在《守白论》一卷之中。《守白论》一卷不包括《指物论》。《指物论》是晋人所作，这位作者受《坚白论》的影响很深，又把"指"字不解释为《齐物论》中所意谓的手指而解释为坚、白等一般属性。这可以举《指物论》的"指者天下之所兼"和《坚白论》的"物坚焉，不定其所坚"和"不定者兼"为证。成玄英《庄子疏》不提《指物论》，因为当时没有人认为公孙龙有《指物论》的著作。沈有鼎猜测，《指物论》的作者是西晋末的爰俞。《三国志邓艾传注》关于邓艾的同时人爰邵，引荀绰《冀州记》说："邵……长子翰……翰子俞，字世都，清贞贵素，辩于论议。采公孙龙之辞，以谈微理。"爰邵已是三国末的人，那么他的孙子爰俞是西晋人了。假定爰俞是《指物论》的作者，他采公孙龙之辞有两方面：①"指非指"是辩者二十一事中的"指不至"的另一提法，而通常把辩者的"指不至"等命题归于公孙龙。②"指"字的特殊用法虽是爰俞自己的，但也是从《坚白论》体会出来的，而《坚白论》是发挥公孙龙的"离坚白"思想的。此外，《指物论》的作者看到《庄子·齐物论》中的"以指喻指之非指也"和"天地一指也"，才想到用"物莫非指"和"指非指"作为论题来写一篇文章。"物莫非指，而指非指"是"合同异"型的。《指物论》的作者从公孙龙的思想出发，走到了公孙龙的反面。

_____

　　① 沈有鼎加了一个说明："两'白'字旧脱一字，这类脱误是古书经常发生的。"见《沈有鼎文集》第 494 页。

4.《守白论》一卷，除《迹府》外，包括《通变论》《坚白论》《名实论》3 篇。

《迹府》显然是后人写的，学术界的看法是一致的。但它是何时写成的，则有不同看法。有人认为，它成篇不早于秦统一或说在秦统一之后。沈有鼎认为，《迹府》是晋代人的作品，但没有进行论证。这里我补充两个论据：（1）《迹府》篇引了东汉桓谭的《新论》，只不过把"坚白"二字改为"守白"。（2）《迹府》篇从"龙与孔穿会赵平原君家。穿曰：'素闻先生高谊，愿为弟子久，但不取先生以白马为非马耳！请去此术，则穿请为弟子。"直至结尾，与《孔丛子·公孙龙》的内容相同，且词句基本一样，区别在于：第一，《迹府》中有重复的段落，关于"先教而后师"的论述前后重复，关于"穿请为弟子"的论述也有两段。第二，两篇中段落的次序不尽相同。第三，《孔丛子·公孙龙》的记载比《迹府》篇的内容多。《孔丛子》一书托名秦孔鲋编，疑系三国魏王肃伪作。由上所说，《迹府》的作者不止一人，完全是抄东汉桓谭《新论》和三国魏王肃《孔丛子·公孙龙》而成，不能早于晋代。

现有《公孙龙子》5 篇论中，《坚白论》《名实论》和《通变论》3 篇有一个共同点，即都包括大量的《墨经》词句，但多数和《墨经》的原意不符。据此可以推测，这 3 篇是熟读《墨经》的人编的，时间是在鲁胜作《墨辩注》以后。沈有鼎举了 3 个例子：

（1）《坚白论》："无坚得白，其举也二。"《墨经》的"无久与宇坚白"一条，《说》文是："无。坚得白必相盈也。"这里的"无"是牒《经》字，不和下文相连。《坚白论》把"无"连下文读，就成了"无坚得白"之句。沈有鼎说："如果现行《坚白论》是公孙龙的著作，那末或者是《墨经》抄了公孙龙，或者是公孙龙抄了《墨经》。但在《墨经》'无'只是牒字，所以不可能从公孙龙抄来；相反，是公孙龙抄了《墨经》，并且抄错了。"①
"《坚白论》下文接着说：'视不得其所坚而得其所白者，无坚
也。'因为'无坚'两字费解，所以加上这句注解。这更表明是
公孙龙从《墨经》抄来了'无坚得白'这个句子。"② 即使"无"
不是牒字，把此处《经说》的这句话读为："抚坚得白，必相盈
也。"这样还是公孙龙抄错了《墨经》。

（2）《坚白论》："于石，一也；坚、白，二也，而在于石。"
这是引《经说》："于。石，一也；坚、白，二也，而在石。"
"于"是牒《经》字。引《墨经》连牒字都引上，真不成话。如
果现行《坚白论》是公孙龙的著作，那么可以说，因为公孙龙不
知道《经说》有牒字的通例，所以引作"于石，一也"，和下文
的"而在于石"意思重复，不完全符合《墨经》的原意。

以上二例都说明：如果现行《坚白论》是公孙龙的著作，那
么公孙龙抄错了《墨经》。公孙龙因为不知道《经说》牒字的通
例，所以错引了《墨经》。但是沈有鼎提出："第一，公孙龙的时
代去《墨经》的时代不会太远，公孙龙既要引《墨经》，总不至
于不知道《经说》牒字的通例，因而引错了。第二，先秦的诡辩
家和墨家各有各的传统，不相承袭，也无所假借，交锋也只是对
话，著书辩论也只要用说话的形式，用不着引书。引书并且引错
的作法，只显得公孙龙低能，实在没有必要。因此，宁可说是晋
代的学者不知道《经说》的这一条通例，所以编书时错引了《墨
经》，这是合情理的。"③

（3）《坚白论》："若白者必白，则不白物而白焉。""若白者
必白"五字也见于《墨经》，意为"凡和白东西的颜色相同者必
定是白的"，同《坚白论》中的辞义完全不同。这表明晋代的学

①　《沈有鼎文集》，第 407、505 页。
②　同上书，第 408、505 页。
③　同上书，第 409、505—506 页。

者引用《墨经》并不拘限于辞义。

这里我补充两个例子：

（1）《通变论》："羊与牛唯异，羊有齿，牛无齿，而牛之非羊也、羊之非牛也，未可。是不俱有而或类焉。羊有角，牛有角，牛之而羊也、羊之而牛也，未可。是俱有而类之不同也。羊牛有角，马无角，马有尾，羊牛无尾，故曰羊合牛非马也。……举是乱名，是狂举。"这一段占《通变论》的六分之一，显然来自《墨经·经下》："狂举不可以知异，说在有不可"，和《墨经·经说下》："狂。牛与马虽异，以牛有齿，马有尾，说牛之非马也，不可。是俱有，不偏有偏无有。曰：'牛与马不类，用牛有角马无角，是类不同也。'若举牛有角、马无角，以是为类之不同也，是狂举也。犹牛有齿马有尾"。可见，在《通变论》的这段话中抄了《墨经》的"狂举""类"等概念。但《墨经》是要区分类的不同，反对错误的分类，论述正确；《通变论》则是要论证"羊合牛非马"即"二非一"，其中有不少逻辑错误，一会儿认为羊牛是同类，一会儿又认为不是同类。可见，是《通变论》抄了《墨经》，而不是《墨经》抄《通变论》。

（2）《名实论》："其名正则唯乎其彼此焉。谓彼而彼不唯乎彼，则彼谓不行；谓此而此不唯乎此，则此谓不行。其以当不当也。不当而当，乱也。故彼彼当乎彼，则唯乎彼，其谓行彼；此此当乎此，则唯乎此，其谓行此。其以当而当也。以当而当，正也。故彼彼止于彼，此此止于此，可。彼此而彼且此，此彼而此且彼，不可。夫名，实谓也。"这一段话占《名实论》的二分之一，反映了晋代人的正名观，他们让他们心目中的公孙龙举起了"正名"的旗帜。我以为这段话是对《墨经》中的下几段话的改造："所以谓，名也。所谓，实也。"（《墨经·经说上》）"谓者毋惟乎其谓。彼犹惟乎其谓，则吾谓不行。彼若不惟其谓，则无不行也。"（《墨经·经说下》）"彼彼此此与彼此同，说在异。"

（《墨经·经下》）"彼正名者彼此。彼此可：彼彼止于彼，此此止于此，彼此不可彼且此也。彼此亦可：彼此止于彼此。若是而彼此也，则彼亦且此也。"（《墨经·经说下》）对比二者，显然可见：《名实论》的这一段话几乎全抄自《墨经》，很多词语都相同，但是它们的涵义却完全不同。据《墨经》，"谓"是"名"与"实"之间的关系，"名"是"所以谓"，"实"是"所谓"；私名是一名"谓"一实，类名所"谓"的对象并非唯一的，如"马"可以"谓"这匹马，也可以"谓"那匹马，可以"谓"白马，也可以"谓"黄马。"谓"这个概念到了《名实论》里只限于一名专"谓"一实的关系。此外，"彼彼止于彼，此此止于此"等句在《墨经》中是对二名并举的处理，"彼彼"只是"彼"，"此此"只是"此"，如说"马马"等于说"马"。"彼此不可彼且此"，如说"牛马"不等于说"牛"，也不等于说"马"，否则就是既"牛"且"马"。而在《名实论》中，"彼此"和"彼彼"或"此此"都是指一名专谓一实，与《墨经》中的意思大相径庭。

　　由以上二例可以看出：如果《通变论》和《名实论》是公孙龙的著作，那么或者是《墨经》抄了公孙龙，或者是公孙龙抄了《墨经》。但《墨经》关于"狂举不可以知异"的正确分类思想、关于私名和类名所"谓"的对象有所不同的思想、关于二名并举的处理，不可能抄自《通变论》中混乱的分类思想和《名实论》中排除类名的错误思想，只能是公孙龙抄《墨经》。但是公孙龙是先秦辩者的首领，他在论述自己的学说时竟然要大量引用《墨经》的述语和段落，使其著作《通变论》的六分之一、《名实论》的二分之一都抄自《墨经》，并且和《墨经》的原意不符，这简直是不可思议的。这种低能的首领形象完全同较早文献所记载的辩者公孙龙形象不同。因此，我们只能否定《通变论》和《名实论》是公孙龙的作品。我的补充论证到此为止，下面继续介绍沈有鼎的论据。

5. 《坚白论》《通变论》和《名实论》是由不同的人集体编串的，至少有三个人，每人负责编串一篇。《坚白论》完全用文学笔调写出，论证很不严格，前半篇和后半篇的学说没有必然的逻辑联系，过渡仅靠偷换论点，决不是公孙龙原著的样子。《坚白论》后半部提出了一个独特的本体论学说，即"自藏"的学说。这个学说在《墨经》的时代似乎尚未产生，《墨经》时代的"离坚白"学说似乎停止在《坚白论》前半部的辩论阶段。《坚白论》后半部又给了公孙龙一个道家的洗礼，这除了套用《庄子·齐物论》的句子外，还表现在提出"离也者天下，故独而正"，大大发展了《庄子》的独化思想，从而公孙龙被改造成道家。沈有鼎根据这些分析指出，《坚白论》的作者只能是晋代人，他疑心是爰俞编的，其根据还是爰俞"采公孙龙之辞，以谈微理"。沈有鼎只是"猜测"和"疑心"爰俞既是《坚白论》的作者又是《指物论》的作者，并未作肯定。这两论很特殊，所提出的关于"自藏"和"指"的理论是先秦所没有的我们完全有根据断定它们不是公孙龙所著，而是晋人所著，沈有鼎"猜测"和"疑心"爰俞是其作者，只是仅供参考而已。即使将来发现爰俞不是《坚白论》和《指物论》的作者，那也不能推翻沈有鼎关于这两论并非公孙龙所著而是晋人所著的论证。

关于《名实论》不是公孙龙的著作，沈有鼎从上引汉扬雄《法言》的话进行证明。《名实论》说："至矣哉古之明王！审其名实，慎其所谓。至矣哉古之明王！"如果公孙龙的学说是以先王为法的，那么扬雄的责备（"不合乎先王之法者，君子不法也"）就是无的放矢。如果《名实论》真在 14 篇内，而扬雄的意思是"公孙龙名为法先王，但实际不以先王为法"，那么扬雄就应该明白地这样说。否则当时读《法言》的人可以根据《名实论》作出推论：既然公孙龙的学说是以先王为法的，那就不一定"君子不法也"了，相反倒是该法的了。难道能文的扬雄不考虑到这个和他的原意相反的结果吗？由此可见，《名实论》肯定不在《公孙龙子》14 篇之内。另外，《庄子》《吕氏春秋》《淮南子》以及稍后的司马迁、扬雄、王充在提到公孙龙时都不说公孙龙曾举起"正名"的旗帜，相反，早期的《淮南子》说他"贸名"即"乱名"。如果《名实论》是公孙龙的著作，那么在东汉以前必有人大骂他"以正名为名，而以乱名为实"。但文献上完全不见有这样的记载。还有一点，《名实论》是从朴素唯物主义出发的，与公孙龙"离坚白"的唯心主义世界观是不相称的。总之，只有到了晋代，公孙龙才得到了改造，改造过后的公孙龙一方面有道家的色彩，一方面举起了"正名"的旗帜。

《通变论》两部分界限分明，一真一伪。第一部分是一个完整的诡辩，论题是"二无一"。这个诡辩在形式方面很严格，是诡辩学的模范作品。这一部分是公孙龙的原著残篇。第二部分即从第 111 字开始到末了，论题改为"二非一"，编者举了 4 个"二非一"的例子来凑数，弄得文不对题，与公孙龙"二无一"诡论的问答方法毫无相同之处。公孙龙决不会如此糊涂，因为"二非一"并不需要论证，也不能构成诡辩论题。沈有鼎认为，在《坚白论》《名实论》和《通变论》的编者中，《通变论》的编者水平最低。

6. 在编《公孙龙子》的过程中，除利用了当时流传的典籍《庄子》《墨经》等，还利用了一些破烂不堪的残存资料。例如，现行《坚白论》中有"藏三可乎？"一句，这是把残破资料中的"藏三耳"误认为"藏三可"。再如，现行《坚白论》对盈、离两派的界限划得很明确，而《墨经》却在形式上主客不分明，容易使人混淆。如果不是有一些一般看不到的资料，晋代人不见得能编出两派对辩的《坚白论》。公孙龙原著的一些残篇之所以可能在晋代出现，是因为有鲁胜著《墨辩注》，提倡研究《墨经》和公孙龙。

（三）除《通变论》，现行《公孙龙子》引申、发展了辩者公孙龙的一部分思想

沈有鼎认为，引申了的公孙龙究竟不能算诡论家公孙龙的本来面目，至少原来是"潜性的"东西，现在变成了"显性的"东西。从现行《公孙龙子》书来看，公孙龙不失为一位大哲学家。为什么这位大哲学家的思想在较早的典籍特别是《庄子·天下篇》里一点反映都没有呢？这是不合情理的。相反，较早的文献反映出来的公孙龙完全是另外一个面貌。合理的解释是，现行《公孙龙子》是在西晋鲁胜作《墨辩注》（当时原《公孙龙子》14 篇已"亡绝"）之后，由晋代人编的，其目的是为公孙龙翻案，使公孙龙成为理想的"至人"或刑名家。

沈有鼎的结论是："两个公孙龙当然有些相同的地方，但是也有很多不同的地方。一个是诡论家或'潜性的'哲学家，一个是'显性的'哲学家或逻辑理论家。前一个公孙龙不太叫人喜欢，但他有很多辩论技巧可以供人学习，可惜材料几乎没有了。后一个公孙龙受了道家的洗礼，是晋代刑名家按自己的形象改造过后的公孙龙。这个公孙龙比较令人喜欢，因为把诡论背后的哲学思想阐发出来了。两个公孙龙都有研究的价值。"①

三　"两个公孙龙"假说的意义

沈有鼎的"两个公孙龙"假说是沈有鼎一生最大的学术贡献之一。它全面系统地发展了学术界自清代以来的"《公孙龙子》伪书说"，第一次在中国学术界明确地区别了"两个公孙龙"，把对公孙龙的研究提高到一个新阶段。笔者认为，这个假说无论在

---

① 《沈有鼎文集》，第 461 页。

方法论方面还是在学术方面都具有重要意义，下面分别加以论述。

（一）方法论意义

沈有鼎提出"两个公孙龙"的假说决不是偶然的。他在1989年的一篇文章中说："我研究《墨经》、惠施、公孙龙，三四十年前就开始摸索。解放前我讲课虽然怀疑现行《公孙龙子》，但总觉得证据不够，因此仍把现行《公孙龙子》当作公孙龙原著处理。为了便于讲解《公孙龙子》的文义，这也是一个办法。我并且劝凡初摸《公孙龙子》的人都用这个办法，就是把五篇文章暂时看作公孙龙原著，以便集中注意力于文义的理解。但是这个态度只能维持一定的时间。既然已经看出现行《公孙龙子》有问题了，那么研究一定要深入下去，追问其究竟。"[1] 沈有鼎是一位严谨的大师，他有一套科学的研究方法，自觉地应用了假说方法。现在我把沈有鼎提出"两个公孙龙"假说的过程归纳如下：

1. 怀疑现行《公孙龙子》是公孙龙原著。

2. 在证据不足的情况下，暂且把现行《公孙龙子》当作公孙龙原著处理。

3. 进行单项研究，寻找突破口。他首先于1963年发表《〈指物论〉句解》，指出："《指物论》的作者不一定就是公孙龙。据我的推测，这位作者可能是先读了《庄子·齐物论》，看到'以指喻指之非指'和'天地一指也'两句话，才想到用'物莫非指'和'指非指'作为论题来写一篇文章的。关于作者的时代，我们现在不能作更具体的断定。这篇文字可能是假托公孙龙的。"[2] 这是"两个公孙龙"假说的第一步。

4. 对《公孙龙子》全书的编纂过程和特点进行了初步研究，获得了不少证据，于1978年正式提出"两个公孙龙"的假说。

---

[1]　《沈有鼎文集》，第462页。

[2]　同上书，第267页。

5. 对假说详加论证和考证。他采用了对比考证的办法，把战国末期到东汉典籍中公孙龙的形象同现行《公孙龙子》中公孙龙的形象进行对比，从而初步证明了"两个公孙龙"的假说。

沈有鼎从提出《指物论》非公孙龙所著（1963 年）到提出"两个公孙龙"假说（1978 年）经过 15 年，从提出假说到发表论证假说的最后一篇文章（1992 年）又经过了 14 年。

从沈有鼎提出"两个公孙龙"假说的过程可以看出，证据是假说的生命，根据证据提出假说，再根据证据初步证明假说，这应该是研究古籍的科学方法。

沈有鼎的"两个公孙龙"假说只是一个特殊的假说，现在我们从特殊上升到一般，来看一看假说在科学中的重要作用。恩格斯说："只要自然科学运用思维，它的发展形式就是假说。一个新的事实一旦被观察到，对同一类的事实的以往的说明方式便不能再用了。从这一刻起，需要使用新的说明方式——最初仅仅以有限数量的事实和观察为基础。进一步的观察材料会使这些假说纯化，排除一些，修正一些，直到最后以纯粹的形态形成定律。如果要等待材料去纯化到足以形成定律为止，那就是要在此以前使运用思维的研究停顿下来，而定律因此也就永远不会出现。"[1] 笔者认为，恩格斯的话完全适用于哲学社会科学，假说也是哲学社会科学的发展形式。例如，历史唯物主义原理起初是马克思、恩格斯在《共产党宣言》中提出的一个假说。列宁说："当然，这在那时暂且还只是一个假设，但是是一个第一次使人们有可能极科学地对待历史问题和社会问题的假设。"[2] 但是，历史唯物主义原理并没有停止在假说的阶段上，正如列宁所说："自从《资本论》问世以来，唯物主义历史观已经不是假设，而是科学地证明

①　《马克思恩格斯选集》第 4 卷，人民出版社 1995 年版，第 336—337 页。
②　《列宁选集》第 1 卷，人民出版社 1972 年版，第 7 页。

了的原理。"①

由上所说，笔者认为，沈有鼎的"两个公孙龙"假说是关于公孙龙研究的发展形式，是对公孙龙研究的一种新的说明方式。我相信，通过学术界的进一步研究，将会使这个假说得到纯化和修正，直到最后纯粹地构成新的关于公孙龙的理论。

（二）学术意义

在中国学术界，从来就有两种关于现行《公孙龙子》书的观点：一种是现行《公孙龙子》是公孙龙原著，另一种是现行《公孙龙子》不是公孙龙所著。但是，由于"《公孙龙子》伪书说"所举证据不足，论证不充分，一直在公孙龙子研究领域不成气候。沈有鼎提出的"两个公孙龙"假说，吸取了"《公孙龙子》伪书说"的精华，明确区分了"两个公孙龙"，并对这"两个公孙龙"的形象进行了详细的考证，对"现行《公孙龙子》非公孙龙所著而是晋人所著"做了令人信服的考证，从而使这个假说具有"《公孙龙子》伪书说"所不具有的科学形态。"两个公孙龙"假说的提出，结束了"现行《公孙龙子》是公孙龙原著"的理论一统天下的局面，使它也变成了假说，宣告了两个假说进入公平竞争的新阶段。这对于深入开展对公孙龙的研究实在是一大福音。

长期以来，在我国学者所写的关于公孙龙的专著或论文中，绝大多数都只讲"现行《公孙龙子》是公孙龙原著"，几乎没有论证，根本不提"现行《公孙龙子》伪书说"；有的提一下，随之加以否定。这种状况严重地阻碍了对公孙龙的深入研究。

"两个公孙龙"假说的提出向"现行《公孙龙子》是公孙龙原著"的假说提出了严重的挑战：今后再写关于公孙龙的文章不能再回避两个假说并存的局面，主张"现行《公孙龙子》是公孙

---

① 《列宁选集》第 1 卷，人民出版社 1972 年版，第 10 页。

龙原著"必须提出证据，也必须反驳沈有鼎的证据，否则就不能站稳脚跟。在现今的两个假说中，"现行《公孙龙子》是公孙龙原著"的假说，论证很不充分；相反，倒是沈有鼎的假说，论证十分充分，论据详尽，在论证过程中使用了强有力的逻辑推理（如反证法）。我在对《通变论》《名实论》引《墨经》的例子分析中也使用了反证法。

　　总之，随着"两个公孙龙"假说的提出，使"现行《公孙龙子》是公孙龙原著"和"两个公孙龙"这两个假说进入了公平竞争的新时期。多数人同意"现行《公孙龙子》是公孙龙原著"，这并不见得是真理，少数人同意"两个公孙龙"，这并不见得就是谬误。真理也许在少数人手里。这往往是科学真理发展的常情。随着研究的深入和资料的增多，两个假说在竞争的过程中，一方可以吸收另一方的合理内核，修正、发展自己，使之成为一个科学理论，使另一方退出历史舞台。我是"两个公孙龙"假说的支持者，当然希望沈有鼎的假说最终获得胜利。但是，即使将来有一天发现了强有力的证据，——驳倒了沈有鼎的证据，推翻了沈有鼎的假说，那也不能否定"两个公孙龙"假说的历史功绩。"两个公孙龙"的假说在公孙龙研究的历史中，无论是胜利抑或是失败，它都是一种促进剂，将永载公孙龙研究的史册。

　　周山在1997年12月出版的《绝学复苏》第二章第三节"《公孙龙子》考证"中，列举了两派观点，只引用了沈有鼎关于公孙龙的两篇文章（1978年和1981年的2篇），不提"两个公孙龙"的假说，似乎不知道沈有鼎还有7篇论公孙龙的文章，更不知道1992年由人民出版社出版的《沈有鼎文集》。周山在这一节中介绍了公孙龙研究专家庞朴的观点：《公孙龙子》不是伪书，本来就只有6篇，不存在"至宋亡8篇"的问题，《汉志》所说的14篇，大可怀疑；周山也介绍了庞朴的论据。在这之后，周山说："庞朴的上述非伪之辨，尤其《公孙龙子》原本只有6篇的分析，不仅发前人所未发，论证亦较前人充分，在学术界颇具影响。80年代以来，关于《公孙龙子》的考证文字，已不多见。《公孙龙子》的真实性，已经为学术界所普遍接受。"① 这好像不符合事实。沈有鼎关于"两个公孙龙"假说的3篇考证文章恰恰就是在庞朴《公孙龙子研究》（1979年）之后写成的，这3篇文章是：《评庞朴〈公孙龙子研究〉的〈考辨〉部分》（1982年）、《〈公孙龙子〉考》（1989年）和《现行〈公孙龙子〉六篇的时代和作者考》（沈有鼎逝世后在1992年出版的《沈有鼎文集》中发表）。这3篇文章的主要部分，已在本文第二部分加以综述。这里只介绍沈有鼎对庞朴的论证的直接评论。沈有鼎认为，庞朴的论证有一个很大的弱点，主要依靠思想性的论据，非思想性的论据不是很强，并且不成熟。而思想性的论据有两个：（1）6篇不是伪作，6篇所表现的公孙龙思想是在先秦名学的发展上形成了重要的一环。（2）6篇的思想体系轮廓已经完整，说不出可以增添些什么。沈有鼎认为，考辨必须以非思想性论据为主，思想性论据很难得到学者的公认。因此，沈有鼎主要用非思想性论据考证《公孙龙子》6篇不是公孙龙所著。沈有鼎还指出庞朴的论证有一个显而易见的漏洞：庞朴认为扬雄"公孙龙诡辞数万"一语中的"数万"只是夸张，不足置信。沈有鼎反驳说："即使'数万'是虚数不是实数，扬雄本人的确有'公孙龙诡辞数万'的印象，这个印象是不可能从六篇《公孙龙子》得来的。看来这是一个很大的漏洞。扬雄是熟悉《公孙龙子》书的，并且对之有研究，我们总不相信扬雄会造谣！"②

中国逻辑史研究专家周文英在1996年10月发表的《〈公孙龙子〉中的哲学和逻辑思想》中，最后一部分探讨了《公孙龙子》的作者问题。他认为："《公孙龙子》的几篇著作，虽然都贯穿着

---

① 周山：《绝学复苏》，辽宁教育出版社1997年版，第77页。
② 《沈有鼎文集》，第403页。

一种形而上学的方法论，但在唯心和唯物这个问题上差别还是相当大的。……在唯物与唯心问题上观点如此不统一的一部书，很难设想会是出于一人之手。"这恰恰与庞朴的思想"完整"的论据相反。周文英认为，《公孙龙子》应当是出于"主离"的公孙龙学派之手，学派之内在唯物与唯心问题上则可以观点不同。他说："说它是后来人的伪作，证据还不够充分。但估计也非出于一、二个人之手，而且绵延时间较长。"他估计至少有4人写《公孙龙子》的5论，《坚白论》和《白马论》出于公孙龙之手，《指物论》和《通变论》分别是另外2人所写，《名实论》的作者比《指物论》和《通变论》的作者更为晚出，比《庄子·天下篇》的作者更为晚一些。①

看来，20世纪80年代以来关于"《公孙龙子》是公孙龙原著"的观点并未为学术界"普遍接受"，更不是"定论"，周山在《绝学复苏》中的结论该好好修改一下了。

---

① 《自然辩证法研究》1996年增刊，第106页。

沈有鼎型的认知逻辑系统 KBT[*]

沈有鼎先生于 1977 年 1 月 14 日在中国科学院哲学研究所（今中国社会科学院哲学研究所）逻辑室做了题为"几个有关逻辑和认识的重要概念"的讲演。在这篇讲演中，沈有鼎先生提出了关于知道逻辑和相信逻辑的一些基本概念和原则。从这些基本概念和原则，我们可以看出，沈有鼎先生是我国研究认知逻辑的先驱。下面，笔者根据个人笔记把沈有鼎先生的广义模态思想加以归纳整理并做一些个人的解释。

一 沈有鼎关于认知逻辑的基本概念和原则

（一）消疑的确然性

沈有鼎先生说，A 知道 p 是真的，则 p 对 A 有消疑的确然性。所有具有消疑确然性的命题构成的类，记为 Kt。"Kt"实际上是一个广义模态算子，Kt（A，p）读为"认识主体 A 知道 p 是真的"。我们可以把"Kt"理解为"真正知道""无疑地知道"，不但知其然而且知其所以然。

沈有鼎先生在 Kt 的基础上提出了一条重要原则：凡具有消疑确然性的命题都是真的。我们可将这条原则用符号表示为：

---

* 本文是 1998 年 10 月纪念沈有鼎先生 90 周年诞辰暨沈有鼎学术思想研讨会论文，原题为"沈有鼎的广义模态思想"，载中国社会科学院哲学所逻辑室编《摹物求比》，社会科学文献出版社 2000 年版；收进本文集时，增补了语义部分。

Kt（A，p）→p。

（二）客观的确然性

沈有鼎先生说，从 A 知道为真的命题中可推出 p，则 p 对 A 就具有客观的确然性。他把从 A 知道为真的命题中可推出的命题组成的类，记为 K。Kt 包含于 K。K（A，p）读为"A 知道 p"。

沈有鼎先生的"K"弱于"Kt"，我们可以把它理解为事实上知道，或从日常生活中知道某个命题是真的，不一定无疑地知道，知其然但不一定知其所以然。以上原则可表示为：

（1）Kt（A，p）→K（A，p）

这是说，消疑的确然性蕴涵客观的确然性。

沈有鼎先生还说，凡具有客观确然性的命题都具有真实性。这一原则可表示为：

（2）K（A，p）→p

（三）主观的确然性

沈有鼎先生说，A 相信 p 为真，则 p 对 A 具有主观确然性。凡对 A 具有主观确然性的命题归为一个类，记为 Bt。这里的"Bt"是一个广义模态算子，Bt（A，p）读为"A 相信 p 是真的"。

（四）消疑确然性蕴涵主观确然性

沈有鼎先生认为，消疑确然性蕴涵主观确然性，即 A 知道 p 是真的蕴涵 A 相信 p 是真的，反过来不行。这一原则可表示为：

Kt（A，p）→Bt（A，p）

这是说，如果主体 A 知道 p 为真，那么 A 就相信 p 为真。

（五）扩大的主观确然性

沈有鼎先生把从 Bt 推出的一切命题构成的类，记为 B。B 是

Bt 的扩大，Bt 包含于 B，Bt 是"相信为真"，B 是一般"相信"。

沈有鼎先生把作为主观确然性的信念或者信仰分为两种，这种看法值得商榷。一般说来，"A 相信'上帝存在'是真的"，同"A 相信上帝存在"并没有原则的区别，只是语气有所不同。我们在构成系统时去掉 B。

（六）相信为假和知道为假

沈有鼎先生用 Bf 表示"相信为假"，Kf 表示"知道为假"。他说，相信 p 为假同相信¬p 为真是一样的；知道 p 为假同知道¬p 为真是一样的。这就是说，他提出了以下的定义：

Bf（A，p）= df. Bt（A，¬p）

Kf（A，p）= df. Kt（A，¬p）

（七）逻辑必然性

沈有鼎先生说，逻辑永真式，用常项代自由变项就是具有逻辑必然性的命题，记为 Nc，Nc 可从空类推出来。凡具逻辑必然性的命题都对认识主体 A 具有客观确然性。这实际上就是下面所说的"弱知道化规则"：

若⊢α，则⊢K（A，α）。

他还说，逻辑显著真的公式（重言式），对认识主体 A 具有消疑确然性，这实际上就是下面所说的"知道化规则"：

若⊢α，则⊢Kt（A，α）。

二　认知逻辑系统 KBT

沈有鼎先生提出的关于知道和相信的基本概念和原则，搭建了"知道"和"相信"之间的桥梁，但他没有进一步构造认知逻辑的形式系统，笔者在此基础上加以补充和扩展，构成以下的认知模态逻辑的形式系统 KBT，这一系统兼容了莱蒙型单纯的知道逻辑和帕普型单纯的相信逻辑。

1. 初始符号

经典命题演算的初始符号，A（主体）以及 Kt，K，Bt。

2. 形成规则

（1）经典命题演算的形成规则；

（2）如果 α 是合式公式，那么 Kt（A，α），K（A，α），Bt（A，α）也是合式公式。

3. 定义

（1）Kf（A，α）= df. Kt（A，$\neg\alpha$）

（2）Bf（A，α）= df. Bt（A，$\neg\alpha$）

（3）Bt（A，α）= df. $\neg$Kt（A，$\neg\alpha$）

这是说，A 相信 α 是真的可定义为：A 不知道 $\neg\alpha$ 是真的（即 A 不知道 α 是假的）。Bt 和 Kt 的关系类似 $\diamondsuit$ 和 $\square$ 的关系，例如，哥白尼相信："地球是圆的"是真的，等于说哥白尼不知道："地球是圆的"是假的。

4. 公理

（1）经典命题演算的重言式

（2.1）Kt（A，$\alpha \rightarrow \beta$）$\rightarrow$（Kt（A，α）$\rightarrow$ Kt（A，β））。这条公理相当于 K 公理。

根据命题演算，上述公理等值于 Kt（A，α）$\wedge$ Kt（$\alpha \rightarrow \beta$）$\rightarrow$ Kt（A，β），我们不取 Kt（A，α）$\wedge$（$\alpha \rightarrow \beta$）$\rightarrow$ Kt（A，β），后者引起"逻辑全能"问题。

（2.2）K（A，$\alpha \rightarrow \beta$）$\rightarrow$（K（A，α）$\rightarrow$ K（A，β））

（3.1）Kt（A，α）$\rightarrow \alpha$

这是说，A 知道 α 为真蕴涵 α。这条公理相当于 T 公理。

（3.2）K（A，α）$\rightarrow \alpha$

（4）Kt（A，α）→K（A，α）

这是说，A 知道 α 是真的蕴涵 A 知道 α。

（5）K（A，α）→Bt（A，α）

这是说，客观确然性蕴涵主观确然性，如果 A 知道 α，那么 A 相信 α 是真的。沈有鼎先生没有指出这一点。

定义（3）、公理（1）、（2.1）、（2.2）和（5）是我们增补的。

5. 变形规则

（1）分离规则

（2）定义置换规则

（3）知道化规则

如果 ⊢α，则 ⊢Kt（A，α）

由此规则可导出：如果 ⊢α，则 ⊢K（A，α）（弱知道化规则）；还可导出：

（4）相信化规则

如果 ⊢α，则 ⊢Bt（A，α）

一些定理的推演：

T1　Kt（A，α）→Bt（A，α）

这就是沈有鼎先生说的"消疑确然性蕴涵主观确然性"，由公理 4 和 5 据蕴涵传递律可得。T1 相当于 D 公理。

T2　Kt（A，α）∧（α→β）→β

证：

1. Kt（A，α）→α   公理（3.1）

2. Kt（A，α）∧（α→β）→α∧（α→β）   1，命题演算的合取叠加律

3. α∧（α→β）→β   重言式

4. Kt（A，α）∧（α→β）→β   2，3，蕴涵传递律

T3　Kt（A，α→β）→（Bt（A，α）→Bt（A，β））[①]

证：

1. Kt(A,α→β)→(Kt(A,α)→Kt(A,β))　　　　公理(2.1)

2. Kt(A,¬β→¬α)→(Kt(A,¬β)→Kt(A,¬α))　1,置换

3. Kt(A,α→β)→(¬Kt(A,¬α)→¬Kt(A,¬β))　2,易位律

4. Kt(A,α→β)→(Bt(A,α)→Bt(A,β))　　　　3,定义(3)

T4　Bt（A，α）↔¬Kt（A，¬α）

据定义（3）可得。

T4 的另一形式是：Bt（A，¬α）↔¬Kt（A，α）

T5　Kt（A，¬α）→¬Kt（A，α）

证：

1. Kt（A，α）→Bt（A，α）　　　　　　　　公理（5）

2. Kt（A，¬α）→Bt（A，¬α）　　　　　　　1，以¬α代α

3. Kt（A，¬α）→¬Kt（A，α）　　　　　　　2，T4

T6　¬Bt（A，α）→Bt（A，¬α）[②]

由 T5 据 T4 进行置换可得。

T7　¬Bf（A，α）→Bt（A，α）

证：

1. ¬Bt（A，α）→Bt（A，¬α）　　　　　　　T6

2. ¬Bf（A，¬α）→Bt（A，¬α）　　　　　　1，定义（2）置换

3. ¬Bf（A，α）→Bt（A，α）　　　　　　　　2，以¬α代α

T8　Kt（A，α∧β）↔Kt（A，α）∧Kt（A，β）

从左至右：

---

① 请注意 T3 与 Bt（A，α→β）→（Bt（A，α）→Bt（A，β）) 的根本区别，本系统与帕普的单纯相信逻辑系统不同，没有 Bt（A，α→β）→（Bt（A，α）→Bt（A，β))。

② T6 与帕普系统中的公理 B（A，¬α）→¬B（A，α）完全相反。根本原因在于，我们的系统把 Kt，Bt，K 熔为一炉，我们的 Bt 不同于帕普的 B。对 Kt 有类似于帕普公理的 T5：Kt（A，¬α）→¬Kt（A，α）。

1. $\alpha \wedge \beta \to \alpha$　　　　　　　　　命题演算定理

2. Kt（A，$\alpha \wedge \beta$）$\to$ Kt（A，α）　1，据知道化规则和
公理（2.1）

同理可得：

3. Kt（A，$\alpha \wedge \beta$）$\to$ Kt（A，β）

4. Kt（A，$\alpha \wedge \beta$）$\to$ Kt（A，α）$\wedge$ Kt（A，β）　2，3，命题
演算定理

从右至左：

1. $\alpha \to (\beta \to \alpha \wedge \beta)$　　　　　命题演算定理

2. Kt（A，α）$\to$ Kt（A，$\beta \to \alpha \wedge \beta$）　1，据知道化规则和
公理（2）

3. Kt（A，$\beta \to \alpha \wedge \beta$）$\to$（Kt（A，$\beta$）$\to$ Kt（A，$\alpha \wedge \beta$））
公理（2）

4. Kt（A，α）$\to$（Kt（A，β）$\to$ Kt（$\alpha \wedge \beta$））　2，3，蕴涵传递律

5. Kt（A，α）$\wedge$ Kt（A，β）$\to$ Kt（$\alpha \wedge \beta$）　4，命题演算的前件
合取律

由上可见，上述系统类似于 T 系统。下面我们构造这个系统的可能世界语义模型 M，这个模型是三元组 M = 〈W，R，V〉，其中 W 是认知可能世界 w_0，w_1，w_2，…的集合（w_0 可以解释为现实世界），R 是认知可能世界上的自反关系，V 是一个赋值函数。

V 的赋值规则如下：

（Vα）V（α，w）= 1 或者 V（α，w）= 0，但二者不能得兼。

（V$\neg$）对于任一合式公式 α 和任一 w ∈ W，V（$\neg \alpha$，w）= 1 当且仅当 V（α，w）= 0。

（V$\vee$）对于任一合式公式 α 和 β，以及任一 w ∈ W，V（$\alpha \vee \beta$，w）= 1 当且仅当 V（α，w）= 1，或 V（β，w）= 1。

（V∧）对于任一合式公式 α 和 β，以及任一 w∈W，V（α∧β，w）=1 当且仅当 V（α，w）=1，并且 V（β，w）=1。

（V→）对于任一合式公式 α 和 β，以及任一 w∈W，V（α→β，w）=1 当且仅当 V（α，w）=0，或 V（β，w）=1。

（V↔）对于任一合式公式 α 和 β，以及任一 w∈W，V（α↔β，w）=1 当且仅当 V（α，w）=1 并且 V（β，w）=1，或者 V（α，w）=0 并且 V（β，w）=0。

（VKt）对于任一合式公式 α 和任一 w_0∈W，V（Kt（A，α），w_0）=1 当且仅当对每个使得 w_0Rw_1 的 w_1∈W，V（α，w_1）=1。

（VK）对于任一合式公式 α 和任一 w_0∈W，V（K（A，α），w_0）=1 当且仅当 V（α，w_0）=1 或者对每个使得 w_0Rw_1 的 w_1∈W，V（α，w_1）=1。

（VBt）对于任一合式公式 α 和任一 w_0∈W，V（Bt（A，α），w_0）=1 当且仅当存在一个使得 w_0Rw_1 的 w_1∈W，V（α，w_1）=1。

一个合式公式 α 在一个模型 M 中是有效的，当且仅当对于每个 w∈W，V（α，w）=1，记为：M ⊨ α；一个合式公式 α 是有效的，当且仅当对于每个 M 都有 M ⊨ α，记为：⊨ α；如果对一个合式公式 α，存在一个 w∈W 使得 V（α，w）=1，则称 α 在模型 M 中是可满足的。以下我们举一些例子。

例 1 ⊨ Kt（A，α）→α（公理 3.1）

任给一个模型 M = 〈W，R，V〉，w_0 是 W 中的任一世界。

1. 假设 V（Kt（A，α），w_0）=1 即 M ⊨ Kt（A，α）。

2. 据（VKt）可得：对每个使得 w_0Rw_1 的 w_1∈W，V（α，w_1）=1。

3. 由 2 可得 V（α，w_0）=1 即 M ⊨ α。

4. 由 1、3 据蕴涵引入律得：M ⊨ Kt（A，α）→α，由于 M 是任给的，因而 ⊨ Kt（A，α）→α（为方便起见，以下省去 M）。

例 2 ⊨ Kt（A，α）→K（A，α）（公理 4）

1. 假设 V（Kt（A，α），w_0）＝1 即 ⊨ Kt（A，α）。

2. 据（VKt）可得：对每个使得 $w_0 R w_1$ 的 $w_1 \in W$，V（α，w_1）＝1。

3. 由 20 得到：对每个使得 $w_0 R w_1$ 的 $w_1 \in W$，V（α，w_1）＝1，或者 V（α，w_0）＝1。

4. 由 3，据（VK）可得：V（K（A，α），w_0）＝1 即 ⊨ K（A，α）。

5. 由 1、4，据蕴涵引入律可得：⊨ Kt（A，α）→K（A，α）。

例 3 ⊨ Kt（A，α→β）→（Kt（A，α）→Kt（A，β））（公理 2.1）

即 ⊨ Kt（A，α）∧Kt（α→β）→Kt（A，β）。

1. 假设 V（Kt（A，α）∧Kt（α→β），w_0）＝1 即 ⊨ Kt（A，α）∧Kt（α→β）。

2. 由 1 据（V∧）得到 V（Kt（A，α），w_0）＝1 和以下的 3：

3. V（Kt（A，α→β），w_0）＝1。

4. 由 2 据（VKt）可得：对每个使得 $w_0 R w_1$ 的 $w_1 \in W$，V（α，w_1）＝1。

5. 由 3 据（VKt）可得：对每个使得 $w_0 R w_1$ 的 $w_1 \in W$，V（α→β，w_1）＝1。

6. 由 4、5 据分离规则可得：对每个使得 $w_0 R w_1$ 的 $w_1 \in W$，V（β，w_1）＝1 即 ⊨ Kt（A，β）。

7. 由 1 和 6，据蕴涵引入律得到 ⊨ Kt（A，α）∧Kt（A，α→β）→Kt（A，β）。

例 4 ⊨ Kt（A，α）→Bt（A，α）（公理 5）

由（VKt）和（VBt）立即可得。

例 5 ⊨ Kt（A，α→β）→（Bt（A，α）→Bt（A，β））（T2）

根据命题演算定理，上述定理等值于 Kt（A，α→β）∧Bt

（A，α）$\rightarrow$Bt（A，β）。

1. 假设 V（Kt（A，$\alpha \rightarrow \beta$）$\wedge$Bt（A，α），w_0）=1 即 $\vdash$ Kt（A，$\alpha \rightarrow \beta$）$\wedge$Bt（A，α）。

2. 由 1 据（V$\wedge$）得到 V（Kt（A，$\alpha \rightarrow \beta$），w_0）=1 和以下的 3：

3. V（Bt（A，α），w_0）=1。

4. 由 2 据（VKt）可得：对每个使得 $w_0 R w_1$ 的 $w_1 \in W$，V（$\alpha \rightarrow \beta$，w_1）=1。

5. 由 3 据（VBt）可得：存在一个使得 $w_0 R w_1$ 的 $w_1 \in W$，V（α，w_1）=1。

6. 由 4 和 5，据分离规则得到：存在一个使得 $w_0 R w_1$ 的 $w_1 \in W$，V（β，w_1）=1。

7. 由 6，据（VBt）可得：V（Bt（A，β），w_0）=1 即 $\vdash$ Bt（A，β）。

8. 由 1 和 7，据蕴涵引入律得到 $\vdash$ Kt（A，α）$\wedge$Bt（A，$\alpha \rightarrow \beta$）$\rightarrow$Bt（A，β）。

例 6 $\vdash$ Bt（A，α）$\leftrightarrow \neg$Kt（A，$\neg\alpha$）（T3）

1. 据（VBt）可得：V（Bt（A，α），w_0）=1，当且仅当存在一个使得 $w_0 R w_1$ 的 $w_1 \in W$，V（α，w_1）=1。

2. 据（VKt）可得 V（Kt（A，$\neg\alpha$），w_0）=1，当且仅当对每个使得 $w_0 R w_1$ 的 $w_1 \in W$，V（$\neg\alpha$，w_1）=1。

3. 据（VKt）可得：V（Kt（A，$\neg\alpha$），w_0）=0，当且仅当存在一个使得 $w_0 R w_1$ 的 $w_1 \in W$，V（$\neg\alpha$，w_1）=0。

4. 由 3 和（V$\neg$）可得：V（$\neg$Kt（A，$\neg\alpha$），w_0）=1，当且仅当存在一个使得 $w_0 R w_1$ 的 $w_1 \in W$，V（α，w_1）=1。

5. 由 1 和 4 可得：V（Bt（A，α），w_0）= V（$\neg$Kt（A，$\neg\alpha$），w_0）。

由 5 和（V$\leftrightarrow$）可得：$\vdash$ Bt（A，α）$\leftrightarrow \neg$Kt（A，$\neg\alpha$）

仿照以上方法，我们可以证明所有公理都是有效的。然后，我们很容易证明这些公理经过几个变形规则保持有效性。分离规则和定义置换规则保持有效性是显然的，知道化规则和相信化规则保持有效性与必然化规则类似。

由此可得：我们构造的认知逻辑系统 KBT 具有可靠性：如果 $\vdash\alpha$ 则 $\vDash\alpha$。关于这个系统的完全性（如果 $\vDash\alpha$ 则 $\vdash\alpha$），仿照模态逻辑 T 系统中的典范模型方法也可得证，这里不赘述。

我们还可以对 KBT 系统进行扩张。增加以下两条公理：

1. Kt（A，α）→Kt（A，Kt（A，α）），

2. K（A，α）→K（A，K（A，α）），

构成的系统类似于 S_4，我们称它为 KBS_4。在 KBT 的基础上，增加以下公理：

Bt（A，α）→Kt（A，Bt（A，α）），

构成的系统被称为 KBS_5。我们可以在 KBS_4 和 KBS_5 的基础上证明更多的具有特色的定理，也可以讨论它们的语义解释，这些技术问题并不复杂，我们就不细说了。

王宪钧先生对中国数理逻辑发展的贡献*

王宪钧（1910—1993 年）是中国著名数理逻辑学家。祖籍山东福山，出生于江苏南京。1933 年清华大学哲学系毕业，1933—1935 年为清华大学研究生，师从金岳霖先生。1936—1938 年在奥地利维也纳大学、德国明斯特大学从事研究工作，在维也纳大学时是哥德尔的"集合论公理体系"课程唯一正式注册的学生。1938 年回国后历任西南联大哲学系讲师、教授，清华大学哲学系教授、代理系主任。1952 年后任北京大学哲学系教授、逻辑教研室主任、北京大学学术委员会委员。1979 年后历任中国逻辑学会副会长、名誉会长，北京市逻辑学会会长，北京市哲学学会常务理事。1993 年 11 月 19 日病逝于北京医院，享年 83 岁。

宪钧师是我最尊敬的老师，"未名湖水深千尺，不及恩师育我情"，今年是他诞辰 100 周年，谨撰此文以表对他的深深怀念之情。

宪钧师自 1938 年回国任教后，一直在西南联大、清华大学和北京大学开设数理逻辑课程。大家知道，金岳霖先生最早把罗素的逻辑系统引进中国的大学讲坛，开辟了中国逻辑教学和研究的

---

* 本文是在北京大学哲学系主办的王宪钧先生诞辰 100 周年纪念大会（2010 年 4 月 24 日）上的讲话，原载杜国平主编《改革开放以来逻辑的历程》，中国社会科学出版社 2012 年版。

现代化道路。宪钧师在这条道路上继续前进，将希尔伯特和阿克曼的《理论逻辑基础》最早引进中国的大学课堂。宪钧师的学生、国际知名学者王浩教授在《哥德尔》一书的中译本序言中说："宪钧师早年的一项大功绩是把业已成熟的数理逻辑引进了中国的大学课堂，这种逻辑大大超过了怀德海和罗素的《数学原理》，正转入希尔伯特学派、司寇伦、哥德尔造就的新轨道。"①

　　宪钧师在 1978 年第一次全国逻辑讨论会上做了《数理逻辑和形式逻辑》的专题报告，他在报告中简要地讲述了数理逻辑发展的历史，指出："数理逻辑是演绎法在 20 世纪的新发展，它本身就是演绎逻辑。因之从事演绎法研究的人，似乎不只是吸收数理逻辑成果的问题，而是要关心它，理解这门学科，研究这门学科，推动这门学科的发展和普及这门学科，使数理逻辑和形式逻辑能够为四个现代化贡献力量。"② 接着，宪钧师在 1979 年第二次全国逻辑讨论会上做了《逻辑课程的现代化》的专题报告，指出："普通逻辑是课程的名称，不是学科名称，其中包括演绎法和归纳法。""目前高校普通逻辑课没有反映现代演绎法的发展，其内容可以说是比较旧的。""普通逻辑课应该吸收一些新的内容，要现代化；但我们并不是说，形式逻辑或演绎法这门学科要现代化。因为演绎法到目前为止的研究成果就是现代的演绎法，而现代的演绎法理论就是数理逻辑或符号逻辑。数理逻辑或符号逻辑纠正了传统逻辑之不足，突破了后者的局限性，并取得了飞跃的成果。这是演绎方法这门科学的客观发展情况，是不以人们的意志为转移的事实。同时，数理逻辑并不只是数学的逻辑，数理逻辑或符号逻辑也包括了一般思维和其他学科所运用的演绎规律，这也是客观事实。因之，我们现在面临的问题就是如何对待这样的事实，我们不要由于它使用了大量符号和一些数学方法而置之不顾，而

　① 王浩：《哥德尔》，康宏逵译，上海译文出版社 1997 年版，第 6 页。
　② 《逻辑学文集》，吉林人民出版社 1979 年版，第 23 页。

是要将其中具有普遍性的且又重要的结果引入普通逻辑课程中来。"宪钧师紧接着论述了普通逻辑课的目的，批评了把普通逻辑课单纯作为工具课、只是为了提高思维的逻辑性增进说话和作文的表达能力这种"立竿见影"的观点，精辟地论述了普通逻辑课是基础课、先修课或导论课，普通逻辑课的目的和作用应该是多方面的，不应该把它看成只是为了提高一般的思维能力和表达能力，其他方面的作用也同样重要：（1）作为导论课，它应该把形式逻辑现代的发展介绍给学生，作为学生选择专业方向的参考。（2）为进一步研究和学习逻辑学、心理学、方法论、认识论、语言学、法学、人工智能、计算机科学等学科提供一些必要的预备知识。宪钧师还提出了切实可行的方案，他说："对于不同的院系，内容可以不尽相同，难易也有区别。我们可以把课程分为两部分，前一部分讲传统逻辑，后一部分讲现代形式逻辑。但无论如何，改革和提高是必要的，吸收现代成果是必要的。"①

30 年过去了，我国逻辑教学和研究的现代化事业已经开出绚丽的花朵、结出丰硕的成果。这和宪钧师的辛勤耕耘是分不开的，宪钧师为中国逻辑教学和研究的现代化事业所建树的丰功伟绩是不可磨灭的。

宪钧师是一位"传道、授业、解惑"的教育家，他诲人不倦，在 50 多年的教学生涯中培养了一批从事现代逻辑研究的专家。他在培养学生时，一方面兢兢业业地授课；另一方面采用讨论班的方式让学生做报告，使学生能主动地掌握课程内容。他对学生严格要求，强调读外文原著，强调做习题，进行严格的逻辑技巧训练。他思维清晰，讲课采用启发式的方法，画龙点睛，条分缕析，听他讲课简直是一种享受。王浩教授说："宪钧师讲课不图广博深

---

① 《全国逻辑讨论会论文选集（1979）》，中国社会科学出版社 1981 年版，第 1—6 页。

奥，务求把基本知识和技巧讲得非常透彻。""我与宪钧师交往超过半个世纪。和他相处总有如沐春风的感觉，说不出的亲切，说不出的温暖。他为人正直，识大体，戒浮夸，平等对待一切人，和气而不放弃原则，凡事必定仔细权衡轻重。他这些长处让人羡慕，但并非轻易可以学到的。宪钧师做学问至为诚实谦虚，真正做到了'知之为知之，不知为不知'。尤其难能可贵的是他的思想和语言极其清晰，可以说绝无仅有；凡接触过他的人无不有一种清新和纯洁之感。他讲课和讨论的明白彻底也是常人难企及的；听听他发表意见，你就会明白怎样才叫'理解'了一个科学道理。"① 王浩教授的这些描述恰当地概括了宪钧师的为人为学，完全表达了宪钧师的学生们的心声。

宪钧师是一位严谨的学者，他是我国数理逻辑史研究的拓荒者。他的《数理逻辑发展简述》是一部言简意赅的、肖尔兹《简明逻辑史》式的数理逻辑简史。宪钧师在这部简史中清晰地勾画出数理逻辑理论、观念、方法和学说发展的线索与发展趋势。宪钧师的简史论述的时间从 17 世纪中叶到 20 世纪 30 年代，论述的数理逻辑学家从莱布尼茨到哥德尔，论述的内容从经典逻辑演算的萌芽到集合论、证明论、递归论等分支的早期工作。宪钧师在论述的过程中提出了许多精辟独到的见解，例如：（1）把数理逻辑的发展分为"初始""奠基"和"发展"三大阶段，抓住了数理逻辑发展的纲；（2）对康托尔的实无穷理论做出了科学的评价；（3）对实质公理学和形式公理学的本质做出了科学的说明；（4）对弗雷格和罗素的逻辑做了全面的分析；（5）在论述直觉主义和形式主义时，认为这两个名词很不妥当，对它们做了新的分析和说明，区分了构造主义、直觉主义和构造倾向，认为希尔伯特的理论不是形式主义；（6）对哥德尔的客观主义和超穷思想做

---

① 《哥德尔》，第 7—8 页。

出了科学的评价。此外，宪钧师从历史角度提出了数学基础中的一些重要哲学问题并作出了正确的分析。总之，宪钧师的这部数理逻辑简史开创了我国数理逻辑史研究的新方向，奠定了我国数理逻辑史研究的基础，是我国逻辑学者了解数理逻辑的发展、正确理解数理逻辑的本质、进入现代逻辑领域的入门向导。

　　宪钧师在中国大百科全书的编写中做出了重要贡献。1978年，国务院做出编辑出版中国大百科全书的决定，之后成立了中国大百科全书总编辑委员会，下设各学科编辑委员会，宪钧师任哲学编辑委员会委员并任逻辑学编写组主编，副主编是周礼全和张尚水，成员有胡世华、晏成书、诸葛殷同、刘培育、周云之和我。宪钧师全力以赴地投入到大百科全书的编写工作之中，从词条的拟定、初稿的讨论和修改，都是在宪均师的家中进行的。逻辑词条的设定突出了现代化，数理逻辑的词条有两个演算和四论，非经典逻辑有模态逻辑、多值逻辑、道义逻辑、构造逻辑、时态逻辑、模糊逻辑等，归纳逻辑部分有古典和现代，逻辑史部分有中国、印度、西方和数理逻辑史。宪钧师除了写数理逻辑史的词条外，对各个词条都认真审阅，提出修改意见。逻辑学编写组在宪钧师的领导下，花了几年时间顺利完成了任务，得到主管部门的好评。大百科全书哲学卷于1987年出版，得到中国社会科学院第一届优秀成果奖的荣誉奖。随着哲学卷的出版，逻辑学部分也得到了广泛的传播，对20世纪80年代和90年代初期中国逻辑学的发展，对逻辑教学和研究的现代化起了重要的推动作用。

　　宪钧师离开我们17年了，但是他对中国数理逻辑发展的贡献是永垂不朽的，他的治学精神和崇高风范永远活在我们的心中。

　　改革开放以来，中国逻辑学的发展取得了辉煌的成就。今天我们在这里纪念宪钧师百年诞辰，就是要继承和发扬宪钧师的优良学风，把中国逻辑事业推向前进。中国逻辑事业发展的希望寄托在中青年逻辑学者的身上，特别是寄托在青年逻辑学者的身上。让我们举起"同一个逻辑，同一个梦想"的旗帜，团结起来，为全面实现逻辑教学和研究的现代化、与国际逻辑教学和研究水平全面接轨的目标共同奋斗！

从现代逻辑观点看印度
新因明三支论式[*]

因明学者们把新因明的三支论式与西方逻辑比较，提出四种观点：三段论 AAA 说，充分条件假言推理说，转化说和外设三段论说。这些观点有的对这种推理适合，对另一种推理却不适合。综合它们的长处和不足，我们认为，三支论式的形式应为四种：（1）形式蕴涵的肯定式；（2）全称量词消去后的充分条件假言推理肯定前件式；（3）形式蕴涵的否定式；（4）全称量词消去后的充分条件假言推理否定后件式。现将这四种形式分述如下。

一 外设三段论与形式蕴涵的肯定式

这种三段论的一个前提是一个外设命题，即"任何实体，如果 B 全称地加以述说，那么 A 也全称地加以述说"，或者用比较浅显的方法表述为"对于所有 X，如果所有 X 是 B，那么，所有 X 是 A"，其中的 X 是词项变元，指一类事物。如果将该命题与一个与之相适应的直言命题相结合，就会产生一个有效的推理式，

* 本文与张忠义合作，原载《哲学研究》2008 年第 1 期。本文有英文稿"The three - form reasoning of new Hetu - vidya in Indian logic from the perspective of modern logic"（Zhang Zhongyi, Zhang Jialong），in *Frontiers of Philosophy in China*，Vol. 4，No. 4，December 2009.

即外设三段论：

对于所有 X，如果所有 X 是 B，那么，所有 X 是 A

所有的 C 是 B

所以，所有 C 是 A

它要求直言前提与直言结论必须和那个外设前提中的前件与后件相应地具有同样的类型，即质（肯定，否定）与量（全称，特称）都相同。也就是说，"所有 C 是 B" 必须与 "所有 X 是 B" 同样的类型，而且前者被后者所蕴涵。下面的分析表明，有一种三支论式与它是比较一致的。

因明家陈那等在假言命题前一般是不加量词的，但是他之后的因明家大概意识到加上量词表达更准确，所以他们在假言命题前加上 "随便（哪）一处" 或 "随便（哪）一种实有事物"，这与外设前提的 "任何实体" 没有什么区别。另外，推理的模式和要求同外设三段论大致相同，只是顺序有所不同。我们以 "若是所作，见彼无常；声是所作；所以，声是无常" 为例，用外设三段论可分析为：

对于所有 X，如果所有 X 是所作，那么所有 X 是无常（同喻体）

所有声是所作　　　　　　　　　　　　　　　　　（因）

所以，所有声是无常　　　　　　　　　　　　　　（宗）

以 M 表示 "所作"，P 表示 "无常"，S 表示 "声"，上式可写为：

对于所有 X，如果所有 X 是 M，那么所有 X 是 P（同喻体）

所有 S 是 M　　　　　　　　　　　　　　　　　（因）

所以，所有 S 是 P　　　　　　　　　　　　　　（宗）

外设三段论的创立者德奥弗拉斯特提出，外设命题 "对于所有 X，如果所有 X 是 M，那么所有 X 是 P" 等于 "所有 M 是 P"，据此就可把上述外设三段论变为直言三段论的 AAA：所有 M 是 P，所有 S 是 M，所以，所有 S 是 P。写成形式蕴涵式即为：

$(\forall x)(M(x)\to P(x))$ （同喻体）

$(\forall x)(S(x)\to M(x))$ （因）

$\therefore\ (\forall x)(S(x)\to P(x))$ （宗）

众所周知，合作法的顺序是：先立宗、因，接着是"同喻"；而离作法是先立宗、因，然后"异喻"。而外设三段论（或形式蕴涵式）与三支论式的顺序正好相反，这是因为外设三段论（或形式蕴涵式）主要是用于推理，所以是由理由（前提）推出结论，而三支论式主要是用于论辩，所以是先列论点（宗），接着加以证明。以下分析因支是单称命题的三支论式。

二 全称量词消去后的充分条件 假言推理肯定前件式

对于因支是单称命题的推理用因明的例子并颠倒顺序即为：

若是有烟见彼有火   （同喻体）

此山有烟   （因）

$\therefore$ 此山有火   （宗）

这与传统逻辑中的推理：

凡人皆有死

苏格拉底是人

$\therefore$ 苏格拉底有死

具有相同的形式。这两个推理其实都省略了一个前提，即"若此山有烟则此山有火"和"若苏格拉底是人则苏格拉底有死"，由于在这些推理中被省略的前提是不言而喻的，因此容易被人忽视或误解。陈大齐先生认为："因明二种正量，宗因及同喻体，俱属全称肯定判断，故为逻辑 AAA 式。"① 我们认为此说值得探讨。先说同喻体。因明的同喻体所举的是两种形式的命题：一种为全称肯定判断，如"诸有烟处皆有火"（或"诸所作者皆无常"）；此外还有一种，即外设命题或者说是一种形式蕴涵命题，如"若是有烟，见彼有火"（或"若是所作见彼无常"）。虽然我们也承认这两种命题有相同之处（都是全称），但它们还是有区别的：AAA 式中的 A 命题预设主词存在，而外设命题不预设主词存在；因明中的全称命题是不预设主词存在的，只有用外设命题才能恰当表达。因此，断定"因明二种正量，宗因及同喻体，俱属全称肯定判断"的概括，毕竟有以偏概全之嫌。

再说因。因明的因所举的虽然都是肯定命题，但这里也有不妥之处。如"此山有烟"与"声是所作"等，后者是全称肯定，但是，"此山"作全称是不太合适的。"此山有烟"与全称命题的"一切山有烟"是不同层次的命题：前者是后者的原子命题，较后者要低一个层次。在这里，"此山"只能是区别于"彼山"的，对它作单称处理是合适的。

最后说宗。因明所举的宗，一种是"此山有火"，另一种就是"声是无常"。如前所述，"此山"应为单称。我们另用因明经常举的只用直言命题形式的两个例子来说明。颠倒其次序就为：

诸有烟处皆有火　　（同喻体）

此山有烟　　　　　（因）

此山有火　　　　　（宗）

这是正确的因果推论。还有：

诸所作者皆无常　　（同喻体）

声是所作　　　　　（因）

声是无常　　　　　（宗）

---

① 陈大齐：《因明大疏蠡测》，中华书局 2006 年版，第 111—112 页。

　　这是正确的性质推论。可见，即使在这两种非假言的形式中，做出上述断定也是不太妥当的。

　　这两种推论，下例似乎没什么问题，而上例则有问题。从判断的类型上看，同喻体"诸有烟处皆有火"作全称肯定命题是没有问题的，但把因与宗当作全称肯定命题似乎不妥。陈大齐先生认为"因明二种正量，宗因及同喻体，俱属全称肯定判断"，这肯定指的是上述的正量推论。据此可以认为他是把因、宗当作全称肯定命题来处理了。但是，这样处理的结果是不会令人满意的，因为全称肯定命题是包含于关系的反映，而包含于关系又有全同（同一）和真包含于两种关系。例如，"所有人都是能思维有语言的动物"，与"凡金属都是导电的"，前者体现了类与类之间的同一关系，后者体现了类与类之间的真包含于关系，但是单称命题例如"北京是中华人民共和国首都"与"孙中山是伟大的政治家"，前者体现了个体与描述个体的摹状词间的关系，后者体现了分子与类之间的属于关系。全称与单称命题体现了完全不同的关系，前者的包含于关系是传递关系，而后者的属于关系却是非传递的。此外，把二者都当作全称命题至少抹杀了以下几点区别：

　　（1）全称肯定命题"所有 S 是 P"中的 S 与 P 都为普遍词项变项，即它们的变域都是普遍词项。但单称命题"a 是 P"中的 P 虽还是普遍词项变项，主项 a 却已不是普遍词项变项，而是单独词项。因此可以说，单称命题所反映的不是一类事物的情况，而是某个个别事物的情况。

　　（2）把单称肯定命题当作全称肯定命题，就易把单称肯定命题与单称否定命题间的矛盾关系变成全称肯定命题与全称否定命题间的反对关系。例如"此山有烟"与"此山没有烟"二者肯定是矛盾关系，如果其中一真，则另一个必假，反之亦然。但是，如果把它们当作全称命题就会成为"所有山都有烟"与"所有山都没有烟"，这时它们就不是矛盾关系，而变成反对关系了。

由此可见，二者是不同层次的命题，区别是明显的。这是因为，诸如"此山有烟"类的单称命题是构成全称肯定命题的元素或原子，"此山有烟"一定是"诸有烟处"（或"若是有烟"）的元素。陈那之后的重要因明家法称把这类命题表述为"随便哪一处有了烟，那一定也有火"，或"随便哪一种实有的事物，有了可以认识它的条件，它一定是会被认识到的"。这就更容易看出，单称命题是构成全称命题的元素，因为"此山"一定是"随便哪一处"的元素；"随便哪一处有烟，那就一定有火"，是由"此山有烟，此山就有火""彼山有烟，彼山就有火"与"泰山有烟，泰山就有火"等个体具有的性质所构成的。先认识这一个个单称命题，才能认识全称命题，这是由于人们认识事物，总是由先认识单一对象，再到认识其部分对象，最后到认识其全部对象。所以因明先列宗列因、再列喻，这是符合认识过程的。但是，如果把认识过程调过来，因明的推理就是：

若是有烟，见彼有火

若此山有烟则此山有火（省略）

此山有烟

所以，此山有火

如果用现代逻辑表述就为：

$\forall x\ (S\ (x)\ \rightarrow P\ (x))$

$S\ (a)\ \rightarrow P\ (a)$（省略的前提）

$S\ (a)$

$\therefore P\ (a)$

为什么应是四支的却表述为三支呢？由于人们多认为既然全称都如此，那么单称（个体）也应如此。因此，由全称怎样推出单称（个体）怎样是不言而喻的。这个不言而喻的部分是通过全称量词消去规则得来的，即（∀－）：（∀x）A（x）├A（y）。这条规则反映了演绎推理规则的性质：如果已经断定了某个论域中的一切对象具有某个性质，那么抽取这个论域中的一个对象，可以推知这个对象也有那个性质。罗素指出："自从希腊时代以来，真正的逻辑学上的第一个重大的进展是由皮亚诺和弗雷格各自独立地实现的。传统逻辑把'苏格拉底是有死的'和'所有的人是有死的'，这两个命题当作同一种形式，皮亚诺和弗雷格则表明了它们的形式是完全不同的。……他们所实现的这一进展在哲学上的重要性是无论怎样估计都不会过分的。"① 既然单称命题与全称命题是两种不同层次的命题，并且有那么多区别，那么还是不把"此山有火"等当作全称肯定命题为好。

如上所述，三支论式的肯定式有两种不同的形式：第一种形式是形式蕴涵的肯定式，类似于三段论第一格 AAA 式，但也有不同，上面已说明，这里不赘述；第二种形式与第一种形式截然不同，这里是包含全称量词消去后的充分条件假言推理的肯定式。

三　形式蕴涵的否定式

亚里士多德创立了三段论，并且整理成一、二、三格，后人又补充了第四格，使三段论成为四格24式。中国古代逻辑虽然没有亚里士多德逻辑的形式化程度高，但在侔式推论中也总结出了"是而然""是而不然""不是而然"等形式。这些在逻辑界已取得共识。唯独对因明的三支论式，多数人认为它只有第一格的 AAA 式。其中比较具有代表性的就是东京大学专攻世界逻辑思想比较研究的末木刚博教授的观点。他指出："因此（以因三相为条件的）三支作法，可以认为同直言三段论第一格第一式（Barba-

---

① 罗素：《我们关于外在世界的知识》，任晓明译，东方出版社 1992 年版，第 36 页。

ra）大致相同。"① 他还认为："如果像这样全部还原为外延的包含关系，三支作法就成为如下的形式：

喻（大前提）：M ⊂ P

因（小前提）：S ⊂ M

宗（结论）：　S ⊂ P

而这正是三段论法的 Barbara 式。"② 而且他还说，陈那创立的新因明理论"只不过是认识到了一个作为正确推理式的 Barbara 式"③。前述台湾的陈大齐先生等也认为三支论式只有三段论第一格的 Barbara（即 AAA 式）。对此笔者不敢苟同，特提请商榷。

如前陈述，因明的三支论式与三段论是有区别的，它是一种与外设三段论较接近的形式蕴涵的肯定式。即使用亚里士多德三段论理论来分析，三支论式也不是只有三段论第一格的 AAA 式，而应该还有异喻体组成的第二格的 EAE 式，这就是按照"宗无因不有"的离作法形式所作的否定式推理。

我们认为存在第二格 EAE 式的根据，④ 有以下几点：

首先，是新因明代表人物陈那在《因明正理门论》中所举的例子，即："喻有两种，同法，异法。同法者，谓立'声无常，所作性故'，以'诸所作皆见无常，犹如瓶等'，异法者，谓'诸有常住，见非所作，如虚空等'。"⑤

《因明正理门论》是陈那的代表作，现在仅存汉译本，所以具有权威性。我们认为，书中所说的异法者"诸有常住，见非所作"，就是第二格 EAE 式的大前提，加上"因"和"宗"，即为：

---

① 末木刚博：《现代逻辑学问题》，杜岫石、孙中原译，中国人民大学出版社 1983 年版，第 23 页。

② 同上书，第 23—24 页。

③ 同上书，第 25 页。

④ 张忠义、李伟：《因明论式只有第一格 AAA 式吗？》，《佳木斯师专学报》1994 年第 1 期。

⑤ 陈那：《因明正理门论》，金陵刻经处，1957 年，第 7 页。

诸有常住（P）	见非所作（M）	（异喻体）	E
（声）（S）	是所作（M）	（因）	A
声（S）	不是常（P）（即声无常）	（宗）	E

如果把异喻体的"非"，即宗中的"无"视为否定，就是典型的第二格 EAE 式。"非"与"是"是矛盾关系，所以"非所作"，就是"所作"（M）的否定，即它等值于"不是所作"。而"常"与"无常"又是互相矛盾的：如果"常"为 P，"无常"就为"非 P"。如果上述分析成立，我们就可以把"声无常"中的"无"作否定词"不是"，把"声"与"常"联结成为第二格 EAE 式的结论"声不是常"，当然也可以在"声"与"无常"中间加一"是"字把二者联结在一起，成为"声是无常"。

但是，不管把宗分析为"声是无常"，还是分析为"声不是常"，二者是等值的。为什么因明要用第一格与第二格推出相同的结论（宗）呢？原来因明里的宗有"表诠"与"遮诠"之别。"诠"是"阐明事理"之义，表诠就是用肯定方式阐明事理，遮诠就是用否定方式阐明事理，所以因明论式中才出现了相等值的结论。实质上，同品（或第二相"同品定有性"）是保证宗必为表诠的；而异品（或第三相"异品遍无性"）是保证宗必为遮诠的。这样就可以从正反两方面保证宗的正确。

其次，我们从《因明正理门论》的例子中所总结出的第二格 EAE 式，也符合现代逻辑教科书中三段论第二格的特殊规则（1）：前提中有一个是否定的。因明三支中的异喻体（即大前提）"诸有常住，见非所作"的逻辑形式"PEM"正是一个否定命题，所以它满足了特殊规则（1）而这个大前提中的"诸"为全称标志，因此它又符合了第二格的特殊规则（2）：大前提必全称。第二格只有这两条特殊规则，而我们所说的第二格 EAE 式，又全都与特殊规则要求相吻合，这又为我们增加了新的论据。三段论规则早在还是七条时就有"一否结否，二否无结"的要求，经过整理后的三条中，有一条是前提和结论中否定的次数相等。因此，有人提到的"EAA"[①] 式是不可能的。因为这与三段论"一否结否"和"前提和结论否定次数相等"规则相悖。

再次，三段论第二格有其特殊的作用。我们都清楚，第二格的作用是用来指出事物的区别或用来反驳与之相矛盾的肯定判断；只有前提中有一个否定的，它的结论才能是否定的，这样才能说明一种事物不属于某一类，这正是遮诠所要达到的目的。因此，因明除了用典型格——第一格外，还要用区别格——第二格，因为只有这样才能适应辩论中立论和驳论双重任务的需要。

最后，陈那的弟子们继承和发展了陈那的因明思想。如法称不但继承了陈那的同法、异法，而且直接就将其分为"同法式"与"异法式"（即我们所说的第二格 EAE 式）两种主要模式，为因明论式有第二格又增加了佐证。

有些不同意有第二格或主张只有第一格 AAA 式的学者们的主要理由是：异喻体可划归为同喻体，只有整理划归后，才能看清它是哪格哪式，或者说必须整理成标准式，才能分清是哪格哪式。如果果真如此，那么亚里士多德的格式除了第一格外其他各格也都没有存在的必要了，因为它们也都可以"整理划归"为第一格。但是事实上，各格还是按照原来面目存在着，这也在一定程度上揭示了鉴别一个三段论推理形式格式的一条原则：三段论原来是什么样的，就应是什么样，而不是看我们能把它整理成什么样。我们对由异喻体组成的三支论式，除了把"非"与"无"换成与之相等值的"不是"外，其余的都是原封不动的。为了看清到底是哪格哪式，我们把三支论式的各项都用三段论的大项（P）、小项（S）、中项（M）代替，看看此三支式的中项的位置就可判定它是第二格 EAE 式。

---

① 祁顺来：《浅谈藏传因明为他比量式》，《青海民族学院学报》（社会科学版）2004 年第 30 卷第 4 期，第 48 页。

我们认为，用以下形式蕴涵的否定式来表达第二格 EAE 式是严格的、准确的，完全符合因明不预设主词存在的要求，因为因明中除了用全称表达外，还经常用"若是其常，见非所作"：

$\forall x\ (Px \rightarrow \neg Mx)$　　　（异喻体）

$\forall x\ (Sx \rightarrow Mx)$　　　　（因）

$\therefore \forall x\ (Sx \rightarrow \neg Px)$　　　（宗）

四　全称量词消去后的充分条件
假言推理否定后件式

因明不但重视能立，即使用形式蕴涵的肯定式和全称量词消去后的充分条件假言推理肯定前件式，而且更重视能破，即使用形式蕴涵的否定式。陈那在《因明正理门论》中开宗明义："为欲简持能立能破义中真实，故造斯论。"① 商羯罗主在《因明入正理论》中第一句话也是："能立与能破，及似唯悟他。"② 他们都把"能立与能破"首先提出，说明因明除了非常重视能立（即自己有什么主张，用正确的理由加以证明，于是自己的主张成立了），还同样重视能破（即不同意别人的主张，也要拿出理由反驳）。实质上能立和能破相当于我们现在所说的立论与驳论。由此可见，因明从正面要立"声是无常"从而得出与敌方矛盾的"声不是常"的结论，虽然一个是从立论（能立）角度说的，另一个是从驳论（能破）角度谈的，但殊途同归，得出了一对等值的结论来。由此可以推断陈那等因明学家也该是意识到了"不破不立"、二者相辅相成的道理。

"遍览《释量论》，他用得更多的是第三相。在本文中，他基本上都是采用'无则不生，（即第三相）的'反遍'（即异法式）

---

① 陈那：《因明正理门论》，金陵刻经处，1957 年，第 1 页。

② 商羯罗主：《因明入正理论》，玄奘译，文物出版社 1989 年版，第 1 页。

来判定是系属（即宗因之间不相离）关系的成立与否的，而极少用'随遍'（即同法式）的论式来说明。"① 因此，除了要分析由同喻体、因、宗组成的推理形式外，我们还要分析由异喻体、因、宗组成的"异法"形式。

法称的《正理滴论》说："立量分别，此分二种，谓具同品法及具异品法"，"就意义而言，由同品法，对所立量式之异品法亦能领悟。若无彼法，则所成立即无随因后行故。如是，由异品法，亦能领悟随因而后行者，若无彼法，则无所成立法"。② 这段话意味着，同异喻可立两种推理形式，一种是同品法式或叫作"同法式"，另一种为异品法式或叫作"异法式"。

因此，我们认为除形式蕴涵的否定式外，三支论式的否定形式中还有一种，即法称所列的异品法式，也就是我们前面所分析的充分条件假言推理的肯定前件式的变形——否定后件式。它的规则是因明颂言的后一句"宗无因不有"。

若是无火，见彼无烟　　　　（异喻体）

此山无火，此山无烟　　　　（全称消去，这里省略了）

此山有烟　　　　　　　　　（因）

∴此山有火　　　　　　　　（宗）

其形式为：

$\forall x\,(\neg P\,(x)\to\neg S\,(x))$

$\neg P\,(a)\to\neg S\,(a)$（省略）

$S\,(a)$

$\therefore P\,(a)$

P 为"有火"，S 为"有烟"，a 为此山。这是不同于上述形式蕴涵否定式的另一种否定式，是应用了全称量词消去的充分条件假言推理的否定后件式。

---

① 沈剑英：《佛家逻辑》，开明出版社 1992 年版，第 176 页。

② 法称：《释量论》，法尊译，中国佛教协会印行，1981 年，序言第 4 页。

陈那与法称有师承关系。法称认为符合因三相的正因"惟有三种",即自性比量因、果性比量因和不可得比量因。前两种为立物因,后一种为否定因。① 姚南强认为:"法称的这种区分在逻辑上有重要意义:(1)区分了立物因和否定因,实际上划分了推理中的肯定式和否定式。(2)对宗因间的'无则不生'关系作了发挥。"② 所谓自性因是指因法本身所具有的立宗法的属性,如说"此是树木,是沉香树故",因为沉香树本身是树,所以可证成宗法;又"如立声无常,以所作性故为因"。所谓果性因,如说"此处有火,以有烟故",烟就是火的果性因,没有火,烟一定是"无则不生"(指因法与宗法之间的不相离关系)。所谓否定因,法称称为"不可得因",是指当一切感知的条件都具备时,但却没有缘到,故可以肯定"彼物为定无",由此进行否定推理。法称的否定因共十一种,举其中三例如下:

(1)自性不可得因,例如:此处无烟,若有,则应见到,但未见到故。

(2)果性不可得因,例如:此处无发烟之因(火),以无烟故。

(3)因不可得因,例如:此处无烟,以无火故。③

我们通过这三个例子知道中词和大词之间的有无关系,使否定判断更加明确,而进行否定式推理。以上各式与新因明的集大成者法称把因分为三种正确的因相符,形式蕴涵的肯定式和自性因相符,全称量词消去后的充分条件假言推理肯定前件式与果性因相符,这两个推理形式都是立物因或叫作肯定式,它们的逻辑规则是"说因宗所随";而形式蕴涵的否定式和全称量词消去后的

---

① 姚南强:《因明学说史纲要》,上海三联书店 2000 年版,第 106 页。

② 同上书,第 105 页。

③ 参见张家龙主编《逻辑学思想史》,湖南教育出版社 2004 年版,第 251、252 页。

充分条件假言推理的否定后件式同不可得因相连，这两个推理形式都是否定因或叫作否定式，它们的逻辑规则是"宗无因不有"或叫作"无则不生"。令人感兴趣的是，我们总结的四个形式均可在现代的一阶逻辑中得到证明，这就表明，印度新因明的四个论式是有效的推理形式。

评陈那新因明体系"除外命题说"[*]

　　郑伟宏先生在总结百年中国因明研究时，对陈那新因明体系逻辑性质的各种不同观点概括为两家：演绎论证和类比论证。演绎论证说又有各种各样的观点，大多又兼有归纳说。另外一家就是他的"除外命题说"或"最大类比说"。他说："从《理门论》中可读出同品、异品必须除宗有法，九句因、因三相中的同、异品必须除宗有法，同喻、异喻也必须除宗有法，即是说，同、异喻体是除外命题，而不是真正的全称命题。因而可以从中读出三支作法的准确的逻辑结构：（宗）凡 S 是 P，（因）凡 S 是 M，（同喻）除 S 以外，凡 M 是 P，例如 M 且 P，（异喻）除 S 以外，凡非 P 是非 M，例如非 P 且非 M。显然，即使忽略同、异喻依，离三段论形式还有一步之差，还不是演绎推理。"[②] "陈那新因明仍然是在类比推理的范围内提出并解决了最大限度提高结论可靠程度的方案，离演绎推理只有一步之差了。"[③] 对郑伟宏的观点，我们不敢苟同，特提出以下诸点与之商榷。

---

　　* 本文是国家社科基金重大招标项目"百年中国因明研究"（编号：12&ZD110）的阶段性成果，与张忠义合作，原载《哲学动态》2015 年第 5 期。
　　② 郑伟宏：《百年中国因明研究的根本问题》，《西南民族大学学报》（人文社会科学版）2014 年第 1 期。
　　③ 郑伟宏：《因明正理门论直解》，中华书局 2008 年版，第 55—56 页。

一

郑伟宏一家之说的核心是：同、异喻体是除外命题。

"除外命题"（exceptive proposition）是欧洲中世纪逻辑学家塔尔特雷（Tarteret）提出来的，他举的例子是："除苏格拉底外，每一个人在跑"，这个命题是3个命题的合取：（1）苏格拉底是一个人。（2）苏格拉底不在跑。（3）苏格拉底以外的人都在跑。后来，出现了带有普遍词项的除外命题，可用形式表示为："除 A 外，所有 B 是 C"，意为：所有 A 是 B，并且所有 A 不是 C，并且 A 以外的 B 都是 C。例如，"除松江鲈鱼外，所有鲈鱼都是两腮的"，实际上是以下3个命题的合取：（1）所有松江鲈鱼是鲈鱼。（2）所有松江鲈鱼不是两腮的。（3）所有不是松江鲈鱼的鲈鱼是两腮的。① 郑伟宏提出的同喻体是：除 S 以外，凡 M 是 P。这个除外命题是有三个联言支的合取命题：所有 S 是 M 并且所有 S 不是 P 并且 S 以外的 M 是 P。其中第二个支命题"所有 S 不是 P"与所立之宗"凡 S 是 P"是反对命题，两者不能同真，前者真，后者必假。这就是说，作为同喻体的除外命题推翻了所要立的宗。他提出的异喻体是：除 S 以外，凡非 P 是非 M。这个除外命题是以下3个联言支的合取命题：所有 S 是非 P 并且所有 S 是 M 并且 S 以外的非 P 是非 M。其中第一个支命题"所有 S 是非 P"即"所有 S 不是 P"，同样推翻了所要立的宗"所有 S 是 P"。

郑伟宏曾举陈那三支作法为例：

宗：声是无常，

因：所作性故，

同喻：诸所作者见彼无常，犹如瓶等，

① 彭漪涟、马钦荣主编：《逻辑学大辞典》，上海辞书出版社2004年版，第333页"除外命题"词条。

异喻：诸是其常见非所作，犹如空等。

郑伟宏说："上述同喻应是'除声以外，诸所作者见彼无常，犹如瓶等'，异喻应是'除声以外，诸是其常见非所作，犹如空等'。显而易见，整个三支作法并非演绎论证，其宗论题并非必然证得。"① 我们认为，同喻体"除声以外，凡有'所作性'的对象都有'无常性'"应为以下 3 个命题的合取：（1）声是所作。（2）声不具有无常性。（3）声以外具有所作性的对象都有无常性。"声是无常"宗，正是通过因和同喻要确立的命题，按照郑伟宏的除外命题的说法，同喻中包含的命题"声不具有无常性"已把宗推翻。对异喻体也可同样分析。

综上所述，郑伟宏将同、异喻体说成是"除外命题"，以及对同、异喻体逻辑结构的形式表述，都是不正确的。

也许郑伟宏的"除外命题"是指其中第三个支命题"声以外具有所作性的对象都有无常性"。但是，"声以外具有所作性的对象都有无常性"并不是"除外命题"，它只是含有"除外主项"的命题，决不能与除外命题"除声以外，凡有所作性的对象都有无常性"混为一谈。如果将它们视为同一，这也是错误的。以下，为了在争论中遵守同一律，我们将郑伟宏的观点理解为"同、异喻体的主项除宗有法"。

二

我们已经反驳了"同、异喻体是除外命题"的论点，现在我们来反驳同、异喻体是含有除外主项的命题［即同喻体是"S 以外的 M 是 P"（如"声以外具有所作性的对象都有无常性"）、异喻体是"S 以外的非 P 不是 M"（如"声以外具有常性的对象都没有所作性")〕。

我们认为，根据陈那的《正理门论》原文，绝不能得到"同、异喻体是含有除外主项的命题"的结论。陈那的三支作法比古因明的五支作法的最大进步在于，研究了因宗的不相离性，提出了同、异喻体，从而把五支作法的类比提升到演绎的水平，这是一个质变。

陈那在答复"若如是立，'声是无常，所作非常故，常非所作故'，此复云何？"这一提问时，指出："是喻方便，同法、异法，如其次第，宣说其因宗定随逐，及宗无处定无因故。"郑伟宏的今译是："这是文义完善的喻支，前是同法喻，后是异法喻，它们都是按照一定的格式来陈述的，同法喻是先陈述因法，宗上之法一定随后陈述。异法喻是先说没有宗上之法，再说因法一定没有。"他解析说："同喻为'若是所作，见彼无常'，异喻为'若是其常，见非所作'。"①"若是所作，见彼无常"可分析为一个全称肯定命题"所有具有所作性的对象都有无常性"，"若是其常，见非所作"可分析为一个全称否定命题"所有具有常性的对象都没有所作性"。从陈那的原文、郑伟宏的今译和解析，我们根本得不出"同、异喻体是含有除外主项的命题"的结论。陈那反复强调因宗的不相离性，他重复用"说因宗所随，宗无因不有"精辟地阐明同、异喻体的逻辑结构。"说因宗所随"可用"所有 M 是 P"表示，"宗无因不有"可用"所有非 P 不是 M"表示。陈那说："喻有二种：同法、异法。同法者，谓立'声无常，勤勇无间所发性故，以勤勇无间所发皆见无常，犹如瓶等'；异法者，谓'诸有常住，见非勤勇无间所发，如虚空等'。"陈那在答复"复以何缘，第一说因宗所逐随，第二说宗无因不有，不说因无宗不有耶？"这一提问时，说："由如是说能显示因同品定有、异品遍无，非颠倒

---

① 郑伟宏：《因明正理门论直解》，中华书局 2008 年版，第 120 页。

说。"① 总之，遍查陈那对同、异喻体的表述，找不到同、异喻体的主项要除宗有法的任何证据。

三

为何郑伟宏认为"同、异喻体是含有除外主项的命题"呢？我们现在逐一考察他的论证过程（实际上他只论证了"同喻体的主项除宗有法"）。

（1）郑伟宏认为，同、异品都必须除宗有法。同品除宗有法，陈那讲得很清楚，大多数因明学者都是赞成的。同品、异品的概念是用宗论题中的所立法来定义的，这样就有三个基本的类概念：宗有法、同品（宗有法以外具有所立法的对象类）和异品（没有所立法的对象类）。异品当然是在宗有法之外。设所立之宗为"所有 S 是 P"，据此所定义的异品"非 P"，当然就不能含有 S，否则，就会有"有 S 是非 P"，宗论题就不能确立。所以，我们认为，说"异品必须除宗有法"，这是一条"蛇足"。陈那对异品的定义"没有所立法的对象类"已足够了。

（2）郑伟宏根据基疏的同喻依除宗有法的观点，指出同喻依除宗有法是同品除宗有法的必然结果，② 我们赞成这种观点。问题出在下面。

（3）郑伟宏从同喻依除宗有法推出同喻体的主项除宗有法。

郑伟宏说："本来，宗有法是因同品，同喻体中的能立因法可不必除宗。由于同喻体中的因法和宗法不相离之义，就是同喻依上积聚的因宗双同之义，同喻依除宗，同喻体的因同品中也不得不除宗。"③

---

① 郑伟宏：《因明正理门论直解》，第 122—178 页。

② 郑伟宏：《因明大疏校释、今译、研究》，复旦大学出版社 2010 年版，第 16 页。

③ 同上书，第 18 页。

郑伟宏的推理是：

同喻体"凡有所作性的对象都有无常性"，

同喻依"瓶"等有所作性就有无常性，

同喻依"瓶"等中没有宗有法"声"。

所以，同喻体必须改为"声以外具有所作性的对象都有无常性"。

从三个前提，显然推不出结论。这里犯了"推不出"的逻辑谬误。同喻依"瓶"只不过是同喻体的一个例证，不能因为"瓶"不是"声"，就要把本来就是"具有所作性的对象"的"声"（因支"声是所作"）从同喻体的主项"具有所作性的对象"中开除出去。

从第二和第三两个前提确实可以推出"声以外的瓶等有所作性的对象都有无常性"，但是，同喻体"凡有所作性的对象都有无常性"是已经确立的命题，从第二和第三两个前提推出来的"声以外的瓶等有所作性的对象都有无常性"这个命题绝不能代替同喻体。

（4）郑伟宏举出第五句因的一个例证，得出"同喻体的主项除宗有法"：

宗　　声是无常，

因　　所闻性故，

同喻　诸有所闻性者，见彼无常，（除声外，缺同喻依）

异喻　诸是其常，见彼无所闻性，如空。

郑伟宏说："在上述的比量中，不缺同喻体。同喻体'诸有所闻性者，见彼无常'，如果不除宗，则此同喻体等于'声是无常'，用'声是无常'证'声是无常'，犯循环论证错误。如果除宗，则此同喻体的主项是空类，这一同喻体反映的普遍原理便不适合任何对象，形同虚设。陈那规定，'所闻性'因不满足第二相同品定有性。正确的同喻依是满足第二项的标志，缺同喻依便缺第二相。仅此一例，便可知陈那新因明三支作法中的同喻体也是除宗有法的。"①

我们认为，"仅此一例，便可知陈那新因明三支作法中的同喻体也是除宗有法的"根本不能成立，理由如下：

（1）第五句因是似因，建立在此基础上的论证是违反第二相同品定有性规则的不共不定因"过"。在这个论证的因支"声是具有所闻性对象"中，由于主项的外延与谓项的外延相等，因而同品（声以外具有无常性的对象，如瓶等）就不具有因（"所闻性"），由此也就举不出同喻依，这样同喻和同喻体（"诸有所闻性者，见彼无常"）就不能成立。这个似因例证表明，因支和同喻体虽然是真命题，但在陈那新因明体系中必须加以排斥，从而整个论证就是一个不折不扣的无效论证，这正是陈那新因明体系同法称因明和三段论的差异之处。在这个例证中，根本不存在同喻体"诸有所闻性者，见彼无常"的主项要除去"声"的问题。

（2）本来，我们讨论的论证一直是陈那新因明体系中的有效论证，现在郑伟宏突然转到第五句因的无效论证的例子，试图证明这个例子中的同喻体的主项除宗有法，由此推广到一切有效论证。这犯了"转移论题"的逻辑谬误。即使这个例子能够证明同喻体的主项除宗有法，也不能推广到一切有效论证，更何况这个例子根本不能证明同喻体的主项除宗有法。

（3）郑伟宏试图从"除声外，缺同喻依"推出同喻体"诸有所闻性者，见彼无常"的主项也要除声，这里根本不存在推理关系。"除声外，缺同喻依"，这是一个事实；"诸有所闻性者，见彼无常"是一个违反第二相的同喻体，这也是一个已经确立的事实。这两个事实结合在一起，和谐相处，形成同喻。怎么能因为"除声外，缺同喻依"就要对同喻体大动干戈，将其主项除声呢？

---

① 郑伟宏：《因明大疏校释、今译、研究》，第18页。

我们认为，同喻体虽然违反第二相，但它的全称性质不能随意改变。

（4）对一个无效的论证，除了排斥，岂有他哉！郑伟宏对其中的同喻体使用"预期理由"的错误方法，提出了一个二难推理："如果不除宗，则此同喻体等于'声是无常'，用'声是无常'证'声是无常'，犯循环论证错误。如果除宗，则此同喻体的主项是空类，这一同喻体反映的普遍原理便不适合任何对象，形同虚设。""循环论证"和"空类"这两个错误结果是人为制造出来的，与原来已被排斥的第五句因的例证毫不相干，第五句因的例证对这两个错误是不该负责的。

四

我们认为，陈那的三支作法达到了演绎论证的水平，一步都不差，并且陈那还使用了喻依来进行正负类比论证。这表明陈那的演绎论证水平还没有达到完全形式化的程度，还带有从五支作法的类比论证而来的痕迹，与法称相比，却有一步之差。我们以陈那举的例子来说明：

宗：声是无常，

因：所作性故，

同喻：诸所作者见彼无常，犹如瓶等，

异喻：诸是其常见非所作，犹如空等。

（1）由同喻体和因支从肯定方面证明宗：

诸所作者见彼无常，

声是所作，

所以，声是无常。

这个论证与 AAA 相应。

（2）由异喻体和因支从否定方面证明宗：

诸是其常见非所作，

声是所作，

所以，声不是常。

这个论证与第二格 EAE 相应。

（3）正类比：

瓶是所作且无常，

声是所作，

所以，声是无常。

（4）负类比：

空是常与非所作，

声不是非所作，

所以，声不是常。

以上才是陈那新因明的逻辑体系的本来面目，可以用现代逻辑的方法进行形式化研究。

作为全称肯定命题的同喻体是如何得来的，这是需要进一步研究的问题。陈那多次强调

因宗的不相离性，他认识到因和宗之间有必然联系，我们认为，他完全有能力作出以下的典型事例归纳法：

瓶是所作且无常，

盆是所作且无常，

……

所以，诸所作者见彼无常。

最后，我们要退后一步说明一个问题。按郑伟宏的观点，同喻体"诸所作者，见彼无常"应是"声以外的所作者，见彼无常"。我们认为，即使接受郑伟宏的观点，也不能阻止我们肯定陈那达到了演绎推理的水平，陈那在举出同喻依时实际上作出了以下的推理：

除声以外的所作者，见彼无常，

瓶是除声以外的所作者，

所以，瓶是无常。

这显然也是一种 AAA 式，中项是"除声以外的所作者"，怎么能说"陈那新因明仍然是在类比推理的范围内""离演绎推理差一步"呢？

在此基础上再进行类比：

瓶是所作且无常，

声是所作，

所以，声是无常。

根据郑伟宏修改过的带有除外主项的同喻体"声以外的所作者，见彼无常"，再加上类比得出的"声是所作且无常"，立即可以得出一个新的全称的同喻体"诸所作者，见彼无常"。这只是一个简单的加法，既然郑伟宏承认陈那已经概括出离全称命题只差一步的"声以外的所作者，见彼无常"，怎能否定陈那会做这个简单的加法呢？

我们从郑伟宏规定的带有除外主项的同喻体"声以外的所作者，见彼无常"出发，经过一个"弯弯绕"，结果还是绕出了"演绎推理说"。这充分说明，郑伟宏的"除外命题说"或"最大类比说"是不能成立的。

郑伟宏说："百年来，国外绝大部分论著对陈那因明的逻辑体系都做了错误解读，而国内的绝大部分论著（包括藏传论著）又照搬照抄了国外的错误解读。因此，国内外因明研究的百年传统至今仍成为总结百年中国因明研究的极大障碍。""我确信自己在汉传因明史上第一次讲清楚了陈那因明的逻辑体系，能一通百通、圆融无碍地解答从整体到局部的所有疑难，并且合理准确地解释了陈那因明和法称因明两个高峰的异同。"[①] "今人多谓三支作法

---

① 郑伟宏：《百年中国因明研究的根本问题》，《西南民族大学学报》（人文社会科学版）2014 年第 1 期。

为演绎法，其谬也甚。"① 他的学生汤铭钧博士说："郑伟宏先生在因明与逻辑比较研究领域，代表了目前不仅国内，而且国外的最前沿，最领先水平。"② "不论当时还是现在，国内外的因明论著中，用不准确的三段论知识作比较的错误，其实比比皆是。"③

郑伟宏和汤铭钧的断言全盘否定了百年来国际国内对陈那因明的研究成果，他们所描述的那样一幅图景是否真实，这是国际国内因明学界必须明辨的一个大是大非问题。我们认为，郑伟宏对因明典籍和汉传因明史的研究确实做出了重要贡献，但是，他的"除外命题说"或者"最大类比说"也确实有致命的逻辑漏洞，不能"一通百通、圆融无碍"。与"除外命题说"或者"最大类比说"相对的各派"演绎推理说"对百年因明的发展也做出了重要贡献。我们主张，为了促进绝学的进一步发展，在因明界开展"百花齐放，百家争鸣"是十分必要的，在争鸣中要遵守学术规范，互相切磋，不贬低别人，不抬高自己，决不能"罢黜百家，独尊除外"，不能视不同观点为"其谬也甚"。我们竭诚地希望，因明界的学术争鸣能健康地得到发展。

---

① 郑伟宏：《因明大疏校释、今译、研究》，第17页。
② 汤铭钧：《迈向汉传因明的重光——记郑伟宏先生的因明研究》，载《因明》第6辑，甘肃民族出版社2012年版，第85页。
③ 同上。

附　　录

附录一 张家龙论著目录

一 著作

（一）独著

1. 《公理学、元数学与哲学》，上海人民出版社 1983 年版。

2. 《数理逻辑发展史——从莱布尼茨到哥德尔》，社会科学文献出版社 1993 年版。

3. 《艾耶尔》，台湾东大图书公司 1995 年版。

4. 《布拉德雷》，台湾东大图书公司 1997 年版。

5. 《模态逻辑与哲学》，中国社会出版社 2003 年版。

6. 《从现代逻辑观点看亚里士多德的逻辑理论》，中国社会科学出版社 2016 年版。

（二）主编并合著

《逻辑学思想史》，湖南教育出版社 2004 年版（2006 年获中国社会科学院哲学所优秀成果奖，2008 年获中国逻辑学会优秀科研成果奖二等奖）。

（三）专题论文集

《逻辑史论》，中国社会科学出版社 2016 年版。

（四）合著

1.《学点逻辑》，人民出版社 1974 年版（1978 年第 2 版；1984 年第 3 版，书名改为《逻辑入门》）。

2.《形式逻辑简明读本》，中国青年出版社 1978 年修订版和 1979 年青年文库版。

3.《形式逻辑原理》，人民出版社 1982 年版；2007 年纳入中国社会科学院文库由社会科学文献出版社再版（1993 年获中国社会科学院首届优秀科研成果奖，2004 年获中国逻辑学会首届优秀科研成果奖）。

4.《逻辑学辞典》，吉林人民出版社 1983 年版。

5.《西方逻辑史研究》（江天骥主编），人民出版社 1984 年版。

6.《中国大百科全书·哲学》（胡绳主编），中国大百科全书出版社 1987 年版（1993 年获中国社会科学院首届优秀科研成果奖荣誉奖）。

7.《归纳逻辑导引》（王雨田主编），上海人民出版社 1992 年版。

8.《逻辑百科辞典》（周礼全主编），四川教育出版社 1994 年版（1996 年获中国社会科学院第二届优秀科研成果奖，1999 年获国家社会科学基金第一届优秀成果三等奖，2004 年获中国逻辑学会首届优秀科研成果奖）。

9.《逻辑与知识创新》（黄顺基等主编），中国人民大学出版社 2002 年版。

10.《逻辑与方法论·中国逻辑学的发展及特点》，香港公开大学 2002 年版。

11.《逻辑哲学九章》（张清宇主编），江苏人民出版社 2004 年版。

12.《金岳霖思想研究》（刘培育主编），中国社会科学出版社 2004 年版（2005 年获金岳霖学术奖一等奖，2008 年获中国社会科学院老干部优秀科研成果三等奖）。

13.《逻辑哲学研究》（胡泽洪、张家龙等著），广东教育出版社 2013 年版。

二　文章

（一）英文

1. "On Aristotle's Catagorical Syllogistic", *Studies in Logic, Grammar and Rhetoric*, Warsaw University, Bialystok Branch, 1987; *Abstracts*, Vol. 3, LMPS' 87 (The 8th International Congress of Logic, Methodology and Philosophy of Science 1987, Moscow).

2. "Russell's Theory of Induction", *Abstracts*, Vol. 3, LMPS' 87.

3. "On the Intuitionist Philosophy of Mathematics", *Book of Abstracts*, Vol. 1, XIX World Congress of Philosophy, 1993, Moscow.

4. "Logic and Language in Chinese Philosophy" (Jialong Zhang et al.), in *Companion Encyclopedia of Asian Philosophy*, Routledge, London and New York, 1997.

5. "Some Thoughts on Mohist Logic" (Jialong Zhang and Fenrong Liu), in A meeting of the Minds, Proceedings of the Workshop on Logic, Rationality and Interaction (Beijing, 2007), College Publications, London, 8 Jun. , 2007.

6. "The Three – form Reasoning of New Hetu-vidya in Indian Logic from the Perspective of Modern Logic" (Zhang Zhongyi, Zhang Jialong), in *Frontiers of Philosophy in China* , Vol. 4, No. 4, December 2009.

7. "New perspectives on Moist logic" (Fenrong Liu and Jia-

long Zhang）, *Journal of Chinese philosophy*, Volume 37, Issue 4, pages 605 – 621, December 2010.

Article first published online：4 NOV 2010 ｜ DOI：10.1111/j.1540 – 6253.2010.01607.x

8. "Hao Wang's Life and Achievements"（Jialong Zhang et al.）, *Studies in Logic*（《逻辑学研究》）, No.2, 2016.

（二）中文

1. 《学点逻辑——兼评"四人帮"践踏逻辑的罪行》,《安徽劳动大学学报》1977 年第 3—4 期和 1978 年第 2 期。

2. 《论公理方法》（与黄顺基、张尚水合写）,《北京师范大学学报》（自然科学版）1978 年第 1 期。

3. 《评"四人帮"偷换概念的诡辩术》,《哲学研究》1978 年第 3 期。

4. 《形式逻辑要现代化》（1978 年 5 月全国第一次逻辑讨论会论文）, 载《逻辑学文集》, 吉林人民出版社 1979 年版。

5. 《关于三段论的规则》,《沈阳师范学院学报》1979 年第 4 期。

6. 《略谈时态逻辑》,《国内哲学动态》1979 年第 12 期。

7. 《评新托马斯主义关于知识的"抽象级次说"》,《社会科学》1980 年第 2 期。

8. 《科学方法论与逻辑》,《哲学研究》1980 年第 2 期。

9. 《谈谈时态逻辑》, 载《逻辑与语言研究》（1）, 中国社会科学出版社 1980 年版。

10. 《评一本数学教学参考书》,《数学通讯》1981 年第 1 期和第 2 期。

11. 《论区别判断》, 载《全国逻辑讨论会论文选集（1979）》, 中国社会科学出版社 1981 年版。

12. 《穆勒归纳法的推广形式》，载《全国逻辑讨论会论文选集（1979）》。

13. 《罗素的摹状词理论述评》，载《全国逻辑讨论会论文选集（1979）》。

14. 《论语义悖论》，《哲学研究》1981 年第 8 期。

15. 《论逻辑悖论》，载《逻辑学论丛》，中国社会科学出版社 1983 年版。

16. 《个体词、谓词和量词》，《逻辑与语言学习》1983 年第 1 期。

17. 《谓词逻辑的推理规则》，《逻辑与语言学习》1983 年第 3 期。

18. 《关系推理》，《逻辑与语言学习》1983 年第 4 期。

19. 《摹状词》，《逻辑与语言学习》1983 年第 5 期。

20. 《略谈问题（问句）逻辑》，载《逻辑与语言研究》（3），中国社会科学出版社 1983 年版。

21. 《再论形式逻辑的现代化》，载《形式逻辑研究》，北京师范大学出版社 1984 年版。

22. 《谈我国逻辑学的落后状况及其出路》，《国内哲学动态》1986 年第 7 期。

23. 《西方逻辑史研究中的几个问题》，《国内哲学动态》1986 年第 9 期。

24. 《卡尔纳普论归纳逻辑的本性》，载《归纳逻辑》，中国人民大学出版社 1986 年版。

25. 《金岳霖教授论主词存在问题》，载《金岳霖学术思想研究》，四川人民出版社 1987 年版。

26. 《逻辑悖论与简单类型论》，《现代哲学》1988 年第 2 期。

27. 《从现代逻辑观点看亚里士多德的三段论》，《哲学研究》1988 年第 5 期。

28.《罗素〈数理哲学导论〉》，载《外国学术名著精华辞典》（1），上海人民出版社 1989 年版。

29.《涅尔〈逻辑学的发展〉》，载《外国学术名著精华辞典》（1），上海人民出版社 1989 年版。

30.《从数理逻辑观点看〈周易〉》，《哲学动态》1989 年第11 期。

31.《亚里士多德模态逻辑的现代解释》，《哲学研究》1990年第 1 期。

32.《中国哲学中的逻辑与语言》（与张春波合写），《吉林大学学报》1990 年第 3 期。

33.《论希尔伯特的元数学纲领及其哲学意义》，《自然辩证法研究》1991 年第 7 期。

34.《从现代逻辑观点看中世纪彼得的语言逻辑理论》，《逻辑与语言学习》1991 年第 4 期和第 5 期。

35.《评数学基础中的直觉主义学派》，《自然辩证法研究》1992 年第 4 期。

36.《评王路著〈亚里士多德的逻辑学说〉》，《哲学动态》1992 年第 5 期。

37.《评宋文坚著〈西方形式逻辑史〉》，《哲学动态》1992年第 9 期。

38.《论金岳霖对罗素中立一元论的批判》，载《理有固然》，社会科学文献出版社 1995 年版。

39.《论金岳霖对罗素逻辑构造论的批判》，《哲学研究》1995 年增刊。

40.《亚里士多的关系理论探究》，《哲学研究》1996 年第1 期。

41.《亚里士多德的必然三段论》，《湖北大学学报》1996 年第 3 期。

42.《论胡秋原先生对罗素的逻辑学和哲学的研究》，载《胡秋原思想研究》，社会科学文献出版社 1996 年版。

43.《迈向 21 世纪的逻辑学》，《社会科学战线》1996 年第 4 期。

44.《我国逻辑学研究取得重要进展》，《人民日报》1997 年 11 月 15 日。

45.《新时期哲学研究的回顾与展望·努力实现我国逻辑研究的现代化》，载《新时期社会科学的回顾与前瞻——中国社会科学院建院 20 周年纪念文集》，社会科学文献出版社 1998 年版。

46.《论沈有鼎的两个公孙龙假说》，《哲学研究》1998 年第 9 期。

47.《论〈墨经〉中"侔"式推理的有效式》，《哲学研究》1998 年增刊。

48.《论本质主义》，《哲学研究》1999 年第 11 期（2001 年获中国社会科学院哲学所优秀科研成果奖）。

49.《〈因明正理门论直解〉序》，《法音》1999 年第 11 期。

50.《数理逻辑的产生和发展》，《北京航空航天大学学报》2000 年第 1 期。

51.《追求思想的明晰性——中国社科院哲学所逻辑室研究成果概览》，《哲学动态》2000 年第 6 期和第 7 期。

52.《沈有鼎的广义模态思想》，载《摹物求比》，社会科学文献出版社 2000 年版。

53.《新中国逻辑学 50 年》，《自然辩证法研究》2000 年增刊。

54.《评维特根斯坦的反本质主义纲领》，《哲学研究》2001 年第 7 期。

55.《王宪钧教授对中国数理逻辑发展的贡献》，载《逻辑研究文集》，西南师大出版社 2001 年版；修改稿载《改革开放以来中国逻辑学的发展》（纪念中国逻辑学会成立 30 周年文集），中国社会科学出版社 2012 年版。

56.《弘扬周礼全先生的学风》，载《逻辑、语言与思维》，中国科学文化出版社 2002 年版。

57.《可能世界是什么?》，《哲学动态》2002 年第 8 期。

58.《大陆地区的逻辑教学与研究》，载《两岸逻辑教学学术会议论文集》（台北，2002 年 6 月）。

59.《论罗素的逻辑主义》，载《两岸逻辑教学学术会议论文集》（台北，2002 年 6 月）。

60.《论名称和指示词》，《哲学研究》2002 年第 12 期；又载《中国社科院建院 30 周年学术论文集·哲学研究所卷》，方志出版社 2007 年版。

61.《在第二届全国逻辑与认知研讨会上的讲话》，《中山大学学报》2003 年增刊。

62.《论亚里士多德的排中律疑难》，《哲学动态》2004 年第 12 期。

63.《论金岳霖先生的〈逻辑〉》，《哲学研究》2005 年增刊。

64.《思维方法与知识创新》，南京信息工程大学、江苏省社会科学院编《阅江论坛文集》第一辑（2006 年 12 月）。

65.《亚里士多德模态命题理论的现代解析》，《哲学研究》2007 年增刊。

66.《亚里士多德直言命题理论的现代解析》，《重庆工学院学报》（社会科学版）2007 年第 3 期，人大复印资料《逻辑》2007 年第 5 期。

67.《罗素的逻辑主义及其在数理逻辑史上的地位》，《哲学研究》2007 年第 9 期；人大复印资料《逻辑》2008 年第 1 期。

68.《从现代逻辑观点看印度新因明三支论式》（与张忠义合著），《哲学研究》2008 年第 1 期；中国人民大学复印报刊资料《逻辑》2008 年第 3 期。

69.《因明研究的新进展——评张忠义著〈因明蠡测〉》,《哲学动态》2008 年第 6 期。

70.《中国逻辑史研究的力作——喜读〈中国逻辑对"必然地得出"的研究〉》,《燕山大学学报》(哲学社会科学版) 2008 年第 9 卷第 2 期。

71.《亚里士多德对"偏好"如是说》,《逻辑学研究》2008 年第 2 期。

72.《漫谈逻辑》,载温惠琴主编《大学问》(文化素质大讲坛丛书),广东高等教育出版社 2008 年版。

73.《论沈有鼎悖论在数理逻辑史上的地位》,载《哲学研究》2008 年第 9 期;又载林正弘主编《逻辑与哲学》(第三届两岸逻辑教学学术会议会后专书论文集),学富文化事业有限公司 2009 年版;另载《改革开放以来中国逻辑学的发展》(纪念中国逻辑学会成立 30 周年文集),中国社会科学出版社 2012 年版。

74.《改革开放以来中国逻辑学研究的发展》(与夏素敏合著),《社会科学战线》2009 年第 1 期;又载《中国学术三十年》,人民出版社 2009 年版。

75.《论偶然模态》,《哲学研究》2009 年增刊(第四届海峡两岸逻辑教学学术会议专辑)。

76.《从言模态和从物模态的联系、区别及其哲学意义》,《云南师范大学学报》(哲学社会科学版) 2010 年第 1 期。

77.《逻辑与哲学》,载周和平主编《文津演讲录(之八)》(讲座丛书),国家图书馆出版社 2010 年版。

78.《现代本质主义的逻辑基础与哲学意蕴》(与刘叶涛合著),《哲学研究》2012 年第 3 期。

79.《在中国逻辑学会成立 30 周年纪念大会上的讲话》,载《改革开放以来中国逻辑学的发展》(纪念中国逻辑学会成立 30 周年文集),中国社会科学出版社 2012 年版。

80.《逻辑学的发展——方法、成果及其应用》，载中国政法大学主办《名家大讲堂》（第六辑），知识产权出版社 2014 年版。

81.《评陈那新因明体系"除外命题说"》（与张忠义合著），《哲学动态》2015 年第 5 期。

82.《沿着金岳霖先生开辟的逻辑教学和研究的现代化道路奋进》，《重庆理工大学学报》（社会科学版）2015 年第 12 期。

三　译著

（一）主译

1. 肖尔兹：《简明逻辑史》，商务印书馆 1977 年版；1993 年重印。

2. 威廉·涅尔等：《逻辑学的发展》，商务印书馆 1985 年版；1995 年重印。

（二）合译

1. 王浩：《数理逻辑通俗讲话》，科学出版社 1981 年版（翻译其中第一章　数理逻辑一百年，第二章　形式化和公理方法）。

2. 蒯因：《从逻辑的观点看》，江天骥等译，上海译文出版社 1987 年版（翻译其中第四篇　同一性、实指和实在化、第八篇　指称和模态和第九篇　意义和存在推理）；2007 年纳入《蒯因著作集》第 4 卷由中国人民大学出版社出版。

3. 罗·格勃尔编：《哲学逻辑》，张清宇等译，（翻译其中多值逻辑一章），中国人民大学出版社 2007 年版。

4. 托马斯·鲍德温编：《剑桥哲学史（1870—1945）》，周晓亮等译，中国社会科学出版社 2011 年版（翻译其中第四十六章　一阶逻辑及其竞争者、第四十七章　数理逻辑的黄金时代）。

（三）校订

1. 苏佩斯：《逻辑导论》，宋文坚等译，中国社会科学出版社 1984 年版。

2. 罗素：《逻辑与知识》，苑莉均译，商务印书馆 1996 年版。

3. 罗斯：《亚里士多德》，王路译，商务印书馆 1997 年版。

4. 里德：《对逻辑的思考》，李小五译，辽宁教育出版社和牛津大学出版社 1998 年版。

5. 苏珊·哈克：《逻辑哲学》，罗毅译，商务印书馆 2003 年版（校订并补译索引）。

6. 蒯因：《逻辑方法》，余俊伟、刘奋荣译，载《蒯因著作集》第 2 卷，中国人民大学出版社 2007 年版。

四　译文

（一）独译

哥德尔：《罗素的数理逻辑》，载《数理哲学译文集》，商务印书馆 1988 年版。

（二）校订

1. 欣迪卡：《逻辑哲学》，倪鼎夫译，《哲学译丛》1982 年第 6 期。

2. 雅达斯基：《论所谓的真理理论》，彦冰译，《哲学译丛》1983 年第 2 期。

3. 波亨斯基：《现代逻辑的一般观念和特征》，周子平译，《哲学译丛》1983 年第 2 期。

4. 卢卡西维茨：《论三值逻辑》，陈银科译，《哲学译丛》1983 年第 6 期。

5. 柏格：《逻辑发展史》，陈银科译，《哲学译丛》1984 年第

4 期。

6. 黎朱斯基:《二十世纪的逻辑学》,王颂平译,《哲学译丛》1984 年第 4 期。

7. 怀特海:《数学与善》,欧阳绛译（校订并加注）,载《数学哲学译文集》,知识出版社 1986 年版；又载《数学与文化》,北京大学出版社 1990 年版。

8. 林斯基:《弗雷格意义理论中的"内容分派"原理》,王学刚译,《哲学译丛》1993 年第 1 期。

9. 林斯基和查尔塔:《现实化的可能体与最简的量化模态逻辑》,邢滔滔译,《哲学译丛》1994 年第 1 期。

附录二　张家龙[*]

　　张家龙（1938—　），江苏江都人。逻辑学家，中国社会科学院哲学研究所研究员、博士生导师。1965 年 2 月北京大学哲学系数理逻辑专业研究生毕业。现任中国逻辑学会名誉会长。主要研究领域是现代逻辑、西方逻辑史和逻辑哲学。他用现代逻辑的技术重新构建了亚里士多德的直言三段论和模态三段论系统，用现代逻辑观点对亚里士多德的模态命题逻辑、关系理

论和偏好理论做了解释，将欧洲中世纪逻辑的成果构建成类似模态逻辑 S_3 的系统。全面系统地研究了从莱布尼茨到哥德尔的数理逻辑发展史。他在中国逻辑史研究方面，从数理逻辑观点构造了《周易》的形式公理系统，用现代逻辑方法将"侔"式推理概括为两类共 6 种有效式。他研究了艾耶尔、布拉德雷和罗素的哲学思想，提出一些新见解。在逻辑哲学研究方面，他分析了国内外已有的悖论定义，提出了不同定义；提出了关于可能世界的"模态结构论"；对本质主义的观点做了新的辩护。1993 年获中国社会科学院第一届优秀科研成果奖，1997 年获中国社会科学院第二

　　* 原载钱伟长总主编、汝信主编《20 世纪中国知名科学家学术成就概览·哲学卷（第三分册）》，科学出版社 2014 年版，第 553—566 页。

届优秀科研成果奖，1999 年获国家社会科学基金第一届优秀科研成果奖三等奖，2004 年获中国逻辑学会首届优秀科研成果奖，2005 年获得岳霖学术奖一等奖，2008 年获中国逻辑学会优秀科研成果奖二等奖。

一　简历

1938 年 6 月张家龙生于江苏省江都县浦头村。1956 年 7 月，他高中毕业于江苏省重点中学之一的镇江中学，被评为优秀高中毕业生；后考入北京大学哲学系哲学专业，1961 年毕业；后留校师从王宪钧教授，攻读哲学系数理逻辑专业研究生，1965 年 2 月毕业；1965 年 8 月到中国科学院哲学研究所（今中国社会科学院哲学研究所）工作。1979 年后历任哲学研究所助理研究员、副研究员和研究员，1993 年被国务院学位委员会批准为博士生导师。他曾任哲学研究所逻辑室主任、哲学研究所学位委员会副主席、哲学研究所职称评审委员会副主任、中国社会科学院正高级专业技术职务评委会委员、国家社会科学基金哲学评审组专家、西南大学兼职教授、中山大学逻辑与认知研究所学术委员会主任、燕山大学特聘教授。1992 年他任中国逻辑学会秘书长，后任副会长、会长，现任名誉会长。

1987 年 8 月张家龙赴莫斯科出席第 8 届国际逻辑学、方法论和科学哲学大会，在第 13 组宣读了《论亚里士多德的直言三段论》和《论罗素的归纳逻辑》的两篇论文。1988—1989 年，他受国家教委派遣以高级访问学者身份，赴加拿大阿尔贝塔大学哲学系从事访问研究，并应邀在该系做了关于中国逻辑和亚里士多德模态逻辑的两次讲演。1993 年 8 月他赴莫斯科出席第 19 届世界哲学大会，在数学哲学组宣读了《论直觉主义的数学哲学》的论文。

1997 年张家龙参加澳门中国哲学会召开的"逻辑学与方法论"研讨会，应邀致开幕词，并在会上宣读《论〈墨经〉中

"俤"式推理的有效式》的论文。2002年他参加在台湾大学举行的第一届海峡两岸逻辑教学学术会议，在会上发表主题演讲"大陆地区的逻辑教学与研究"，并在会上宣读论文《论罗素的逻辑主义》。2006年他参加在南京大学举行的第二届海峡两岸逻辑教学学术会议，应邀致开幕词，并提交论文《亚里士多德模态命题理论的现代解析》。2008年他参加在台湾东吴大学举行的第三届海峡两岸逻辑教学学术会议，发表了主题演讲"论沈有鼎悖论在数理逻辑史上的地位"。2009年他参加在香港科技大学举行的第四届海峡两岸逻辑教学学术会议，发表了主题演讲"论偶然模态"。

30年来，张家龙在人才培养方面倾注了大量心血，除了在中国社会科学院哲学研究所培养硕士生和博士生以外，还为中国科学院研究生院、北京大学、中山大学、南开大学、西南大学、湖南师范大学、燕山大学等院校的逻辑学硕士生讲授西方逻辑史、数理逻辑发展史和数理逻辑等学位课程；他审阅了一些高校的博士生和硕士生的毕业论文，并参加答辩；他还进行了一系列讲学活动，除了到过以上高校讲学之外，还到过北京师范大学、首都师范大学、中国政法大学、南京大学、南京信息工程大学、浙江大学、华南师范大学、河北大学、河南大学、广西大学、兰州大学、新疆师范大学和国家图书馆等单位进行讲学。他的主要研究领域是现代逻辑、西方逻辑史和逻辑哲学。1993年获中国社会科学院第一届优秀科研成果奖，1997年获中国社会科学院第二届优秀科研成果奖，1999年获国家社会科学基金第一届优秀科研成果奖三等奖，2004年获中国逻辑学会首届优秀科研成果奖，2005年获金岳霖学术奖一等奖，2008年获中国逻辑学会优秀科研成果奖二等奖。

二　主要研究领域和学术成就

1. 西方逻辑史和数理逻辑史

张家龙首先在逻辑史研究领域提出了一条重要的方法论原则：

"人体解剖法"。马克思在研究经济学说史时说："人体解剖对于猴体解剖是一把钥匙。低等动物身上表露的高等动物的征兆，反而只有在高等动物本身已被认识之后才能被理解。因此，资产阶级经济为古代经济等提供了钥匙。"他认为，研究逻辑史必须站在今天逻辑学所取得的最新成果的高度，这样才能深刻地认识以往的逻辑成果所表露出来的当代成果的征兆，才能对逻辑学理论的发展做出中肯的概括。用"人体解剖"去研究"猴体解剖"，并不是把"人体"与"猴体"等同起来，而是为了更好地理解猴体的结构、猴体身上表露的人体的某些特征。他还提出了另一条方法论原则即逻辑与历史相统一的原则。他用这些方法对世界三大逻辑史的一些课题做了创新的研究。

张家龙主编了《逻辑学思想史》一书（撰写其中的西方逻辑部分），这是国际国内第一部从逻辑思想的层面上论述世界三大逻辑学的基本理论和基本概念演进历史的专著。全书分三编：中国名辩学、印度正理—因明和西方逻辑，采用了逻辑与历史统一的论述方法。各编的第一章是概述，第一节论述各大逻辑学产生的历史背景，第二节论述各大逻辑学的发展时期，将各个时期主要逻辑学家和逻辑学派的基本学说作一个历史的鸟瞰。各编的其余各章从世界三大逻辑学的历史发展中概括出各自的基本理论和基本概念，构成一个体系，然后按历史的发展来论述这些基本理论和基本概念的演进。第一编的主要内容有：名、辞、说、辩以及名辩与因明、逻辑；第二编的主要内容有：论证式、因三相规则和过失论；第三编的主要内容有：直言三段论学说、词项理论、命题逻辑、模态逻辑、逻辑基本规律、归纳法和古典归纳逻辑以及逻辑演算。

张家龙搜集了国际上研究亚里士多德逻辑理论的丰富资料，运用现代逻辑观点对亚里士多德的逻辑理论进行了全面的研究，取得了一系列新成果。他构造了亚里士多德直言三段论和模态三段论的树枝形自然演绎系统。他把"S是P"当成复合的原子谓词，用符号表示为"S—P"，在前面加上全称号和特称号。采用这种处理办法，就可使三段论系统成为一种特殊的一元谓词逻辑系统，符合四种直言命题预设主词存在的要求，在此基础上构造了一个树枝形的直言三段论自然演绎系统，这个系统恢复了亚里士多德原来的三个格，证明了36个有效式，建立了一个公理化排斥系统，排斥了348个无效式，解决了整个系统的判定问题：存在一种机械程序，在有穷步骤内对任意给定的 Γ_1，Γ_2，Γ_3，…⊢（推出）Γ_{n+1}（Γ_i 是直言公式），可以判定它或是被证明，或是被排斥。

张家龙构建的必然模态三段论的树枝形自然演绎系统，克服了亚里士多德系统原来的不精确性，取消了亚里士多德原来列出的单独的□□□系统（两个前提和结论均为必然的），把它纳入新系统之中，揭示了亚里士多德所不知道的□□□式和□○□式（前提是必然、实然的，结论是必然的）之间的联系，证明了70个有效式，并构造了公理化排斥系统，排斥了38个无效式，在系统中加入关于可能的定义，得出亚里士多德没有研究过的包含可能前提的模态三段论式，解决了必然模态三段论系统的判定问题：存在一种机械程序，在有穷步骤内对任意给定的 Γ_1，Γ_2，Γ_3，…，⊢（推出）Γ_{n+1}（Γ_i 是必然、实然或可能的），可以判定它或是被证明，或是被排斥；并且应用可能世界语义学构建了这个系统的语义模型。

张家龙论证了亚里士多德的"偶然"定义（即把偶然 p 定义为可能 p 并且可能非 p）是正确的，符合可能世界语义学，但是这个定义与亚里士多德的偶然模态三段论的两条补转换律是冲突的，应当抛弃这两条补转换律。他提出两条"新补转换律"取而代之，同时证明了亚里士多德提出的偶然全称肯定命题可以换位、偶然全称否定命题不能换位、偶然特称否定命题可以换位等观点都是错误的。张家龙提出，偶然命题的换位律有两条，即偶然特称肯定命题和偶然全称否定命题的换位律。在此基础上，他本着"坚持真理，修正错误"的精神，根据自己的新研究成果，勾画了重新构建偶然模态三段论系统的大纲，修正了他以前构造的偶然模态三段论系统的错误。

　　张家龙全面研究了亚里士多德的模态命题逻辑思想，认为亚里士多德提出了模态对当方阵，提出了现代模态逻辑的 T 公理和 D 公理。他还反驳了那种认为亚里士多德没有关系理论的流行观点，用现代逻辑的工具对亚里士多德的关系理论做了新的解释，指出：亚里士多德是关系逻辑的开拓者，亚里士多德已经考察了性质和关系的不同，提出了关系、逆关系、偏好、较大、较小、同一、关系的相似、关系之间的包含等概念，亚里士多德还提出了一些关系推理。张家龙对亚里士多德的偏好理论做了全面的研究，分析了亚里士多德提出的与现代偏好逻辑类似的 20 条原理。他还指出亚里士多德是归纳逻辑的创始人，分析了亚里士多德的归纳三段论的正确形式是一种完全归纳法，比较了亚里士多德的例证法与类比法的异同。

　　张家龙指出，在欧洲中世纪逻辑中蕴涵着现代逻辑的胚芽，将欧洲中世纪逻辑学家的成果进行综合，构建成类似路易斯创建的现代模态逻辑 S_3 的系统，并与 S_3 系统进行了比较研究。

　　张家龙根据现代科学材料对穆勒归纳法作了推广，创造性地提出了五种新的归纳方法：比较实验法、求异比较并用法、统计求同求异并用法、抽样求异并用法和抽样比较并用法。

　　张家龙的《数理逻辑发展史——从莱布尼茨到哥德尔》是中国第一部全面系统地论述从莱布尼茨到哥德尔的数理逻辑史专著，内容丰富，史料翔实。该书首先提出了研究数理逻辑史的方法论原则：（1）数理逻辑理论的发生和发展同社会实践具有辩证关系，一方面要承认数理逻辑的概念和理论的产生从本源来说是由实践决定的，另一方面也要承认其相对独立性；（2）观点和材料的统一；（3）逻辑方法和历史方法的统一；（4）严格区别逻辑学家的哲学观和具体的逻辑学说。他将数理逻辑发展分为前史、初创、奠基、发展初期4个时期，采用逻辑方法与历史方法相统一的原则加以论述，总结出数理逻辑发展的外部动因和内在的规律，深刻地阐明了实践和数理逻辑理论的辩证关系。本书对数理逻辑重大成果的论述侧重于逻辑方法的分析，对一些重大成果的哲学意义作了总结和概括。在前史时期，他指出，亚里士多德的三段论和中世纪的形式逻辑是数理逻辑的思想来源。在初创时期，他论述了数理逻辑产生的时代背景，指出数理逻辑具有深刻的社会历史基础、自然科学基础和逻辑学本身发展的基础；论述了莱布尼茨的数理逻辑思想、布尔的逻辑代数、德摩根和皮尔士的关系逻辑。在奠基时期，考察了逻辑演算的建立和发展，详尽分析了弗雷格、皮亚诺和罗素的逻辑演算，简要考察了非经典逻辑的产生；论述了从素朴集合论到公理集合论的发展历程；重点论述了在第三次数学危机之后数理逻辑的发展，科学地评价了逻辑主义、直觉主义和形式主义三大学派的贡献。在发展初期，详尽阐述了哥德尔的伟大贡献，哥德尔完全性定理和不完全性定理的划时代意义；考察了在哥德尔不完全性定理之后，数理逻辑取得的重大成果，包括塔尔斯基的逻辑语义学、一般递归函数论、λ转换演算和丘吉论题、图灵机和可计算函数、波斯特的符号处理系统、塔尔斯基证明不可判定性的一般方法等。

2. 中国逻辑史和因明

在中国逻辑史和因明的研究方面，张家龙善于借鉴现代逻辑的观点和方法，取得了以下成果：

（1）从数理逻辑观点构造了《周易》的形式化系统。从逻辑的角度看，《周易》的两个组成部分——《易经》和《易传》是统一的，构成一个逻辑系统，而且有丰富的语义解释。

　　《易经》是由八卦、从八卦派生的六十四卦、卦名、卦辞和爻辞组成的。在《易经》中，构成八卦或六十四卦的基本符号是阳爻—和阴爻--。从—和--只能组成八个三画形，由八个三画形的卦通过每两卦的重叠，可组合成六十四个六画形。由此可看出，八卦和六十四卦是从—和--通过同一种逻辑运算产生的，这种运算就是并置。八卦和六十四卦的卦形是一种由基本符号—和--组成的形式公式。《易传》发展了《易经》的形式化的逻辑思想，使《周易》构成了一个形式系统，并有丰富的语义解释。《周易·系辞传上》说："一阴一阳之谓道。""易有太极，是生两仪，两仪生四象，四象生八卦，八卦定吉凶，吉凶生大业。"太极是宇宙本体，两仪就是阴和阳，其符号是--和—。由两仪生成四个两画形即四象，在四象上面分别加上--和—，即得八卦。在八卦上用"因而重之"的方法即产生出六十四卦。这里使用了并置运算。《周易·说卦传》说："乾，天也，故称乎父。坤，地也，故称乎母。震一索而得男，故谓之长男，巽一索而得女，故谓之长女。坎再索而得男，故谓之中男。离再索而得女，故谓之中女。艮三索而得男，故谓之少男。兑三索而得女，故谓之少女。"震（☳）是从坤（☷）中以阳爻—代第一个阴爻--而产生的，这就是所谓"震一索而得男"。巽（☴）是从乾（☰）中以阴爻--代第一个阳爻—而产生的，这就是所谓"巽一索而得女"。其他四卦的解释类似。这些产生过程都使用了同一种代入运算。六十四卦构成一个系统，阳爻—和阴爻--是初始符号，通过并置得到乾和坤，乾和坤仿佛两条公理，通过代入可得到其他六卦，再由八个三画形的卦进行并置可得六十四卦。

　　张家龙认为，《易传》明确地提出了语义学的重要概念。《易传》是一个由象组成的系统。象分为卦象和爻象。卦象包括卦形和卦辞，爻象包括爻形和爻辞。它们有极其丰富的语义解释。例如，八卦代表事物的八种性质，这是确定的；但代表什么具体事物,则是不确定的。"乾,健也。坤,顺也。""健"和"顺"分别是乾和坤的性质,但乾可以为天、为马、为君、为父、为玉、为金等;坤可以为地、为牛、为母、为布、为釜等。《周易》的八卦和六十四卦也可以解释成二进制数。

张家龙还指出,《周易》在世界逻辑史上最早提出了"类"这个逻辑概念,这是逻辑学产生的一个标志。

(2)对韩非的"矛盾之说"做了新的分析。指出,"不可陷之盾"与"无不陷之矛"可以写成公式∀x¬R(x,b)与∀xR(a,x)(R表是关系"陷",b表示"我的盾",a表示"我的矛"),它们"不可同世而立"。∀x¬R(x,b)与∀xR(a,x)是一对具有反对关系的关系命题,绝不是互相矛盾的命题,它们不能同真,但可同假;根据全称量词消去律,从它们可推出一对互相矛盾的单称关系命题:

¬R(a,b)与R(a,b)。

韩非知道这种推出关系,因为他在揭露楚人的自相矛盾时写道:"或曰:'以子之矛陷子之盾何如?'其人弗能应也。"由此可见,韩非实际上是说,从楚人做出的一对反对关系的命题:"吾矛陷吾盾"和"吾矛不陷吾盾"[R(a,b)与¬R(a,b)],它们不能同真,必有一假。韩非的"矛盾之说"的重要意义在于把矛盾律应用于一对单称的关系命题之中。

(3)把《墨经》中著名的"侔"式推理概括为两类6种有效式,用一阶逻辑公式作了表述并作了严格的证明。第一类"是而然",有五种,代表性的例子是"白马,马也;乘白马,乘马也。""获,人也;爱获,爱人也。""狗,犬也;杀狗,杀犬也。""白马,马也;乘白马,乘马也。""白马,马也;不乘马,不乘白马也。""是璜也,是玉也。"(即"璜,玉也;是璜也,是玉也")第二类"不是而不然":"人之鬼,非人也;祭人之鬼,非祭人也。"其中五种是关系推理,一种是直言推理。

（4）沈有鼎提出"两个公孙龙"的假说，认为一个是历史上的公孙龙，生活在战国末期，是一个辩者、诡辩家，材料几乎没有了，另一个是经过晋代人改造过的公孙龙，今本《公孙龙子》6篇不是辩者公孙龙的著作，而是晋代人的集体创作。张家龙对沈有鼎的"两个公孙龙"假说的方法论意义和学术意义做了深刻的分析，对沈有鼎认为《迹府》是晋代作品的观点补充了两个论据，对沈有鼎认为《通变论》和《名实论》不是公孙龙所著的观点补充了两个例证。此外，张家龙研究了沈有鼎的广义模态思想，据此构建了一个兼容"知道"和"相信"的认知模态逻辑系统。

（5）因明学者们把印度新因明的三支论式与西方逻辑比较，提出四种观点：三段论 AAA 说，充分条件假言推理说，转化说和外设三段论说。综合这些观点的长处和不足，张家龙与张忠义合作，认为三支论式的形式应为四种：（1）形式蕴涵的肯定式；（2）全称量词消去后的充分条件假言推理肯定前件式；（3）形式蕴涵的否定式；（4）全称量词消去后的充分条件假言推理否定后件式。

3. 西方哲学和逻辑哲学

张家龙全面系统地研究了艾耶尔的分析哲学，论述了艾耶尔哲学思想的发展过程，勾画出艾耶尔在逻辑实证论时期、现象论时期、知识论时期和构造论时期的哲学特点，分析、评价了艾耶尔所取得的成就及面临的困难。在此基础上，对艾耶尔的哲学同英国经验论传统以及维也纳学派的现象论分析传统的关系做了比较分析，指出艾耶尔的哲学是这两种传统的综合，同时也是这两种传统的终结，它赋予经验论以一种最新的形式，从而确定了艾耶尔在西方哲学史上的地位。

他全面系统地研究了新黑格尔主义代表人物布拉德雷的由本体论、逻辑学和伦理学组成的绝对唯心主义体系，对布拉德雷的哲学同黑格尔的哲学进行比较研究，阐明了两者的异同，认为布拉德雷的哲学是对黑格尔哲学的"片断复兴"，在逻辑学和伦理学方面有所发挥，做出了创造性贡献；但总的说来，布拉德雷的哲学体系比起黑格尔的哲学体系要逊色得多，其影响也小得多，可是其缺陷却大得多，从而确定了布拉德雷在西方哲学史上的地位。

金岳霖的《罗素哲学》一书完稿于 20 世纪 60 年代初，1988 年由上海人民出版社出版，1995 年收入《金岳霖文集》第四卷，由甘肃人民出版社出版。金岳霖受时代的影响，对罗素哲学的评论主要是批评，有全盘否定的倾向。张家龙在《罗素哲学论》中，本着追求真理的精神，基本上不同意前辈金岳霖的观点，对罗素哲学提出了与金岳霖的评价有所不同的观点，甚或是批评意见。张家龙说："按照金岳霖一贯崇尚学术民主的好学风，如果他的在天之灵得知他的后辈与他进行争鸣，他一定是会感到无比欣慰的。"张家龙认为，罗素的逻辑构造论是一种复杂的哲学理论，决不能简单地用唯心或唯物的二分法来定性。它总的倾向是唯心主义的，如主张剔掉客观事物，以"服从物理学定律的方面系列"或"方面的类"取而代之，不肯定物质第一性，等等。但是，在逻辑构造论中有许多既具有唯物主义因素又具有辩证法因素的合理内核，如两种空间三个地点的理论、事物的定义，等等。张家龙还提出，罗素的中立一元论是一个复杂的哲学体系，总的倾向是唯心的，但其中也有不少唯物主义因素、辩证法因素和自然科学因素，不能全盘否定。罗素的中立一元论是含有唯物主义和辩证法因素的因果实在论。吸取这些合理内核，对于丰富和发展马克思主义的认识论具有重要意义。

在逻辑哲学研究方面，张家龙取得了以下成果：

（1）提出可能世界的模态结构论。其论题是：可能世界不具有本体论的地位，在直观上可以作各种具体理解（事态、命题集、时期等），其一般的抽象的理解是：各种可能状态；但在模态逻辑的形式语义中，可能世界只是框架〈W，R〉或模型〈W，R，D，

V〉中集合 W 的抽象元素。对可能世界之间的可达关系 R 也应作
这种抽象的理解。框架或模型是一种形式结构，是分析和解释模
态命题及其推理形式的工具。模态逻辑的各系统不需要对可能世
界作出本体论承诺，量化不是施加在世界之上的；但是，各种量
化模态逻辑理论需要一种本体论承诺，这是由该理论内部的个体
变元的值来决定的，也就是说，各种量化模态逻辑理论在本体论
上都承诺了一个非空的个体域，即模型结构〈W，R，D，V〉中
的第三个组成部分 D。

　　（2）对克里普克的指示词理论做了补充论证。假定我们使用
罗素的逻辑专名"这"在现实世界 w_1 和其他可能世界（比如 w_2）
中指着一个人下实指定义，说："这是亚里士多德。"对这个实指
定义，应作如下解释：对一切可能世界 w 和 w 中的一切个体 x，x
是亚里士多德当且仅当 x 与现实世界 w_1 中"这"所指的那个个体
具有相同的人的关系。在这样的解释下，"这"的所指不受那个全
称量化的世界变元"w"的约束，这一所指属于现实世界 w_1，但
是通过跨世界的"相同的人的关系"，实指定义中的"这"是固
定的，因此，"亚里士多德"这个专名就是固定指示词。如果在现
实世界 w_1 中确定某个人是亚里士多德，那么他在其他可能世界也
都是亚里士多德，在可能世界 w_2 以及其他可能世界中，不可能出
现一个不是亚里士多德的人成为亚里士多德。这是因为当我们在
可能世界 w_2 中指着某个人说："这是亚里士多德"时，意思是说：
在可能世界 w_2 中，x 是亚里士多德当且仅当 x 与现实世界 w_1 中
"这"所指的那个人有相同的人的关系。

　　专名是固定指示词也可以不用实指定义方法，另做如下解释：
x 在任一可能世界 w 中是亚里士多德，当且仅当 x 与现实世界 w_1
中被称为"亚里士多德"的人具有相同的人的关系。

　　对于非固定指示词的摹状词（以实指定义"这是亚历山大大
帝的老师"为例）应做如下解释：

对一切可能世界 w 和 w 中的一切个体 x 而言，x 是亚历山大大帝的老师，当且仅当 x 与 w 中"这"所指的那个个体具有相同的人的关系。

根据这样的解释，"这"在全称量词"对一切可能世界 w"的辖域中，因此，"这"的所指受这个全称量化的世界变元的约束。这样一来，"这"就不是固定的，从而，"亚历山大大帝的老师"也就不是固定的，要受可能世界的制约，在不同的可能世界可以指不同的人。在现实世界 w_1 中，"亚历山大大帝的老师"指称亚里士多德；在另外的可能世界 w_2 中，它可能不指称亚里士多德，而指称柏拉图。摹状词是与可能世界相关联的指示词，在不同的可能世界可以指称不同的对象，因而是一种非固定的指示词。

（3）马克思主义哲学包含本质主义，克里普克和普特南的本质主义对于发展马克思主义的本质主义具有重要意义。张家龙考察了克里普克和普特南的本质主义思想，纠正了其中的不足（如没有考察社会种类的本质，没有区分自然个体和社会个体，把社会个体的个人本质单纯归结为自然起源），批评了维特根斯坦的反本质主义纲领，提出以下几点捍卫本质主义的新论证：

第一，世界万物形形色色，但是它们都形成各个不同的种类。主要有两个大的种类：自然种类和社会种类（人）。各个种类都有表达它们的名称，自然种类的名称有："猫""虎""黄金""水""热""光"等，它们都是"种名"。一个种类就自身而言总有"是其所是"的东西，这就是本质；说得详细一点就是，一个种类的本质是在一切可能世界中该种类所有、其他种类所没有的性质。

第二，种类的本质主要是该种类的内部结构特征。以自然种类的水为例，水的本质就是 H_2O，也就是说，水在一切可能世界中都是 H_2O。假定我们用实指的方法给"水"在现实世界 w_1 和其他可能世界（比如说 w_2）中下定义，指着这个杯子里的液体说："这是水。"对这个实指定义的解释应该是：

　　对一切可能世界 w 和 w 中的一切个体 x 而言，x 是水当且仅当 x 与现实世界 w_1 中"这"所指的那个东西有相同液体关系。这里，"这"一词的所指属于现实世界 w_1，不受元语言全称量词"一切可能世界 w"的约束。因此，在上述实指定义中的"这"是固定的。实指定义中的种名"水"，是"这"所指的种类之名，因而是一个固定指示词。一旦发现水在现实世界 w_1 中是 H_2O，它在其他可能世界也都是 H_2O，在可能世界 w_2 中，不可能出现水不是 H_2O 的情形。这是因为当我们在可能世界 w_2 中指着这个杯子里的液体说"这是水"时，意思是说：在可能世界 w_2 中，x 是水当且仅当 x 与现实世界 w_1 中"这"所指的那个东西有相同液体关系。假定在可能世界 w_2（比如说孪生地球）中，那里的人所说的"水"是由 XYZ 组成的，他们可以给"水"下实指定义："这是水。"但是，这种"水"与现实世界 w_1 中"这"所指的那个东西没有相同液体关系，因此，它不是水，而是假水。由于相同的液体关系是一种跨世界的关系，因而可以把上述的说明重新表述为：x 在任一可能世界中是水，当且仅当 x 与现实世界中被称为水的物质有相同液体关系。一旦我们发现现实世界中的水是 H_2O，那就不存在一个其中水不是 H_2O 的可能世界。这就是说，"水是 H_2O"是一个必然真理，H_2O 是水的本质。

　　克里普克没有研究作为社会种类的人的本质。马克思主义哲学认为，人的本质在其现实性上是一切社会关系的总和。作为社会种类的人的本质就是包括劳动、生产关系和社会实践等在内的社会关系结构。人具有社会关系结构是必然的，也就是说，在一切可能世界中，人都具有社会关系结构。设想在一种可能世界，有一些外形像人的动物，比如比类人猿更像人的动物，但是不具有如上所说的社会关系结构，这样，这些动物就不是人。我们用"人"这个语词指示一个具有社会关系结构的社会种类，不属于这个社会种类的任何动物，即使它看上去像人，事实上也不是人。

第三，克里普克在考察个体本质时，没有区分自然个体和社会个体，把社会个体的个人，例如英国伊丽莎白女王，同自然个体的一张桌子混为一谈，把英国伊丽莎白女王的单纯的自然起源（"伊丽莎白二世是由她父母的一对特定的精子和卵子发育成的"）作为她的本质，这是错误的。个人的本质是在社会关系结构中的起源，英国伊丽莎白女王的本质是由处于英国社会关系结构中的双亲所生并在社会环境和教育的影响下形成的。个人在社会关系结构中的起源在一切可能世界中是不变的。

第四，谈论单独个体的本质，实际上是把它同以它为唯一分子的单元种类联系在一起的。如果两个个体不能有同样的起源，那么它们就分属于不同的单元种类。假设这张桌子 B 是由那块木料 A 制成的，B 是一个专名，"由那块木料 A 制成的（东西）"是一个固定的摹状词，与一般的非固定的摹状词不同，唯一地确定了一个单元种类。由那块木料 A 制成的（东西）= $\{$B：B 是由那块木料 A 制成的（东西）$\}$。假定我们在现实世界 w_1 和其他任一可能世界 w_2 中，指着我房间里的这张桌子 B 说："这是由那块木料 A 制成的（东西）"，对这个实指定义应如下解释：

对一切可能世界 w 和 w 中的一切个体 x 而言，x 是由那块木料 A 制成的（东西）当且仅当 x 与现实世界 w_1 中"这"所指的那个东西有相同材料关系。

以上通过实指定义中的"这"的固定性和跨世界的"相同材料关系"，论证了"由那块木料 A 制成的（东西）"这个单元种类名称的固定性。

当发现我房间里的这张桌子 B 是由那块木料 A 制成的，这样，"这张桌子 B 是由那块木料 A 制成的"这个命题就在一切可能世界成立，就是一个必然真理，即这张桌子 B 的起源是 B 的必然特性，也就是本质。对于克里普克所举的另一个例子："伊丽莎白二世是由她父母的一对特定的精子和卵子发育成的"，要从社会关系结构中的起源进行分析。

第五，现代的模态集合论是建立在本质主义之上的，它的公理中有一条"成员资格固定性原理"，规定了一个集合的成员资格在集合存在的每一可能世界是同样的；还有一条"跨世界外延性原理"，规定了如果两个集合具有同样的成员，而它们在不同的可能世界中，那么它们就是同样的集合。这两条公理描述了每一集合都具有本质而且具有特有的本质。每一自然种类和社会种类（人）都可以处理为集合或类。现代的模态集合论有一个结果：如果带个体变元的 ZF 集合论是一致的，那么模态集合论也是一致的，即模态集合论具有相对一致性，是科学的理论，如果它不一致，那么带个体变元的 ZF 集合论就是不一致的，这在现在是不可能的。现代的模态集合论为本质主义提供了强有力的辩护。

（4）张家龙考察了国内外的 5 个悖论定义，分析了它们存在的问题，提出了一个更加合理的定义：悖论是某些知识领域中的一种论证，从对某概念的定义或一个基本语句（或命题）出发，在有关领域的一些合理假定之下，按照有效的逻辑推理规则，推出一对自相矛盾的语句或两个互相矛盾的语句的等价式。在这个定义中，包含 4 个要素：

第一，悖论是一种论证，也就是说，是一个完整的逻辑推导过程。悖论同作为出发点的基本语句不同，后者可称为"悖论语句"，两者不可混为一谈。

第二，悖论的出发点，包括对某一概念的定义或给定的基本语句，以及有关的假定。

第三，有效的逻辑推理规则。

第四，得到逻辑矛盾，或两个互相矛盾语句的等价式。

张家龙指出，悖论的产生是自我指称、否定和总体三个因素有机化合的结果。化合绝不同于混合，三个因素的化合从量变产生了质变，综合形成了一个悖论命题，由此不可避免地陷入悖论。

悖论研究具有极其重要的方法论意义。第三次数学危机——集合论悖论的出现，是数理逻辑的一些重要分支得以创建的最伟大的动力，构成数理逻辑发展史上的重要基础。这个危机不但是推动建立公理集合论的内在动力，而且是促进逻辑主义、形式主义和直觉主义三大学派创建新理论的动力。悖论还有一个重要的方法论意义就是直接利用或改造悖论建立新理论，哥德尔从说谎者悖论得到启发，领悟到真实性与可证性是两种不同的概念，他巧妙地用可证性来代替真实性，构造了不可判定的命题；哥德尔的不可判定命题与理查德悖论也有联系，他受理查德悖论中所使用的对角线方法的启发，在构造不可判定命题的过程中使用了这种方法。

中国逻辑学家沈有鼎发现了"所有有根类的类的悖论"和"两个语义悖论"，在国际上引起很大反响，张家龙对沈有鼎悖论进行了深入研究，指出沈有鼎悖论在数理逻辑发展史上具有十分重要的地位，这些悖论深刻揭示了直观集合论的缺陷，推进了集合论悖论和语义悖论的研究，深化了人们对公理集合论特别是正则公理和分离公理的认识，加强了人们对哥德尔不完全性定理特别是对不可判定命题及其对偶命题的理解，丰富了数理逻辑的内容。沈有鼎对数理逻辑的发展做出了不可磨灭的贡献。

张家龙研究了国际逻辑界的有关文献，澄清了悖论研究历史上的一个事实，认为第一次提出"有根性"概念的逻辑学家是沈有鼎。克里普克说："'有根性'这个名称似乎是在赫兹博格的著作《语义学中的有根性悖论》中第一次被明确引进的。"张家龙指出，克里普克的说法有误，赫兹博格的"有根性"概念应来源于沈有鼎，赫兹博格的论文发表在1970年，而沈有鼎的《所有有根类的类的悖论》是在1953年发表的，比赫兹博格的论文早17年。

（5）张家龙在现代正规模态逻辑系统中引进亚里士多德的偶

然定义（偶然 p 定义为可能 p 并且可能非 p），证明了关于偶然命题同必然命题和可能命题之间关系的 30 多条定理，在此基础上，从哲学上讨论了偶然性同必然性、可能性之间的关系，丰富了马克思主义哲学关于偶然性和必然性的辩证关系的原理。

此外，张家龙还做了大量的翻译和译校工作，为中国逻辑工作者和哲学工作者提供了宝贵的研究资料。

综上所述，张家龙在 30 多年的研究工作中，以他的研究成果为国际国内的同类研究成果宝库增添了新的颗粒，为全面实现中国的逻辑研究现代化、同国际逻辑研究水平全面接轨的事业做出了重要贡献。他的学生对他的评价是："张家龙教授博览众采，学识渊博，读书精细，治学严谨，工作认真，一丝不苟。他在学术研究方面所具有的开阔视野和深邃见识为同仁们所钦佩。张家龙教授十分重视对人才的培养，对他门下的研究生，总是循循善诱，言传身教，堪为师表。他要求学生多阅读外文原文资料，不仅要知其然，而且要知其所以然。他常激励学生奋发向上，在学业上向国际水平看齐，为国争光。"

撰稿人

杜国平（1965—　），哲学博士和工学博士，现任中国社会科学院哲学研究所研究员、博士生导师，中国逻辑学会秘书长。在读博士学位期间，张家龙任博士论文指导小组老师和学位课程授课老师。